天基信息服务体系概论

曹延华　杨海涛　何宇　姚曜　曹丽萍　著

国防工業出版社

·北京·

内容简介

本书共分12章，综合介绍了天基信息服务体系相关技术研究进展和作者研究心得。首先，以作战需求为根本牵引，采用系统科学的思想，从顶层设计的角度，全面阐述天基信息服务体系的设计、建模和仿真方法，为读者展示出天基信息服务体系的壮丽画卷；其次，针对供给侧提高服务能力问题，围绕天基信息按需服务技术，探讨了概念建模、服务决策、自主获取、安全传输等方面的方法与思路，系统描述了未来天基信息服务的发展方向和关键技术；再次，针对需求侧用户体验问题，在天基信息按需服务框架下，打造个性化服务，系统研究了服务推荐框架、用户兴趣模型、服务推荐算法，实现了服务的细化与需求的落地；最后，介绍了基于上述思想和技术的天基信息服务仿真系统的设计与实现方法，为读者开展相关研究提供工程借鉴。

本书可供天基信息支援、遥感科学与技术、地理信息系统、地球空间信息科学、空间信息传输、卫星应用技术等学科领域的研究开发者、管理者阅读参考，也可作为相关专业研究生的教材或教学参考书。

图书在版编目(CIP)数据

天基信息服务体系概论 / 曹延华等著 .—北京:国防工业出版社，2018.8

ISBN 978-7-118-11657-1

Ⅰ.①天… Ⅱ.①曹… Ⅲ.①军事-信息系统-体系建设-研究 Ⅳ.①E919

中国版本图书馆 CIP 数据核字(2018)第175599号

※

国防工业出版社出版发行

(北京市海淀区紫竹院南路23号 邮政编码100048)

三河市众誉天成印务有限公司

新华书店经售

*

开本 710×1000 1/16 **印张** 21 **字数** 387 千字

2018年8月第1版第1次印刷 **印数** 1-2000册 **定价** 88.00元

(本书如有印装错误，我社负责调换)

国防书店：(010)88540777　　发行邮购：(010)88540776

发行传真：(010)88540755　　发行业务：(010)88540717

前　言

2016年4月24日，在首个“中国航天日”到来之际，习近平主席作出重要指示“探索浩瀚宇宙，发展航天事业，建设航天强国，是我们不懈追求的航天梦。”目前，我国拥有超过200颗在轨卫星，数量超过俄罗斯仅次于美国，位居世界第二，包括通信广播、导航定位、对地观测与传输遥感、空间科学与技术试验、载人航天、月球与深空探测等多种类型。典型的包括“天链”中继通信卫星，北斗导航卫星星座，“风云”“海洋”“资源”“高分”“遥感”“天绘”等陆地、大气、海洋遥感卫星，“悟空”“墨子”“慧眼”等科学试验卫星，“神舟”系列载人飞船与“天宫”空间站，以及“嫦娥”系列月球探测器和“鹊桥”中继星等。同时，随着世界小卫星航天热潮兴起，大量的微小卫星星座相继涌现：美国 SpaceX 公司的 Starlink 星座计划发射12000颗卫星构建全球天基 Wifi 网络，PlanetLabs 拥有超过140颗“鸽群”对地遥感卫星，而中国300颗规模的“鸿雁”全球卫星通信星座马上进入发射阶段，132颗的“灵鹊”光学卫星星座计划也公开发布。各类大卫星、小卫星的蓬勃发展，反映了人类探索浩瀚宇宙的执着热情，也是世界航天事业繁荣兴旺的写照。

但是，航天强不强，不仅要看卫星火箭，更要看服务应用。君不见20世纪末，摩托罗拉公司的“铱星”通信星座使用66颗卫星覆盖全球，但用户却寥寥无几，导致这个耗资34亿美元的项目最终以2亿美元打包出售给美国军方，其失败甚至成为摩托罗拉公司下行的拐点。因此，面对200多颗大卫星和未来400多颗小卫星构成的庞大天基系统，能否开展高效应用将成为我国航天强国的试金石。天基信息应用的主要思路不外乎“天时”和“地利”。“天时”就是采用天基信息服务，最大优点是实时；“地利”就是依托地面应用服务，最大优点是信息充分利用；二者也可结合，以寻求“天时地利”。2016年3月，第十二届全国人代四次会议将“天地一体化信息网络”列入了“科技创新2030重大项目”，该项目拟遵循统一的体系结构和协议标准，重点建设天基信息网，协同对接地面互联网和移动通信网，实现陆、海、空、天多层次联合组网和跨域按需信息共享，为政府、军队、企业、大众等各类用户提供全球移动通信、航空应用、海事应用、抢险救灾与反恐维稳等信息服务。这与本书的思路不谋而合：本书以各领域应用需求为牵引，按照体系化的思路打破通信、导航、遥感等学科边界，整合构建以天为主、天地一体的天基信息统一服务格局，为就型号建应用、按领域搞服务等空间信息应用问题提供“一揽子”解决方案和技术途径。

本书共分 12 章,综合介绍天基信息服务体系相关技术研究进展和作者多年来的研究心得。第 1~4 章,以应用需求为根本牵引,采用系统科学的思想,从顶层设计的角度,全面阐述天基信息服务体系的设计、建模和仿真方法,为读者展示出天基信息服务体系的壮丽画卷;第 5~8 章,针对供给侧提高服务能力问题,围绕天基信息按需服务技术,探讨了概念建模、服务决策、自主获取、安全传输等方面的方法与思路,系统描述了未来天基信息服务的发展方向和关键技术;第 9~11 章,针对需求侧用户体验问题,在天基信息按需服务框架下,打造个性化服务,系统研究了服务推荐框架、用户兴趣模型、服务推荐算法,实现了服务的细化与需求的落地;第 12 章,介绍了基于上述思想和技术的天基信息服务仿真系统的设计与实现方法,为读者开展相关研究提供工程借鉴。本书可供天基信息支援、遥感科学与技术、地理信息系统、地球空间信息科学、空间信息传输、卫星应用技术等学科领域的研究开发者、管理者阅读参考,也可作为相关专业研究生的教材或教学参考书。

本书撰写历时 5 年多,得到了航天工程大学赵洪利副校长、航天信息学院朱诗兵院长等专家的精心指导和鼎力支持。参加本书审稿修改工作的还有杨露、李鹏伟、赵东杰、高丽娟、孙源泽、强杰等,他们提出了大量的宝贵意见。国防工业出版社各位编辑同志对本书的出版做了大量工作。在此,一并表示感谢。

由于本书内容涉及知识面广,限于作者水平和专业,难免会有不足之处,恳请广大读者斧正。

作　者

2018 年 6 月

目　录

第1章 概　　述

21世纪以来,人类进入太空的步伐明显加快。美国太空探索技术公司SpaceX开发了可部分重复利用的“猎鹰”1号、“猎鹰”9号运载火箭;印度完成了一箭104星;我国的“长征”5号、“长征”7号相继发射成功。随着进入太空能力的增强,太空中卫星也将越来越多,SpaceX提出了4425颗卫星的庞大星座计划,Facebook、Google公司也提出了卫星互联网计划;我国以“吉林”一号为代表的民用卫星也日益增多,诸多大学甚至中学都发射了自己的卫星。

同时,随着小卫星技术的日益成熟,也带动了天基信息系统的日益复杂和庞大。据不完全统计,2013年以来,入轨小卫星数量占同期入轨航天器总数持续超过60%,小卫星正逐步成为世界航天活动的生力军。在军事领域,小卫星在航天感知、卫星通信、作战响应等方面,带来了时效性、可靠性和经济性的革命性变化,可实时回传远海、远域战场信息,拓展了指挥控制区域;可将手持终端引入作战指挥决策,简化了指挥控制链条;可快速发射、补充各类天基节点,优化了侦控打评全流程,必将带动作战理念和作战模式的深刻变革,大幅提升作战效能。

随之而来的,将是各国的天基信息系统越来越庞大,越来越复杂,也越来越强大;同时天基信息也将越来越丰富。因此,如何有效地利用天基信息资源,进行体系化服务,支撑基于网络信息体系的联合作战成为一个重要研究课题。本书主要对此展开系统研究。

1.1 基本概念

1.1.1 天基信息系统

天基信息系统是本书研究的基础设施,因此应明确此概念。目前天基信息系统有多种定义[1,2]。

定义1-1　天基信息系统是通过卫星星间和星地通信链路,将不同轨道、种类和性能的卫星、航天飞行器以及地面设施连接起来的综合信息系统,该系统按照天基信息资源的最大有效综合利用原则,以通信卫星和应用卫星为枢纽和主体,采用集中和分布相结合的方式进行互联互通及信息交换,安全、可靠、实时、不间断、智能化地获取、传输、融合、处理和分发多元信息,具有一定自主运行管理和网络重构能力。

1.1.2 天基信息服务体系

天基信息服务体系作为天基信息系统的应用体系,其研究目的是强化武器平台、传感器平台和指挥控制平台的综合集成,将获取的天基信息传输到地面进行融合处理,形成服务产品,利用卫星通信和地面通信及时有效地服务于联合作战指挥所及陆、海、空、天、网等作战单元,提升其作战效能。

定义 1-2　天基信息服务体系是以天基信息为服务内容,以联合作战指挥所及陆、海、空、天、网各作战单元为服务对象,以天基信息系统为主要服务基础设施,综合考虑战略与战术结合、攻防结合、平战结合、军民融合等因素,围绕天基信息的最大有效综合利用这一目标,实现安全、可靠、智能化、实时、连续地获取、传输、融合、处理和分发多元信息而设计和建设的信息服务体系。

1.1.3 天基信息按需服务

天基信息服务的本质是将用户需要的天基信息送达用户的过程,是天基信息系统为了用户的知情权而进行的工作。因此,用户的需要是天基信息服务的目标。而用户的需要,从表面看,是用户的服务请求;从深层次看,可视为用户为解决其掌握战场态势的期望与其自身条件不足之间的矛盾而做出的某些知情权选择。这些选择,客观上说,在一定程度要受到用户认知水平、处理能力和决策能力的制约,即用户未必知道自己需要什么信息,或什么信息最能满足用户当前的需求;用户得到信息后未必能够去伪存真,化繁为简,获取于己有用的信息;用户得到有用信息后未必能够做出最佳决策[3]。所以,天基信息服务要深入分析用户的需要,不仅是表面的服务请求,更要包括深层次信息需求,据此对天基信息服务提出了“按需服务”(Service on Demand,SOD)的要求。

定义 1-3　天基信息按需服务是以天基信息系统为主要基础设施,从用户请求出发,采用主动、被动结合的服务方式,实现天基多元信息从天基节点到陆、海、空、天、网各领域战略、战役、战术多级作战单元,安全、及时、可靠、智能化地获取、传输、处理和分发的信息服务[5]。

定义 1-4　天基信息按需服务系统是可实现天基信息按需服务的信息系统。

天基信息按需服务主要有以下特征:

(1) 天基属性。在天基信息服务体系中,服务基础设施是天基信息系统,服务资源是天基信息系统及其获取的天基信息,都具有天基属性。

(2) 有效性。在指定时间内为用户提供满足一定技术指标的信息服务。

对受理的用户服务请求通过一次或二次规划与调度以及安全可靠传输等方法保证信息服务有效性。

(3) 快速性。通过星上处理、星间链路等技术,实现信息快速获取、高速传输与分发。

(4) 安全性。通过数据加密、数据隐藏、用户认证以及安全组网等技术,确保信息在获取、传输、处理和分发时得到严格的保护。

(5) 可配置性。用户可以根据自身对天基信息的需求,通过对信息服务的参数进行设定,完成天基信息服务的合理申请和灵活定制。

(6) 推拉结合。天基信息按需服务不仅采用传统的"用户请求→服务决策→服务提供"("拉")的流程,而且引入主动服务("推")的概念,采用"用户需求→服务推荐→服务提供"流程,从用户请求和需求出发来决策和提供信息服务,提高服务的智能化水平。

上述六个特点中,"天基属性"给出了天基信息按需服务的研究领域;"有效性""快速性"和"安全性"对按需服务提出了性能要求,而"可配置性"和"推拉结合"包含了"按需"的两个重要方面,体现了天基信息按需服务的驱动方式,是天基信息按需服务的"按需"思想的关键所在,也是本书研究的重点。

1.1.4　个性化推荐

推荐是指介绍好的人或事物希望被任用或接受。在日常生活中,新闻报道、调查报告、旅行指南以及人与人交往的言辞中往往包含建议性的推荐,人们也常据此做出决定。

推荐系统最早应用于电子商务领域,旨在帮助人们挑选自己最感兴趣或对自己最有价值的书籍、文章、网页、电影、音乐、旅馆、笑话、百货等[4]。随着电子商务规模的不断扩大,商品种类和数量快速增长,顾客需要耗费大量的时间浏览无关产品信息才能找到想要的商品,潜在消费者会因淹没在过剩的信息中而不断流失。为解决此类问题,个性化推荐系统应运而生[5]。在电子商务领域,个性化推荐系统是建立在海量数据挖掘基础上的一种智能平台,用于协助电子商务网站为其顾客购物提供完全个性化的决策支持和信息服务,它能根据用户的兴趣特点和历史购买行为,向用户推荐其喜好的信息和商品[6]。依据个性化推荐系统的功能,对个性化推荐做如下定义:

定义 1–5　个性化推荐是指根据对用户属性及用户行为的分析,挖掘事物间隐藏的关联规则和用户潜在的兴趣,从而主动地向用户推荐与其兴趣偏好相应的、符合用户真实信息需求的智能信息处理技术。

个性化推荐的关键是从项目中挑选用户需求的项目进行推荐,辅助用户做出决策。可以用以下数学模型表示[7]:

如果定义用户空间为

$$C=\{c_m \mid m=1,L,M_f\}$$

项目空间为

$$I=\{i_n \mid n=1,L,N_f\}$$

则可用效用指标来表示用户对项目的需求度,即

$$u_{mn}=u(c_m,i_n)$$

那么推荐的问题可以描述为求解最大化问题[11],即

$$\forall c_a \in C, \quad i'_a=\mathrm{argmax}u(c_a,i_n)=\mathrm{argmax}u_{mn} \tag{1-1}$$

1.2 研究意义

天基信息系统是提升我军网络信息体系实力,打赢信息化战争的力量“倍增器”[8]。作为天基信息应用领域的新方向,天基信息按需服务将使天基信息系统在信息获取、信息传输、信息处理和信息分发等相关方面优化服务流程,提升服务能力,实现全天时、全天候、全方位、近实时的信息服务,支撑我军联合作战能力的生成,因此具有重要研究价值。

1. 有利于我军夺取战场制信息权

现代战争实践证明,联合作战的核心是夺取战场制信息权。制信息权是指在一定的时空范围内控制战场信息的主导权。在战争中借助天基信息系统,有效地实施天基侦察、监视、观测、预警、导航、定位和通信,可以极大地提高己方信息获取能力和信息传递能力,从而获得有利的战场态势。天基信息系统在增强战争信息支援保障能力方面,起着陆基、海基、空基系统不可替代的作用,是夺取信息优势的关键[9]。

20 世纪 90 年代,在美军的三场高技术战争中,美国军队 70%以上的通信任务、80%以上的侦察任务、90%以上的导航定位任务以及 100%的气象预报任务都要借助军民用相结合的天基信息系统完成,天基信息的应用,使发现目标的数量增加 2~3 倍,探测速度提高 3~5 倍,侦察时间缩短 66%~75%[10]。因此,天基信息是现代战争的力量“倍增器”。

建立完善的天基信息按需服务,实现天基信息的按需获取与实时分发,精简中间处理和分发等环节,将使天基信息系统与陆基、海基、空基系统更加紧密地结合,有助于作战单元对陆、海、空、天、网多元信息的有效融合与综合利用。因此,天基信息按需服务技术将提高天基信息的服务能力和水平,充分发挥天基信息系统在联合作战中的作用,有力地增强我军夺取战场制信息权的能力[11]。

2. 有利于提升我军指挥控制水平

信息化战争带来的最大变化就是战场网络一体化。作战空间将实现多维

一体化，作战力量将实现高度合成，作战平台将更加协调一致，因此指挥控制系统将更加准确和高效[12]。

为了创造并利用信息优势，获取决策优势进而获取竞争优势，美军提出了网络中心战和全球信息栅格的作战概念。“侦察—综合—打击—评估—再打击”一体化是实施信息作战的客观要求，也是网络信息体系发展的必然结果。天基信息的应用使指挥、控制、通信、计算机、情报、监视和侦察更有效地结合起来，能够近实时地了解战场情况，获取并传输整个战场上的各种信息，使指挥控制系统结构越来越扁平化，指令传达更加准确、畅通和灵活。在伊拉克战争中，美英联军强大的天基信息优势，为指挥地面作战，协调各种空袭力量，传递指挥控制命令和评估空袭效果提供了坚实的基础和保障。美英联军使用的在轨卫星达到 150 多颗。由于信息系统与作战系统的高度一体化，美英联军从发现目标到实施远程精确打击整个过程所需要的时间可控制在几分钟内[13]。

由此可见，信息化条件下的作战指挥控制链较以往战争形态已经急剧缩短，天基信息系统进一步缩短了指挥控制链，使得指挥控制体系结构更加扁平化，指挥控制更加通畅和快捷，指挥控制能力进一步提高。而天基信息按需服务必将更加优化指挥控制链[14]。

3. 有利于提高我军精确打击能力

一切备战措施的落脚点是赢得战争，而战争实践是检验相关信息服务理论的最好标准。天基信息按需服务是否有效，取决于其对打赢战争是否有贡献。

现代战争中，高精度是实现精确打击、增强目标毁伤能力的决定性因素，是远程打击武器发展的重要指标。天基信息系统的应用，极大扩展了作战深度和广度，提高了打击精度，催生了远程精确打击战法，使其成为现代战争的重要作战手段。精确制导弹药在海湾战争、科索沃战争、阿富汗战争和伊拉克战争中的使用量分别为不足 10%、30%~40%、60%~70%、超过 90%，明显呈增长趋势。其中，GPS 制导武器在整个精确制导武器中的比例由海湾战争时 10%增至伊拉克战争时的 98%以上[15,16]。包括天基信息按需服务在内的天基信息服务对远程精确打击的保障体现在四个方面：一是提供地球重力分布、地磁场分布、地球形状的测绘信息；二是快速发现目标并提供高精度的目标指示；三是提供全天候、全天时和各种地形条件下的高精度导航信息；四是提供远程打击效果评估[17,18]。

因此，天基信息按需服务技术将进一步提高我军远程精确打击的水平，在提高洲际弹道导弹、潜射导弹和巡航导弹打击目标的命中率等方面发挥重要的作用。另外，广泛的天基信息按需服务将使得部分基层作战单元有能力实施快速的精确打击,作战能力和战场生存能力将大幅度增加[9]。

4. 有利于推动我军天基信息应用技术的发展

天基信息应用领域目前的研究主要侧重于天基信息系统的综合集成与信息服务,多数研究采用“天星地网”的思路,利用云计算、大数据、Web Service、Grid、NGN 等热点技术,以求实现对天基信息采集、处理、管理、分析、表达、传输、应用全过程的服务[19,20]。国内相关研究项目自成体系,结构完善,为我国以及我军天基信息的综合应用和服务提供了有益的实践经验,对发展我国的天基信息服务体系具有重大意义。

在新形势军事战略方针指导下,我们应对未来的技术发展进行大胆、合理的预测,并开展预先研究。以卫星技术的发展为例,在通信卫星的建设和研究历程中,经历了从单颗卫星到卫星星座、卫星编队等组网运行形式,拓扑结构由简单向复杂发展;载荷功能也随之经历了简单转发(弯管卫星)、再生转发(解调至基带信号放大,重调制)、中继接力(无星上路由能力)、路由中继(星上路由)等技术过程,载荷功能由低级向高级发展。按此趋势推论,未来的卫星技术,其组网形式将越来越复杂,载荷功能将越来越智能,据此,可预测未来卫星将具有可变拓扑组网能力,而星上载荷将具有部分决策和规划的能力,这是天基信息按需服务技术研究的物质基础[21,22]。

由此可见,开展天基信息按需服务研究,是对未来天基信息服务技术的探索性研究,其研究成果将对我军的天基信息应用水平起到重要的推动作用。

1.3 相关现状

由于目前国内外无明确和专门的天基信息服务体系的研究资料可以借鉴,因此下面将重点阐述天基信息系统的建设现状和天基信息的应用现状,并介绍基于栅格技术的信息服务体系相关模型的研究概况。

1.3.1 天基信息系统建设现状

1. 国外研究现状

国外的天基信息系统发展主要以美国、苏联/俄罗斯、欧洲航天局和日本等为代表,一方面,他们凭借强大的科技与经济实力建立了较为成熟完善的卫星系统,并在进一步开发更高性能的卫星网络;另一方面,这些国家和机构依托许多大学、研究所和大公司等科研力量进行天基信息系统理论研究,内容广泛,既面向应用,又具有超前性[23]。

美国为确保取得制信息权,正加紧在太空部署天基信息系统。其目的是使战场信息做到 10~15min 更新一次,在敌方上空撑开一把“信息伞”,全面提高美军的“全球感知”能力[24]。它所执行的军事任务包括侦察、预警、导航、气象预报、指挥、控制与通信以及目标的精确定位[25]。美国的天基信息系统性能先进、卫星种类齐全、配套设施完备，因此本书将重点介绍其目前在轨运行的卫星系列，并总结归纳主要性能参数和功能，如表 1-1 所列。这些卫星系统构成了应用领域广泛的天基信息系统，具备了侦察、监视、预警、通信、导航和气象等方面的全球数据获取和分发处理能力，能够满足战略应用的需求，目前正在发展直接支持战场和战术应用的能力[26]。

表 1-1　美国天基信息系统概况

	卫星种类		主要性能参数及功能
信息获取方面	光学成像侦察卫星	KH-11	采用光电数字成像和实时图像传输技术，分辨力可达 0.15m。具有侧视及变轨能力
		KH-12	采用自适应光学成像技术和红外侦察，可见光分辨力可达 0.1m，红外分辨力可达到 0.6m。具有侧视及机动变轨能力，可探测伪装目标、导弹和航天器发射
		8X 卫星（EIS）	空间分辨力可达 0.1～0.15m，观测幅宽增加到 150km×150km，重访周期大大缩短。具有侧视能力和机动变轨能力
	雷达成像侦察卫星 Lacrosse		采用合成孔径雷达技术，分辨力可达 1m。不受云层和黑夜的约束，实现全天候、全天时侦察，能识别假目标和伪装目标以及地下深处的设施，可跟踪舰船和装甲车辆的活动，监视移动式地对空导弹系统
	电子侦察卫星 Magnum、Vortex、Orion、Trumpet 等		可用于侦收雷达、通信等电子系统所辐射的电磁信号和战略武器试验的遥测信号，并对辐射源进行定位。对雷达信号侦收频段在 100MHz～10GHz；对通信信号在 30MHz～30GHz；对导弹遥测信号在 150MHz～3GHz
	海洋监视卫星 White Cloud		采用时差定位方法，定位精度可达 2～4km。用于对海上舰船和水下潜艇进行跟踪和定位
	导弹预警卫星	DSP	用于助推段防御，对洲际战略弹道导弹可提供 25～30min 的预警时间，对潜射战略导弹的预警时间为 10～15min
		SBIRS	高轨 SBIRS 可在导弹发射后 10～20s 内传送预警信息，并把来袭导弹发射点确定在 1km 以内，探测战术导弹发射的能力大幅提高 低轨 SBIRS（STSS）装有广角短波红外传感器和窄视场中长波跟踪传感器，可对助推段和中段飞行的弹道导弹进行跟踪和识别
	气象卫星 DMSP、GOES、NOAA、NPOESS		DMSP 是唯一的专用军用气象卫星，为军方提供目标上空有关云层、气温、洋面等气象环境信息。GOES、NOAA、NPOESS 由美国国家海洋与大气管理局管控
	测绘卫星 EO-1		地球观测卫星 EO-1 装有陆地成像仪、超光谱成像仪和大气校正仪，陆地成像仪共有 10 个波段，覆盖可见光、近红外与短波红外，其中有一个全色波段，用于立体成图；多光谱波段空间分辨力为 30m，全色波段空间分辨力为 10m；超光谱成像仪可观测 220 个谱段，空间分辨力为 30m，超光谱成像仪每张图片可拍摄 7.5km×100km 的陆地面积

（续）

	卫星种类		主要性能参数及功能
信息传输方面	通信卫星	DSCS	主要使用 SHF 频段，提供全球战略、战术宽带通信
		FLTSATCOM	主要使用 UHF 频段，兼有 SHF 频段和 EHF 频段，为海军提供战略、战术通信服务，也可为陆军和空军使用
		MILSTAR	为美军战略和战术部队提供高保密、抗干扰通信服务
		WGS	传输容量为 1.2~3.6Gb/s，具有双向 X 波段、单向 Ka 波段广播业务和双向军用 Ka 波段业务，支持战术通信和无人机通信
		MUOS	至少能覆盖地球南北纬 65°之间的广大区域，是先进窄带系统的军用部分，支持手持和其他终端的“动中通”，能够在严酷环境下通信
		AEHF	点波束更小，功率更高，通信可靠性和数据率更高，通信容量更大，支持战术网络的能力及与其他网络的兼容性大大提高
	跟踪与中继卫星 TDRS		第二代 TDRS 使用 Ka 波段通信，数据传输速率可达 800Mb/s，为美国低轨卫星或其他航天器提供中继通信服务
	导航定位卫星 GPS		军用精密 P 码定位精度可达 6m，测速精度为 0.1m/s，授时精度为 100ns。为美军武器装备和指挥控制系统提供全天时、全天候、高精度、全球性的导航定位信息和精确授时服务

苏联在冷战时期一直与美国进行航天方面的较量，积累了大量先进的航天技术，建立了有效的天基信息系统，为国防安全和国家发展提供了必要的支持。俄罗斯继承了大部分航天力量和技术，并且在原有基础上不断改进和发展。目前，俄罗斯已建成的天基信息系统包括：信息获取方面，主要有光学侦察卫星系统“琥珀”和“蔷薇辉石”系列、电子侦察卫星系统第四代“处女地”-2 系列和第五代“宇宙 1961”系列、海洋监视卫星系统 US-P 系列、由互为补充的大椭圆轨道的“眼睛”预警卫星和同步轨道的“预报”预警卫星[27]组成的导弹预警卫星系统、“流星”号气象卫星系列；通信导航方面，主要有战略通信卫星系统“闪电”系列、战术通信卫星系统“宇宙”系列、中继星系统“波浪”、GLONASS 全球定位系统。未来将要建立由 115 颗卫星组成的、通过星间链路将侦察与通信融为一体的、军民两用的多功能卫星通信和远程地球监视系统。

随着欧洲一体化的进程不断发展，以法国、英国和意大利等为代表的欧洲各国，在天基信息系统的建设中取得了卓越成就，欧洲的航天技术一体化正在飞速发展。欧洲建设的天基信息系统包括[28-30]：信息获取方面，主要有成像侦察卫星系统（“太阳神”-2 卫星，Cosmos/Skymed 卫星）、雷达成像卫星系统（“宇宙”小卫星群）、电子侦察卫星系统（“蜂群”侦察网）、Meteosat 地球同步轨道业务卫星系列；通信导航方面，有通信卫星系统（“天网”卫星、“锡拉库斯”卫星、“西克拉尔”卫星）和数据中继卫星系统（“阿蒂米斯”）、“伽利略”导航定位系统。由欧洲委员会发展的 GMES 系统由多颗地球观测卫星组成，起初将其设计为一种环境监视系统，但现在其职能还包括执行一般性的“安全监视”任务。民用卫星观测系统“普勒阿得斯-科兹莫”由法国和意大利于 2007 年共同研制成功,也可用于军事目的。

亚洲国家中,日本建成了由雷达卫星和光学成像卫星组成的全球情报处理系统,初步具备了天基侦察监视能力,目前正致力于由 3 颗卫星组成的准天顶卫星系统(QZSS)。此外,还研发了“大地”“儿玉”等对地观测系统,“菊花”系列通信卫星和中继卫星系统,GMS/MTSAT 地球同步轨道业务气象卫星系列。其他国家如印度、韩国等在航天建设方面也逐渐崛起,各自规划了未来的航天发展和天基信息系统建设思路和方案[31-34]。

由上述可以看出,世界各航天大国都在致力于建立自己的天基信息系统,包括发射航天器和地面配套设施的建设及发展,并竭力将天基信息系统的独特优势用于国家的民生发展和国防事业,天基信息系统的建设正在迅猛发展。

鉴于天基信息在战争中的巨大作用,国外各航天大国在大力建设天基信息系统的同时,积极开展天基信息应用研究。其研究范围正逐渐由战略层面向战役战术应用层面深入扩展,重视天基信息对战术行动的增效作用,通过天基信息系统实现战略、战役、战术三个层面的衔接,大幅度提高作战力量对天基信息的使用效率,使各军兵种部队的独立作战能力和联合作战能力得到整体性的提高。以美军为例,其空军的“国家空间资源战术开发计划”(又称“锋爪计划”),已基本将天基信息能力直接提供给各类战斗岗位;FBCB2 系统是天、空、地基系统综合应用的成功范例,至今已在美军部队装备了 9000 多套,实现卫星侦察监视、卫星通信、卫星导航等天基信息系统与地面及空中通信系统、图像获取系统的信息高度融合与集成;美国空军 RTS 提高了战斗机驾驶员利用卫星传回的数据、图像发现和打击地面目标能力,实现“从传感器到射手”的信息传递,大大提高武器系统快速打击移动目标的能力。目前,美军已大量装备各种卫星应用系统,并直接应用于网络中心战,其典型系统包括[13,18]增强型定位报告系统(EPLRS)、联合战术终端(JTT)系统、战场作战识别系统(CCDS)、时间敏感目标(TST)系统和强有力的机动地面目标打击系统(AMSTE)。

综上所述,国外的天基信息系统研究方向已经从单一功能(如通信、导航、气象等)转为多功能融合的面向任务的系统(如侦察监视、导弹防御等),但对于多任务综合服务系统的研究仍然较少。不过,美军的天基信息系统建设及应用技术水平一直处于世界领先地位,其相关研究现状和发展趋势仍然值得我们关注和借鉴。这主要包括:

(1) 始终注重系统的顶层设计,系统开发渐成体系化。美国在天基信息系统的开发和建设过程中以先进的作战理论为牵引,从总体上对系统发展进行规划。注重系统的顶层设计,以体系化思想规划军事卫星及其应用系统的建设和管理,将多种天基资源融合发展,使特殊的、繁杂的天基信息系统有章可循、有据可依、总体规范，从而充分发挥天基信息的效能，满足信息化战场的基本需要，逐步构建成了支持全球战略、战区和战术应用的综合信息系统。

(2) 加强基础设施建设，为诸军兵种有效使用天基信息打下坚实基础。近年来，美国建立了较完善的天基、空基、陆基、海基信息一体化网络系统，全面综合多元信息，通过融合处理形成联合作战情报系统，向主战装备和作战指挥系统实时分发提供各种作战情报[35]。

(3) 重视作战应用拓展，天基信息应用与服务能力日趋成熟。从美军航天军事力量的飞速发展可以看出，其目标是将航天能力进一步融合于军事行动之中。信息获取方面，伊拉克战争中美军使用"锁眼"和"长曲棍球"等侦察卫星，基本解决全天候侦察、识别、高分辨率和近实时传送等问题，同时与空中有人和无人侦察机融为一体，基本消除了战场侦察的"死角"，其空间侦察监视能力使战场呈现出全时全域的单向透明；信息传输方面，卫星通信能力进一步提高，使用率增加 75%，信道宽度增加到 783Mb/s，"杀伤链"时间缩短为 10min 左右。通过强大的通信互联能力不断增强联合作战的指挥控制与协同能力，使网络中心战的远程实时指挥控制成为可能，使战场目标"发现即摧毁"成为现实。

综上所述，美军提高其天基信息应用能力的思路主要包括：贯穿体系化思想，从全局对系统资源协调整合、加快作战反应时间、提高各种作战力量的联合程度、提高各作战环节的衔接与并行展开等。这些思路对于构建天基信息服务体系的研究有着很好的启示作用：

(1) 在天基信息服务体系的研究中，注重体系结构开发，从顶层对系统建设进行规范化设计。

(2) 在服务流程上，提高信息融合处理速率，压缩信息服务时间，缩短作战反应时间。

(3) 在用户终端的接入方式和服务分发机制上，提高陆、海、空、天多维战场用户的联合程度；利用按需服务、主动服务的宗旨来优化作战环节，提高作战环节的衔接与并行展开。

2. 国内研究现状

随着我国对天基信息系统的认识和研究逐步深入，相关建设得到不断发展。在国家航天计划和高技术发展计划的支持下，我国已自行研制和发射了各类人造卫星 100 多颗。"东方红""风云""海洋""资源""环境""中星""创新""北斗"等系列卫星陆续发射成功，高光谱卫星、小卫星平台以及卫星组网技术也正在积极研究和部署实施过程中。同时，遥感平台和传感器技术也达到了非常先进的水平，光谱成像仪能获取 128 个波段的图像、卫星光学传感器的分辨力能达到米级、航空 SAR 已处于实用阶段、星载 SAR 正在研制并将发射[36,37]、跟踪与数据中继卫星"天链"一号 "天链"二号已相继成功发射并投入使用。我国自主建立了“北斗”导航卫星系统,并且在逐步发展和完善。该系统目前已具有全国范围的导航定位能力,在一定程度上减少了对国外导航系统的依赖,未来将具备全球范围的导航定位能力[38]。

我国的各种侦察卫星、中继卫星和导航卫星的研发水平和国外相比还有一定的差距,特别是中继卫星的研制和应用刚开始起步,如何与正在研制及已有的侦察卫星、通信卫星、气象卫星、第二代导航卫星、飞船等在通信体制、测控体制等方面相互协调发展,构成初具战斗力的天基信息系统是摆在我们面前的一项重要课题。

经过几十年的飞速发展,我国的天基信息系统目前已经具备了初步的侦察、动中通、固定通和导航定位能力,能够为我军的联合作战提供一定的战略与战术支持。然而,目前国内对于天基信息应用技术的研究更多地局限于现有卫星系统的单一应用,在构建天基信息服务体系上,虽然可以吸纳云计算、大数据、移动网络等技术的特点,但在应对多层次的天基信息应用需求和战时情况下的实时多任务的服务需求仍存在不足,星上信息交换和处理方面仍有待发展。另外,天基信息的服务形式大多采取被动服务模式,缺乏自主性和灵活性,不能充分有效地利用天基信息资源。

总体上看,我军尚未形成一个能稳定运行的天基信息系统,除了装备种类不齐全、数量少、功能弱、性能差、基本无防护能力等问题以外,体系顶层设计问题越来越突出,体系中应该包含哪些装备、装备之间的关系是什么、如何保证体系的完备性和合理性、如何整合“烟囱”式发展等诸类问题尚未解答清楚。需求论证不清晰、缺乏优化的体系结构等问题在一定程度上影响了天基信息系统发展。

提高天基信息系统的信息支援能力,必须加强天基信息系统的网络化建设。一是实现单星模式向星座、网络模式发展。我军使用的卫星系统大都呈“烟囱”式分布,以单星通信为主,互通互联性差。而星座模式能够将多颗按预定要求分布在轨道上的同类卫星组成一个通信网络,来完成信息支援的任务,有效克服单星模式的缺陷,提供较好的覆盖率。网络模式则实现多种卫星及卫星星座互联,更好地完成信息支援任务。二是运用小卫星技术,加速天基信息系统网络化进程。小卫星技术是近年来微电子和微机械技术发展所引发的,并日趋成熟,为小卫星星座概念的出现奠定了基础。小卫星星座在天基信息系统建设方面的应用大大降低了星座系统的成本,缩短了建设周期。因此,积极运用小卫星技术,可以加速我军天基信息系统的网络化进程。三是提高通信容量,拓展卫星数据通信业务。在未来战争中,音频与视频等数据通信业务将成为通信的重要内容,因而我军天基信息系统的建设,必须集多种新技术于一体、多种业务于一体、多种功能于一体,综合运用激光通信技术、星座技术、窄带波束传输技术,保证能在短时间内传输海量信息,从而达到为多任务区域、多用户类型提供多业务手段。

1.3.2 信息服务体系研究现状

1. 美军栅格信息服务体系

栅格技术[39]是基于互联网来解决动态多机构虚拟组织中的资源共享和协同问题的综合技术。栅格技术利用网络基础设施、协议规范、Web 和数据库技术,实现计算资源、存储资源、数据资源、信息资源、软件资源、通信资源、知识资源和专家资源等全面共享。

美国 Argonne 国家实验室、芝加哥大学、南加州大学以及 IBM 公司共同倡议的开放栅格服务体系结构(Open Grid Services Architecture,OGSA),采用构造层、连接层、资源层、协作层和应用层的 5 层沙漏形结构[40]。

为了提高部队的联合作战效能,确保“在适当的时间将适当的信息以适当的格式传送给适当的人员”,同时阻止对方获取信息,从而获取全方位的信息优势、决策优势,美军于 1999 年 9 月提出了建立全球信息栅格[41,42](Global Information Grid,GIG)服务体系。

GIG 服务体系的目标是实现端到端的无缝连接和全球信息共享,提供即插即用式的互操作能力。它由一套全球互连的端到端的信息系统、相关过程以及专业人员组成,旨在根据作战部队、决策人员、支援人员的要求收集、处理、存储、分发和管理信息。GIG 支持战时和平时遍布全球的任务及职能,为各作战单元提供所需的信息,并能实现向联军、盟军、非国防部的用户提供接口。

GIG 体系结构继承发展已有的或正在开发的各种体系结构,形成逻辑上相互关联的三个体系结构视图,即作战视图、系统视图和技术视图。在体系结构上,GIG 按照联合作战的体系结构,建立栅格式的信息网,为实现全球任意点、不同需求之间的信息沟通提供环境条件;在系统组成上,GIG 将系统分为基础、通信、计算、全球应用和使用人员 5 个层次;在技术体制上,GIG 包括实现信息优势所必需的现有的和租用的通信系统、处理系统、软件、数据、安全系统及其他相关技术;在处理程序上,GIG 可区分处理各类信息的优先级等。

GIG 把全球传感器系统、指挥控制系统和作战系统联合起来,面向不同层次的用户提供其所需的信息,并逐步形成该用户所需的知识或能力,对决策的形成起到辅助作用,确保各作战单元分布协同工作。

目前,美军正在建设“综合性航天体系结构”,从技术上消除条块分割现象,并与陆、海、空信息基础设施集成,融入一体化的 C^4ISR 综合体系结构。利用星间链路和网络技术,将各种天基信息通过“作战管理站”进行融合处理和快速分发,并纳入“全球防御信息网”,实施一体化集中监视,确保信息共享和综合利用。预计在未来,随着美军 GIG 的实现,将在更大范围、更深层次综合应用天基信息,更有效地发挥天基信息的作用。

2. 国内主要信息服务体系

我国的一些科研机构在基于栅格技术的综合应用领域相继开展了一系列的重点研究,相关成果总结如下:

1) 面向服务的空间信息栅格体系模型

面向服务的空间信息栅格体系模型[43,44]旨在向公众提供透明的地理信息资源访问,将空间数据方便快捷地服务于广大地理信息用户。该服务模型包括空间数据目录服务、空间数据引擎服务和空间信息应用服务等构件。

武汉大学利用现有的栅格技术、空间信息网络协议规范、空间信息基础设施,形成一个虚拟的空间信息管理与处理环境,将广域分布的、异构的各种设备与系统进行集成,为空间信息用户提供空间信息应用服务的智能化信息平台;并且结合栅格与地理信息系统(GIS),对天基信息在动态性、异构性的环境中,跨多管理域(气象、测绘、土地资源、交通、商务)及多区域的动态的资源共享服务应用展开了研究[45,46]。

2) 空间信息栅格体系

空间信息栅格(SIG)体系[47]旨在从技术层面上实现分布式空间信息资源的共享和整合。通过网络将空间信息获取系统、空间数据资源、空间信息分析处理服务与计算资源(高性能计算机、服务器、PC等)连接起来,为空间信息用户提供基于全网空间信息资源的高效服务和综合应用。

国防科技大学在SIG领域进行了相关研究,对SIG的研究成果集成并拓展了信息栅格、空间信息系统、Web服务等前沿技术,以军事需求为依托,以"服务"为中心,旨在实现一体化的智能空间信息获取、存储、组织、融合、分析处理、分发、应用以及互操作,形成空间信息资源基于网络的共享与集成[48]。

3)卫星综合信息网资源管理模型

卫星综合信息网资源管理模型[20]旨在对卫星综合信息网的网络管理进行功能扩展,引入资源管理和任务管理,提出将栅格技术用于天地一体化的网络环境中,有效地实现信息资源共享。

相关研究者提出了动态分层的管理体系[49,50],即在总控制中心、分网管中心、本地网管之间形成层次关系,在分管理中心之间形成对等关系。在资源信息的描述方面,提出采用可扩展标记语言(XML),并提出描述语言应该能够描述各种结构化或者半结构化的数据类型,具有平台无关性、可扩展性,语法语义简单、易于实现等特点。

综上所述,从基于栅格技术的信息服务体系相关现状来看,在地面网络中,基于大数据、云计算的服务体系研究正方兴未艾并日渐成熟,国内空间信息服务的相关模型和体系是这一趋势较为典型的代表。美军GIG是军事栅格最具代表性的实例,反映了军事栅格的主要特征,但不能照抄照搬。美军的信息化程度高,大多数武器装备都能很方便地接入 GIG,而我军尚处于机械化、半机械化向信息化转变的阶段,大多数武器装备未实现信息化。因此,建立我国的一体化军事信息服务体系不能照搬美军的 GIG 体系,而要立足于我国国情,总结民用领域积累的经验,同时可借鉴其技术和战术思想。

天基信息服务体系作为我军一体化军事信息服务体系的一种样式,在研究和建设中可参考上述信息服务体系的经验,从天基信息系统的特点出发,既不能完全拘泥于 GIG 系统庞大的技术体系结构,又要基于现有装备,并做适当远期规划,以实用、快速、安全为原则进行设计。

1.3.3 体系结构技术研究现状

体系结构技术是本书的研究内容和主要研究方法,下面将对体系结构技术的研究现状和特点进行归纳总结,同时说明所采用的主要分析方法。

体系结构是系统各组成单元的结构、关系以及制约它们设计的原则与指南[51],是体系开发人员的设计依据。体系结构描述主要围绕体系结构框架、体系结构设计方法、体系结构验证方法和体系结构描述工具等方面的体系结构技术展开研究。用体系结构技术研究问题,就是要根据相应的体系结构框架,以及支持该体系结构框架产品开发的设计方法进行体系结构产品开发,并对得到的体系结构产品进行验证与评估,从而合理、正确地指导实践,解决实际问题。运用体系结构技术需要体系结构开发工具的支持,灵活的、可扩展的体系结构建模工具将是体系结构技术是否实用的关键。

1. 体系结构框架演变历程

体系结构框架是一种规范体系结构描述的方法,体系结构框架及其产品构成了体系结构设计的基本语法规则,确保对体系结构的理解、比较和集成有统一的标准。第一个体系结构框架理论是由 John A. Zachman 于 1987 年首先创立的,国际上通称为 Zachman 框架。在此框架的基础上,先后出现了联邦企业体系结构框架(FEAF)、信息系统技术体系结构框架(TAFIM)、财政部企业体系结构框架(TEAF)等商业体系结构框架,并且有一些商业软件支持这些框架的设计。目前,这些框架在相关领域中得到广泛应用,大大提高了领域内系统开发的效能和水平。

在军事领域,规范体系结构设计方法是军事需求与技术推动的共同结果,体系结构框架也应运而生。海湾战争后,美军开始规范体系结构设计方法,于 1996 年 6 月、1997 年 12 月相继颁布《C^4ISR 体系结构框架》1.0 版[52]和 2.0 版[53],率先提出了 C^4ISR 体系结构设计指南,并在实际体系结构设计中不断总结经验。《C^4ISR 体系结构框架》规定任何 C^4ISR 系统的体系结构都要采用 26

种视图产品中的若干产品,从作战任务、系统功能和技术标准三个角度进行描述,从而保证了体系结构产品形式的统一。

2003 年 8 月颁布的《国防部体系结构框架》1.0 版(DODAF 1.0)使美军的 C^4ISR 系统、武器系统乃至国防部业务系统的体系结构设计走上了统一、规范的发展道路。它提出了以数据为中心的体系结构设计概念,增加了对体系结构产品的描述并给出产品范例,引入了集成(或称为一体化)体系结构概念。在体系结构语法上,DODAF 1.0 共定义了 4 类视图,26 种视图产品,如图 1-1(a)所示;

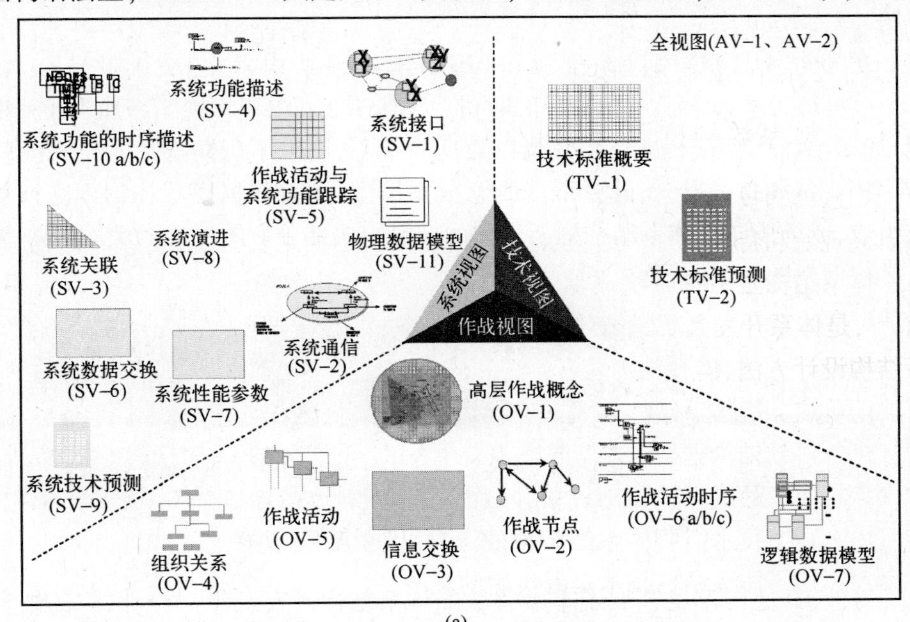

(a)

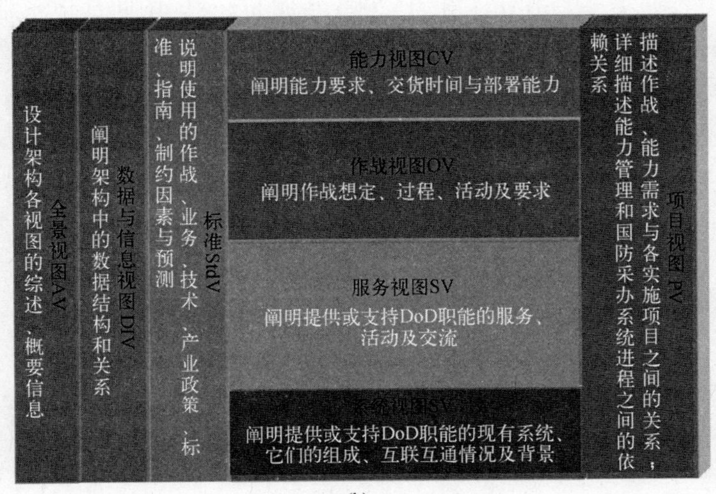

(b)

图 1-1　DoDAF 视图产品
(a) 1.0 版本视图;(b) 2.0 版本视图。

在体系结构产品的定义上,强调以数据为中心描述体系结构;在产品的表现上,增加了基于 UML 扩展的产品描述形式。此外,DODAF 1.0 采用核心体系结构数据模型(Core Architecture Data Model,CADM)作为体系结构的元数据模型,保证了体系结构描述的一致性,便于集成各种体系结构描述。

为适应网络中心战的发展,美国国防部于 2007 年 4 月颁布了《国防部体系结构框架》1.5 版(DODAF 1.5)[54],引入了网络中心概念,增加了针对网络中心环境开发体系结构产品的内容,更加明确了以数据为中心开展体系结构设计的思想。

2009 年 5 月,美国国防部颁布《国防部体系结构框架》2.0 版(DODAF 2.0)[55],该版本包含了三卷和一份期刊。DoDAF 2.0 将三大视图增加为 8 种视图,如图 1-1(b)所示,进一步强调以数据为中心,引入了国防部体系结构元模型(Meta-model)的概念,元模型由概念数据模型、逻辑数据模型和物理交换规范组成,成为国防部体系结构框架整体的重要组成部分。图 1-2 为美军 DoD 体系结构框架的发展历程。

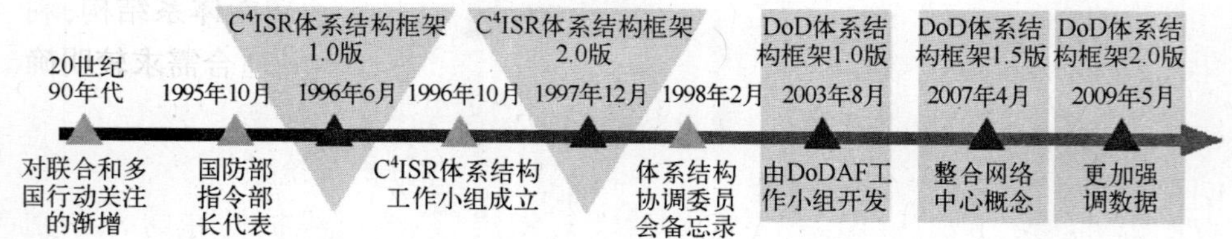

图 1-2　美军 DoD 体系结构框架的发展历程

另外,其他国家也开展了军事领域的体系结构研究工作:英国国防部结合自身特点并参照美军 DoDAF 1.0,于 2005 年颁布《英国国防部体系结构框架》(MOD Architecture Framework 1.0, MODAF1.0)[56];澳大利亚国防军以美军 C^4ISR 体系结构框架和 Meta 公司的企业体系结构战略(EAS)为基础,制定了国防体系结构框架(DAF)[57];挪威陆军装备司令部提出了一个名为 MACCIS(Minimal Architecture for CCIS in the Norwegian Army)的初步的体系结构框架[58];以色列在美国国防部体系结构框架的基础上也开始研究其体系结构框架[59]。

我军也开展了体系结构技术的专项研究,取得了一些研究成果。2004 年,初步建立了军事电子信息系统体系结构框架 1.0[60],用于开发军事综合电子信息系统体系结构。国防科技大学成立了 C^4ISR 技术国防重点实验室,对 C^4ISR 体系结构进行了深入的研究,尤其是以罗雪山教授和罗爱民教授为带头人的体系结构研究团队,对美军体系结构框架进行了跟踪研究,开发了体系结构设计工具和可执行模型设计和验证工具,取得了很多的研究成果[61]。装备学院有关专家对卫星军事应用系统体系结构进行了相关研究[62],并着手对电子信息装备体系结构展开研究。此外,军内其他体系研究实验室以及解放军信息工程大学和解放军理工大学也在开展装备体系、指挥自动化系统等方面的体系结构研究,取得了一些成果。

由于 DoDAF 1.0 版本发展和使用较为成熟,且有相关体系结构工具支持,因此本书将在 DoDAF 1.0 版本下采用以数据为中心的体系结构开发方法建立体系结构模型。

2. 体系结构设计方法

体系结构设计方法以体系结构框架为指导原则,为设计体系结构产品提供具体的开发方法,是进行体系结构描述的过程。目前,体系结构设计方法主要有结构化描述方法、面向对象描述方法和基于活动的描述方法。

1) 结构化描述方法

结构化描述方法[63]是一种比较成熟的系统工程方法,其特点是以过程为中心,以数据流为主线,运用 IDEF0(ICAM(Integrated Computer Aided Manufacturing)DEFinition method 0)语言和数据流图按照自顶向下、逐步求精的原则建立系统的过程模型和功能模型,构建系统的物理体系结构和功能体系结构;利用 IDEF1X 语言建立数据模型。整个过程设计详细,层次分明,适合需求较明确的应用领域。结构化描述方法的优点是理论成熟,应用比较广泛,支持的产品和工具较多。该方法的不足之处:一是以功能为中心分析系统破坏了系统的原有界限,容易造成理解偏差;二是软件实现困难、系统可维护性和组件重用性差。

2) 面向对象描述方法

面向对象描述方法[64]源于软件工程领域,是一种围绕真实世界的概念来组织模型的全新思维方式。它以"自上而下、宽度第一"和基于事件的交互作用为基本原则,主要采用 UML 建模语言来建立系统的结构图、行为图和交互图,对系统的功能和对象进行分解,得到系统的物理实体以及功能实体,构建各对象的状态转移图,然后进行一致性检验和评价。面向对象描述方法的优点是更接近人类思维方式,支持部件重用,易于维护和升级。该方法的不足之处是理论有待完善,设计过程的工程性不强和系统的互联互通性不足。

3) 基于活动的描述方法

基于活动的描述方法[65]是一种新兴的体系结构设计方法,体现了体系结构设计对一体化和互操作越来越高的要求。它以数据为中心,运用 IDEF0、IDEF1X 建模语言和数据流图进行体系建模,采用三视图,即作战视图、系统视图和技术视图对体系进行描述。作战视图描述了作战任务、作战需求以及完成或支援作战所要求的信息流,规定了信息交换的类型、信息交换支持的任务以及与特殊互操作要求相适应的信息交换特征,揭示了作战能力和互操作性方面的需求。系统视图描述了支持作战需求的已有系统、待建系统的组成单元和物理互联。技术视图描述了可用哪些技术,系统研发中必须遵守的规则,为互操作提供基础。基于活动的描述方法可以转化为动态可执行模型,其仿真结果可用于分析活动的执行时间/成本、资源利用率等指标,指导体系建设。基于活动的描述方法的优点[66]是系统的互操作性好,强调以数据为中心确保体系设计的一致性,易于理解交流。该方法需要继续完善的方面包括基于需求规范体系结构设计开发过程,增强系统的可集成性和可比较性,以及提高系统的一体化程度。

通过对比上述方法可以看出,基于活动的描述方法设计过程清晰明确,层次分明,是一种比结构化方法和面向对象方法更具体的体系结构建模方法。它在保持数据一致性的基础上能自动生成部分体系结构产品,提高了模型的重用性,设计效率较高;在建立静态模型的基础上还可以转化为动态可执行过程模型,便于利用仿真结果分析评价体系的创建,并进行修改优化。基于活动的方法是体系结构设计方法的发展方向,对于复杂体系结构的研究具有一定优势。

3. 体系结构验证方法

体系结构验证方法用于检查体系结构设计的正确性和合理性,通过评估体系结构中的逻辑结构、系统性能以及整体效能来确定体系结构描述是否满足功能需求以及满足需求的程度[67]。

目前常见的用于定性分析的验证方法[68]主要有专家评审法、矩阵分析方法、形式化验证方法、体系结构折中分析方法(Architecture Tradeoff Analysis Method,ATAM)、基于场景的体系结构分析方法(Scenario-based Architecture Analysis Method,SAAM)等,其中 ATAM、SAAM 较为典型,应用最为广泛。而可用于定量分析的验证方法有体系结构可执行验证法[69,70],该方法首先是由乔治·梅森大学系统体系结构实验室提出,它侧重于体系结构验证的语义和语用层次,用于验证体系结构的逻辑性、合理性等动态特性。体系结构可执行验证法主要有以下五种思路:

(1) 将体系结构静态产品转化为 Petri 网可执行模型,进行逻辑和行为的合理性验证[71]。

(2) 基于 UML 的体系结构描述,利用 UML 的类图、活动图、协作图组合构建 CPN 可执行模型[72]。

(3) 利用 Statechart 图[73]进行作战状态转移描述和系统状态转移描述。

(4) Telelogic 公司 TAU G2 软件所采用的思路[74],即通过将不同作战节点的状态图进行连接,根据不同的想定将其以时序图的方式执行,验证作战节点状态图的逻辑性。

(5) Telelogic 公司 System Architect 软件所采用的思路[75],即利用基于

IDEF3 体系结构流程仿真方法编辑和运行作战规则模型，验证作战规则的逻辑性和合理性。

综合对比以上体系结构验证方法，基于 IDEF3 的体系结构流程仿真方法具有鲜明的特点，可以根据仿真结果中的活动、资源的利用率或忙闲状态、等待时间等指标来分析作战规则设计的逻辑性和合理性，发现整个体系的瓶颈或弱点，对于作战中天基信息服务流程设计的逻辑性和合理性验证具有很强的可操作性和适用性。

4. 体系结构描述工具

体系结构描述工具为体系结构设计方法和体系结构数据的维护管理提供了自动或半自动的软件支撑环境，能有效地提高设计者的工作效率。目前，比较先进的体系结构设计工具有 Ptech 公司的 Framework 工具、Telelogic 公司的 System Architect（SA）和 Tau G2 软件、Vitech 公司的 Core 软件以及 Logicon 公司的 JCAPS 等，其中 SA 软件的应用最为广泛。

System Architect 软件是一款综合多种建模方法的工具，能够支持基于活动的设计方法，集成了业务流程建模、对象建模、数据建模以及业务流程仿真等多种功能，为创建体系架构提供了一种综合性的解决方案。包括以下主要功能模块：

（1）System Architect：是基本功能模块，支持业务流程建模、对象建模、数据建模及结构化分析等方法，支持 UML、IDEF 等标准，能进行业务流程的规划、建模和执行，可用于管理企业系统架构的框架（Zachman、DoDAF、DoDAF ABM、TOGAF）。

（2）SA for DoDAF：支持 DoDAF 体系结构框架，完全支持作战视图、系统视图和技术视图的建模。

（3）SA for DoDAF ABM：支持运用基于活动的方法进行 DoDAF 产品开发，为开发 DoDAF 产品提供流程指南。

（4）SA Information Web Publisher™：以网页的形式发布存储在 SA 资料库中的模型和数据，简化用户在不同应用系统和流程之间的转换过程，方便查看资料库中的复杂模型。

（5）SA Compare：对同一项目的不同架构模型通过生成 XML 文档进行数据元素比较。

（6）SA Simulator Ⅱ：是流程仿真工具，支持用户建立动态运行流程模型，用图表形式显示仿真结果。用条形图显示利用率水平、流程内各活动的等待时间，可以发现体系的瓶颈和弱点；用饼图和电子表显示成本信息。全面集成 MS Excel，读取从 SA Simulator Ⅱ导出的信息。

（7）XML Architect：是图形化的 XML 模式编辑器，实现组织机构中电子数据的交换,使相关人员更好地沟通和理解。

通过对 SA 的主要功能介绍可以看出,该软件作为一个体系分析、评价与论证工具,集成了 ABM 和体系结构流程仿真方法,在体系结构建模过程中,使用数据库管理所有模型,并且统一体系结构产品,支持信息和数据的重用性和一致性,模型开发效率高,可修改性强,因此选用 SA 软件作为研究工具,主要使用 System Architecture、SA for DoDAF ABM 和 SA Simulator Ⅱ三个模块从作战视图和系统视图的角度对天基信息服务体系进行概念建模,并建立动态流程模型对该体系在作战流程中的应用进行仿真和分析,以发现所建体系的逻辑错误,指导体系设计的修改和优化。

1.3.4 个性化推荐技术研究现状

1. 发展历程

早在 1945 年,Vannevar Bush 在 *Atlantic Monthly* 发表了著名的 *As We May Think* 一文,从 Bush 描述的概念和功能中可以看见个性化信息服务的思想及个性化信息服务系统的雏形:每个人有一个属于自己的储存扩充器(memory extender,Memex),把自己喜爱的书籍、资料存放在其中,需要的时候直接从数据中调取即可。

1995 年至 1997 年,美国人工智能协会春季会议、国际人工智能会议、ACM 智能用户接口会议和国际 WWW 大会等重要会议发表了多篇个性化服务原型系统的论文,标志着个性化服务研究的开始。1996 年,加州大学 Irvine 分校的 Brian Starr 等人提出了发现用户感兴趣页面有价值变化,进而通知用户访问的个性化服务智能体 Do-I-Care;同年,卡内基·梅隆大学的 Dunja Mladenic 在 WebWatcher 的基础上进行了改进,提出了个性化推荐系统 Personal WebWatcher[82],1996 年,著名的网络公司雅虎(Yahoo)也注意到了个性化服务的巨大优势和潜在商机,推出个性化入口"MyYahoo!"[76]。

1997 年,AT&T 实验室提出了基于合作方式的个性化推荐系统 PHOAKS 和 Referral Web[84];斯坦福大学的 Marko Balabanovic 和 Yoav Shoham 推出了基于内容和合作方式的个性化推荐系统 Fab[77]。1997 年 3 月,著名的杂志 *Communications of the ACM* 组织了一辑个性化推荐系统的专题报道,标志着个性化服务已经为技术界高度重视[78]。

2000 年 8 月,Communications of the ACM 再次组织了个性化服务的专刊,个性化服务的研究已经进入快速发展阶段[79]。2000 年以后,美国 NSF 基金开始支持有关个性化服务的研究,以美国为主的多国个性化研究机构和网络公司成立了个性化协会,旨在推动个性化服务的发展,同时也越来越重视保护个性化服务中涉及的用户隐私[80]。

2. 典型个性化推荐系统

目前个性化服务在信息搜索与导航、电子图书馆和电子商务领域有着十分广泛的应用,以下是一些典型的个性化信息服务系统。

1）信息搜索与导航

个性化推荐技术最初主要应用于信息搜索、网页导航等领域。

"Profile"工程是计算科学协会(CSI)与认知和信息协会(NICI)的一个合作研究项目,其目标是通过使用文档和用户模型的更丰富的描述而不是关键词来提高检索文档的质量,开发一个对 Web 能动的多智能体过滤器[81]。

Metacrawler 系统是 Washington 大学开发的基于 Internet 中 8 个搜索引擎的元搜索引擎系统。它提供了统一的接口,用户将查询请求提交给 Metacrawler,它在通过成员调度策略转给其他各个搜索引擎,最后把结果以统一的形式返回给用户。通过在实际的信息和用户之间生成统一的用户过滤处理层,提高了系统的灵活性[82]。

Inquirus2(NEC 研究院)是一个元搜索引擎,只有自己的用户界面和搜索机制,真正的搜索工作是由其他的搜索引擎完成的。它与普通的元搜索引擎的不同在于增加了用户的偏好,用户可以选择自己所需要使用的类别作为附加信息,然后 Inquirus2 会根据这个附加信息来选择要使用的搜索引擎并指导搜索的过程,这样就可以得到比单纯的关键字搜索更有价值的搜索结果。每一个关键字都由于用户选择的搜索类别不同可能会提交给不同的搜索引擎,最后根据这些附加的偏好信息对搜索结果进行筛选,返回与用户偏好最为接近的结果。这种基于用户偏好的筛选过程使得相同的关键字对于不同的用户可能会得到不同的结果[83]。

国内主要代表性的系统有南京大学多媒体技术研究所推出的 DOLTRI-Agent[84]。该系统将主体技术应用于网络信息搜索,其主要的特征是具有学习功能,能够在信息交互中获取用户的信息,系统的本地信息库还可以对搜索到的信息进行分类存储和管理,并具有与其他系统的协作功能[85]。

2）电子图书馆

1991 年,美国开始进行数字图书馆项目研究,随后,英国、法国、日本、德国等国家也纷纷开始研究数字图书馆,因此,数字图书馆个性化服务也比其他国家先进一步[86]。美国图书馆与信息技术联合会(LITA)数字图书馆专家在 1999 年将个性化定制服务列为未来数字图书馆技术发展 7 大趋势之首[87]。

美国康奈尔大学图书馆、华盛顿大学图书馆、北卡州立大学图书馆、梅克伦堡州夏洛特公共图书馆以及亚洲的新加坡国立图书馆等都取得了一定的效果。其中最具代表性的数字图书馆个性化服务系统是 MyLibrary 系统,现在美国已有近百所图书馆开通了此项服务[88]。康奈尔大学 2000 年推出的 MyLibrary 系统[89]可以分为 MyLinks 和 MyUpdateso 两个部分。MyLinks 主要用于读者搜集和组织自己常用的电子资源,资源不仅来源于本馆的收藏,还可以来源于互联网资源。用户可以在 MyLinks 中创建不同的文件夹,并对文件夹中的资源进行命名,添加和删除等基本的操作。MyUpdates 则主要向读者提供个性化的推送服务。读者将其需要定制的信息按照一定的要求输入到系统中,系统定期对图书馆新到的资源按照读者的定制信息进行检索,如果发现了符合定制要求的资源就通过 E-mai1 的方式通知读者。同时读者也可以自主调整定制策略,以满足自己的需求。

国内 MyLibrary 个性化服务系统起步较晚,还处于研究和探索阶段。目前,国内数字图书馆个性化信息服务系统比较成熟的有中国科学院文献情报中心的“个人数字图书馆”系统、浙江大学开发的 MyLibrary 系统、深圳深思朗图 ILAS Ⅱ 个性化服务系统等。

中国科学院文献情报中心的“个人数字图书馆”系统是基于北卡罗莱纳州立大学 MyLibrary@ NCState 系统,在 GNU 协议许可下发布的开放源代码软件的基础上改进的一个个性化定制与集成系统[90]。它支持用户依据自己的需要选择信息资源,创建个人图书馆信息系统,实现对个人信息的有效管理。

浙江大学图书馆 MyLibrary 系统是国内开发得较早的个性化服务系统。该系统采用主流的 Web 服务模式。用户通过支持 Cookies 的浏览器登录 MyLibrary 系统,设置账号和密码,并根据自己的知识、信息需求对馆藏数字资源和其他网络进行筛选、整理。用户完成设置后,可动态建立 MyLibrary 的页面、显示定制的内容。该系统采用浏览器/服务器(brower/server)模式,主要由 Web 服务器、数据库服务器和客户浏览器构成,其优点是功能异常全面,具有可定制性,强调对用户的个人信息进行保护[91,92]。

深圳图书馆的深思朗图 ILAS Ⅱ 个性化服务系统是作为商业形式推出的,是深圳图书馆深思朗图信息技术公司在 2000 年初开发的 ILAS Ⅱ (Integrated Library Automation System)网络版中捆绑的个性化服务子系统,专门为图书馆用户提供个性化的服务,用户只需一次登录即可享受所有的服务[88,93]。

3) 电子商务

1997 年以后,个性化推荐技术被大量引入了一个新的应用领域——电子商务。在引进推荐系统以后,电子商务系统可以预测用户的喜好,仅仅把用户可能有兴趣的商品形成列表推荐给用户。由于这种列表往往很小,顾客可以很容易找到自己感兴趣的商品,这样不仅极大地方便了顾客,而且潜在地增加了电子商务的交易量,为商家带来了可观的收益。因此,电子商务商家纷纷开始把推荐系统嵌入到他们的电子商务系统中,引发了推荐系统研究和应用的热潮[94]。

1999 年,德国 Dresden 技术大学的 Tanja Joerding 实现了个性化电子商务原型系统 TELLIM[95];麻省理工学院的 Henry Lieberman 提出了基于合作方式的个性化导航系统 Let′s browse[96];意大利 Torino 大学的 Liliana Ardissono 和 AnnaGoy 提出了个性化网上商店 SETA[97]。此后电子商务的个性化趋势开始向全球蔓延。

SmartPush 系统根据用户的个性信息向用户递送由芬兰的一家大报纸提供的电子数据。系统将用户模型存储为一个本体(Ontology)[98]。本体由 40~60 个节点组成,它要求文档作者在创作文档时对文档进行与用户模型相似的本体扩展,这些元数据描述了文档的内容并附加在文档中。本体上节点的权重根据明确描述文档内容的元数据来进行修正。

MovieLens 是 Minnesota 大学开发的研究型自动协同过滤推荐系统,用于推荐电影。MovieLens 系统是一个基于 Web 的推荐系统,系统通过浏览器的方式进行用户评分数据收集与推荐结果显示,使用户使用更加方便[99]。

Amazon 推出一种名为 Plog(Personalized Blog)的服务。Plog 是一种个性化的 Blog,主要通过对用户们浏览过的商品和购物记录进行筛选,来给用户提供推荐的商品和相关的购物信息。Plog 会随着用户访问 Amazon 的次数和交易数目的增加而变得更加有用和有趣[108]。

Video Recommender 是 BellCore 开发的协同过滤推荐系统,用于视频推荐。Video Recommender 系统通过电子邮件的方式收集用户评分数据,提供推荐服务,不仅可以预测用户最喜欢的电影,也可以预测用户对特定电影的评分。在 Video Recommender 系统提供推荐结果时,同时向用户提供用户最近邻居的电子邮件联系方式,以及用户与最近邻居的相似度等信息[100]。

Ebay、卓越、淘宝使用用户反馈模型机制,用户反馈包括一个满意度的评分(感到满意、一般或感到不满意)以及关于其他客户相关评述,系统根据反馈信息向用户提供推荐[101-103]。为获得性能更好的电影推荐算法,美国的影碟租赁公司 Netflix 甚至不惜每年出资百万美金在全球发起编程竞赛,更是为个性化推荐领域的发展注入了一针“强心剂”[104]。

近年来,个性化推荐技术在基于位置的服务(Location Based Service,LBS)领域炙手可热。LBS 是基于地理信息技术将物理位置在电子地图上定位,并以此为基础而提供的空间信息服务。传统的在线个性化推荐系统基本上基于用户行为历史(购买行为、点击行为、收藏行为、点评行为等)和当前内容场景(如正在浏览的图书、正在交流的 SNS 好友等)来实施推荐,对于用户的位置因素以及相关的因素并没有太多的考虑,而基于位置服务的个性化推荐在引入位置因素、人的因素、时间因素后,其个性化推荐会出现很多有趣的应用场景,服务形式可扩展至娱乐、广告、生活服务、社交等诸多方面。典型系统包括国外的 GeoLife、Foursquare 及国内的街旁、大众点评等[105-108]。

第2章　天基信息服务体系分析与设计

2.1　天基信息服务体系的需求分析

2.1.1　天基信息服务的优势

在航天军事信息技术的迅猛发展和强力推动下，陆、海、空各作战力量有效利用天基信息的能力不断加强，作战能力成倍跃升，整体作战效能极大提高。天基信息系统以其强大而特殊的信息支援与保障能力，将成为未来我军联合作战的重要保障。天基信息服务依托天基信息系统实施与应用，在联合作战中将表现出与其他军事信息服务所不同的使用优势：

（1）天基信息保障的快速性。迅速、及时的情报信息获取是未来战争制胜的基础和前提。战场情况瞬息万变，作战节奏明显加快，为了及时反映战场的态势变化，信息获取、传输、处理、分发必须快捷高效，才能做到“适时打击”，对稍纵即逝的时敏目标进行精确打击和摧毁，进而形成“从传感器到射手”的一体化系统。

（2）天基信息保障的持续性。天基信息系统的天基平台能够长期利用空间环境，实现全方位（陆、海、空、天、网）、全天时（战时和平时、白天和晚上）、全天候（风、雪、雨、雾和各种海况）对作战区域和热点地区的侦察监视、反导预警、气象侦测和地理地形探测，获取相关情报资料，经综合集成形成服务信息，为指挥决策和作战实施提供依据。

（3）天基信息保障的精确性。精确作战是联合作战理论指导下的作战方式与手段。天基信息系统具有的高远位置优势，能够对作战目标实施精确的侦察与定位，为诸军兵种联合作战提供精确的信息支援与保障，对打击效果实施精确的侦察与评估，最终实现以最低的代价达成最佳的作战效果。

纵观美军近几场信息化战争，天基信息系统发挥着战场信息网络“纽带”和武器装备效能“倍增器”的作用，使武器装备系统的作战效能得以提升。目前，天基信息系统的应用呈现出不断深化的发展趋势，其显著特点是天基信息逐渐融入指挥、控制、通信、计算机、情报、监视与侦察（C^4ISR）系统，广泛渗透于各种作战单元和各类弹药并使之互通互联，进而使各种作战力量日趋一体化，作战指挥更加灵敏高效,火力打击更加精确有效[109]。

2.1.2 联合作战对天基信息服务的需求分析

一体化联合作战,是信息化条件下局部战争的基本作战形式,也是追求作战效能最大化的必然选择[110],其实质就是要充分发掘和利用信息的作战潜能,谋求夺取信息优势,实现信息主导下的实时联动作战。

在联合作战中,由于作战空间、作战兵器和作战行动的不同,不同军种对天基信息的服务需求也有所不同。

对于陆军部队,天基信息服务具体体现在以下内容:

(1) 保障作战指令与情报信息的传输。

(2) 短期与即时战场气象预报。

(3) 武器装备及作战人员自身位置的精确定位。

(4) 主要交战敌方部队的动态情报信息。

(5) 敌方卫星临空预报信息。

(6) 导弹及空袭预警信息等。

对于海军部队,因需着重解决海上作战“看不清、看不远”以及“联不通、联不远”的问题,天基信息的服务体现在以下五个方面[111]:

(1) 监视周边沿海国家、地区的战略目标和岛岸阵地、军事工程设施和兵力部署,获取有关敌战略意图、军事动向的情报,为海军指挥机关提供大范围海域的目标侦察数据。

(2) 对水面舰艇、航空母舰编队和潜艇进行搜索、识别、定位、监视其行动,截获舰艇和潜艇上的通信信号、雷达信号、武器遥测信号,为海军指挥机关及海上编队、潜艇提供敌我态势分析和攻击目标指示。

(3) 保障水面舰艇在较大范围内,全天不间断地实施可靠、准确、实时的指挥、情报通信,尤其要着重考虑保障战略核潜艇作为国家核威慑力量部署在超出第二岛链的远洋地区与岸基指挥所的通信畅通。

(4) 对海上作战部队定位,为舰载武器系统提供发射基准与武器制导,为电子、光学等探测设备提供坐标参数与速度、时间基准,以实现指挥控制与态势协同。

(5) 监测海洋大气环境,为指挥机关、作战单元提供海上水文气象保障。

对于空军部队,天基信息将提高空军战机编队飞行和攻击的效果,其服务需求体现在以下六个方面[112]:

(1) 获取作战区域内各种防空火力的数量、类型、防空阵地的具体位置等重要军事目标信息并监视其动态变化,进行大范围内战术信息的统计和判别,掌握防空兵力的配置和变化情况以及战斗人员活动规律,为制定作战方案和指挥决策提供可靠的情报信息保障。

(2) 获取作战区域的通信信号、雷达信号、遥测遥控信号、导航定位信号，以及电磁干扰、电磁环境噪声等信号，为编队飞机实施电磁规避和电子自卫提供电子支援情报，为电子对抗作战提供战场电磁态势情报。

(3) 获取作战区域内起降机场、航线及目标区的云量、云高和云状，航线上不同高度的风场，作战区域内的地面能见度和空域能见度等；作战空域内不同高度上的风、湿度、温度垂直廓线等信息，以提高作战区域航空气象预报准确率，为实施作战提供可靠的气象保障。

(4) 获取目标区域重力场、磁力场、地形地貌等信息，绘制三维电子地图，用于掌握目标的精确坐标，为制定具体的航路规划提供精确的地理信息。

(5) 提供全天候、全天时的位置、航向、姿态及航路导航信息，引导作战飞机安全起降，确保按照预定航线及时准确进入作战空域。

(6) 提供全天时、全战场区域稳定的通信覆盖，对指挥控制引导和各种支援保障信息进行远距离传输和分发，满足实时通信传输的需要。

对于导弹部队，天基信息服务体现在以下两个方面[113,114]：

(1) 平时，提高目标整编质量，增强战略预警能力，促进导弹阵地建设。

(2) 战时，在导弹发射准备阶段，支持发射单元快速机动，保障机动部队应急通信，及时更新战场态势；在导弹飞行阶段，支持弹道导弹的制导，巡航导弹的中制导和末制导，支持导弹突防以及实施火力机动。反导作战中，获取敌方来袭导弹信息，捕获跟踪目标并计算出弹道，为反导系统提供准确数据，为防御作战提供较长的预警时间。

从上述各军种在联合作战中对天基信息服务的需求分析来看，天基信息服务体系需要具备以下能力：

(1) 信息获取能力。通过多种手段包括光学成像侦察、雷达成像侦察、电子侦察、海洋监视、天基预警及环境探测等，实现精确、近实时、不间断、全天候、全天时的信息获取，提供战场目标信息和动态敌情。

(2) 信息传输分发能力。具备全球范围内“动中通”“全球通”“时时通”的能力，满足从战略到战术，从指挥部到作战单兵各层次的通信需求；通信覆盖范围广，传输速率高。

(3) 导航定位能力。导航定位系统能够提供实时、连续、可靠的导航定位信息，保障作战行动顺利实施。可支持精确打击武器作战，具有抗干扰能力。

(4) 天基信息一体化综合应用能力。多种遥感信息的融合和集成，实现天基卫星资源的综合利用；统一管控天基卫星资源，以共享形式综合利用、按需分发天基信息，确保分散部队联合实施目标确定、协同作战、快速评估和反击，提高联合作战效能；以天基信息网络为核心，形成“以天为主、天地结合”的陆、海、空、天一体化信息装备体系，与武器装备系统铰链，实现一体化的信息综合应用。

2.1.3　面向作战体系的天基信息服务应用分析

天基信息服务可以为总部、军兵种和军区及各级部队的作战指挥决策提供战场信息支援与保障，面向作战体系，可以划分为三个层次的应用，即战略级、战役级和战术级，具体内容如图 2-1 所示。

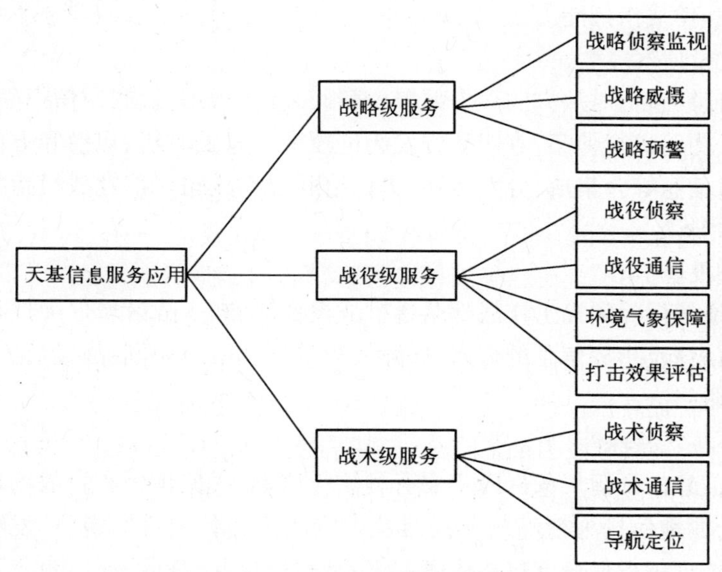

图 2-1　面向作战体系的天基信息服务应用

1. 服务于战略级用户

战略级用户是指国家指挥当局，天基信息服务提供最新的有关国家安全和战争全局所需的情报信息，作为决策指挥机构战略决策的依据。

1）战略侦察监视

天基信息系统长期保持一定的空间监视能力，掌握主要国家和主要战略方向的情况，积累重要情报以备战时之需，及时发现重大异常情况和战争征候，为高层进行战略决策、制定战略计划、筹划和指导战争提供重要保障。

2）战略威慑

天基信息系统能够及时发现和判断敌人的战略突袭征候，全面掌握来袭目标动态，辅助高层判别威胁程度，从而使其不敢轻易使用进攻性武器，而且天基信息快速及时的传输分发能够为部队行动、隐蔽防护、临时机动、适时反击赢得尽可能多的时间，保持部队行动的主动权，增强对敌的威慑力。

3）战略预警

战略预警是战略防御的首要条件。战略预警系统的主要对象是防御战略弹道导弹、战略巡航导弹和战略轰炸机。天基预警探测系统监视并及早发现敌方战略武器活动，查明敌方战略袭击的动向，及早进行战略预警，为国家决策当局和军事指挥系统提供尽可能多的预警时间，以便有效地对付敌方的突然袭击。

2. 服务于战役级用户

战役级用户指战区、诸军种或某一作战方向的指挥机构，天基信息服务于为战役指挥员，能够加强其战场感知能力，保证战场透明化，提高其兵力部署、武器控制和作战指挥能力。

1）战役侦察

战役侦察包括对敌方的兵力部署、编制、装备、指挥机构、通信枢纽、作战能力、行动企图等进行侦察，查明敌方发起进攻或反击的时机、规模和方向等战场态势，经过信息综合集成、分发传输，提供给联合作战司令部及战役指挥员辅助实施战役指挥。

2）战役通信

战役通信保障师以上作战部队遂行战役作战，在作战区域保障战役警报信号和情报信息及指挥信息的传递，保障战役指挥和战役协同、战役后方、技术保障的通信联络。

3）环境气象保障

天基信息的环境气象保障主要有测绘与测地、气象预报和海战场环境探测等，测绘与测地信息为精确制导武器及主战武器装备的目标定位、发射、控轨、制导提供地理地形信息支援与保障。气象信息可用于危险天气警报、远程轰炸机航线天气预报、弹道导弹系统的计算、着陆预报等军事保障工作。海战场环境探测用于测定海岸地势和性质，监视海洋特性，为海上作战部队掌握海战场环境状况提供信息保障。

4）打击效果评估

迅速侦察打击效果是实现“精确打击”不可或缺的关键环节。天基侦察监视系统获取目标的打击效果遥感图像，通过信息融合分析，综合形成打击效果信息。指挥员根据打击效果信息能够及时、迅速、准确地评估作战效果，做出相应修正，提高作战质量，尽可能减少不必要的重复打击行动。

3. 服务于战术级用户

战术级用户指作战部队、飞机、舰船、坦克甚至单兵等作战单元，天基信息服务于战术级用户，能够减少信息传递的中间环节，使作战单元及时了解己方、友军、敌军的位置以及兵力部署等战场动态信息，协调行动，执行战斗命令。

1）战术侦察

侦察监视战场动态情况，掌握敌方的兵力集结和调动情报、战场准备情况等，为己方实施近实时的远程精确打击，以及战损评估提供保障；进行电子侦察，掌握敌地面防空雷达、反导雷达、军用电台的精确位置、信号特征和作用距离，为对敌实施干扰和摧毁提供相关数据信息，为己方弹道导弹和轰炸机有效突防提供数据支持；进行海洋监视和侦测，监视敌船只和潜艇的活动，侦测舰艇雷达和无线电通信，掌握海上军用舰艇的数量、类型、编队、活动规律、机动方向和作战意图等，为有效应对敌方海上来袭提供信息保障。

2）战术通信

战术通信保障师以下作战部队遂行战术行动，提供及时的、低速率的、战术性指挥与控制通信勤务，以及保障战机、战舰、车辆、分队乃至单兵背负终端的机动通信任务。

3）导航定位

天基导航定位系统可提供连续、实时、全球性的导航、定位、授时、测速等服务，支持导弹远程精确打击、飞机空投、轰炸、舰船航测、军事测绘、反潜、布雷扫雷等战术行动。

2.2　天基信息服务体系的组成结构

根据天基信息服务体系的相关概念和需求分析，天基信息服务体系由天基信息获取、天基时空基准、天基信息传输、天基信息综合集成以及服务管理控制五大系统构成，具体组成如图 2-2[115] 所示。

2.2.1　天基信息获取系统

天基信息获取系统利用天基平台对地面进行侦察探测，以获取目标区域的特征信息。从探测任务区分，包括侦察监视系统、环境探测系统和预警探测系统。

1）侦察监视系统

侦察监视系统包括光学成像卫星系统、雷达成像卫星系统、电子侦察卫星系统和海洋监视卫星系统等，主要任务是从空间获取目标区域的特征信息，监视低速运动目标的动态变化。平时用于获取战略情报信息，战时用于获取战场信息特别是动态敌情信息，发现、识别、监视敌方重要的军事目标，为战略级、战役/战术级指挥机构提供目标的侦察信息，增强战场态势感知，辅助决策，指示目标，并为打击效果评估提供依据。

2）环境探测系统

环境探测系统包括气象卫星系统、测绘卫星系统和海洋环境卫星系统等，主要任务是对战区的风、云、雨、雾等天气状况做出预报，为作战时机的选择、作战部队大规模的调动、海空行动、精确制导的导弹发射等军事行动提供可靠的气象保障；测量地球重力分布、地磁场分布、地球形状以及地球表面的地理信息，

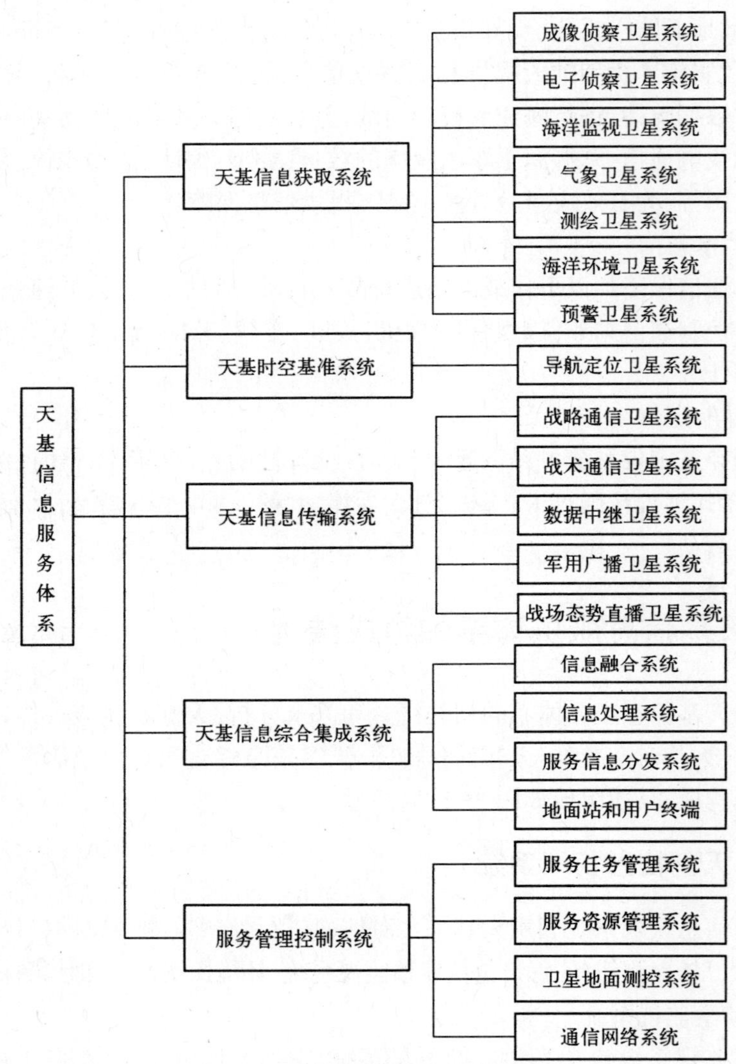

图 2-2　天基信息服务体系组成

为地面观测设备进行目标观测或定位提供基准信息;对海战场环境进行监测,掌握海洋环境要素,为海军作战行动提供必需的海洋军事战场环境信息保障。

3）预警探测系统

预警探测系统包括各类导弹预警卫星系统,主要任务是对敌方的导弹攻击进行预警,获取空中和空间运动目标信息,为反导、反卫和防空等作战任务提供敌方弹道导弹、空间目标、战略轰炸机和巡航导弹等信息服务,使地面防御系统赢得尽可能长的预警时间,以采取有效的反击措施。天基预警探测系统不仅是导弹防御系统的重要组成部分,在航天作战中还能监视卫星的发射和航天飞机的飞行。

2.2.2　天基时空基准系统

天基时空基准系统[109]主要由导航定位卫星系统组成，具有全球性(陆、海、空)、全天候和连续实时等特点，主要任务是为各军兵种部队，乃至单兵和高技术武器系统(如导弹、卫星、火箭、飞机、舰艇、车辆等)提供定位、导航、授时服务，特别是服务于精确制导武器。导航定位装备使多种作战力量有效克服天气和地形的不良影响，大幅提升了部队的战场机动、兵力部署、远程奔袭、敌我识别、火力协同和控制、战场补给等方面的能力[116]。

2.2.3　天基信息传输系统

天基信息传输系统利用各种通信卫星系统进行信息传输，具有覆盖范围大、通信距离远、通信容量大、传输质量高等优点。从信息传输的任务区分，包括卫星通信系统、数据中继卫星系统和战场态势直播卫星系统等。

1) 卫星通信系统

卫星通信系统包括战略通信卫星、战术通信卫星、移动通信卫星等，主要任务是提供远程直至全球范围的战略通信、地区性战术通信和舰艇、飞机、车辆乃至单兵的移动通信，为加强战场感知，保障各军兵种部队协同、装备协同、力量协同，指挥控制等提供信息链路。

2) 数据中继卫星系统

数据中继卫星系统是信息传输的中继站，具有跟踪测轨和数据中继两个方面的功能。该系统的主要任务是实时高速率地向地面转发各类航天器，特别是各种侦察卫星获得的大量信息，可将低轨航天器覆盖范围扩展 85% ~ 100%；对各类卫星进行天基测控，跟踪、测量和控制其他航天器；也可将其他航天器的轨道数据和遥测数据等转发给地面测控站。

3) 战场态势直播卫星系统

战场态势直播卫星系统具有卫星波束窄、辐射功率大、用户接收设施成本低等特点，主要任务是通过地球同步轨道卫星，以大功率辐射地面某一区域，向作战单元实时传送战场态势信息。

2.2.4　天基信息综合集成系统

天基信息综合集成系统由信息融合系统、信息处理系统、服务信息分发系统、地面接收站和用户终端组成。该系统的主要任务是对天基信息获取系统发回的原始信息数据进行专业技术处理，转化成相对有用的情报单元；然后进一步判读、分析和情报整编，生成不同等级不同形式的服务信息产品，通过分发系统快速、及时、准确地提供给各级作战指挥部和作战单元。

1）信息融合系统

信息融合系统对来自多个传感器的数据与信息进行多层次、多方面检测、关联、相关、估值与综合，以达到对目标真实状态及其属性的最大确定，进而取得实时战场环境的态势、目标的精确位置和威胁等级等。信息融合主要有分散式、集中式和混合式三种方式。本书将采用集中式融合方式进行体系设计，即信息融合处理中心作为天基信息服务体系组成部分的地面处理系统之一，直接对天基信息获取系统下传的原始信息数据进行融合处理。融合后的记录被分配一个记录号，并保存在信息融合中心数据库中，这个数据库将为情报整编集成中心提供数据源。

2）信息处理系统

经过信息融合仅得到了初级产品，还不能实际运用，需要对情报单元进行集成，生成由多个情报单元或多条情报组成的情报集合，才可以提供给用户相对完整可信的情报服务产品。信息处理系统根据作战指挥的需要，利用人工和自动化手段，对通过各种渠道获取的情报信息进行整理、筛选、分析、综合，形成有使用价值的情报产品，为制定作战方案和决策，协调控制部队行动提供依据。

3）服务信息分发系统

情报服务信息进入分发系统后，首先要根据战场情况和用户请求，确定发送优先级；然后根据情报服务产品性质以及用户需求的不同，确定分发方案；最后在发送过程中要对信息流量进行控制，防止出现拥塞现象，确保重要级别的服务信息及时送达。

特别地，对于导弹预警信息[39]，因反导作战对其时效性要求很高，为保障信息快速分发到作战部队，为反导部队的作战准备提供宝贵时间，分发系统应按照“自动—越级—实时”原则分发信息。即在信息分发各环节上应尽量减少人为因素，各种分发方案预设在系统中，战时系统自动进行分析、选取、执行（人工确认）；预警信息越级分发方式应与我军防空反导指挥模式相配套，指挥和作战部队同时得到预警信息，及时进入战斗准备状态；为实现压缩处理、缩短分发时延，系统应采取“边处理边分发”的模式，将卫星获取的来袭目标的重要参数以及对目标的处理识别信息，如弹道参数、落点等即时分发到用户。

4）地面接收站

地面接收站主要负责接收天基信息获取系统下传的信息数据，对其解密、去压缩，并把解调后的数据传输给天基信息综合集成系统。

5）用户终端

天基信息服务体系的用户部分主要包括陆、海、空、天、网各军兵种的指挥部和作战部队（包括作战人员和武器系统）以及联合指挥所等，各类用户又可划分为战略用户、战役用户和战术用户三个级别，并可设置相应等级的服务（包括服务内容权限和分发优先级)。天基信息服务的用户既可以是固定用户,也可以为移动用户。

2.2.5 天基信息服务管理控制系统

天基信息服务管理控制系统由服务任务管理系统、服务资源管理系统、卫星地面测控系统和通信网络系统组成,主要任务包括提供应用服务和核心服务。应用服务包括查询、发现、定位、匹配和服务订制等被动和主动信息服务;核心服务包括资源管理和数据管理。资源管理负责对服务资源节点的状态信息进行管理控制,对战场信息资源进行分析,以一定的格式进行封装,并且能够实时监控资源变化以及时更新;数据管理主要实现异构数据的统一管理、元数据管理等功能。

1) 服务任务管理系统

服务任务管理系统分为用户需求管理系统和服务决策生成系统。用户需求管理系统主要负责接收和管理用户提出的服务请求,包括对用户进行身份认证、访问控制,以及用户的服务请求接口管理、服务请求队列管理和服务请求存储管理;分析和处理用户的服务请求,包括请求资源分析、服务质量分析、时间限制分析等;并对用户的服务请求进行意图辨识和挖掘,形成兴趣模型,以便提供主动服务。服务决策生成系统主要负责根据当前用户的服务请求(包括被动或主动服务请求)、当前情报数据库信息资源和可用天基信息服务资源的状态生成可行的服务方案,天基信息服务资源是指实施天基信息获取的天基节点及其载荷资源。

2) 服务资源管理系统

服务资源管理系统主要负责资源管理和数据管理。资源管理负责对天基服务资源节点的状态信息进行管理控制,对战场信息资源以一定的格式进行封装,并且能够实时监控资源变化以及时更新;数据管理主要实现异构数据的统一管理、元数据管理等功能。

3) 卫星地面测控系统

卫星地面测控系统由卫星测控中心和地面测控站组成,主要任务是对卫星进行跟踪、测轨、遥控、遥测等测控管理工作,完成卫星在轨运行的故障检测和维护。具体来说,实施对卫星的各项在轨测控管理工作,包括轨道测量、预报和保持;对卫星进行时间校准;对卫星的异常事件进行应急测控和故障处理等。

4) 通信网络系统

通信网络系统由固定有线和无线通信系统、机动有线和无线通信系统组成,主要任务是保障服务管理控制系统和天基信息综合集成系统以及用户之间进行信息传输,使地面应用系统稳定、高效、安全的运行。

天基信息服务体系的信息流按照信息内容和功能作用的不同,可以分为态势流、状态流和指控流三类[117]。态势流为体系对外部信息的感知,状态流为体系对自身状态的把握,指控流是对各作战节点的驱动,以及对体系的态势流和状态流的引导和控制。态势流信息由战场目标信息和自然环境信息构成,主要通过各种天基信息服务资源节点的传感器直接探测,并经过融合处理形成。状态流信息是天基信息服务体系内部各作战节点向服务管理控制中心上报告的关于自身状态的信息,包括天基信息服务资源节点的状态信息、系统运行的状态信息、信息服务情况等信息。指控流信息是服务管理控制中心和信息综合集成中心基于态势流信息和状态流信息,对体系内各作战节点进行控制的信息,包括信息获取指令、作战方案信息和作战效果评估信息等。通过分析天基信息服务体系内的信息流组成,信息流动使各系统之间产生联系,从而构建了天基信息服务体系的组成结构,如图 2-3 所示。

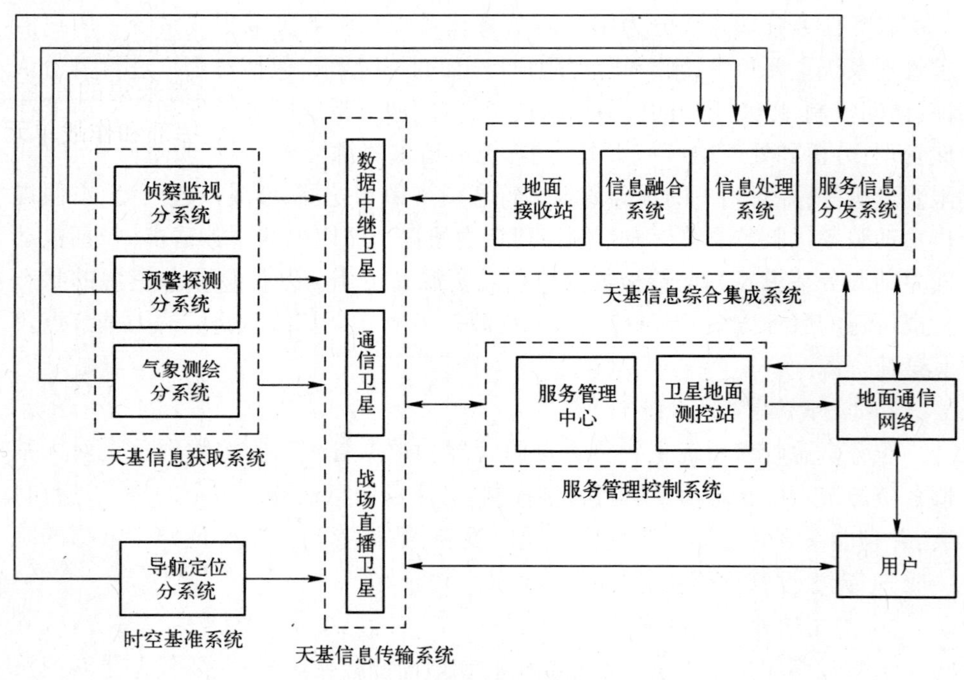

图 2-3 天基信息服务体系基本结构

在图 2-3 中,服务管理控制系统对用户终端提交的服务请求进行受理分析,结合天基信息服务资源的状态信息,通过服务决策,制定服务方案,下达信息获取指令;天基信息获取系统平台上的传感器从空间侦察探测战场目标信息和自然环境信息,将获得的信息发送给数据中继卫星,数据中继卫星通过星间链路连接到军用通信卫星的宽带通道,或者直接传送到地面天基信息综合集成系统进行数据融合处理;天基信息综合集成系统对接收到的天基原始信息和其他来源信息分析、综合、印证，进一步形成服务产品，通过地面通信网络和天基信息传输系统发送给用户。指挥机构用户通过地面或卫星通信网络接收服务信息，形成作战命令、协同作战等指挥控制信息。天基时空基准系统为地面和空间的广大用户提供全天候、全天时、高精度的位置、速度和时间等信息服务，使整个天基信息服务体系运行在统一的时空基准之中。

2.3　天基信息服务的应用模式

借鉴外军在近几次战争中成功运用天基信息资源的经验，根据天基信息服务资源的不同类型，将天基信息服务的应用模式分为资源集中型和直接支持用户型两种。

2.3.1　资源集中型模式

资源集中型模式（图 2-4）是指各类天基信息服务资源将获取的原始信息下传至地面接收站，由信息综合集成中心融合处理各类传感器采集的原始信息，进行信息处理后形成情报服务产品，再按需分发给作战指挥部和作战单元，并且向各级指挥部提供情报数据的查询和订购服务。应用这一模式的主要是天基信息获取装备，如侦察监视、气象测绘等卫星。

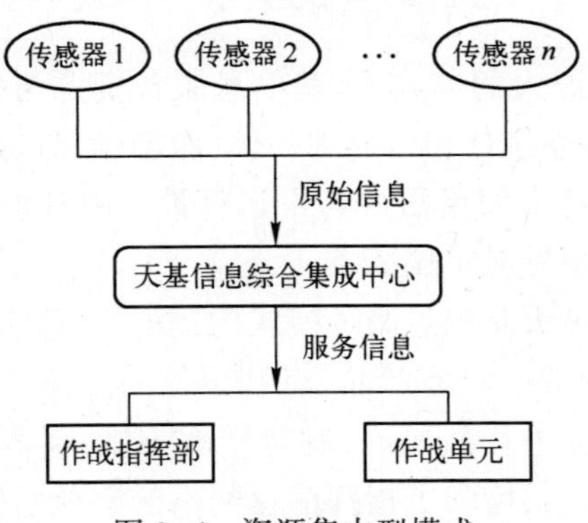

图 2-4　资源集中型模式

资源集中型模式的优点是情报服务产品质量高，信息综合集成中心可以有效地分析、校准不同形式的信息，综合利用这些信息正确反映实际情况，并可扩展情报信息的时间和空间覆盖范围，提高对各类信息的利用效率。目前天基信息服务保障联合作战时的战略和战役侦察监视、气象测绘保障等行动中多使用这一模式，而且这种模式使天基信息服务产品不仅能在战时得以应用，还可延伸到平时和战争准备时期。这种基于地面信息综合集成中心的工作模式能很好地与我军技术体制和水平的发展现状相适应，因此也是我军当前和今后一段时期天基信息装备的主要应用模式。但是,该模式也存在明显不足,即不能完全满足未来信息化战争信息高实时性、高流动性和不同作战单元之间信息互操作和高度共享的要求。

2.3.2 直接支持用户型模式

直接支持用户型模式(图2-5)是指天基信息服务资源获取的信息不下传至地面信息综合集成中心,而是由用户直接接收使用天基信息服务资源节点采集的信息。

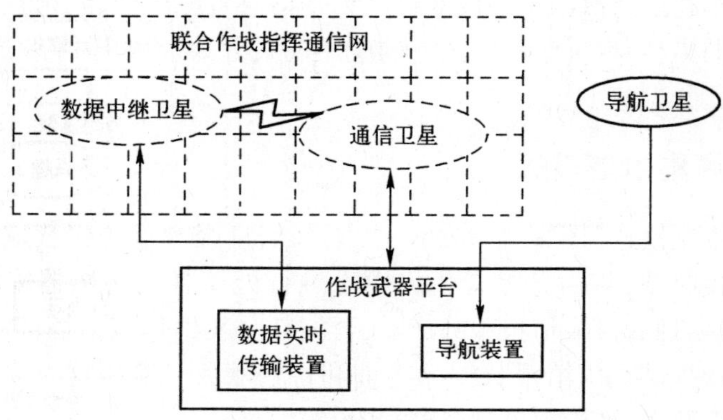

图2-5 直接支持用户型模式

通过功能集成或嵌入的方式,天基信息服务资源与作战指挥通信网、主战武器平台、打击兵器等系统或平台连为一体,服务信息的实时性高,可以提高作战系统的集成水平和打击的灵活性与可选择性。目前应用这一模式主要是天基信息传输装备和卫星导航定位装备。

综合应用上述两种天基信息服务模式构建的天基信息服务体系,可以提供准确及时、可靠有效的情报服务产品,有利于作战指挥人员全面掌握战场态势信息,抓住战机,迅速定下作战决心,制定作战方案;有利于作战部队共享战场态势信息,灵活实施打击;增强了指挥信息网络的集成水平,扩展了其作战能力和覆盖范围,实现了信息和主战平台的融合,使作战效能倍增。

2.4 天基信息服务的服务模式

天基信息服务的服务模式将体现“推拉结合”的特色,面向用户来讲,就是有序分发和按需推送两种模式,有序分发是指提供被动“拉”服务,按需推送是指提供主动“推”服务,如图2-6所示。

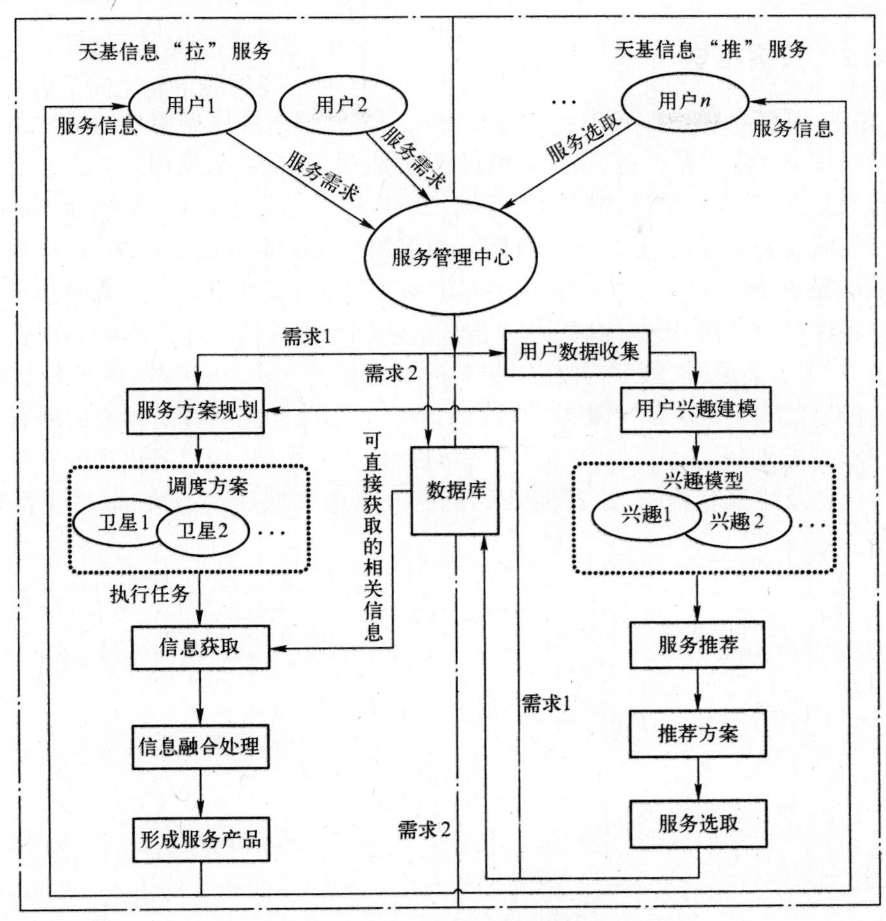

图 2-6　天基信息服务的服务模式

2.4.1　有序分发

在天基信息“拉”服务中,用户按照相关程序要求,首先向服务管理中心提出服务需求,用户需求管理系统将对各用户需求进行整理分析,在最新的情报数据库里进行搜索,确定是否有满足用户信息请求的对应目标情报信息:如果有,则直接获取相关信息;如果没有,则根据不同需求的特点和时限实施服务规划,制定卫星调度方案,生成测控指令通过卫星地面测控站发给对应卫星。卫星资源节点执行相关任务,获取目标区域的原始信息,如成像侦察卫星拍摄目标图像等,下传至信息综合集成中心,由信息融合处理中心对获取的原始信息进行处理,形成服务产品,并通过分发系统按需传送给用户,实现被动“拉”服务。

2.4.2 按需推送

在天基信息“推”服务中，一方面，用户需求管理系统依据用户的多次服务记录对用户兴趣进行挖掘，建立用户兴趣模型；另一方面，依据用户的兴趣模型和行为数据，当发现情报数据库中有满足用户关注的需求内容，系统会推测用户可能需要的服务并向用户进行推荐，如果用户接受推荐的服务项目，可直接选取该服务，则实现主动“推”服务，主动“推”服务时效性更高。在战时指挥员往往将注意力放在“影响地域”[118]（指挥员能够掌握并监视可能影响当前作战的敌方部队、地形、气象等，并使用建制的和支援的兵力与敌交战的地域），而“关注地域”（由负责某个“影响地域”的指挥员确定，包括指挥员关心的所有地域）比“影响地域”更大，主动“推”服务可以将“关注地域”内可能出现的有价值服务信息及时推荐给指挥员，使其更快更全面地掌握战场态势，以做出敌情判断。

第3章 基于活动的天基信息服务体系结构建模

根据第2章中对天基信息服务体系的需求分析和应用研究,结合其组成和基本结构,本章将从体系结构概念建模的角度对面向作战的天基信息服务体系进行描述。研究思路和内容:采用基于活动的体系结构建模方法,从概念建模的角度,运用SA软件工具构建面向作战的天基信息服务体系结构。通过作战体系结构建模,描述天基信息服务在支援作战中的活动、节点以及为完成作战活动所要求交换的信息流、信息交换的类型以及与互操作要求相适应的信息交换特征;通过系统体系结构建模,描述支撑面向作战的天基信息服务活动的系统功能、系统节点、系统接口关系以及完成系统功能所需的数据流。

3.1 基于活动的体系建模与仿真方法

3.1.1 建模基本原理

基于活动的建模方法(Activity Based Methodology,ABM)是Steven等人于2004年提出的体系结构建模方法。该方法具有信息集成的特点,使用以数据为中心和以产品为中心相结合的体系结构开发思路。ABM遵循以数据为中心的原则,强调产品之间的数据相关性,数据之间的相关性通过以活动(功能)等为核心的数据来建立。同时,在设计内容上,坚持以产品为中心,按照体系结构框架定义的产品形式来设计。

DoDAF为设计符合其框架的体系结构提出了一些指导原则,说明了每个产品描述的具体内容,ABM在此基础上建立DoDAF产品之间的显性关联关系,给出了设计体系结构产品以及建立它们之间关联关系的具体方法,通过获取足够多的静态活动和信息流模型,并将它们转换成动态的可执行的过程模型,以此来分析作战视图和系统视图间的关系。其分析过程与我们的业务流程相符合,为开发DoDAF产品提供了流程指南。

ABM基于以下五个原则:

(1) 作战视图(OV)和系统视图(SV)中的核心实体相互对应。

(2) 作战视图(OV)和系统视图(SV)中的核心产品对称分布。

(3) 构建具体框架产品时,核心基础架构必须手工完成。

(4) 部分核心实体的联系(如信息/数据交换)和属性自动形成。

(5) 部分 DoDAF 产品能从核心产品中自动生成或补充完整。

原则一:OV 视图和 SV 视图中的核心实体相互对应。

根据体系结构的定义,体系结构可以抽象地表示为

体系结构={实体,关系,属性,约束}

其中:实体是体系结构的设计对象;关系是实体之间的联系;属性是实体和关系的特征;约束则是设计体系结构应遵循的规则和限制。

在作战视图中,核心体系结构实体包括角色、活动、作战节点、信息和过程,需求线表示活动、节点实体和信息之间的关系,信息交换提供需求线属性。组织表示角色实体之间的关系,角色的属性通过知识、技能和能力来反映。

在系统视图中,核心体系结构实体包括系统、功能、系统节点和数据,系统接口表示系统实体、功能、系统节点和数据之间的关系,数据交换提供系统接口的属性。

作战视图中的核心实体和系统视图中的核心实体相互对应,对应关系如图 3-1 所示。

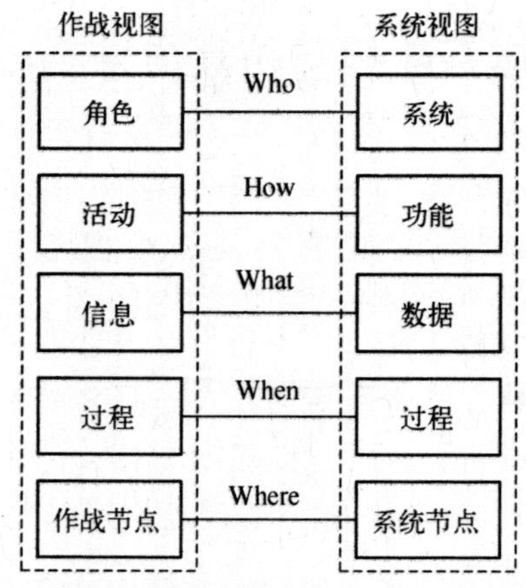

图 3-1　作战视图与系统视图中核心实体对应关系

核心实体之间彼此相关,它们的关系如下:

(1) 角色在作战节点上执行活动,同时产生和消耗信息;系统在系统节点上完成功能,同时产生和消耗数据。

(2) 活动通过角色在作战节点上产生和消耗信息;功能通过系统在系统节点上产生和消耗数据。

(3) 作战节点上包含一个或多个角色执行多个活动,产生和消耗或应用信息;系统节点上包含一个或多个系统完成功能,产生和消耗数据。

(4) 信息通过位于作战节点上的角色执行作战活动来产生和消耗;数据通

过位于系统节点上的系统完成功能来产生和消耗。

核心实体之间的关系如图 3-2 所示。

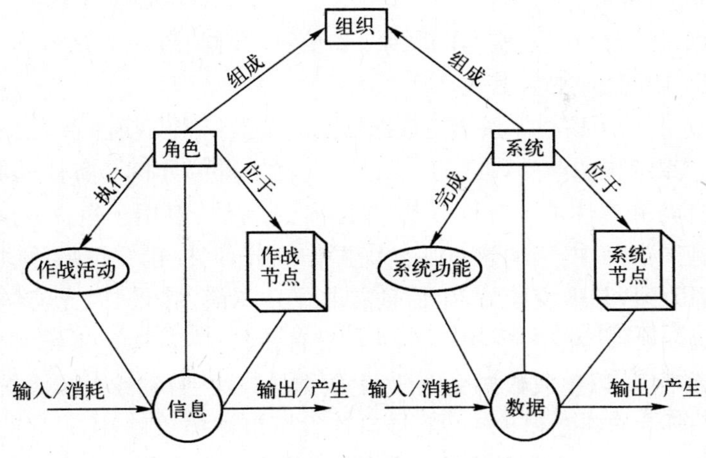

图 3-2　核心实体之间的关系

原则二:OV 视图和 SV 视图中的核心视图产品对称分布。

ABM 方法中,作战体系结构的核心视图产品包括作战节点连接描述图 OV-2、信息交换矩阵 OV-3 和作战活动模型 OV-5,系统体系结构的核心视图产品包括系统接口图 SV-1、系统功能模型 SV-4 和系统数据交换矩阵 SV-6。作战视图和系统视图通过核心实体以及作战活动与系统功能跟踪图 SV-5 和组织关系图 OV-4 联系起来,共同构建体系结构模型,它们之间的关系如图 3-3 所示。

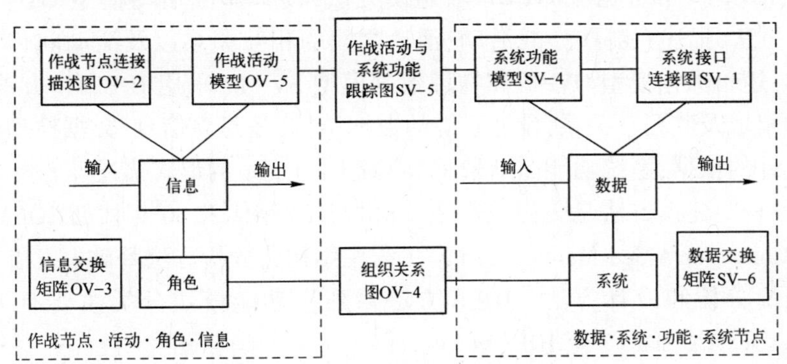

图 3-3　核心视图产品之间的关系

原则三:构建具体框架产品时,核心基础架构必须手动创建。

对于作战视图,建立体系结构模型需要手动创建作战活动模型 OV-5,创建作战节点描述图 OV-2,分配执行任务的角色,绘制信息需求。对于系统视图,建立体系结构模型需要手动创建系统功能模型 SV-4,创建系统节点 SV-1,设置完成功能的系统实体,绘制系统间的数据交换。核心产品的手动建模有效消除了产品、框架描述和作战需求的冗余性、不一致性和模糊性,保证了作战视图和系统视图产品数据的一致性,从而提高体系结构产品及分析结论的质量和总体开发效率。

原则四、五:部分核心实体的联系(如信息/数据交换)和属性自动形成,核心产品有助于生成或修补其他产品。

ABM 方法利用核心体系结构数据形成规范的信息交换和系统数据交换,保证了作战和系统视图产品数据的一致性,这就使得部分核心实体的联系(如信息/数据交换)和属性可以自动形成,并且核心产品可以用于生成或修补其他产品。作战视图产品中,当构建 OV-5、设置作战节点、构建 OV-4、手动关联三元关系后,可以生成信息交换,产生信息需求线,自动绘制出作战节点连接描述图 OV-2。系统视图产品中,当构建 SV-4、设置系统节点、构建系统实体、手动关联三元关系后,可以生成数据交换,产生数据接口线,自动绘制出系统接口连接图 SV-1。而且,OV-2 和 SV-1 的接口连线可以被描绘修补。另外,当体系结构模型内的所有信息交换组合成一整体,就可自动生成信息交换矩阵 OV-3 的文件报表,同理,也可自动生成数据交换矩阵 SV-6。自动化过程不仅加快体系建模的进程,而且将形成标准化、可重用的产品框架,保证整个设计过程的一致性和通用性[119]。

3.1.2 建模关键技术

ABM 以 IDEF(ICAM Definition method)建模方法为基础理论,主要应用了 IDEF0、IDEF1X 和数据流图(DFD)建模方法,其中作战活动模型 OV-5 采用 IDEF0 方法,描述有哪些作战活动、活动之间的相互关系以及活动间传递的信息流向;逻辑数据模型 OV-7 和物理数据模型 SV-11 采用 IDEF1X 方法,分析信息的组成及其相互关系,设计系统的数据结构,是建立信息/数据模型作为数据库设计的依据;系统功能图则采用数据流图(DFD)的形式描述。

IDEF[20]建模方法是美国空军于 20 世纪 70 年代末 80 年代初 ICAM(Integrated Computer Aided Manufacturing)工程在结构化分析方法基础上发展而成的一套系统分析和设计方法。IDEF 方法系列按功能模块分类主要有 IDEF0、IDEF1、IDEF1X、IDEF2 至 IDEF14 等。

1. IDEF0 建模方法

IDEF0 的基本思想是结构化分析方法,来源于 SADT(System Analysis and Design Technology)方法,其核心是自顶向下的活动分解和数据分解。IDEF0 具有以下基本特色:

(1) 全面地描述系统,通过建立模型来理解一个系统。对于新的系统来说,IDEF0 能描述新系统的功能及需求,进而表达一个符合需求及完成功能的实现。对已有系统来说,IDEF0 能分析应用系统的工作目的、完成的功能及记录其实现机制。IDEF0 以图形表示完成一项活动所需要的具体步骤、操作、数据要素以及各项具体活动之间的联系方式,在图形中同时考虑活动、信息及接口条件。因此,在表示一种当前的操作,表示功能说明或设计时,总是由一个活动模型、一个信息模型及一个用户接口模型组成。

(2) IDEF0 模型主要由方框和箭头构成。其中,方框表示活动或功能,箭头表示物理和数据对象流向,有输入(Input)、输出(Output)、控制(Control)和机制(Mechanisms)四种含义,简称为 ICOM 箭头。其中,输入是指实行或完成特定活动所需的资源,输出是指经由活动处理或修正后的产出,控制是指活动所需的条件限制,机制是指完成活动所需的工具/方式。如图 3-4 所示,输入、输出箭头表示了活动进行的是什么(What),控制箭头表示为什么这么做(Why),机制箭头则表示如何做(How)。箭头与方框的各种连接方式形成了复杂的 IDEF0 句法结构,在 ABM 中,可以没有控制或机制箭头,控制表现为输入,机制通过活动和角色的关系来体现。

(3) IDEF0 采用自顶向下、逐层分解的建模方法,从内部保证了所有模型的一致性。首先依据活动的边界范围划定 IDEF0 中的框图。在顶层框图完成以后,根据实际流程,可以把活动分解成下一层更小的活动。这种阶梯结构有利于确定模型的范围。通过观察图形,更深入地理解整个结构,防止系统描述中不必要的繁琐和疏漏,如图 3-5 所示。

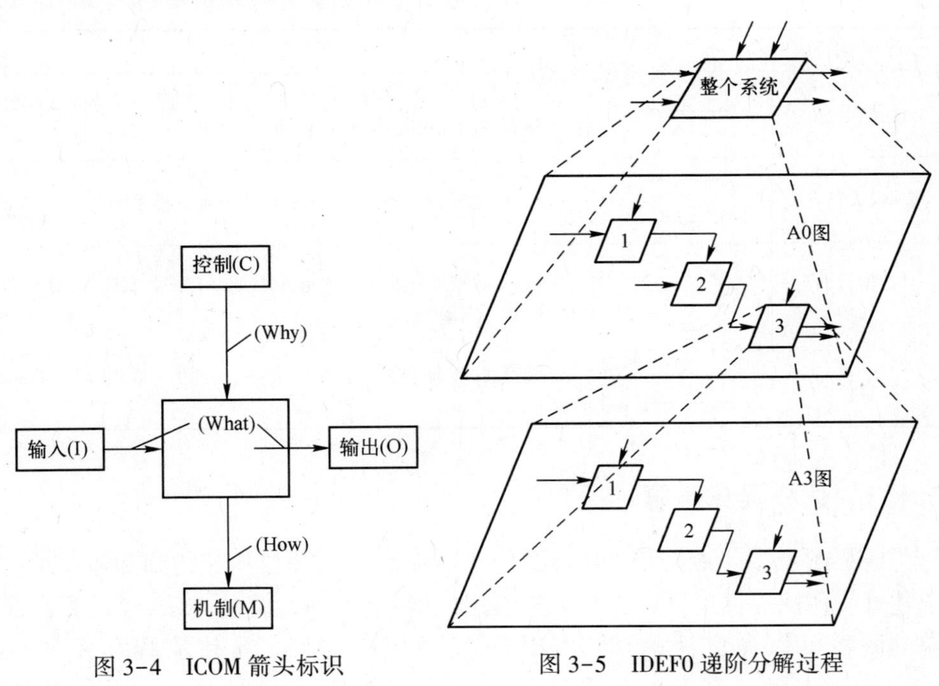

图 3-4　ICOM 箭头标识　　图 3-5　IDEF0 递阶分解过程

2. IDEF1X 建模方法[121]

IDEF1X 是语义数据模型化技术，用于建立系统信息模型，具有以下主要特性：

（1）IDEF1X 语法支持概念模式开发所必需的语义结构，完善的 IDEF1X 模型具有所期望的一致性、可扩展性和可变换性。

（2）IDEF1X 是一种相关语言，对于不同的语义概念都具有简明的一致结构。IDEF1X 语法和语义不但比较易于掌握，而且还是强健而有效的。

IDEF1X 模型的基本结构如下：

（1）包含数据的有关事物，即实体。例如，人、概念、地方和事物等用盒子表示。

（2）事物之间的联系用连接盒子的连线表示。

（3）事物的特征用盒子中的属性名表示。

3. 数据流图[122]

数据流图（Data Flow Diagram，DFD）从数据传递和加工角度，以图形的方式描绘数据在系统中流动和处理的过程，表达系统的逻辑功能、数据在系统内部的逻辑流向和逻辑变换。对于大型的系统，为了控制复杂性，便于理解，需要采用自顶向下、逐层分解的方法，绘出分层数据流图。数据流图主要元素如表 3-1 所列。

表 3-1　数据流图主要元素

元素名称	符　号	说　明
数据流	⟶	数据流是数据在系统内流动的路径，由一组成分确定的数据组成，必须有流向，应该用名词或名词短语命名
数据源（终点）	▭	代表系统之外的实体，可以是人、物或其他软件系统
对数据的加工（处理）	○	加工是对数据进行处理的单元，它接收一定的数据输入，对其进行处理，并产生输出
数据存储	═	表示信息的静态存储，可以代表文件、文件的一部分、数据库的元素等

3.1.3 建模具体步骤

DoDAF 提供了 6 个步骤体系结构开发流程，为体系结构架构师和体系结构描述开发团队提供指导。这是一种通用的、经过时间检验的方法，经过相对简单的调整可以在广泛的体系结构开发领域中应用。具体流程如图 3-6 所示[55]。

结合 ABM,在建立天基信息服务体系结构时,具体研究步骤如下:

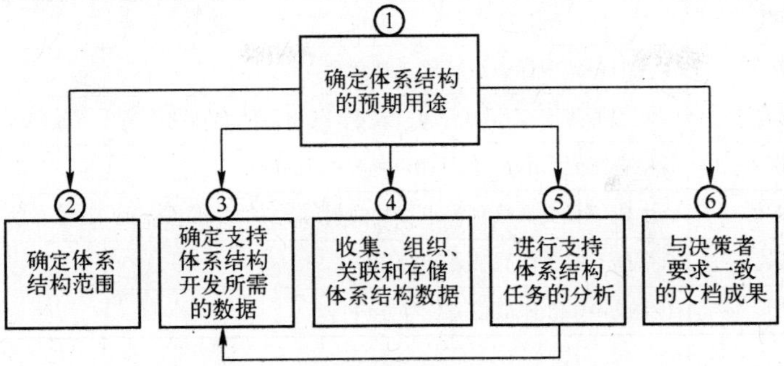

①
确定体系结构的预期用途
②
确定体系结构范围
③
确定支持体系结构开发所需的数据
④
收集、组织、关联和存储体系结构数据
⑤
进行支持体系结构任务的分析
⑥
与决策者要求一致的文档成果

图 3-6　体系结构开发的 6 个步骤

(1) 确定研究目的和背景。首先分析体系结构要完成什么任务,以及对应的背景是什么。

(2) 确定研究范围,选择核心视图。确定研究范围包括明确体系结构的作战边界、功能边界和技术边界;选取具体过程中的重点活动和关键系统进行分析,逐步细化直至合适的粒度,并以此建立视图集。

(3) 确定支持体系结构开发所需的数据。选择和确定所需的数据实体和属性,如活动、组织和信息元素等,并根据体系结构目标,确定所选实体和属性的详细程度。

(4) 收集数据/信息,设计相关体系结构模型。根据确定的开发体系结构所需的数据来收集相关数据和信息,选择需要设计的模型,主要包括活动模型、功能模型、动态模型、数据模型和组织模型等。

(5) 围绕体系结构目标对所创建的模型进行分析。对活动模型、功能模型、动态模型、数据模型等可以进行的典型分析包括:设计能力和要求能力的差距分析;分析各种候选方案,以权衡和确定最终建设方向;分析业务流程等。

(6) 设计体系结构产品,形成设计文档。利用相关数据和信息设计体系结构产品,分析评价体系结构设计,最后形成设计文档。体系结构产品应该可重用和可共享,已有许多体系结构产品生成工具支持这步工作。

基于以上研究步骤,使用 SA 软件工具进行作战和系统体系结构建模,具体流程分别通过 8 个步骤实现,如表 3-2 和表 3-3 所列。其中前 4 个步骤是手动建立完成,后 4 个步骤是自动完成,最终生成相应的体系结构产品。

表 3-2　ABM 方法创建 OV 产品的步骤

过　程	过程描述
第一步	在 OV-5 节点树中标识和分解作战活动
	建立 OV-5 父子活动模型
第二步	在 OV-2 中标识作战节点

（续）

过　程	过程描述
第三步	在 OV-4 中标识组织单元和角色
第四步	使用矩阵跟踪作战活动、作战节点和角色之间的关系
第五步	检查三元(活动、节点和角色)关系的映射
第六步	生成信息交换线到需求线的映射
第七步	描述 OV-2 作战节点连接图
第八步	生成 OV-3 作战信息交换矩阵

表 3-3　ABM 方法创建 SV 产品的步骤

过　程	过程描述
第一步	在 SV-4 中标识和分解系统功能
	开发 SV-4 数据流图
第二步	在 SV-1 中标识系统节点、系统
第三步	使用矩阵跟踪系统功能、系统节点和系统之间的关系
第四步	用 SV-5 创建作战和系统视图之间的跟踪关系
第五步	生成系统数据交换需求
第六步	描述 SV-1 系统接口连接图
第七步	生成 SV-3 系统关联矩阵
第八步	生成 SV-6 系统数据交换矩阵

3.2　作战体系结构建模

作战体系结构模型对作战任务、作战活动、作战要素和完成任务所需要的相关信息流进行描述，目的是完整地描述作战任务，明确作战任务对系统的需求，描述系统支持的作战职能和逻辑要求，为系统总体设计奠定基础。

本节将采用 ABM，建立天基信息服务体系的作战体系结构模型，具体包括高级作战概念图 OV-1、作战活动模型 OV-5、组织关系图 OV-4、作战节点连接描述图 OV-2、信息交换矩阵 OV-3 和逻辑数据模型 OV-7。

3.2.1　建立高级作战概念图

根据第 2 章中天基信息服务体系的组成结构、应用模式及服务模式的研究，建立如图 3-7 所示的高级作战概念图。图中灰色虚线表示卫星通信中测控信息、状态信息、原始信息等进行传输，黑色虚线表示卫星通信中服务信息进行传输，实线则表示地面通信中的测控信息、服务请求信息、作战命令、服务信息等进行传输。

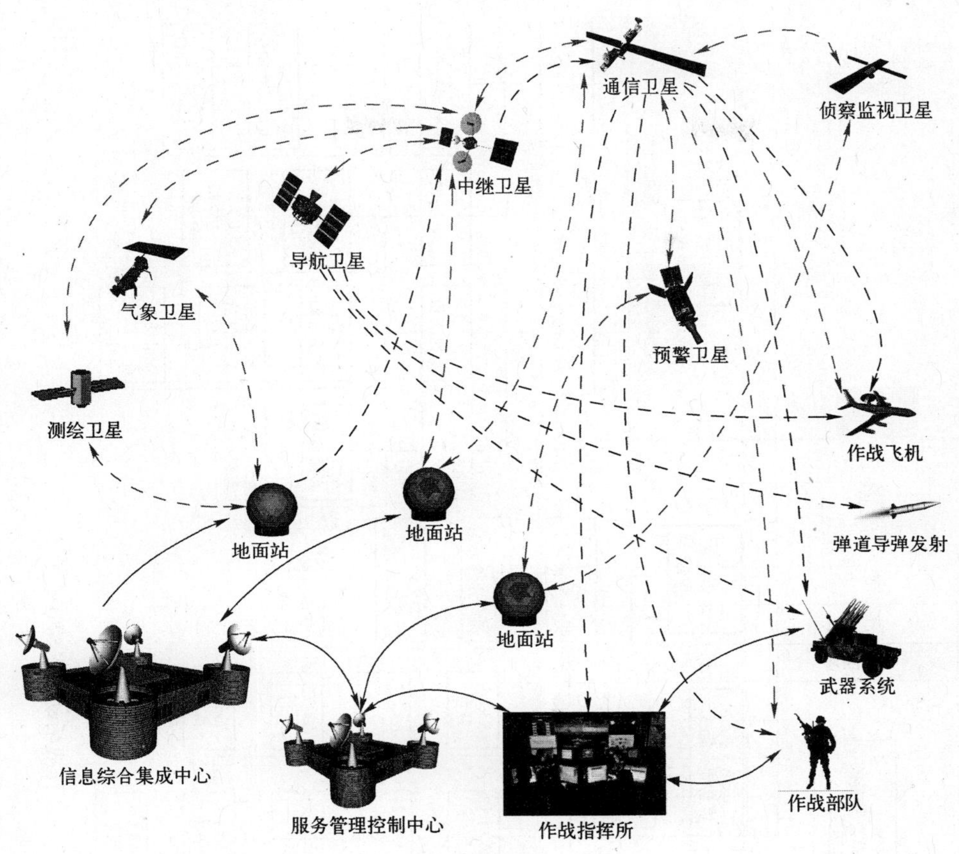

图 3-7 高级作战概念图 OV-1

3.2.2 建立作战活动模型

作战活动模型 OV-5 用于描述在实现作战任务和目标的过程中需要完成的作战活动、各个活动之间的输入/输出信息流,以及体系结构外部源于或止于这些活动的输入/输出信息流。首先建立作战活动节点树,分层次描述作战活动的内容;然后采用 IDEF0 方法为设计基础,把作战活动节点树转换为作战活动模型设计,详细描述各个活动之间如何进行信息交互。对活动模型自顶向下逐层分解,直到满足作战需求所要求的层次为止。OV-5 的各个活动之间进行信息交换,连线上传递的信息元素将受逻辑数据模型 OV-7 的数据约束。

在分析第 2 章中天基信息服务体系研究成果的基础上,首先建立包括服务任务管理、信息获取、信息综合集成、服务信息分发和服务信息应用等活动的分解层次图(OV-5 节点树),如图 3-8 所示;然后利用 SA 软件工具建立“父子活动”模型,在建立最顶层活动的高级关联图后,用底层的活动模型不断分解这些活动,直到叶子活动。

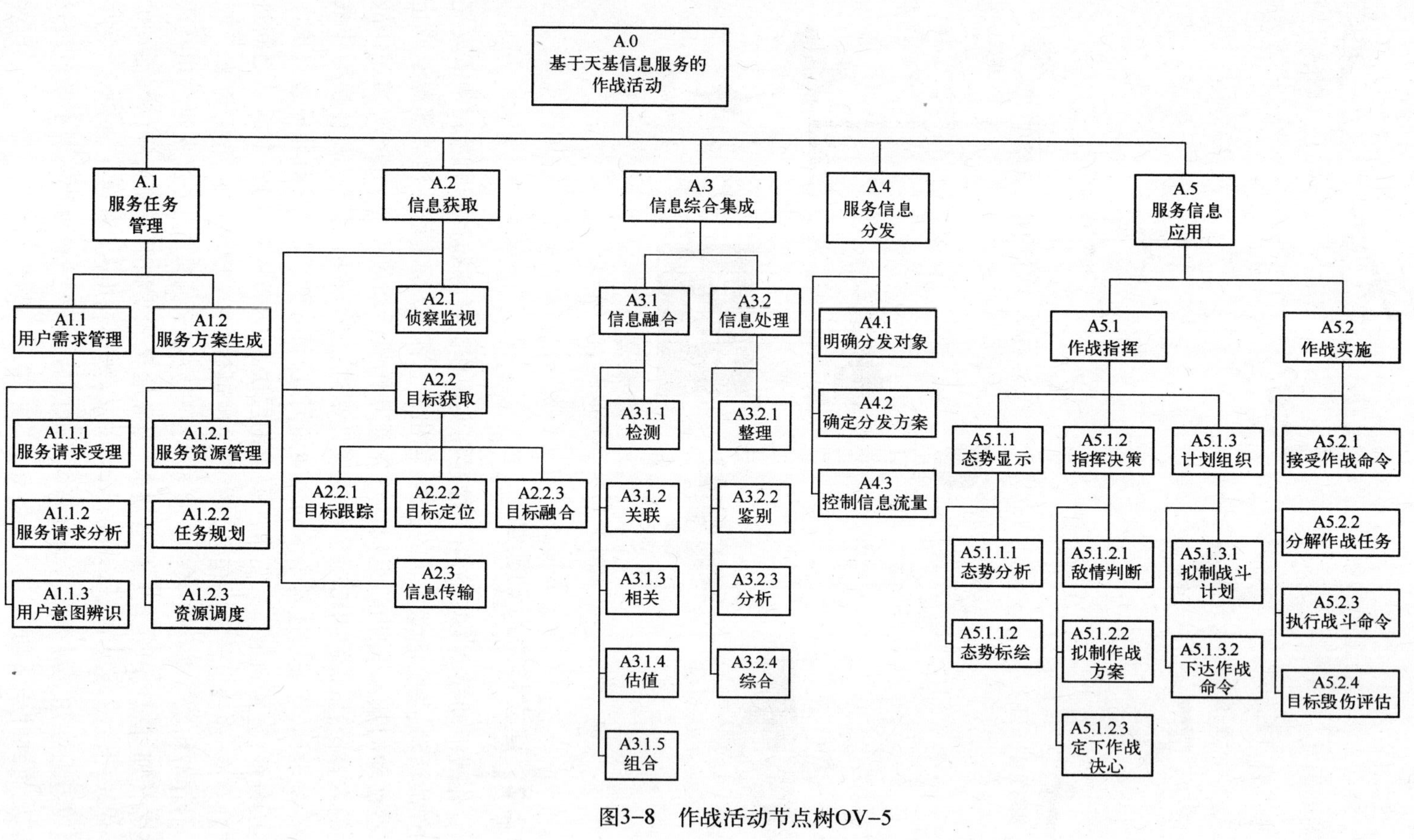

图3-8　作战活动节点树OV-5

建立天基信息服务体系顶层活动模型 A.0 图,如图 3-9 所示。A.0 图确定了基于天基信息服务体系的作战活动与外部平台之间的关系。深灰色框表示外部活动,将提供包括来自陆基、海基、空基的支援信息和友邻部队的支援信息,还有上级指令以及战场环境,这些信息内容会作用于具体的作战活动。箭头表明所建体系与外界的约束关系。

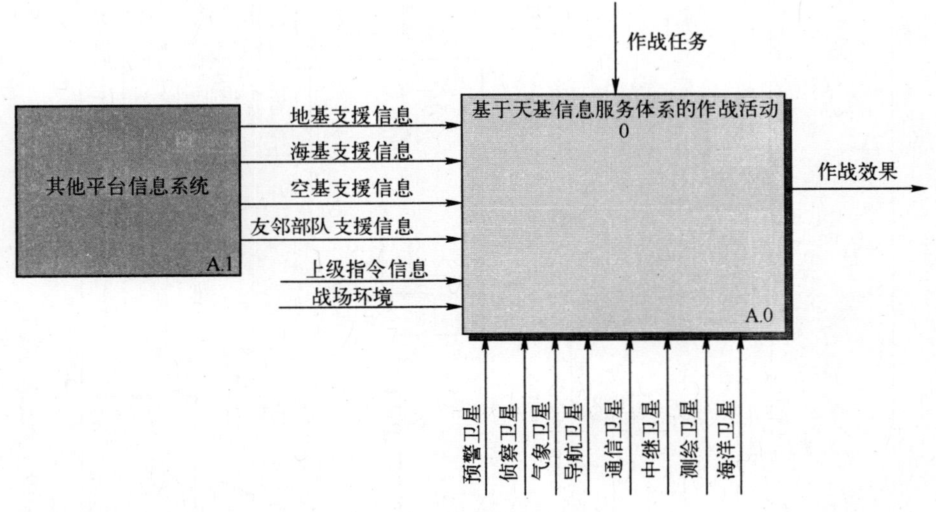

图 3-9 顶层活动模型

对顶层活动模型 A.0 图进行细化分解,可以得到服务任务管理、信息获取、信息综合集成、服务信息分发和服务信息应用五个子活动,活动上的箭头连线表示该活动执行所需的条件、数据信息(输入)、活动执行机制和执行结果(输出)等,如图 3-10 所示。

服务任务管理活动可以分解为用户需求管理活动和服务方案生成活动。用户需求管理活动又可以分解为服务请求受理、服务请求分析和用户意图辨识;服务方案生成活动可以分解为服务资源管理、服务任务规划和资源调度。具体分解模型如图 3-11 所示。

信息获取活动可以分解为侦察监视、目标获取和信息传输三个子活动,具体分解模型如图 3-12 所示。其中目标获取活动又进一步分解为目标跟踪、目标定位和目标融合,目标融合可以对获取的部分原始信息进行星上预处理。

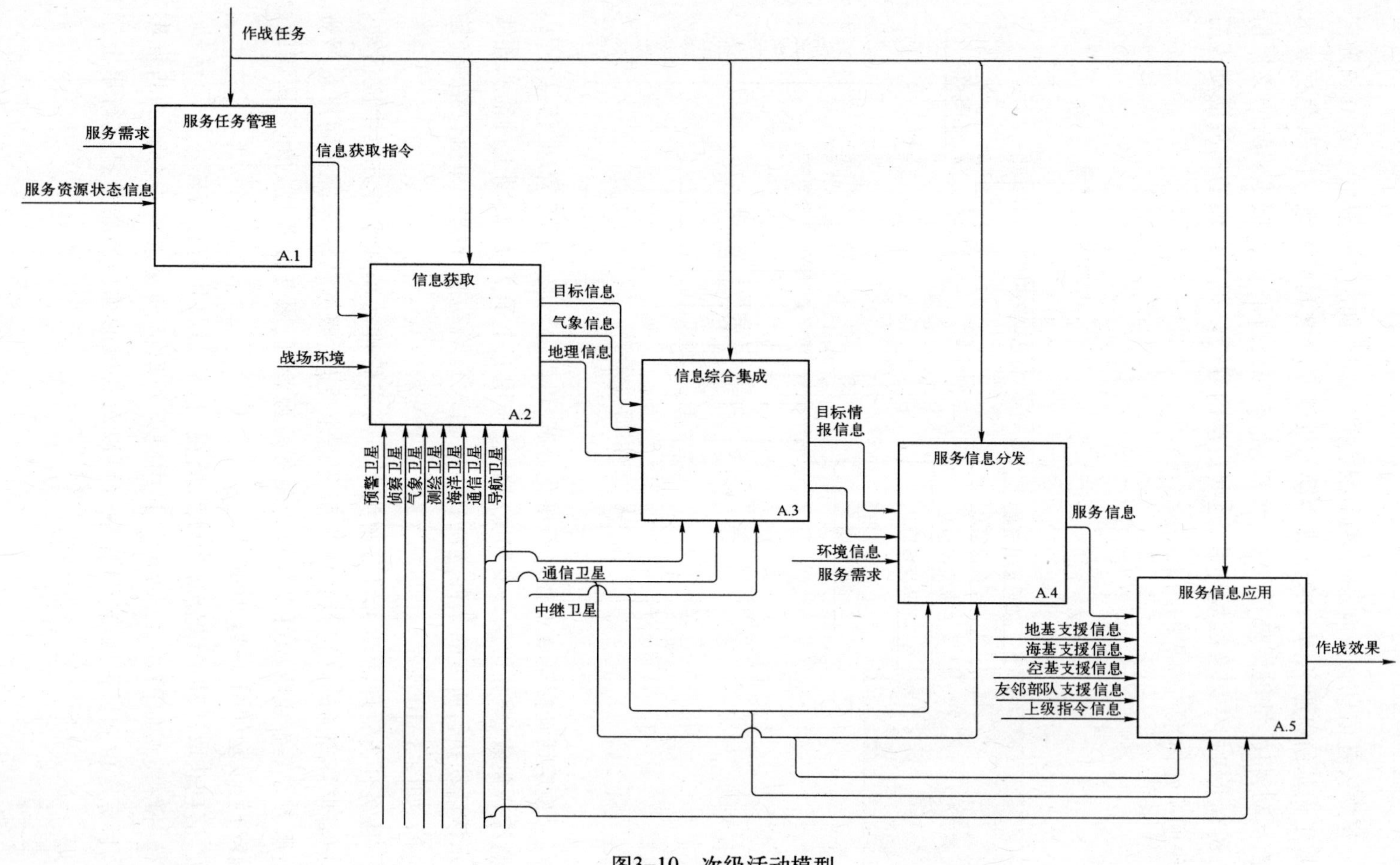
作战任务
服务任务管理
服务需求
服务资源状态信息
信息获取指令
A.1
信息获取
战场环境
A.2
目标信息
气象信息
地理信息
预警卫星
侦察卫星
气象卫星
测绘卫星
海洋卫星
通信卫星
导航卫星
信息综合集成
A.3
通信卫星
中继卫星
目标情报信息
服务信息分发
环境信息
服务需求
A.4
服务信息
服务信息应用
地基支援信息
海基支援信息
空基支援信息
友邻部队支援信息
上级指令信息
A.5
作战效果
图3-10 次级活动模型

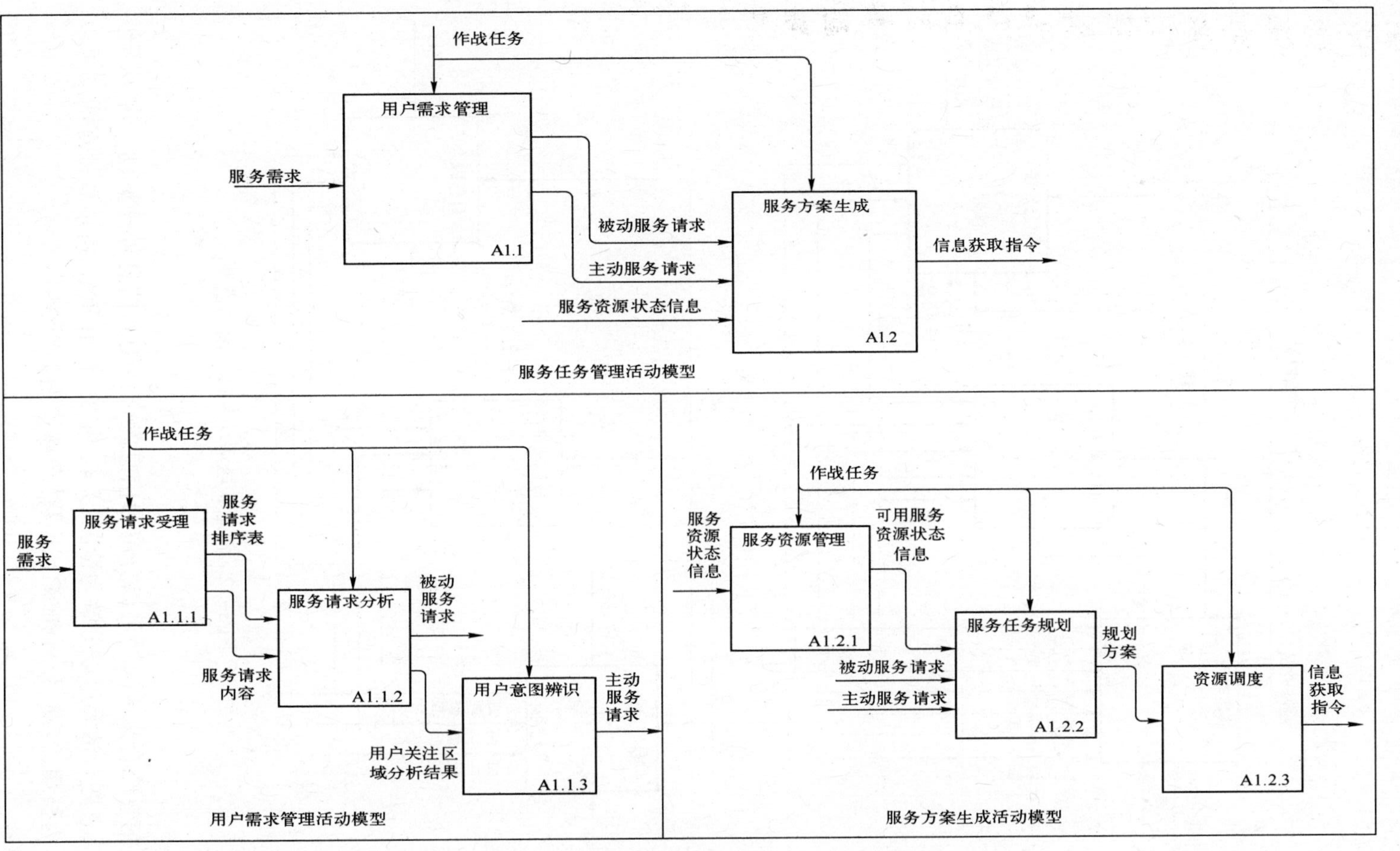

图3-11　服务任务管理活动及其子活动模型

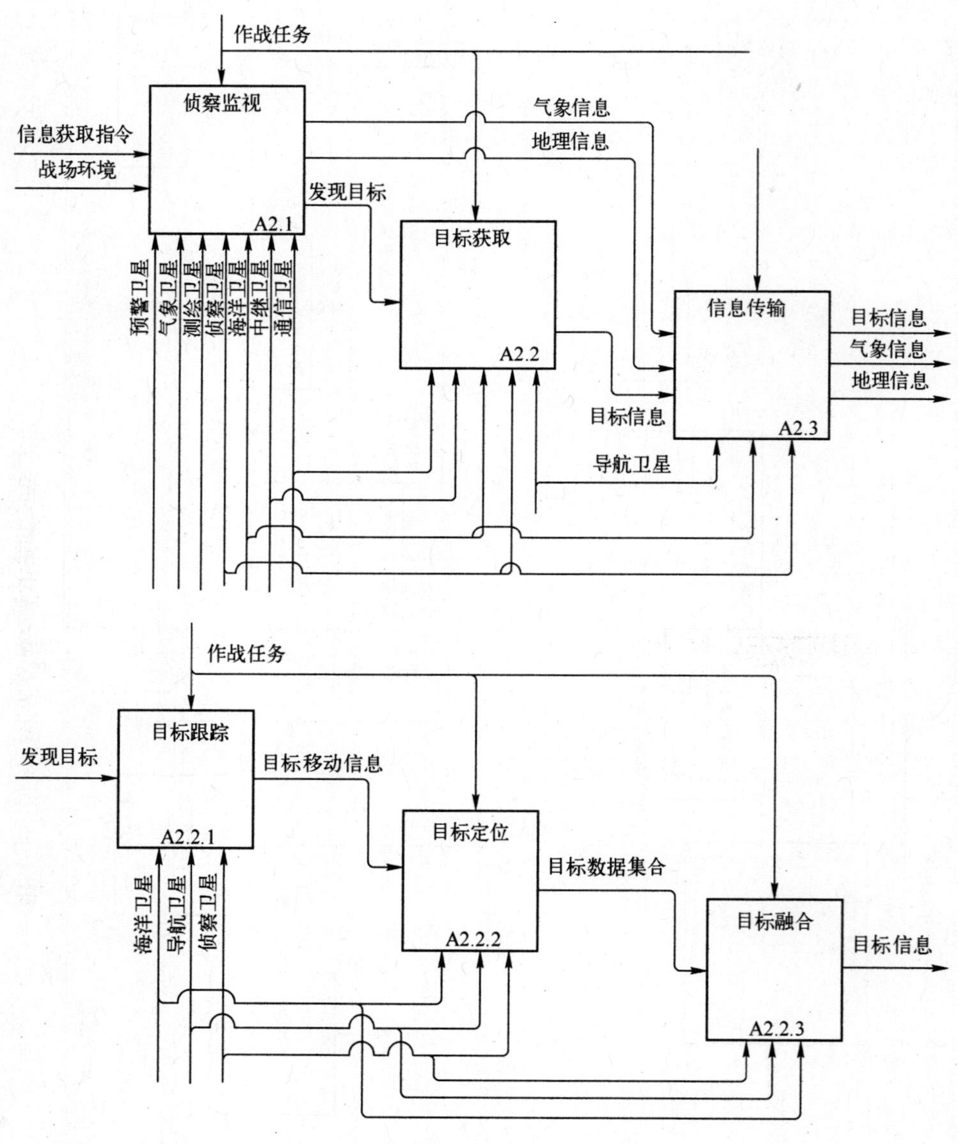

图 3-12　信息获取活动及其子活动模型

信息综合集成活动可以分解为信息融合活动和信息处理活动。进一步细化,信息融合活动可以分解为检测、关联、相关、估值和组合;信息处理活动可以分解为整理、鉴别、分析和综合。具体分解模型如图 3-13 所示。

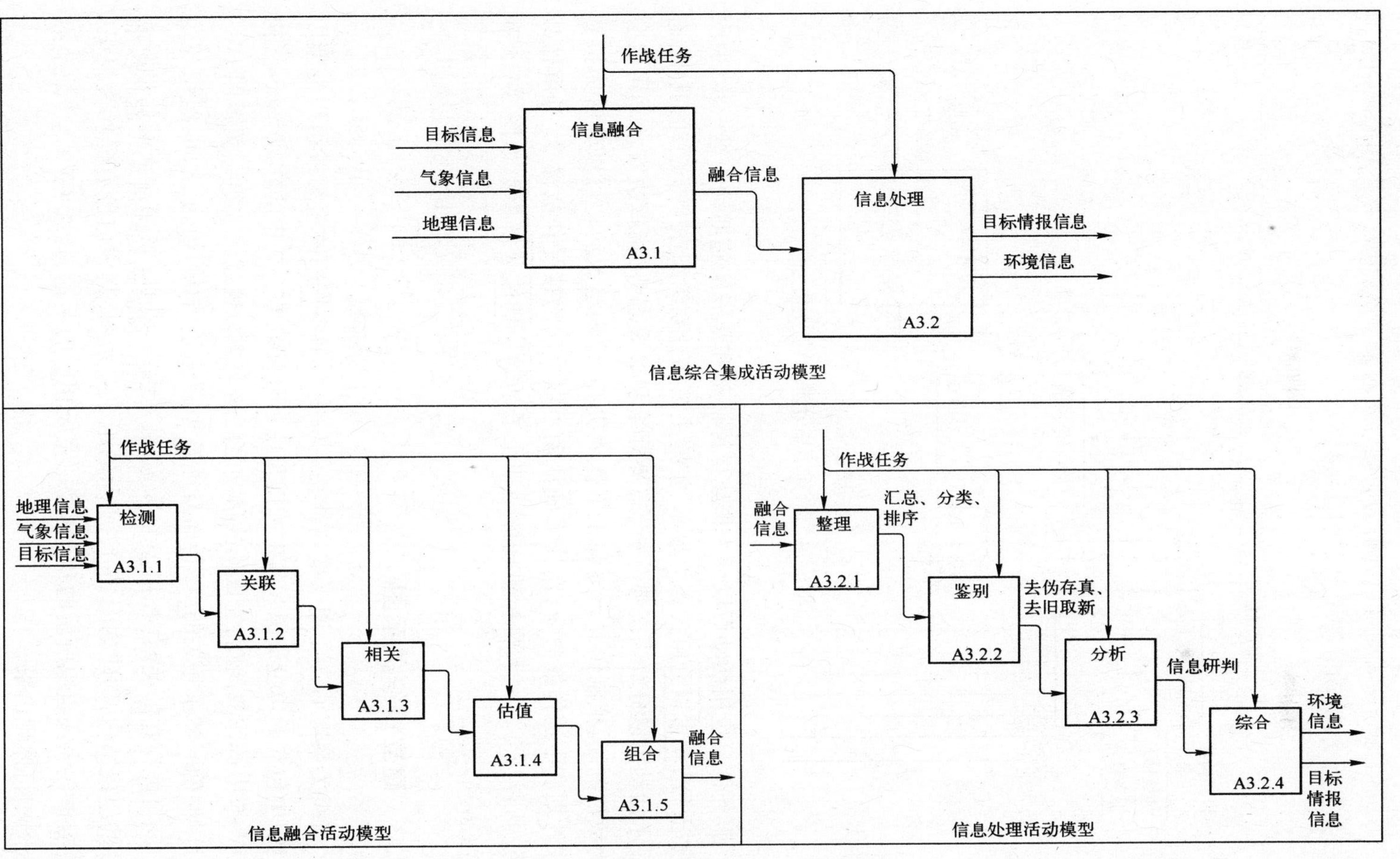

图3-13　信息综合集成活动及其子活动模型

服务信息分发活动可以分解为明确分发对象、确定分发方案和控制信息流量三个子活动,活动分解模型如图 3-14 所示。

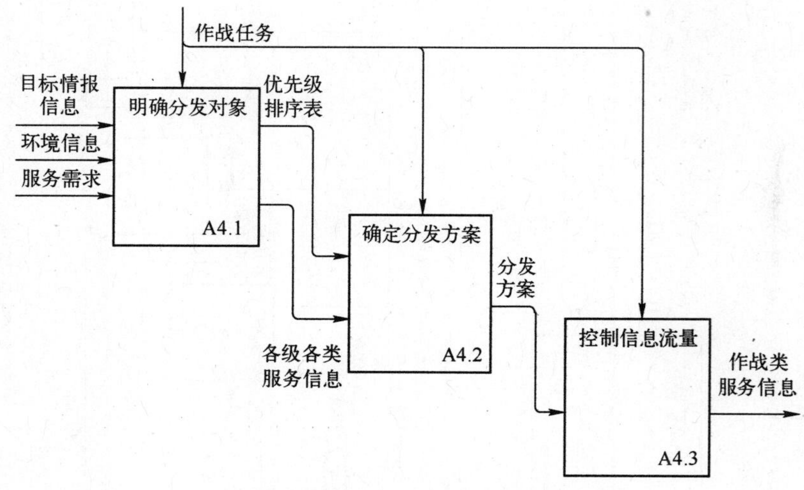

图 3-14　服务信息分发活动模型

服务信息应用活动可以分为作战指挥活动和作战实施活动。进一步细化,作战指挥活动可以分解为态势显示、指挥决策和计划组织三个子活动,其中,态势显示活动可以分解为态势分析、态势标绘和形成态势,指挥决策活动可以分解为敌情判断、拟制作战方案和定下作战决心,计划组织活动可以分解为拟制战斗计划和下达作战命令;作战实施活动可以分解为接受作战命令、分解作战任务、执行战斗命令和目标毁伤评估四个子活动。具体分解模型如图 3-15 和图 3-16 所示。

3.2.3　建立组织关系图

组织关系图 OV-4 用于描述体系结构中起主要作用的组织或组织类型以及组织中包含的角色资源。其中关键角色可分配到 OV-2 中的作战节点上,执行 OV-5 中的作战活动,完成作战活动之间的交互。通过建立组织关系图 OV-4,可以明确与体系相关的组织,而且能够理顺体系结构中组织之间、组织与角色之间可能存在的关系(如指控关系、协调关系)。依据 2.3 节中天基信息服务体系的组成结构,构建如图 3-17 所示的组织关系图,其中白色方框代表组织,灰色方框代表该组织所属的角色资源,完成相应的活动,这在 OV-2 作战节点连接图中将体现出来。

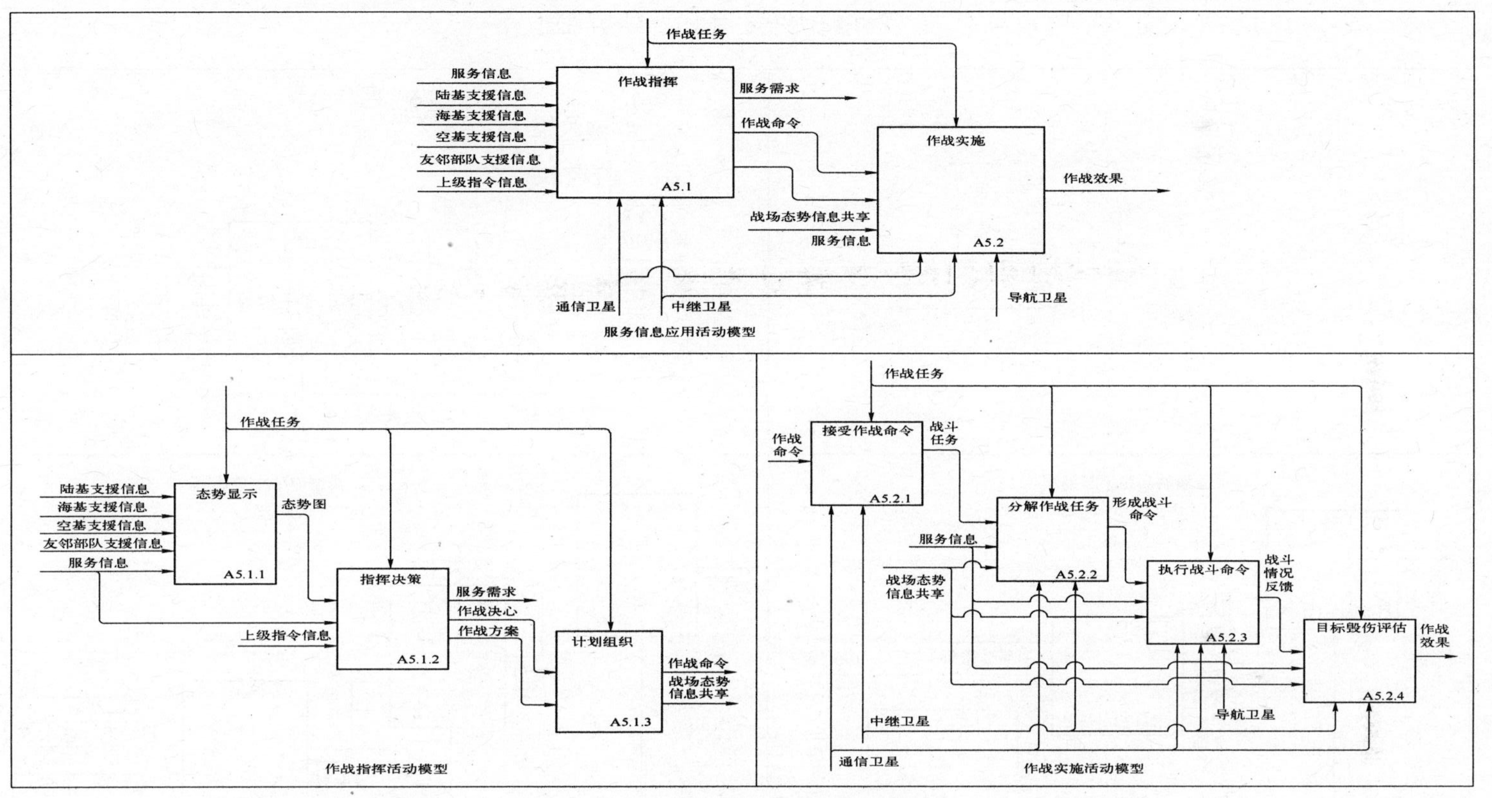

图3-15　服务应用活动及其子活动模型

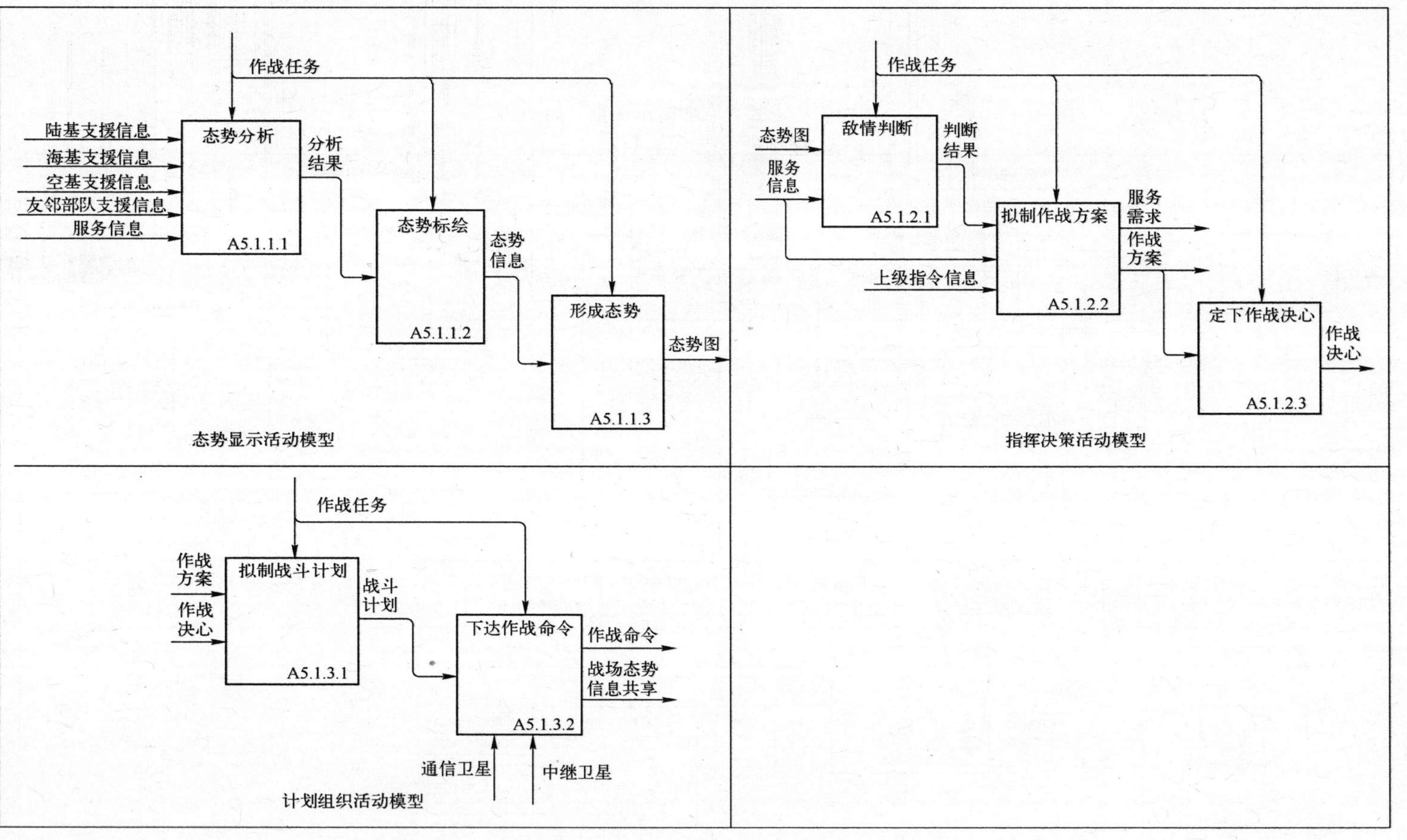

图3-16 作战指挥子活动分解模型

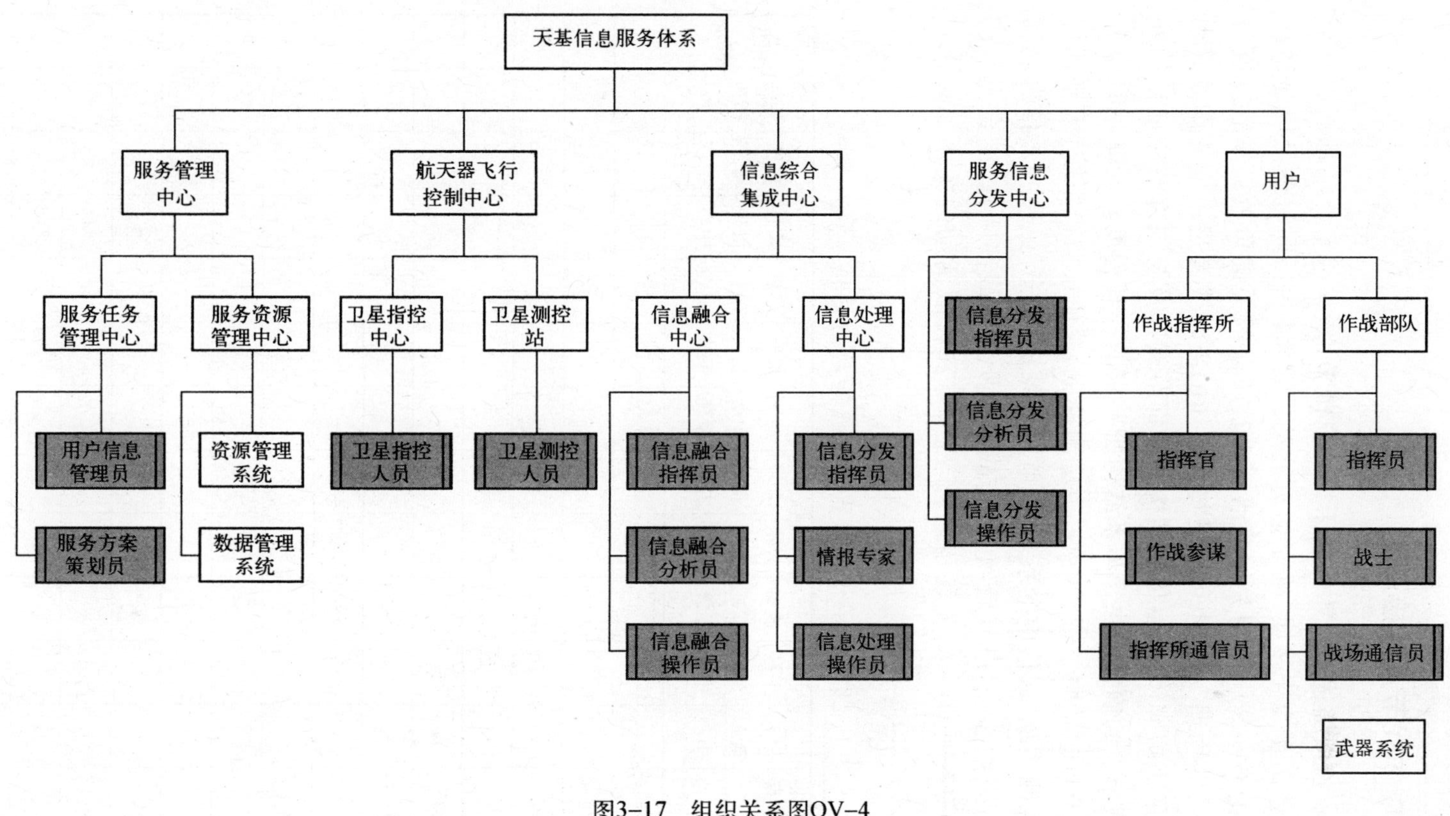

图3-17　组织关系图OV-4

3.2.4 生成作战节点连接图

作战节点连接描述图 OV-2 用于描述作战节点、作战节点的部署以及节点间用于信息交互的连接线，确定信息流动的逻辑网络，同时还可以显示在其上所完成的 OV-5 中的相关作战活动以及所需的关键角色。作战节点可以是一个真实的物理实体，也可以是物理实体的组合或者是一个从作战活动中抽象出来的虚拟实体，包括体系结构的内部节点以及与内部节点通信的外部节点，作战节点的确定取决于体系结构所要求的详细程度。天基信息服务体系的作战节点包括服务管理中心、卫星测控中心、侦察监视系统、天基预警系统、环境探测系统、通信中继系统、导航定位系统、信息融合中心、信息处理中心、信息分发中心、用户节点（包括作战指挥所和作战部队）。结合上节已建立的组织关系图 OV-4，关联角色、作战节点和作战活动的关系如表 3-4 所列。

表 3-4　作战节点和作战活动的关联

作战节点 作战活动	服务管理中心	卫星测控中心	侦察监视系统	天基预警系统	环境探测系统	通信中继系统	导航定位系统	信息融合中心	信息处理中心	信息分发中心	作战指挥所	作战部队
用户需求管理	×											
服务请求受理	×											
服务请求分析	×											
用户意图辨识	×											
服务资源管理	×											
服务任务规划	×											
资源调度	×	×										
信息获取			×	×	×	×						
目标定位			×				×					
目标跟踪			×	×								
目标毁伤评估			×									
信息综合集成								×	×	×		
信息融合			×	×	×	×	×	×				
信息处理									×			

（续）

作战节点 作战活动	服务管理中心	卫星测控中心	侦察监视系统	天基预警系统	环境探测系统	通信中继系统	导航定位系统	信息融合中心	信息处理中心	信息分发中心	作战指挥所	作战部队
服务信息分发						×				×		
服务信息应用											×	×
态势标绘											×	
形成态势图											×	
态势共享							×				×	×
指挥决策											×	
敌情判断											×	
拟制作战方案											×	
下达作战命令						×					×	
分解作战任务												×
执行战斗命令							×					×
战场态势反馈						×					×	×
注:“×”代表作战节点上角色执行相应的活动												

将节点、活动和角色三者之间的关系在三元矩阵里进行关联设置，可以得到作战节点之间的信息交换，映射到需求线上就形成了作战活动的输入/输出信息流。SA 工具据此绘制作战节点连接线，得到作战节点连接描述图，如图 3-18 所示。从图中可以看出，在每个作战节点上分配有若干角色来完成相应的作战活动，节点间的连线表示它们之间的有着活动的联系和制约，直观地描述出天基信息服务体系的运行状态。

3.2.5　生成信息交换矩阵

信息交换矩阵 OV-3 用于描述作战节点之间进行的信息传递与交互。OV-3 以信息流的详细特征为描述对象，确定了支持作战活动的作战信息要素、活动之间传递的作战信息要素，以及产生和使用作战信息要素的作战节点，以表格的形式描述出作战视图中的三种核心体系结构元素（活动、节点、信息）之间的关系，明确地说明了“谁，与谁，交换了何种信息，信息的必需性，信息交换如何实现”等问题。表 3-5 是通过 SA 软件的 DoDAF ABM 模块生成的信息交换矩阵的一部分。

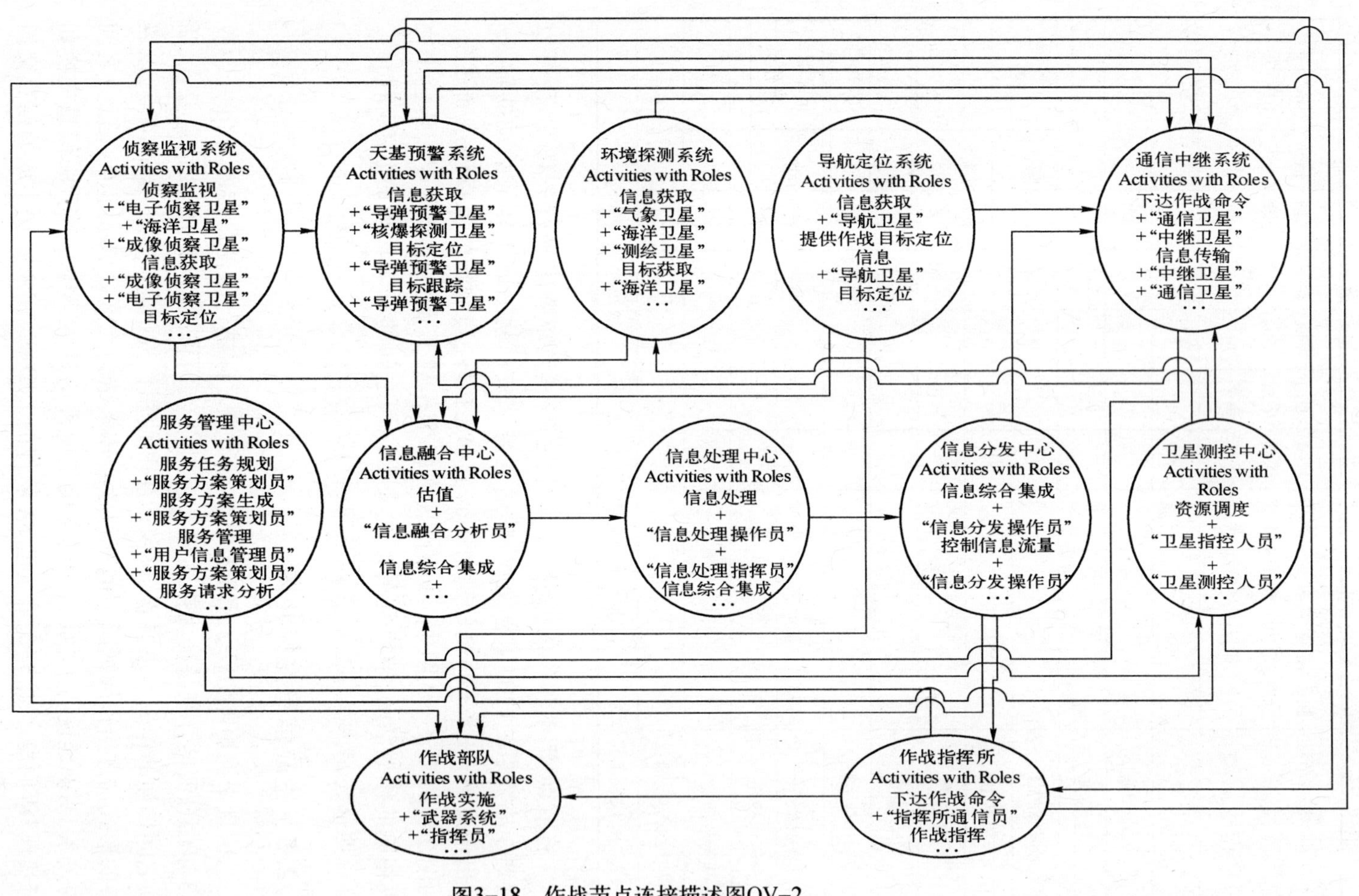

图3-18 作战节点连接描述图OV-2

如表 3-5 中第一行所列，服务方案由服务管理中心的服务方案策划员进行服务任务规划后形成，指导卫星测控中心的卫星测控人员进行资源调度操作。当源节点和目的节点为同一节点时，表明该节点执行了不同的作战活动；而同一个作战活动也可能由多个不同的作战节点来完成，因此对应多条信息交换需求。节点间的信息交换因信息需求而产生，交换的信息要素存储在逻辑数据模型 OV-7 之中，使整个体系结构在数据上保持一致性。

表 3-5　信息交换矩阵 OV-3（部分）

信息交换需求	源活动	源节点	目的活动	目的节点	源节点角色	目的节点角色
服务方案	服务任务规划	服务管理中心	资源调度	卫星测控中心	服务方案策划员	卫星测控人员
目标数据集合	目标定位	侦察监视系统	目标融合	信息融合中心	成像侦察卫星	信息融合操作员
目标数据集合	目标跟踪	天基预警系统	目标融合	信息融合中心	预警卫星	信息融合操作员
目标状态信息	目标跟踪	侦察监视系统	毁伤判断	信息融合中心	成像侦察卫星	信息融合操作员
信息汇总	整理	信息处理中心	鉴别	信息处理中心	信息处理操作员	信息处理分析员
战场情况反馈	执行战斗命令	作战部队	作战效果分析	作战指挥所	战场通信员	指挥官
⋮	⋮	⋮	⋮	⋮	⋮	⋮

3.2.6　建立逻辑数据模型

逻辑数据模型 OV-7 用于描述体系结构的数据需求和数据结构，包括数据类型的定义、属性或特征以及相互关系，使体系结构保持数据结构的一致性。以 IDEF1X 为基础，OV-7 把该体系结构领域、使命有关的每一种系统数据类型都定义为实体，这些实体与 OV-3 中的信息要素以及 OV-5 中的输入、输出和控制有关。OV-7 的详细程度通常取决于体系结构开发的目的和详细程度，本书只建立较高层次的概念性数据模型。根据天基信息服务体系的装备实体及其之间的信息关系，从状态信息、服务信息、自然环境信息、目标信息、战场态势信息、通信方式、探测设备和作战单元等方面建立了逻辑数据模型 OV-7。数据模型的结构和关系如图 3-19 所示，其中图 3-19(b)是天基信息服务体系的分类实体组成。

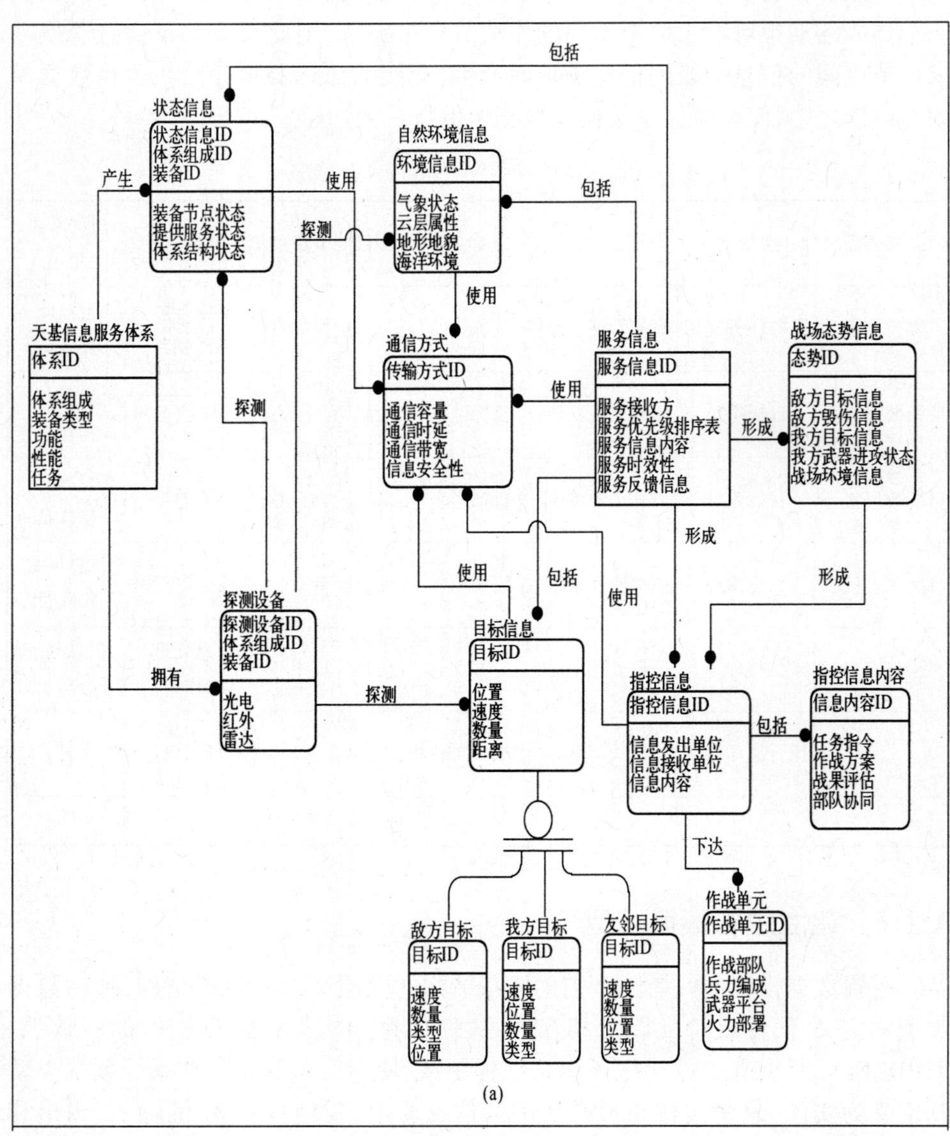

图 3-19　逻辑数据模型 OV-7

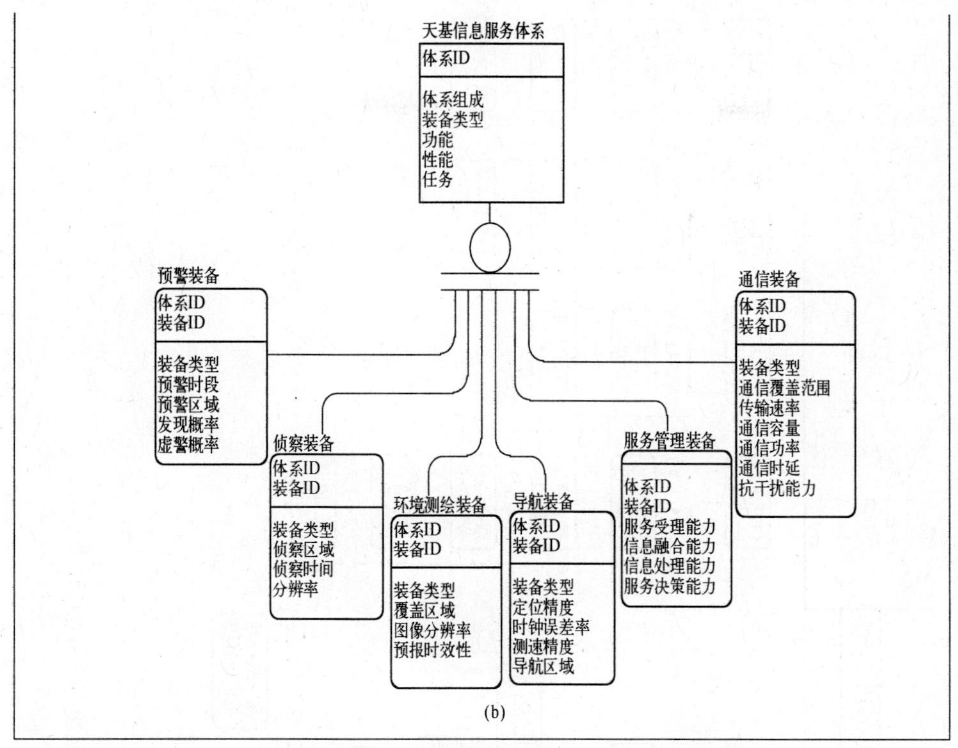

图3-19 逻辑数据模型OV-7(续)

3.3 系统体系结构建模

系统体系结构模型对系统的组成单元、系统功能和组成单元之间的关系进行描述。本节将采用ABM方法,建立天基信息服务体系的系统体系结构模型,具体包括系统功能图SV-4、系统功能跟踪矩阵SV-5、系统接口图SV-1、系统数据交换矩阵SV-6和系统关系矩阵SV-3等模型,将作战任务需求转化为具体的系统功能,进而分析不同系统之间的连接关系。

3.3.1 建立系统功能图

系统功能图SV-4用于描述系统的具体功能、功能层次以及系统之间的数据流。功能模型与业务特征结合较为紧密,即与作战活动模型OV-5具有相关性。建立时应注意:对每个系统输入和输出的必要数据流描述要清晰;系统功能之间的连接要保持完整性;分解功能的详细程度要适当。基于上节中作战活动模型OV-5所描述的内容,对于天基信息服务体系,建立包括服务管理功能、战场态势感知功能、信息传输功能、信息综合集成功能、指挥控制功能和实施作战功能的多层次的功能节点树模型,如图3-20所示。

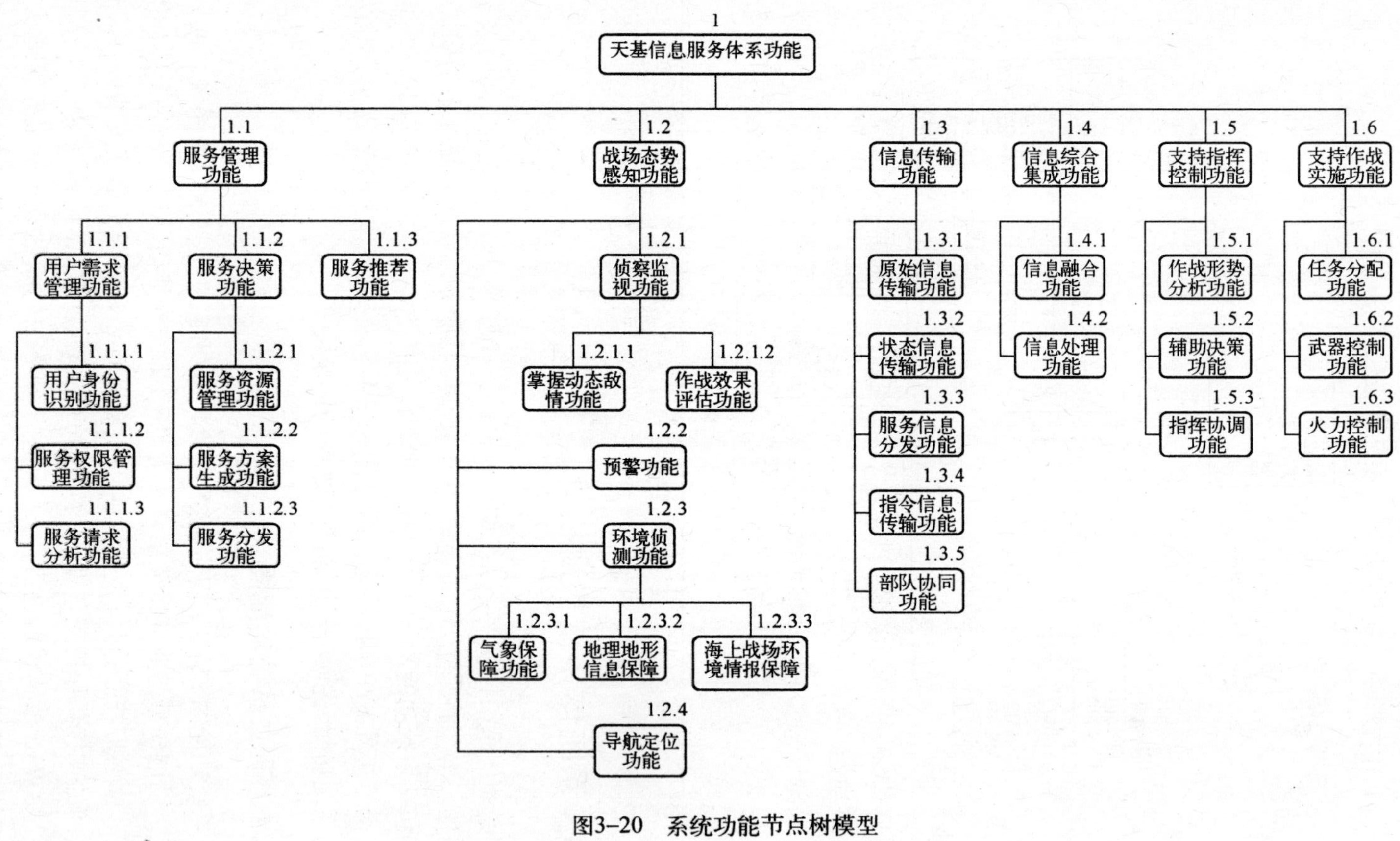

图3-20 系统功能节点树模型

(1) 建立顶层功能模型,如图3-21所示。

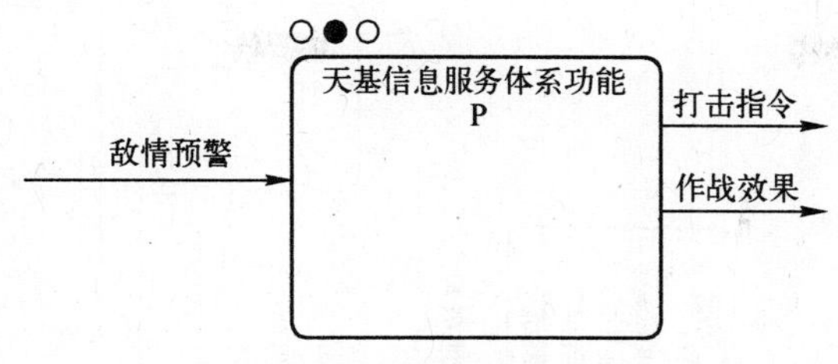

图3-21　顶层功能模型

(2) 对顶层功能模型分解,得到次级功能分解模型,如图3-22所示。

战场态势感知功能包括预警、侦察监视、环境侦测和导航定位,如图3-23所示。侦察监视功能又可以分解为掌握动态敌情和作战效果评估;环境侦测功能分解为气象保障、地理地形信息保障和海上战场环境情报保障,深色方框表示与该功能相关的系统。

侦察监视功能和环境侦测功能的数据流图如图3-24所示。

服务管理功能包括用户需求管理和服务决策功能,具体分解如图3-25所示。

用户需求管理功能可以分解为用户身份识别、服务权限管理和服务请求分析功能;服务决策功能可以分解为服务资源管理、服务方案生成和服务分发功能。各功能间的数据流图如图3-26所示。

信息综合集成功能包括信息融合和信息处理功能;信息传输功能包括原始信息传输、状态信息传输、服务信息传输、指令信息传输和部队协同作战功能;支持指挥决策功能包括作战形势分析、辅助决策和指挥协调功能;支持作战实施功能包括任务分配、武器控制和火力控制功能。各功能分解模型如图3-27和图3-28所示。

3.3.2　建立作战活动与系统功能跟踪图

作战活动与系统功能跟踪图SV-5用于描述作战活动与系统功能之间的映射关系,确定系统功能如何支持作战活动的执行,一个作战需求需要哪些系统功能来支撑,确保所建立的体系结构是合理的。作战活动和系统功能间的关系可以是多对多和一对多的关系,即一个活动可以由多个系统功能来支持,同时一个系统功能也可以实现多个活动的需求。关联天基信息服务体系结构中的系统功能和作战活动,形成二维关系如表3-6所列。通过SV-5映射系统功能和作战活动的关系,将作战体系结构模型和系统体系结构模型关联起来。

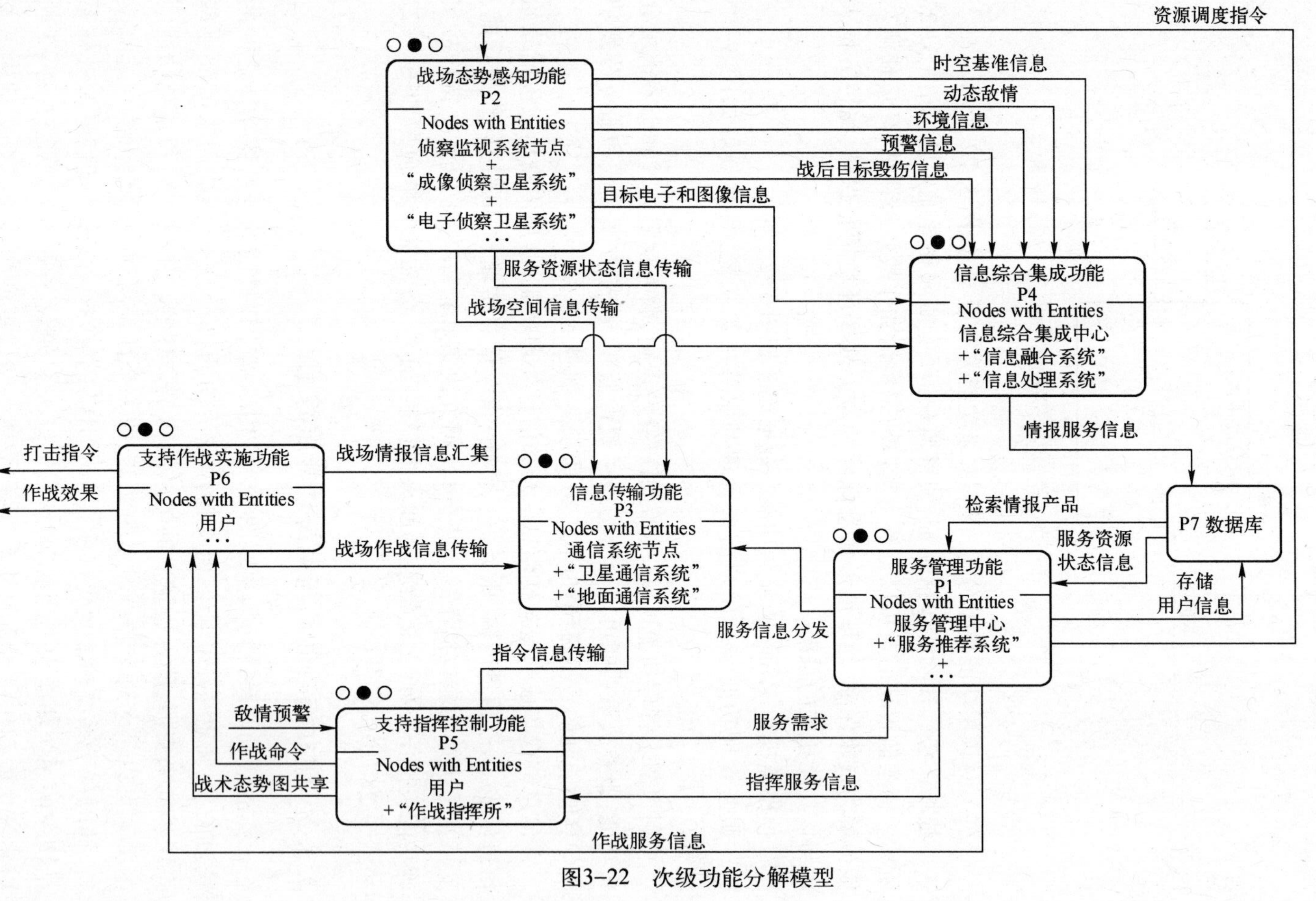

图3-22 次级功能分解模型

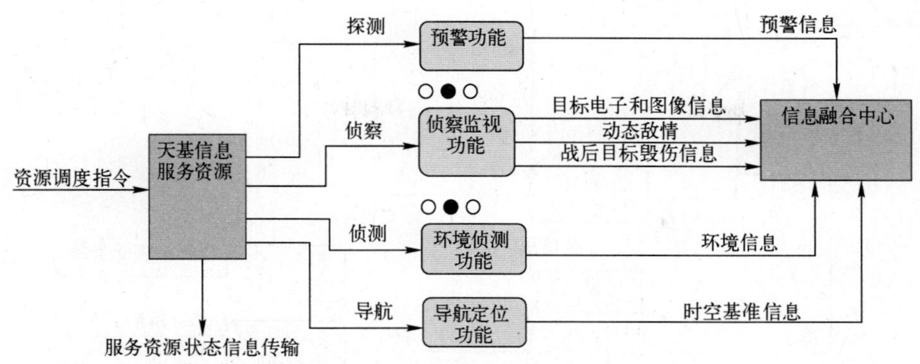

图 3-23　战场态势感知功能分解

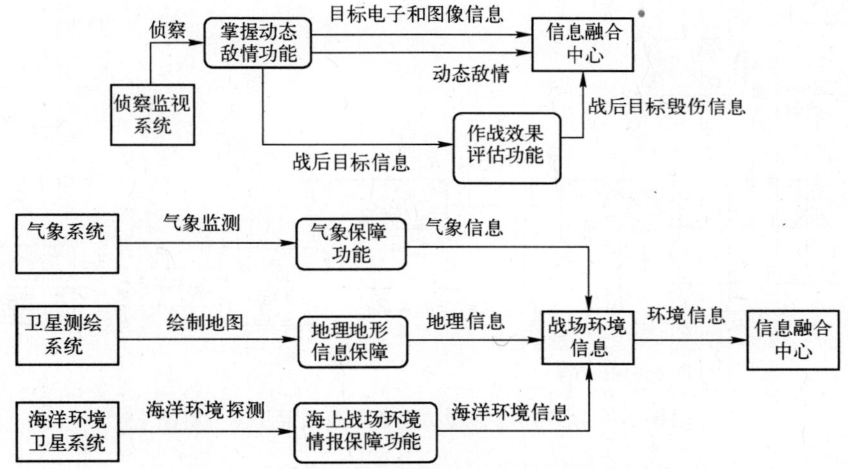

图 3-24　侦察监视功能和环境侦测功能的数据流

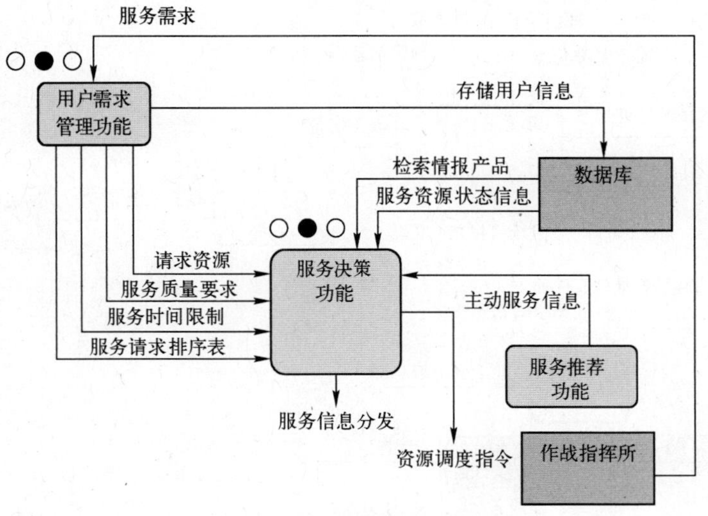

图 3-25　服务管理功能分解

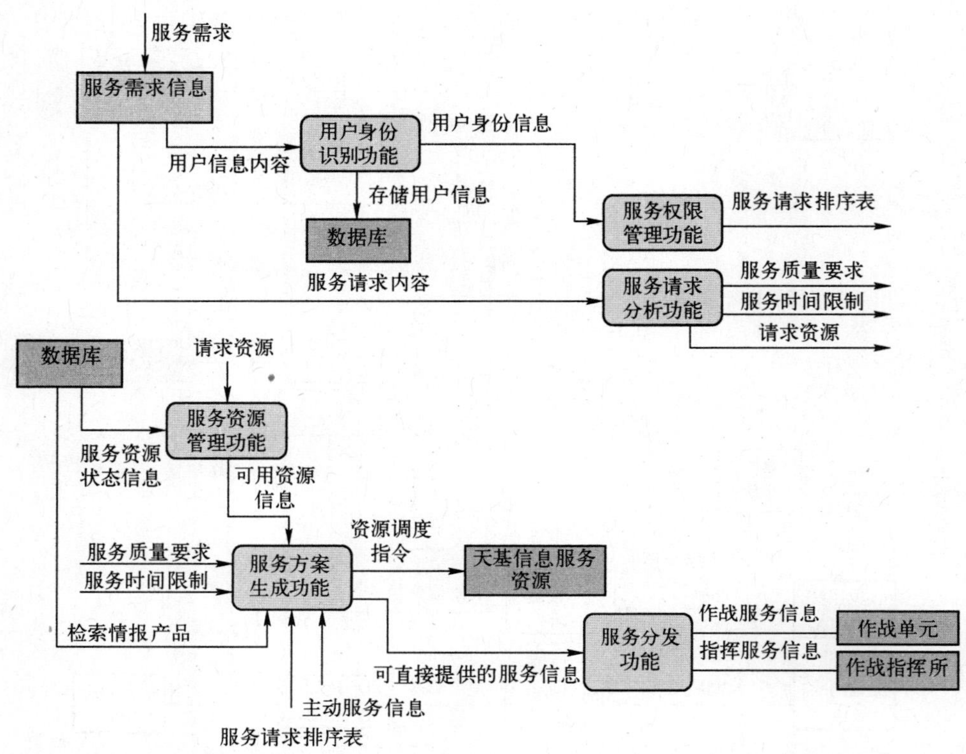

图 3-26　用户需求管理功能和服务决策功能分解图

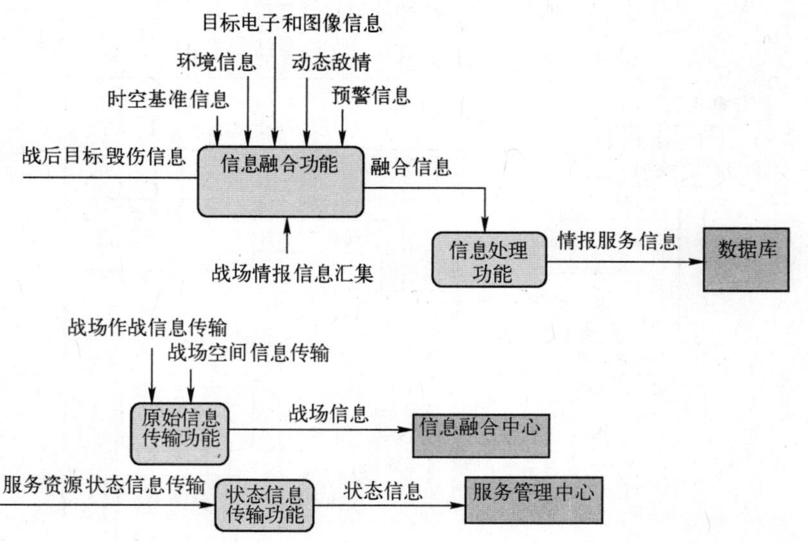

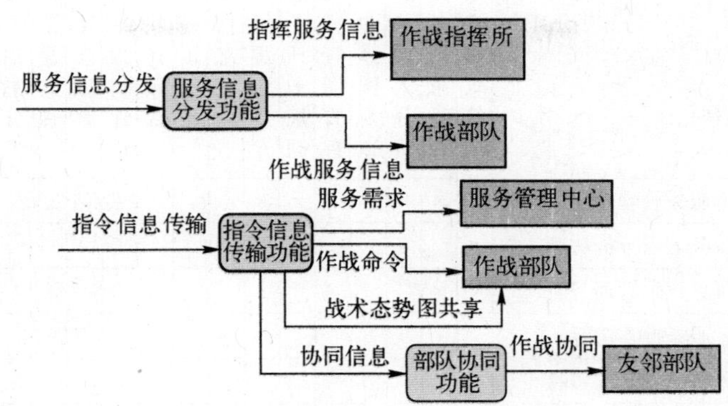

图 3-27　信息综合集成功能和信息传输功能分解图

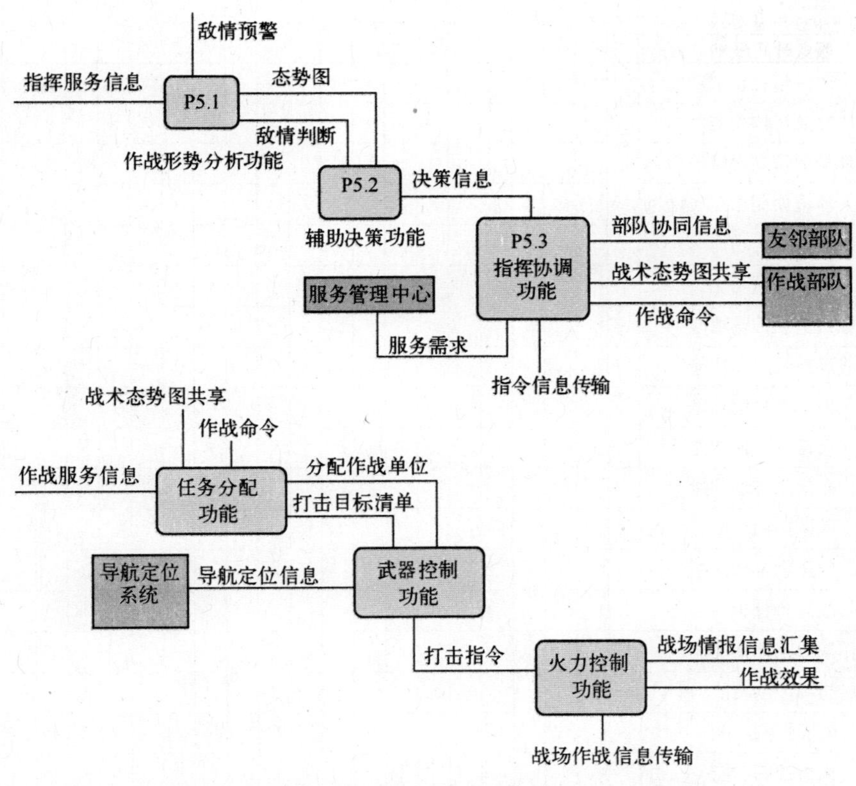

图 3-28　支持指挥决策功能和支持作战实施功能分解图

表 3-6 作战活动与系统功能跟踪图 SV-5

作战活动 系统功能	用户需求管理	服务请求受理	服务请求分析	用户意图辨识	服务资源管理	服务任务规划	资源调度	信息获取	目标定位	目标跟踪	目标毁伤评估	信息融合	信息处理	服务信息分发	态势标绘	形成态势图	态势共享	指挥决策	实施作战	协同作战	战场态势反馈
服务管理功能	×	×	×	×	×	×	×														
服务请求分析功能	×		×																		
服务权限管理功能		×			×																
服务推荐功能				×																	
服务信息分发功能														×							
服务资源管理功能					×																
服务方案生成功能						×															
数据库功能	×			×	×																
辅助决策功能											×						×	×			
气象保障功能								×							×	×	×				
电子图像信息获取功能								×	×	×	×										
导航定位功能								×	×						×	×	×		×		
地理地形信息保障功能								×							×	×	×				
环境侦测功能								×							×	×	×				
信息融合功能												×									
信息处理功能													×								
原始信息传输功能														×							
战场态势感知功能								×	×	×	×					×					
掌握动态敌情功能									×	×	×										
状态信息传输功能					×									×							
指令信息传输功能														×				×			
部队协同功能																				×	
信息融合功能												×									
作战态势分析功能															×	×		×			
作战效果评估功能								×			×							×			×
指挥控制功能																		×	×	×	
武器控制功能																	×		×		
火力控制功能																	×		×		
任务分配功能																			×	×	
部队协同功能																	×	×		×	
注:"×"代表具有此功能																					

3.3.3 生成系统接口图

系统接口图SV-1用于描述系统所处的节点和系统之间的接口关系。天基信息服务体系的系统节点有信息综合集成中心、服务管理中心、侦察监视系统节点、环境侦测系统节点、导航定位系统节点、通信系统节点、预警系统节点和用户。通过关联系统、系统节点和系统功能的关系(系统完成该系统节点上的系统功能),将三者的关系映射到需求线上,形成系统功能之间的输入和输出数据流。系统节点之间进行数据交换,以此为基础绘制系统节点间的连接线,得到SV-1系统接口描述视图,如图3-29所示。图中,黑实线表示系统节点之间连接关系,灰实线代表节点内和不同节点间的系统实体之间的连接关系。

3.3.4 生成数据交换矩阵

系统数据交换矩阵SV-6用于描述系统之间所交换的数据的特征,体现了系统视图的三种基本体系结构数据元素(系统、系统功能和系统数据流)之间的关系。SV-6与OV-3相关,每一条作战需求线可以分解成与系统中的需求线相对应的多个接口。通过SA DoDAF ABM模块可以生成天基信息服务体系数据交换矩阵,表3-7为其中一部分。

表3-7 数据交换矩阵SV-6(部分)

数据交换需求	源系统功能	源系统节点	目的系统功能	目的系统节点	源系统实体	目的系统实体
动态敌情信息	掌握动态敌情功能	侦察监视系统节点	信息融合功能	信息综合集成中心	成像侦察卫星系统	信息融合系统
服务请求排序表	服务权限管理功能	服务管理中心	服务方案生成功能	服务管理中心	用户需求管理系统	服务方案生成系统
主动服务信息	服务推荐功能	服务管理中心	服务分发功能	服务管理中心	服务推荐系统	服务决策系统
决策信息	辅助决策功能	信息综合集成中心	指挥协调功能	用户	信息综合集成系统	作战指挥所
协同信息	指令信息传输功能	通信系统节点	部队协同功能	用户	卫星通信系统	作战指挥所
指令信息传输	指挥协调功能	用户	指令信息传输功能	通信系统节点	作战指挥所	卫星通信系统
⋮	⋮	⋮	⋮	⋮	⋮	⋮

表3-7中的数据交换矩阵描述了节点内的系统和系统间的数据交换,以及节点内的系统与其他节点上的系统的数据交换,表明了数据流的基本特征。

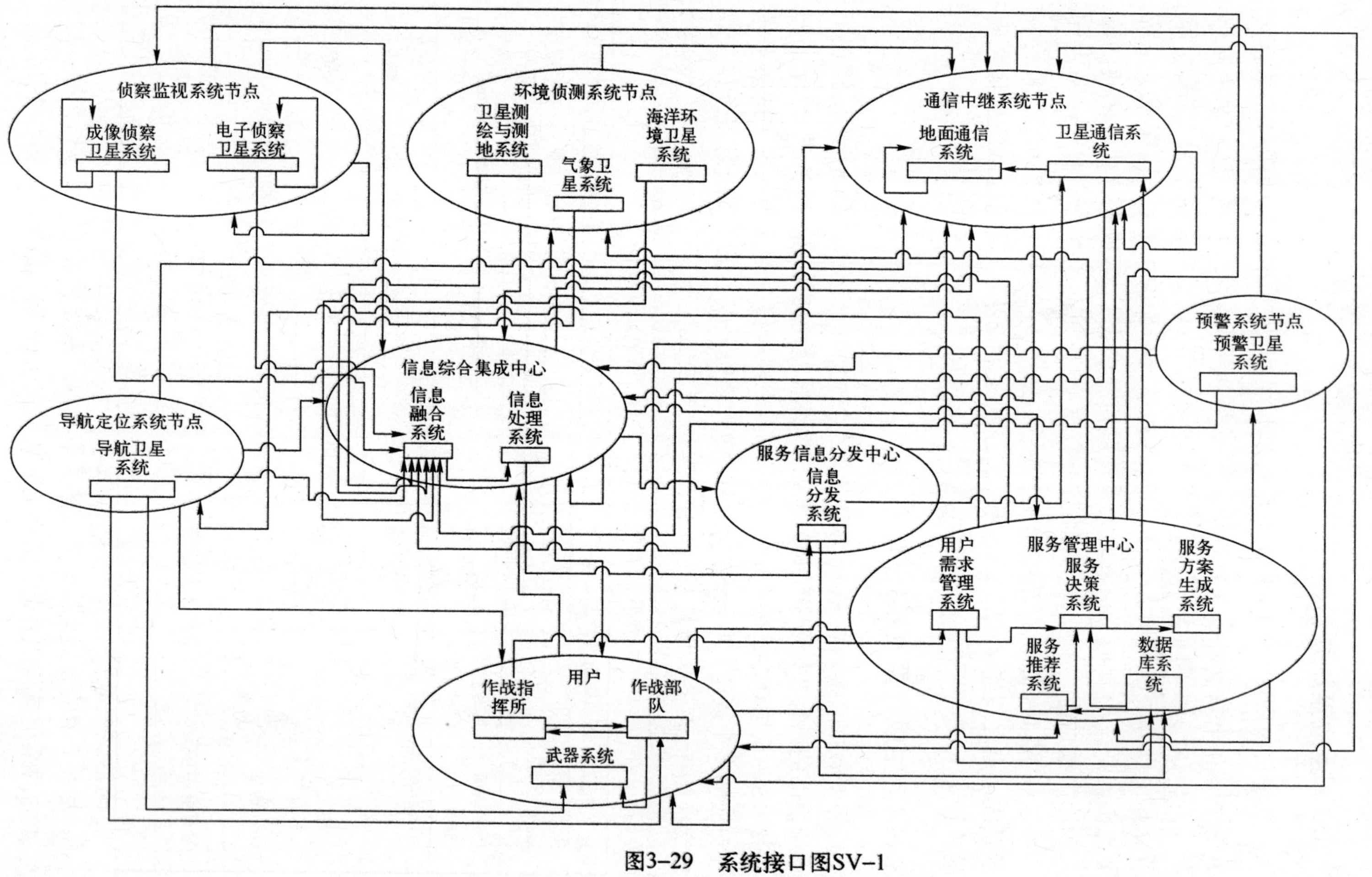

图3–29　系统接口图SV–1

3.3.5 生成系统关系矩阵

系统关系矩阵 SV-3 以矩阵形式详细描述系统接口的特征,进一步展现 SV-1 接口图中节点间和节点内的系统与系统之间的关系。从表 3-8 中可以看出,信息融合系统与测绘卫星系统、导航卫星系统、成像侦察卫星系统、气象卫星系统、海洋环境卫星系统、电子侦察卫星系统和预警卫星系统等多个系统具有连接关系,表明多种传感器和装备获得的信息需要进行融合才能进一步形成服务信息。

表 3-8 系统关系矩阵 SV-3

	信息处理系统	信息融合系统	测绘卫星系统	通信卫星系统	地面通信系统	导航卫星系统	成像侦察卫星系统	数据库系统	服务决策系统	服务推荐系统	服务方案生成系统	武器系统	气象卫星系统	海洋环境卫星系统	用户需求管理系统	电子侦察卫星系统	预警卫星系统	作战指挥所	作战部队
信息处理系统	×	×						×											
信息融合系统	×	×	×			×	×						×	×		×	×		
测绘卫星系统		×					×												
通信卫星系统			×			×	×					×	×			×			
地面通信系统					×							×							
导航卫星系统		×							×										×
成像侦察卫星系统		×	×	×															
数据库系统	×														×				
服务决策系统				×						×	×				×				
服务推荐系统									×										
服务方案生成系统								×							×				
武器系统					×							×							×
气象卫星系统		×																	
海洋环境卫星系统		×												×					
用户需求管理系统								×	×		×				×				
电子侦察卫星系统		×																	
预警卫星系统		×																×	×
作战指挥所				×	×	×			×	×					×		×		×
作战部队				×	×	×						×					×	×	

注:“×”表示两个系统间具有连接关系

第4章　天基信息服务体系结构流程仿真

4.1　体系结构流程仿真方法

4.1.1　可执行体系结构概述

可执行体系结构是指基于静态模型产品构建动态可执行模型，使其按照执行规则描述动态执行。该模型反映了在作战节点上由角色通过使用资源或系统产生、使用信息来执行活动的时序[123]。可执行体系结构中的可执行模型按照体系结构所描述的组成、关系、规则和约束进行动态运行，通过分析体系结构的动态行为，确定静态模型中不容易被发现的行为和逻辑错误，并演示验证体系结构所具备的能力[124]。可执行体系结构一方面可以用于体系结构的动态一致性校验，另一方面可以进行体系结构的分析和优化。

可执行体系结构可以对体系结构的执行结果进行分析，分析的内容主要包括[125]：

(1) 确认关键环节。通过对活动利用率的统计分析，利用率相对较高的活动可以被确认为体系结构的关键环节。通过不断的执行确认整个作战过程中的关键环节，可以提示决策层在体系建设中予以特别关注，并且通过对关键环节的设置进行调整实现体系结构优化。

(2) 资源相关分析。资源相关分析主要通过分析资源的忙闲状态来评估其利用率，特别是关键资源的利用情况，确定该资源是否为一个瓶颈或空闲。根据各种资源的利用情况，对体系建设提出建议，即非常繁忙的资源，对整个战局有决定性的影响；比较空闲的资源，不能投资太大等。还可以分析资源的业务费用。

(3) 时间相关分析。时间相关分析包括完成一个活动或一组活动花费的时间，以及从一个节点到另一个节点传递信息的时间。在具体的业务活动或过程中，延时可能由资源瓶颈造成，如人力或系统资源太繁忙而造成不确定的延时。时间延时分析可以通过对活动的执行时间进行统计分析，确定较繁忙的活动以及对资源的要求。另外，还须建立活动之间的依赖关系，确定一个活动对另一个或多个活动的依赖，进而确定延时的原因。信息传递产生延时可能是由于活动相互依赖而造成延时，如某个活动的执行需要另一个活动执行完毕之后才能执行，而该活动的执行需要一个较长的时间，这样就会导致信息传递的不确定性延时。

(4) 定量的辅助决策。作战体系结构的执行结果反映了作战投入与作战结果的一个对应，如果改变作战投入以及作战过程的时序，必然会得到另外一个作战结果，此时就有了比较的基础，因此得出不同方案对整个作战过程以及执行结果的影响，这有助于基于方案进行定量决策，而这一定量的决策是静态的体系结构无法实现的。

构建可执行体系结构是一个迭代过程，执行结果和仿真数据可用来分析体系结构的逻辑错误和设计缺陷，将这些信息反馈到体系结构设计阶段可作为修改优化的依据。

4.1.2　基于IDEF3的体系结构流程仿真方法

体系结构流程仿真是使用体系结构的仿真工具，将可执行模型在执行规则的约束下动态运行，可视化地表现系统相关的信息流和数据流，根据统计数据分析体系结构的时间、资源利用及可靠性等特性，分析结果对体系结构评价提供依据，最终为定量决策提供支持。本书研究的体系结构流程仿真以IDEF3方法为基础，IDEF3解决了IDEF0不能反映时间和时序的问题，能和仿真软件相结合进行过程建模，用来检验过程的合理性并指导过程重构，实现优化[126]。通过IDEF3方法可以记录状态和事件之间的优先与因果关系以及过程中产生的数据，从而可以确定信息资源在系统的流程中的作用。

IDEF3方法具有以下优点：

(1) 基本元素少，表现形式简单直观，掌握和使用较容易。

(2) 许多相关信息由每个元素的细化说明来定义。

(3) 能表现灵活多变的状况，具有较好的柔性。

(4) 通过对行为单元的分解，可将过程由粗到细、由抽象到具体分层次进行表述。

IDEF3过程流图的基本语法元素包括行为单元(UOB)、交汇点(Junction)、连接线(Link)、参照点(Reference)和细化说明(Elaboration)，常用元素的说明如表4-1所列，符号如图4-1所示。

表4-1　IDEF3常用语法元素说明

基本语法元素	作用说明
行为单元	用于描述一个组织或一个复杂系统中的过程或活动
连接线	用于连接UOB，表示UOB之间的关系
交汇点	用于确定分支过程的逻辑机制，捕获多个过程路径之间关系的时序
参照点	用于参考以前定义的UOB，避免重新定义；转移过程控制

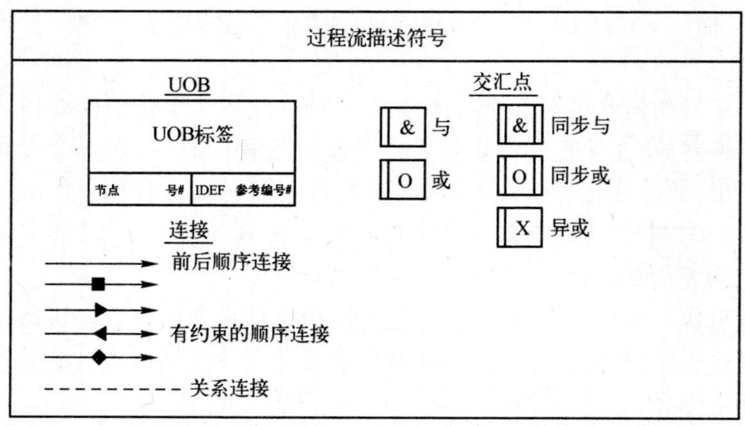

图 4-1　IDEF3 常用语法元素符号

IDEF3 有两种视图：以过程为中心的进程流网络（Process Flow Network，PFN）图和以对象为中心的对象状态转移网络（Object State Transition Network，OSTN）图。PFN 图可以用于体系结构框架中作战规则模型 OV-6a 的建模[127]，OSTN 图可以用于作战状态转换描述 OV-6b 的建模。在 SA 中，基于作战规则模型的体系结构流程仿真的基本原理如图 4-2 所示，以 IDEF3 元素建立仿真的可执行模型，包括流程模型、资源模型、时间模型和组织模型，通过交汇点和连接模块等执行规则，建立完整的作战规则模型 OV-6a。可执行模型的相关对象以及内部关系如图中下方所示，设置 SA 仿真参数和环境，进行动态可视化仿真，以统计学为基础收集和记录仿真数据，在 SA Simulator 中形成仿真报表和图形结果，分析时间、资源利用率、活动利用率等指标，用来进一步优化仿真模型。

下面介绍流程仿真中的过程模型、资源模型、时间模型和组织模型，以及交汇点和连接线等执行规则。

（1）过程模型：是仿真执行的核心，通过活动，子活动、连接弧以及各种连接节点来描述业务过程中各任务之间的依赖关系。SA 软件工具中，IDEF3 的建模元素行为单元分为四种仿真类型：事件（Event）、过程（Process）、结果（Result）和保持（Hold）。事件表示流程的开始，产生在整个流程中所要处理的对象，是对象作用于流程模型的第一个活动，而对象按照某种频率或者分布通过计算机模拟产生；过程[128]是组成流程的基本类型，主要负责处理事件产生的对象，而处理对象花费的时间由时间模型描述，执行者由角色描述，需要的资源由资源模型描述，过程之间的关系由交汇点和连接模块描述；结果表示流程的结束；保持表示流程中的缓冲、延迟等概念。

（2）资源模型：与过程相关的资源信息，每个资源模型包含一定数量的具有相同功能的资源实体，按照一定的排队规则分配给活动，可以用于分析资源利用率。当出现多个活动同时请求占用某个资源的情况，就会出现排队等待现象。资源可以包括执行活动的角色和作战节点上的装备实体。资源模型包括资源可用性模型，描述同一时间完成工作有多少资源可用；资源分配使用模型，描述完成一项工作需要分配多少资源。资源的可用性描述在整个过程模型执行中非常重要，因为它决定了过程在执行时是否有足够的资源，如果没有足够的资源，过程将被挂起，直到有资源可用。

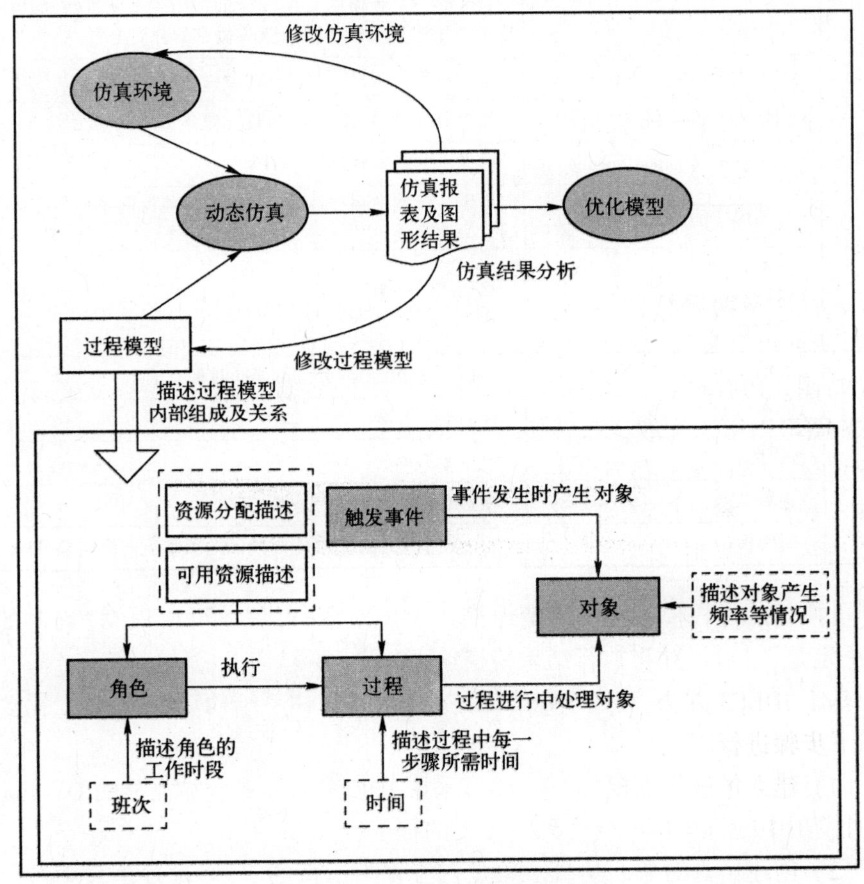

图4-2　SA流程仿真原理

（3）时间模型：人员的活动和设备的使用遵循的工作时间安排。在人员和设备的工作时间范围内，活动可以被执行，而在人员和设备的休息时间，活动则不能被执行。时间模型的设置要与实际情况相符。

（4）组织模型：主要定义与过程模型虚拟执行有关的组织信息。

（5）交汇点和连接线：交汇点可以表示多个过程流的汇入（扇入）和流出（扇出），确定了分支过程的逻辑机制，同时捕获了多个过程路径之间关系的时序。连接线用于连接行为单元，表示行为单元之间的关系。连接线始于或结束于任一个行为单元或交汇点图符。在SA中，交汇点类型有异或、与、或三种，具体属性说明如表4-2所列。

表4-2　交汇点属性说明

类型	属　性	说　明
异或(XOR)	概率(Probability)	作为输出的XOR,会有多个分支,每个分支各占一个百分比,这些分支的总和是100%。假设一个分支是20%,另外一个是80%,SA会随机在0~1之间产生一个随机数,如果随机数小于0.2,那么就会选择20%概率的分支出去
	对象类型(Object type)	每种对象类型只能流向一个分支
	属性(Attribute)	每个分支最多对应两种属性比较条件
	最短队列(shortest queue)	排队少的对象通过
	时间模型(Time in Model)	用于在模型中超过指定时间的对象将流向第一个满足条件的分支
与(AND)	概率/对象类型/属性/最短队列/时间模型	这些属性都无效 无条件每个分支发送一个对象
或(OR)	概率	类似于XOR,不同分支可能同时都有输出
	对象类型	在OR里无效
	属性	每个分支都会比较到
	最短队列	在OR里无效
	时间模型	用于在模型中超过指定时间的对象将流向满足条件的分支

可执行的过程模型必须清楚地描述上述对象,过程才可以根据"当时的情景"决定是否执行,并将执行结果传递给下一个过程。

基于IDEF3方法,利用SA Simulator模块进行体系结构流程仿真时,需要按照以下步骤进行[129]:

(1) 建立作战规则模型OV-6a。采用IDEF3的形式建立完整的OV-6a模型,对模型中的行为单元分解到所需要的程度,形成进程流。

(2) 创建仿真对象。仿真对象是在流程中运行的实体,设置仿真中对象的表现形式。

(3) 设置对象到达频率。对象的到达频率(arrival profile)包含两个方面的内容:一是单位时间内对象到达的数量;二是此频率将持续多长时间。也可用对象到达的时间间隔(inter-arrival time)表示对象的到达频率,并将仿真对象分配到事件和进程上。

(4) 创建角色。角色是执行行为单元的人力资源或者抽象资源。每一个行为单元至少要分配一个角色,否则无法执行它的功能。

(5) 创建轮换班。轮班制度表示某段时间人力资源或者抽象资源的可用性,也表示了某段时间进程的可用性。

(6) 创建资源可用性和资源分配使用等资源模型。将角色和班次相联系形成资源可用模型,并将资源分配到进程上。

(7) 创建和分配时间轮廓。时间轮廓表示了进程分步骤处理的时间特性,与轮换班共同组成仿真模型中的时间模型。

(8) 设置交汇点和连接的属性。交汇点和连接一起构成了流程中的同步、异步等概念,形成OV-6a的执行规则。

(9) 设定仿真参数。仿真参数包括模型运行的时间、速度等一些参数,可以在模型运行仿真的过程中进行调节。仿真参数的设定可为后续数据的统计、分析提供依据。

(10) 验证可执行模型。根据仿真验证报告提示的错误信息检验各模型参数是否设置完毕,或者修正仿真模型的作战规则。

(11) 运行仿真模型。分析仿真结果,修改并反复运行模型,以达到体系结构设计目的。

基于IDFF3的流程仿真方法的核心是建立动态流程模型,这种方法用于验证作战流程规则的逻辑性和合理性具有很强的可操作性。

4.2 天基信息服务流程仿真及分析

4.2.1 建立作战规则模型

首先拟制作战想定[115]如下:

蓝方部队来袭,红方作战指挥所接收到敌情预警报告后,制定作战任务,提出对天基信息的服务需求方案,以获取有关敌方目标的详细信息,保证打击的精确性。

红方服务管理中心收到服务需求方案,首先对各类请求信息进行综合分析,在最新的情报数据库中搜索,确定是否有满足部队信息请求的对应目标信息。如果现有情报数据库中没有相关情报,则根据服务资源状态信息分析是否能满足部队对目标情报的获取要求:能满足,则直接下达信息获取指令;否则,需根据不同情况进行任务规划。第一种情况:现有天基信息服务资源只需要通过卫星变轨即可满足信息获取的要求,则根据卫星的实际在轨运行状态结合部队情报获取的详细要求进行卫星变轨任务规划,将规划结果下达至卫星指挥控制中心。第二种情况:现有天基信息服务资源通过变轨无法满足部队情报需求,对于可能影响战役发展进程的重要目标,通过应急补发新卫星来加强信息获取能力,完成情报获取任务。服务管理中心将形成应急发射任务规划并下达至卫星发射中心。本书中流程仿真将针对第一种情况进行设计。

红方卫星资源管理中心接到任务规划任务后,分析现有天基信息服务资源所处状态,根据信息获取需求生成资源调度指令,下达至相关测控站。

测控站收到资源调度指令后,判断该卫星是否在当前可以测控范围内:如果在,则直接将指令注入卫星上行链路;否则,需要先将资源调度指令发送到通信中继卫星并提供目标卫星的信息,再由通信中继卫星转发至目标卫星。

各种服务卫星收到信息获取指令后,将按照指令要求调整工作状态和参数,获取目标区域的原始信息,并及时下传至地面接收站。数据下传也需要首先判断是否能直接下传至地面接收站:如果能,则直接下传;否则,将通过通信中继卫星转发。

信息综合集成中心对接收到的原始数据进行融合处理,得到目标区域各方面较为详细的信息,结合历史情报信息,编制成各级各类情报产品,形成情报服务信息,由服务信息分发系统向红方作战指挥所及各作战单元分发,同时将接收服务的用户信息及情报数据存档,为提供主动服务积累资料。

红方作战指挥所接受情报服务信息,通过态势分析,威胁判断,制定作战计划,下达作战命令。

红方作战部队接受作战命令,并共享战术态势信息,组织作战力量向蓝方目标发起进攻。战斗中发射导弹采用"北斗"导航定位卫星制导,不断修正飞行航迹,到达目标区域后开启末制导设备,对目标进行精确攻击。

根据侦察卫星发回的战后目标毁伤信息,红方信息综合集成中心编制成打击后目标区域的情报服务信息传送至作战指挥所,供其评估目标毁伤效果:若达到作战目的,则停止打击;否则,红方作战指挥所将制定下一波次的打击计划。

以上是通常情况下基于天基信息服务体系的作战流程,为了区分有无主动服务情况下,天基信息服务体系在作战过程中各项指标的变化情况,加入蓝方偷袭目标出现环节,并制定如下两种处理方案:

方案一:无主动服务时的作战流程。

在作战过程中,蓝方偷袭目标出现。红方作战指挥所接到预警,为了确定是否具有威胁,需获取偷袭目标的详细信息,向服务管理中心发出服务请求。服务管理中心首先在情报数据库中查询是否有相关情报信息,若没有,则需要生成卫星资源调度指令,通过卫星重新获取信息。但是因偷袭目标出现在作战部队的关注区域(定义见2.5节),情报数据库中已经存储了相关信息,所以搜集相关信息后进行综合集成形成服务情报产品,发送至作战指挥所,供其辅助决策。经判断,作战指挥所下令对其予以打击。之后作战流程与通常情况下相同,不再赘述。根据想定建立作战规则模型(图4-3),描述了无主动服务情况下基于天基信息服务的作战规则。

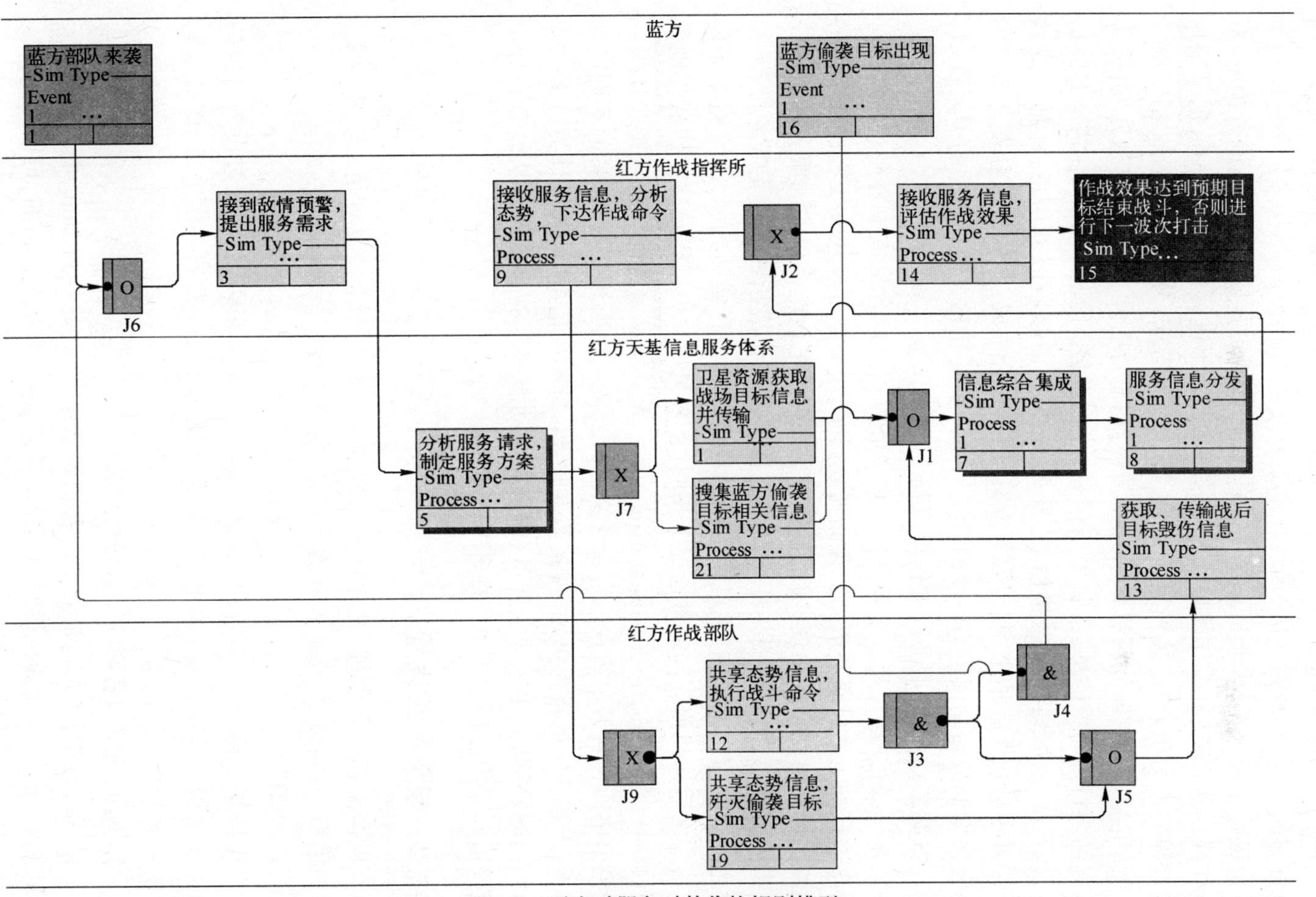

图4-3　无主动服务时的作战规则模型

作战规则模型中包含四个组织:蓝方,产生来袭目标和偷袭目标两个触发事件对象;红方作战指挥所,描述作战过程中红方作战指挥人员在天基信息服务下进行指挥决策;天基信息服务体系,描述作战过程中天基信息服务流程;红方作战部队,描述红方作战单元在天基信息服务下进行作战。OV-6a 模型中代表过程的行为单元有:接到敌情预警,提出服务需求;分析服务请求,制定服务方案;卫星资源获取战场目标信息并传输;信息综合集成;服务信息分发;搜集蓝方偷袭目标相关信息;接收服务信息,分析态势,下达作战命令;共享态势信息,执行战斗命令;共享态势信息,歼灭偷袭目标;接收服务信息,评估作战效果。其中分析服务请求,制定服务方案;信息综合集成;服务信息分发三个行为单元根据作战活动模型 OV-5 的叶子活动转换成 IDEF3 规则模型的子流程图。

方案二:有主动服务时的作战流程。

在作战过程中,蓝方偷袭目标出现。红方信息综合集成中心在对各类天基信息进行加工形成服务产品后存储到数据库,服务推荐模块发现在作战部队的关注区域有可疑目标出现,随后服务方案决策员把该产品以主动服务形式向作战指挥所推送,提醒作战指挥所对其加以关注。作战指挥所接受服务推荐,获得主动服务信息,通过对该可疑目标的详细信息进行威胁判断,决定对其予以打击。之后作战流程与通常情况下相同,不再赘述。根据想定建立作战规则模型(图 4-4),描述了有主动服务情况下基于天基信息服务的作战规则。作战规则模型中所包含的组织在内容及含义上与方案一中所述相同,二者的不同之处在于:方案一中的行为单元"搜集蓝方偷袭目标相关信息"修改设计为方案二中的"在作战部队关注区域发现可疑目标,主动服务",并且重点是从偷袭目标出现到被歼灭的过程中相关处理环节发生了很大改变。

4.2.2 模型参数设置

根据流程仿真原理,在建立作战规则模型的基础上需设置仿真实体对象、资源模型、时间模型、交汇点和连接模块、仿真参数等。

1. 仿真对象

作战规则模型中,事件产生的仿真对象为蓝方来袭部队,通过设置对象的到达率来模拟作战情况,假定蓝方来袭部队每 10min 发起一次进攻,作战活动持续 48h。

2. 时间模型和资源模型参数的设置

作战过程中,各角色都处于战备值班状态,因此轮换班 shift 可设置为全天 24h 在位。行为单元的执行时间不是固定的,通常服从某一分布,可以利用排队论来计算。首先根据原始资料并按照统计学的方法确定其符合哪种理论分布,并估计其参数值,最后根据相关公式计算出行为单元执行时间的期望值[130]。

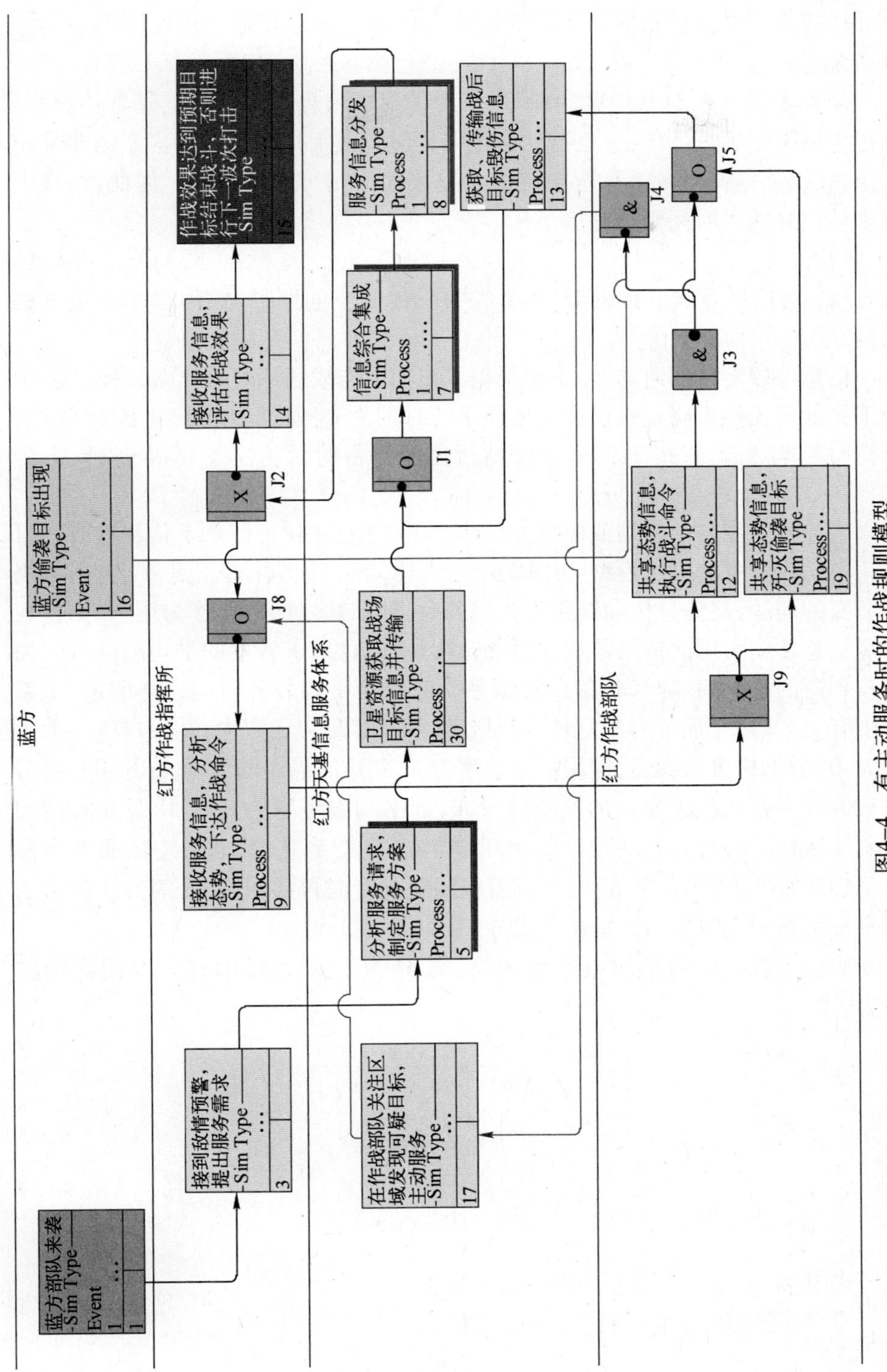

图4-4　有主动服务时的作战规则模型

下面以成像侦察卫星获取并下传战场目标信息的信息传输延迟时间模型为例进行说明。

侦察卫星完成对某地区的侦察，获得的目标信息通过两种途径下传：一是通过中继卫星转发下传；二是与地面站可见时直接下传。当侦察卫星为非静止轨道时，需要等待卫星运行至与中继卫星或地面站可见的弧段。因此，侦察卫星下传信息所需时间延迟为

$$T_{rd}=T_w+T_{delay} \tag{4-1}$$

式中：T_w 为信息等候下传的时间；T_{delay} 为下传时空间路径、数传输率等造成的时延。

信息等候下传的时间 T_w 主要根据卫星侦察作战区域时与地面站和（或）中继卫星的可见性来确定。假设完成侦察的时刻为 t_0，通过中继卫星下传所需的等待时延为 T_{WT}，直接下传至地面站所需的等待时延为 T_{WS}，等待时延 T_w 为 T_{WT}、T_{WS}二者中较小的那个。

当侦察卫星与地面站或中继卫星建立了传输链路时，信息下传延迟时间可采用单队多服务台排队模型（$M/M/s/\infty$）[131]求解。根据排队论思想，针对本书所研究的问题，将信息传输链路作为服务台，请求转发的信息作为用户，则侦察卫星信息传输可用的链路数量为服务台数量，信息请求转发的平均间隔时间为用户到达的平均间隔时间，信息传输平均时间为平均服务时间。并假定：①系统中有 $s(s\geqslant 1)$ 个服务台独立地并行服务，系统容量为无穷大；②用户按参数为 $\lambda(\lambda>0)$ 的泊松分布到达，即用户到达率为 λ，到达间隔时间为 $1/\lambda$；③用户所需的服务时间服从参数为 μ 的负指数分布，即平均服务率为 μ，平均服务时间为 $1/\mu$；④服务时间与到达间隔时间相互独立；⑤用户到达时，若有空闲服务台便立刻接受服务，否则排队等待，直到有空闲服务台时再接受服务，等待队列里的用户按照先到先服务的原则接受服务。

假设各服务台的平均服务率相同，则 $M/M/s/\infty$ 系统中有 n 个用户的概率为[132]

$$P_0=\left[\sum_{n=0}^{s-1}\frac{\rho^n}{n!}+\frac{s\rho^s}{s!(s-\rho)}\right]^{-1} \tag{4-2}$$

$$P_n=\begin{cases}\dfrac{\rho^n}{n!}P_0 & (n\leqslant s)\\[2ex] \dfrac{\rho^n}{s!s^{n-s}}P_0 & (n>s)\end{cases} \tag{4-3}$$

式中：$\rho=\lambda/\mu$；s 为服务台数；$\lambda/(s\mu)<1$。

用户在队列中平均等待时间的期望值为

$$W_q=\left[\frac{\rho^s\mu}{(s-1)!(s\mu-\lambda)^2}\right]P_0 \tag{4-4}$$

用户在系统中平均停留时间的期望值为

$$W=W_q+\frac{1}{\mu} \tag{4-5}$$

因此,建立链路后信息下传的时间为

$$T_{delay}=W \tag{4-6}$$

侦察卫星请求转发信息的平均时间间隔可以通过多颗侦察卫星平均重访时间间隔来确定。信息传输平均时间则通过估算每次下传的信息量及链路的数据传输速率来确定。

成像侦察卫星获取的信息量为[133]

$$I=\frac{k_p k_b A_g}{r_g^2}\cdot \log_2 C_n B_n (\text{bit}) \tag{4-7}$$

式中:k_p 为图像压缩比;k_b 为波段数;A_g 为成像面积;r_g 为地面分辨率;C_n 为每像元灰度数;B_n 为每像元亮度数。

若已知信息传输速率为 R,则信息传输平均时间为

$$T=1/\mu=I/R \tag{4-8}$$

文献[134]通过研究得出美军某型成像侦察卫星如果经中继卫星转发,其信息传输时延为0~0.5h。根据该结论,在本想定中,设定成像侦察卫星获取并传输信息所需时间服从均匀分布 Normal(20,5)。其他行为单元分配的角色资源,以及角色在行为单元中执行活动的时间设置如表4-3所列。

表4-3　资源模型和时间模型参数设置

行为单元	角色资源	资源分配 及资源可用性	执行时间(分布)
接到敌情预警 提出服务需求	作战参谋	5(5)	Uniform(15,17)
分析服务请求	用户信息管理员	3(3)	Normal(10,6)
制定服务方案	服务方案策划员	3(3)	Normal(15,2)
卫星资源获取 战场目标信息并传输	成像侦察卫星	3(3)	Normal(20,5)
	电子侦察卫星	3(3)	Normal(15,3)
	气象卫星	1(1)	Normal(12,2)
	测绘卫星	1(1)	Normal(11,3.5)
	海洋卫星	1(1)	Normal(15,2)
传输原始信息	通信卫星	5(5)	Normal(10,2)
搜集偷袭目标信息	服务方案策划员	3(3)	Normal(10,5.5)
在作战部队关注区域 发现可疑目标	服务方案策划员	3(3)	Normal(5,5.5)

(续)

行为单元	角色资源	资源分配及资源可用性	执行时间(分布)
信息综合集成	信息融合人员	3(3)	Normal(50,4)
	信息处理人员	3(3)	Normal(55,6.2)
服务信息分发	信息分发人员	3(3)	Normal(40,3)
分析态势	作战参谋	5(5)	Normal(26,1.5)
下达作战命令	指挥官	1(1)	Uniform(15,20)
共享态势信息 执行战斗命令	战士 作战飞机	3(6) 3(5)	Normal(36,10)
共享态势信息 歼灭偷袭目标	战士 作战飞机	3(6) 3(5)	Normal(22,7)
获取目标毁伤信息	成像侦察卫星	3(3)	Normal(20,2.7)
传输目标毁伤信息	通信卫星	5(5)	Normal(5,3)
评估作战效果	作战参谋	5(5)	Uniform(13,15)

为了对比相同条件下两种方案的仿真结果的区别,本书对两方案的资源模型和时间模型做了相同设置。资源的可用性和分配使用根据第 3 章中组织关系图 OV-4 的角色来设置,在表 4-3 中括号内表示可用资源数,表中的数值不是相应人员的绝对数,属于归一化的单位值。其中 Normal 为正态分布函数,Uniform 为均匀分布函数,其他表示固定值。

3. 交汇点属性设定

交汇点用来表示输出分支的概率、时间属性、仿真对象的通过方式等。方案一的交汇点属性的设置如表 4-4 所列,方案二与之对应。

表 4-4 交汇点属性及参数设置

交汇点名称	类　型	(前)后置 IDEF3 元素名称	发生概率或其他属性
J1	或(输入)	卫星资源获取战场目标信息并传输	任一分支的仿真对象都可通过交汇点
		获取、传输战后目标毁伤信息	
J2	异或(输出)	接受服务信息,分析态势,下达作战命令(方案一)/J8(方案二)	每种仿真对象只能流向一个分支
		接受服务信息,评估作战效果	
J3	与(输出)	J4	向每个分支发送一个仿真对象
		J5	
J4	与(输入)	J3	当两分支的仿真对象同时到达时发送一个仿真对象
		蓝方偷袭目标出现	
J5	或(输入)	J3	任一分支的仿真对象都可通过交汇点
		共享态势信息,歼灭偷袭目标	

（续）

交汇点名称	类　型	（前）后置 IDEF3 元素名称	发生概率或其他属性
J6	或（输入）（方案一）	J4	任一分支的仿真对象都可通过交汇点
		蓝方部队来袭	
J7	异或（输出）（方案一）	卫星资源获取战场目标信息并传输	每种仿真对象只能流向一个分支
		搜集蓝方偷袭目标相关信息	
J8	或（输入）（方案二）	J2	任一分支的仿真对象都可通过交汇点
		在作战部队关注区域发现可疑目标，主动服务	
J9	异或（输出）	共享态势信息，执行战斗命令	每种仿真对象只能流向一个分支
		共享态势信息，歼灭偷袭目标	

4. 仿真参数设定

基于模型参数的设置，将仿真时间 Run Length 设为 48h。

4.2.3　仿真结果对比分析

使用 SA Simulator 模块进行仿真，如图 4-5 所示，仿真场景包括运行窗口、时间窗口、概要信息显示窗口等，能实时观察流程仿真的进度、动态显示资源利用率、控制仿真速度，并同时在后台统计仿真数据用于结果分析。

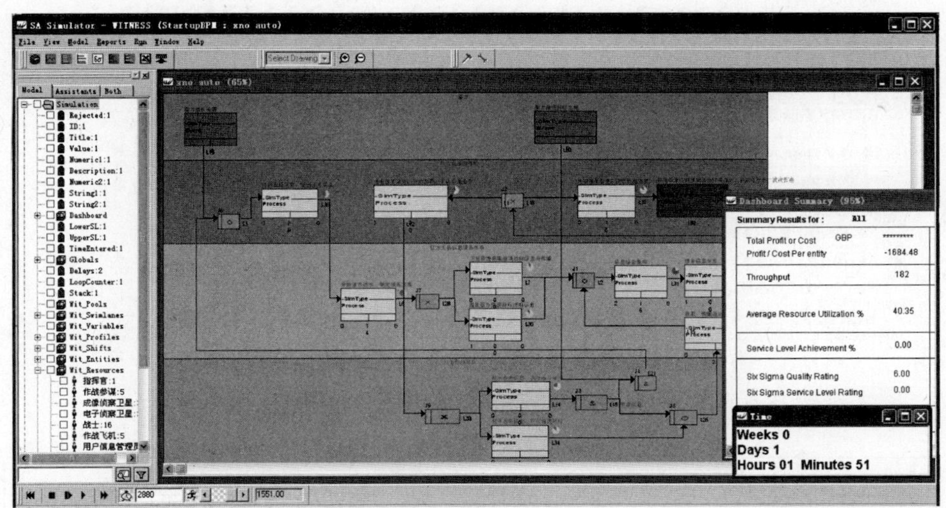

图 4-5　仿真界面

下面在假定模型参数的基础上，使用 SA 工具对以上两个方案的各项指标的仿真结果进行分析。根据实际需要，确定作战规则和流程仿真的分析评价指标有活动的空闲状态（利用率）、角色资源的利用率和平均时间及事件对象处理时间。

1. 活动利用率分析

活动利用率是指在整个仿真过程中每个活动执行时间所占比例，用行为单元的忙闲状态来反映作战规则的合理性。如果某个活动过于繁忙，则影响了系统的延时；如果过于空闲，则说明该活动没有得到充分的利用。图 4-6 和图 4-7 是方案一和方案二中的行为单元忙闲状态(活动利用率)的统计比率图。表 4-5 是方案一和方案二中的行为单元的忙闲状态统计值，方案中没有的行为单元在表中用“0”表示。

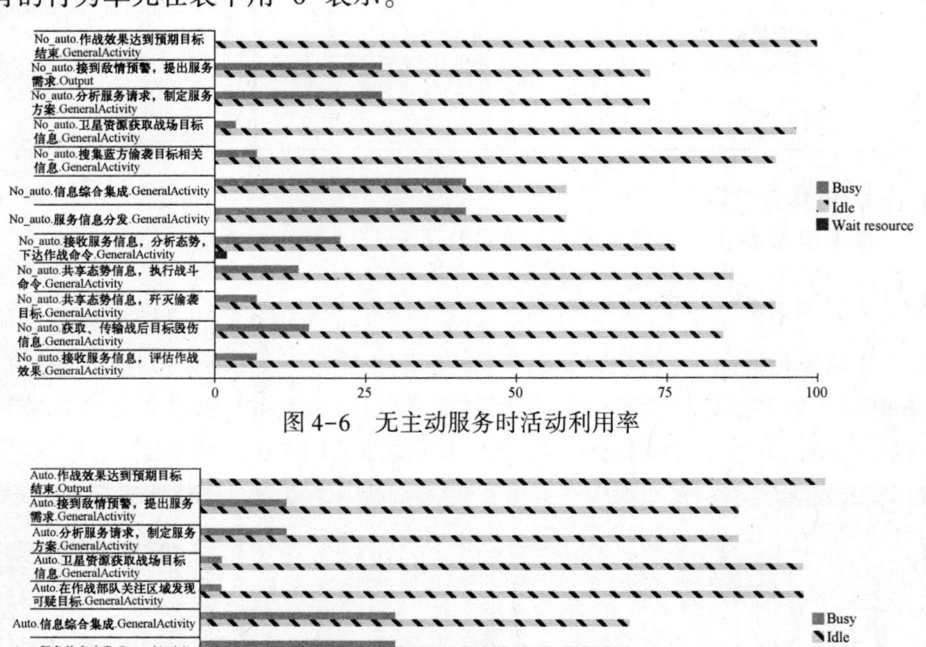

图 4-6　无主动服务时活动利用率

图 4-7　有主动服务时活动利用率

表 4-5　行为单元忙闲状态统计

行为单元	方案一		方案二	
	%Free	%Busy	%Free	%Busy
接到敌情预警，提出服务需求	72.25	27.75	86.14	13.86
分析服务请求，制定服务方案	72.21	27.79	86.11	13.89
卫星资源获取战场目标信息	96.47	8.53	96.47	8.53
搜集蓝方偷袭目标相关信息	93.05	6.95	0	0
信息综合集成	58.32	41.68	68.74	31.26

（续）

行为单元	方案一		方案二	
	%Free	%Busy	%Free	%Busy
服务信息分发	58.32	41.68	68.74	31.26
在作战部队关注区域发现可疑目标	0	0	96.53	3.47
接收服务信息，分析态势，下达作战命令	76.45	20.84	79.16	20.84
共享态势信息，执行战斗命令	86.11	13.89	86.11	13.89
共享态势信息，歼灭偷袭目标	93.05	6.95	93.05	6.95
获取、传输战后目标毁伤信息	84.37	15.63	84.37	15.63
接收服务信息，评估作战效果	93.05	6.95	93.05	6.95

从以上图表可以得出以下结论：

（1）信息综合集成和服务信息分发是天基信息服务体系在作战过程中运行的关键环节。

由两个方案的共同之处可以看出，在仿真运行结果中，信息综合集成和服务信息分发行为单元的利用率都较高，方案一中达到41.68%，方案二中达到31.26%。由此可见，信息综合集成和服务信息分发是天基信息服务体系运行的关键环节，而信息综合集成由信息融合和信息处理两个子流程组成，因此，增加参与信息融合、信息处理和服务信息分发的相关人员或者加强处理原始信息的软件系统功能可以提高工作效率，也是体系优化的方向。

（2）方案二（提供主动服务）可以降低相关活动的利用率，改善行为单元的忙闲状态。

由两个方案对比可以看出，当提供主动服务时，分析服务请求，制定服务方案行为单元的利用率由27.79%降低为13.89%，减少了13.90%；接到敌情预警，提出服务需求行为单元的利用率由27.75%降低为13.86%，减少了13.89%；信息综合集成和服务信息分发行为单元的利用率均由41.68%降低为31.26%，减少了10.42%；接收服务信息，分析态势，下达作战命令行为单元的等待现象消失。因此，这些行为单元的忙闲状态都得以改善，这就意味着在紧张的作战过程中，信息综合集成中心、服务管理中心和作战指挥所等核心部门的工作效率大大提高，进而缩短决策时间，增强快速响应能力，抢占制胜先机。

2. 角色资源利用率分析

角色资源利用率是指在整个仿真过程中每个角色用于执行活动（行为单元）的时间所占比例，通过分析资源的繁忙程度来评估其利用率，确定该资源是否为瓶颈或是否为空闲。根据设置的资源模型参数和时间模型参数，通过仿真，统计角色资源的忙闲状态、执行活动的平均时间和数量等特性，图4-8和

图 4-9是方案一和方案二中的角色资源忙闲状态(角色资源利用率)的统计比率图。表 4-6 是方案一和方案二中的角色资源忙闲状态统计值。

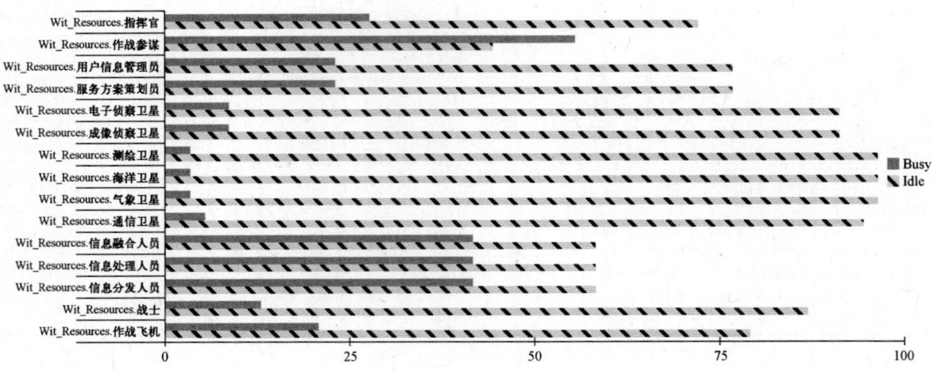

图 4-8　无主动服务时资源利用率

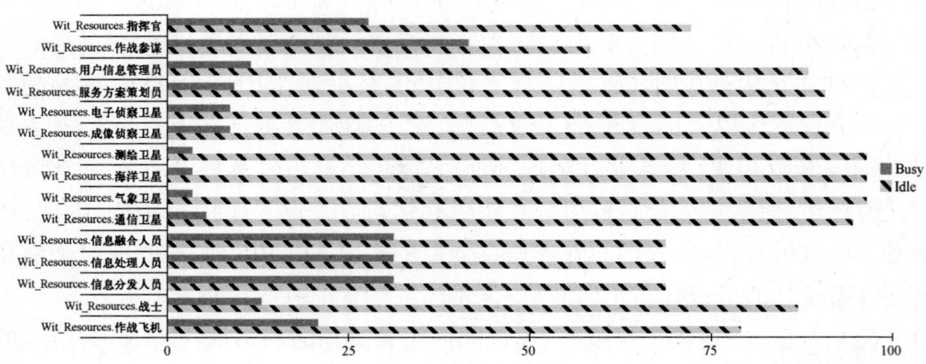

图 4-9　有主动服务时资源利用率

表 4-6　角色资源数据统计

角色资源	% Busy		Quantity	
	方案一	方案二	方案一	方案二
指挥官	27.79	27.79	1	1
作战参谋	55.57	41.65	5	5
用户信息管理员	23.16	11.58	3	3
服务方案策划员	23.16	9.26	3	3
电子侦察卫星	8.74	8.74	3	3
成像侦察卫星	8.74	8.74	3	3
测绘卫星	3.53	3.53	1	1
海洋卫星	3.53	3.53	1	1
气象卫星	3.53	3.53	1	1

（续）

角色资源	% Busy		Quantity	
	方案一	方案二	方案一	方案二
通信卫星	5.47	5.47	5	5
信息融合人员	41.68	31.26	3	3
信息处理人员	41.68	31.26	3	3
信息分发人员	41.68	31.26	3	3
战士	13.02	13.02	3	3
作战飞机	20.84	20.84	3	3

从以上图表可以得出以下结论：

（1）信息综合集成中心和服务信息分发中心所属的角色资源的利用率相对较高，是天基信息服务体系的关键组成部分。

由两个方案的共同之处可以看出，信息综合集成中心和服务信息分发中心所属的角色资源繁忙程度较高，信息融合分析员、信息处理操作员和信息分发操作员的利用率在方案一和方案二中分别达到 41.68%和 31.26%。另外，作战指挥所的作战参谋的利用率达到了 50%左右，繁忙程度也较高。因此，要着力提高信息综合集成中心的信息融合处理能力和服务信息分发中心的服务效率，通过提升信息服务的质量和速度来辅助加强作战指挥人员的指挥决策能力。

（2）方案二（提供主动服务）可以降低角色资源利用率，使其繁忙程度得到改善。

由两个方案对比可以看出，当提供主动服务时，作战参谋的利用率由 55.57%降低为 41.65%，减少了 13.92%；服务方案策划员的利用率由 23.16%降低为 9.26%，减少了 13.90%；用户信息管理员的利用率由 23.16%降低为 11.58%，减少了 11.58%；信息融合人员、信息处理人员和信息分发人员的利用率由 41.68%降低为 31.26%，减少了 10.42%。由此可见，提供主动服务可以使信息保障作用在作战过程中发挥得更加高效，从而使天基信息服务体系的角色资源的繁忙程度降低，压力减轻，工作效率大大提高。

3. 事件对象处理时间分析

事件对象处理时间是指触发事件中的实体对象以及经行为单元后转变的新实体对象从产生到流程结束在整个仿真过程中所需的时间。当所有相关设置相同时，通过对比分析两个方案中事件对象处理时间的差异，可以反映体系结构的时效性。图 4-10 和图 4-11 分别是方案一和方案二中事件对象处理时间统计值。

Name	No. Entered	No. Lost	No. Joined	Number In System	Ave Time
Wit_Entities.蓝方进攻部队.Entity	100	0	100	0	192.13
Wit_Entities.蓝方偷袭目标.Entity	100	0	100	0	600.03

图 4-10　无主动服务时事件对象处理时间统计

Name	No. Entered	No. Lost	No. Joined	Number In System	Ave Time
Wit_Entities.蓝方进攻部队.Entity	100	0	100	0	17.42
Wit_Entities.蓝方偷袭目标.Entity	100	0	100	0	291.40

图 4-11　有主动服务时事件对象处理时间统计

为了分析提供主动服务对天基信息服务体系时效性的影响,在原有触发事件对象为蓝方进攻部队的基础上,又增加了一个触发事件对象蓝方偷袭目标,并且通过对比这两个事件对象的处理时间来研究方案一和方案二的差别。从图中数据可以看出,无主动服务时,对蓝方进攻部队的平均处理时间为 192. 13,对蓝方偷袭目标的平均处理时间为 600. 03;而有主动服务时,对蓝方进攻部队的平均处理时间为 17. 42,对蓝方偷袭目标的平均处理时间为 291. 40。显然,方案二中两个触发事件对象的处理时间大幅度减少。因此,提供主动服务能够增强天基信息服务在作战过程中的时效性。

4. 3　服务流程合理性模糊综合评估分析

通过体系结构流程仿真可以看出,两种方案下的活动利用情况和角色资源利用情况存在明显不同,本节将使用模糊综合评估方法对该结果做进一步分析,从理论上评估两个方案下服务流程设计的合理性。

4. 3. 1　建立服务流程合理性评估指标体系

基于上节中两个方案仿真结果的对比分析,选取其中差别较大的活动利用率和角色资源利用率来构建综合评估指标体系。因为一方面这些活动利用率可以反映出作战流程中关键环节的运行状况,另一方面这些角色资源利用率可以反映出作战过程中重要岗位人员的工作强度,所以综合这两个方面因素可以评估两个方案服务流程设计的合理性。建立的服务流程合理性评估指标体系如图 4-12 所示。

依据以上所建指标体系,采用传统的模糊综合评估方法,下面将对服务流程设计的合理性进行理论评估。

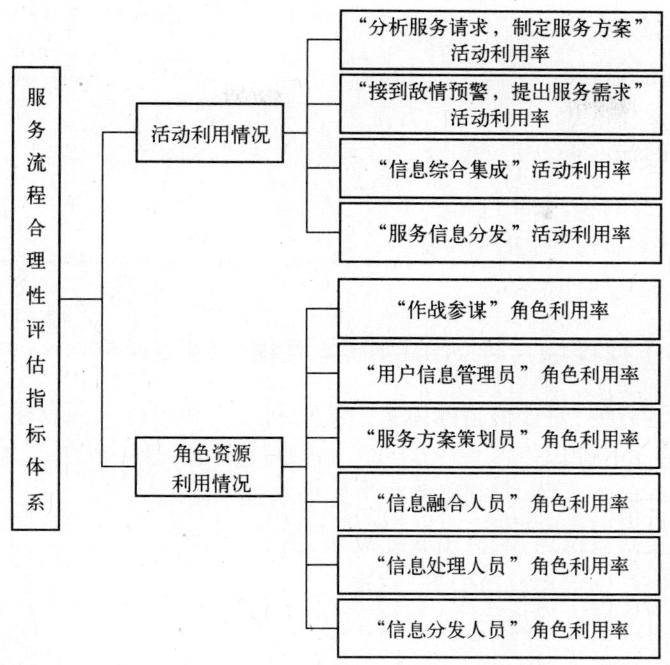

图 4-12　服务流程合理性评估指标体系

4.3.2　模糊综合评估方法

模糊综合评估方法是对多属性复杂系统有效评估的一种评估方法，它根据模糊数学的基本理论，应用模糊关系合成原理，由多个指标对被评价对象的隶属等级状况进行综合评价。该方法的主要优点在于整个模糊综合评估过程接近人的思维方式，是评估人对评估对象认识过程的一种数学表达，可以较好地解决评估指标和评估标准模糊性的问题，克服了人的主观臆断，增强了评估结果的说服力和准确性，适用于对评估对象的系统效能评估。

1. 方法原理

对影响系统（或事物）的行为、性能或功能的因素 $U=\{u_1,u_2,\cdots,u_n\}$ 进行评估往往是模糊的，它将 m 种评价构成一种模糊评价集 $V=\{v_1,v_2,\cdots,v_m\}$，其综合评估也是 V 上的一个模糊子集 $B=(b_1,b_2,\cdots,b_n)\in F(V)$。其中，$b_k$ 为 v_k 对 B 的隶属度，即 $\mu_B(v_k)=b_k(k=1,2,\cdots,n)$，反映了第 k 种评估 v_k 对综合评估的作用。综合评估 B 依赖于 U 上各因素 $u_i(i=1,2,\cdots,n)$ 的权重 a_i。若当给定权重 $A=(a_1,a_2,\cdots,a_n)\in F(U)$，并且有 $\sum\limits_{i=1}^{n} a_i = 1$，则可以确定一个模糊综合评估 B。

2. 评估流程

（1）确定因素集 $U=\{u_1,u_2,\cdots,u_n\}$。

（2）确定评价集 $V=\{v_1,v_2,\cdots,v_m\}$。

（3）确定评估指标的权重 A。

（4）确定模糊评估矩阵 $\boldsymbol{R}=(r_{ij})_{n\times m}$。

（5）模糊综合评估 $B=A\cdot\boldsymbol{R}$。

（6）分析处理评估结果。

4.3.3 基于模糊综合评估法的服务流程合理性评估

为了表达方便,对评估指标体系中活动利用率和角色资源利用率的名称做简化处理,做如下设定:

AU1:“分析服务请求,制定服务方案”活动利用率。

AU2:“接到敌情预警,提出服务需求”活动利用率。

AU3:“信息综合集成”活动利用率。

AU4:“服务信息分发”活动利用率。

RU1:“作战参谋”角色利用率。

RU2:“用户信息管理员”角色利用率。

RU3:“服务方案策划员”角色利用率。

RU4:“信息融合人员”角色利用率。

RU5:“信息处理人员”角色利用率。

RU6:“服务信息分发人员”角色利用率。

1. 确定因素集

将评估指标体系中活动利用情况设为因素集 U_1,角色资源利用情况设为因素集 U_2,表达式如下:

$$U_1=\{\mathrm{AU1},\mathrm{AU2},\mathrm{AU3},\mathrm{AU4}\},U_2=\{\mathrm{RU1},\mathrm{RU2},\mathrm{RU3},\mathrm{RU4},\mathrm{RU5},\mathrm{RU6}\}$$

2. 确定评价集

针对评估因素均为忙闲状态情况,将评价等级分为 4 级,即

$$V=\{v_1,v_2,v_3,v_4\}=\{\text{忙},\text{较忙},\text{适中},\text{闲}\}$$

3. 运用专家层次法确定评估指标的权重系数

使用专家层次法确定评估指标的权重系数,下面简单介绍该方法的计算原理。

对目标 $T=\{t_1,t_2,\cdots,t_n\}$ 按下列规则由专家进行评估,得出 $n\times n$ 的判断矩阵$[T_{ij}]$。

如果 T_i 比 T_j 同等重要,则 $T_{ij}=1.1$;

如果 T_i 比 T_j 稍微重要,则 $T_{ij}=1.3$;

如果 T_i 比 T_j 明显重要，则 $T_{ij}=1.5$；

如果 T_i 比 T_j 很重要，则 $T_{ij}=1.7$；

如果 T_i 比 T_j 极为重要，则 $T_{ij}=1.9$。

上述两相临判断的中值分别为 1.2、1.4、1.6、1.8。

在矩阵 $[T_{ij}]$ 中，$T_{ii}=1$，$T_{ji}=1/T_{ij}$，$i>j$

当由 n 名专家给出判断矩阵时，为统一意见，常采用几何平均法[135]计算判断矩阵，即

$$M_i = \prod_{j=1}^{n} T_{ij} \qquad (i = 1,\cdots,n) \tag{4-9}$$

$$\overline{W_i} = \sqrt[n]{M_i} \qquad (i=1,\cdots,n) \tag{4-10}$$

经过归一化处理

$$W_i = \overline{W_i} \Big/ \sum_{i=1}^{n} \overline{W_i} \qquad (i = 1,\cdots,n) \tag{4-11}$$

则 $W_i=(W_1,W_2,\cdots,W_n)$ 为权重。

运用该方法求出评估指标的权重系数如下：

活动利用情况中各指标权重为

$$A_1=[0.2,0.15,0.4,0.25]$$

角色资源利用情况中各指标权重为

$$A_2=[0.17,0.09,0.1,0.25,0.22,0.17]$$

活动利用情况和角色资源利用情况的权重为

$$A=[0.3574,0.6426]$$

4. 对方案一和方案二分别进行模糊综合评估

对于方案一，首先对其活动利用情况和角色资源利用情况分别进行单因素评估。

由 10 名专家进行评估，单因素评估矩阵分别为 R_1 和 R_2：

$$\boldsymbol{R}_1 = \begin{bmatrix} \frac{3}{10} & \frac{3}{10} & \frac{3}{10} & \frac{1}{10} \\ \frac{3}{10} & \frac{1}{10} & \frac{4}{10} & \frac{2}{10} \\ \frac{6}{10} & \frac{2}{10} & \frac{1}{10} & \frac{1}{10} \\ \frac{4}{10} & \frac{3}{10} & \frac{1}{10} & \frac{2}{10} \end{bmatrix}, \boldsymbol{R}_2 = \begin{bmatrix} \frac{6}{10} & \frac{2}{10} & \frac{1}{10} & \frac{1}{10} \\ \frac{2}{10} & \frac{2}{10} & \frac{3}{10} & \frac{3}{10} \\ \frac{5}{10} & \frac{1}{10} & \frac{3}{10} & \frac{1}{10} \\ \frac{7}{10} & \frac{1}{10} & \frac{1}{10} & \frac{1}{10} \\ \frac{4}{10} & \frac{3}{10} & \frac{2}{10} & \frac{1}{10} \\ \frac{5}{10} & \frac{2}{10} & \frac{1}{10} & \frac{2}{10} \end{bmatrix}$$

则活动利用情况的综合评估结果为

$$B_1 = A_1 \circ R_1 = (0.4450, 0.2300, 0.1850, 0.1400)$$

角色资源利用情况的综合评估结果为

$$B_2 = A_2 \circ R_2 = (0.5180, 0.1870, 0.1600, 0.1350)$$

由 B_1 和 B_2 构成模糊关系矩阵为

$$\boldsymbol{R}_{F_1} = \begin{bmatrix} 0.4450 & 0.2300 & 0.1850 & 0.1400 \\ 0.5180 & 0.1870 & 0.1600 & 0.1350 \end{bmatrix}$$

利用上述结果,可以求出方案一中服务流程合理性的综合评估结果为

$$B_{F_1} = A \circ R_{F_1} = (0.4919, 0.2024, 0.1689, 0.1368)$$

对于方案二,其计算方法和步骤与方案一相同。同理,可以求出方案二中服务流程合理性的综合评估结果为

$$B_{F_2} = (0.1955, 0.2566, 0.4678, 0.1563)$$

5. 对综合评估结果进行分析处理

对综合评估结果分析处理的常用方法有最大隶属度原则、加权平均原则、模糊矢量单值化等,经过对比分析,针对本书所研究的问题,采用最大隶属度原则较为合适。下面对该原则做简单介绍。

设最终的模糊综合评价结果矢量为

$$\boldsymbol{B} = \{b_1, b_2, \cdots, b_m\}$$

若 $b_r = \max\limits_{1\leqslant j\leqslant m}\{b_j\}$,则被评事物从总体上来讲即隶属于第 r 等级,这就是最大隶属度原则。按照最大隶属度原则所选取的最大值 b_j 所对应的评价集中的 v_j 即为最终的综合评价结果。

对于最大隶属度原则的有效性,有以下判别准则[136]:

$$x = \frac{my-1}{2z(m-1)} \tag{4-12}$$

式中

$$y = \max_{1\leqslant j\leqslant m}\{b_j\} \Big/ \sum_{j=1}^{m} b_j \tag{4-13}$$

$$z = \sec_{1\leqslant j\leqslant m}\{b_j\} \Big/ \sum_{j=1}^{m} b_j \tag{4-14}$$

其中:m 为评价等级数目;$\max\limits_{1\leqslant j\leqslant m}\{b_j\}$、$\sec\limits_{1\leqslant j\leqslant m}\{b_j\}$ 分别表示综合评估结果矢量 $\boldsymbol{B}$ 中的最大分量、次大分量。当 $x>0.5$ 时,则认为最大隶属度原则是有效的,可以采用。

依据最大隶属度原则,结合上述模糊综合评估结果可知,方案一对于"忙""较忙""适中""闲"的隶属度分别为 49.19%、20.24%、16.89%、13.68%,且有效性判断值为 $x_{F_1} = 0.7968 > 0.5$,因此,该方案对应的评价等级为"忙",说明在

方案一的服务流程设计中活动利用情况和角色资源利用情况均为“忙”。方案二对于评价集的隶属度分别为 19.55%、25.66%、46.78%、15.63%，且有效性判断值为 $x_{F_2}=0.5664>0.5$，因此，该方案对应的评价等级为“适中”，说明在方案二的服务流程设计中活动利用情况和角色资源利用情况均为“适中”。综上所述可得出，方案二所设计的天基信息服务流程更合理。

4.4 基于天基信息服务的远程精确打击仿真分析

第 3 章对天基信息服务体系应用于作战的通用流程进行了仿真与分析，在此基础上，本章将具体研究该体系在远程精确打击作战案例中的应用，解决“什么时候用、以怎样的方式支持作战，能达到什么效果”等问题，体现天基信息服务在复杂信息化战争中的重要作用。

4.4.1 远程精确打击作战概述

远程精确打击一般是指超视距、超雷达测控范围以及防区以外的精确打击。远程精确打击包括两方面的含义：一是远程，二是精确。远程是指敌我双方相距远和力量作用距离远；精确是指作战力量的使用、作战目标的选择、火力打击的位置和目标打击力度的精确。远程精确打击的能力可以衡量一个国家和军队的信息化技术水平和信息化条件下的作战能力。

目前远程精确打击体系主要包括作战飞机与导弹武器。作战飞机在空中加油的情况下，能够实现远程奔袭，但效费比低；战术舰载和机载巡航导弹与空地导弹武器是常规远程精确打击的主要手段，但弹道导弹、巡航导弹与空地导弹采用非天基制导时，存在作用范围较小、精度较低、成本高等不足之处，采用天基导航定位系统与末制导复合制导模式将是未来的主要发展趋势。通过导航定位系统制导，弹药在 12m 范围内击中预定目标的概率可提高到 50%以上。导弹命中精度每提高 1 倍，就相当于导弹数量增加 3 倍，或者爆炸当量增大 7 倍[116]。

远程精确打击作战的固定目标包括机场、港口、指挥控制中心、发电厂、军工厂、交通枢纽、仓库等，活动目标包括航母战斗群、两栖舰队、大型车队等特征信号大的目标。同时，传统的集结兵力、近战、后勤支援等作战方法和军事行动，也都面临着远程精确打击作战概念的威胁和挑战[137]。

随着信息技术和航天技术的飞速进步，战场疆域的逐步拓宽，远程打击武器要飞行数千米甚至上万千米去打击目标，各种精确打击兵器需要更大范围乃至全球的信息保障，天基信息系统以其制高点而有着地、空、海基信息系统无可比拟的优势，因此越来越多地应用于支持战场精确作战。在世纪之交的几次战争中，天基侦察与监视系统、通信与中继系统和导航定位系统等天基信息系统成为战场“力量倍增器”，发挥了信息核心的作用，为远程精确打击提供了全方位的保障。天基信息服务体系对远程精确打击的支持保障主要体现在以下四个方面：

(1) 天基信息获取系统获取战场环境和战场目标信息。包括利用侦察监视系统快速发现目标，并提供高精度的目标指示信息和远程打击效果评估。环境监测系统获取地球重力、磁场以及地理地形等方面的战场信息，作为远程精确打击武器进行制导和定位的基准。

(2) 天基通信传输系统构建覆盖全球的信息传输网络，通过近实时高效传输信息，有效缩短“观测、判断、决策、行动”(OODA)环路的传输时间。

(3) 天基时空基准系统提供全天时、全天候和各种地形条件下的高精度导航定位信息，确保各类精确制导武器打击的命中率。由于导航定位系统对提高远程精确打击武器的精确打击能力有着极其重要的决定性影响，因此得到各军事强国的重视和发展。

(4) 增强远程打击武器的突防能力。在导弹飞行过程中，一旦被探测到将遭遇拦截武器的攻击。天基信息综合集成系统获取预警系统侦察到的敌方拦截导弹的状态参数，通过计算预测其拦截位置，计算投放诱饵类型和数量，形成服务信息直接发送给己方导弹，并可给定导弹在飞行末端的机动变轨位置，以避开拦截。因此，天基信息服务是增强导弹突防能力的一种有效途径。

4.4.2 天基服务信息支援下导弹进攻作战流程

天基信息支援下的导弹进攻作战流程图如图 4-13 所示[138]，具体作战流程可归纳如下：

(1) 战前侦测。进攻方运用侦察监视卫星系统的各种传感器(包括可见光、红外、微波、雷达等)对敌前线部队及纵深设施实行不间断侦察，通过测绘卫星和气象卫星对敌区实行地形侦察和气象侦察，并在星上对所获得的信息进行像素级和特征级的信息融合，然后通过通信卫星传送至信息综合集成中心，对目标侦察信息、测绘信息、气象信息进行决策级的信息融合处理，形成各级各类服务信息。服务分发至作战指挥部，用来形成战场态势图，指挥员据此确定打击目标，制定火力计划；服务分发至作战部队，用来共享战术态势，辅助作战。

(2) 提供导弹发射准备信息。根据导航定位系统和惯性制导系统的定位信息对发射点进行定位，并根据目标侦察信息、测绘信息对导弹进行预编程及装定弹道数据，做好发射前准备，导弹处于待发射状态。

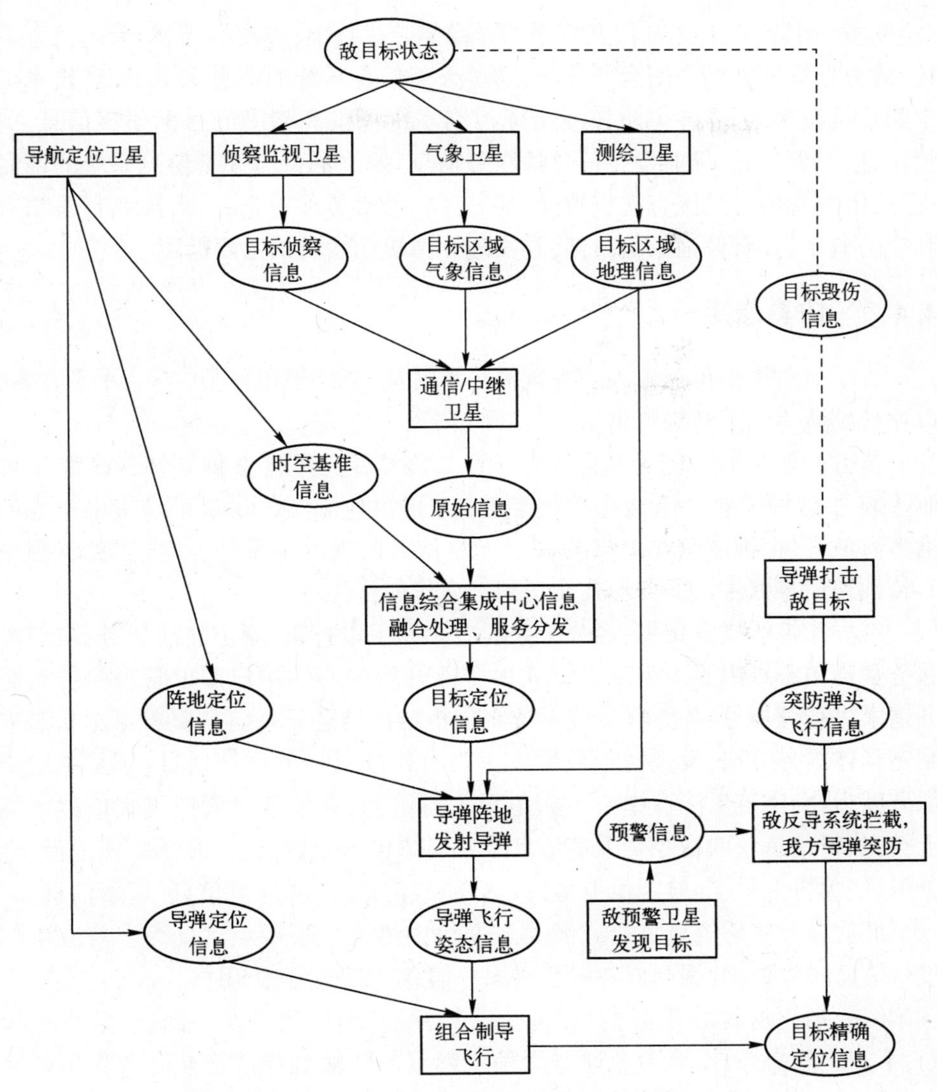

图4-13 天基服务信息支援下导弹进攻作战流程图

(3) 提供导弹飞行控制信息。在导弹发射后，导航定位系统将实时跟踪提供定位信息，根据目标的位置变化情况，导弹飞行姿态可进行控制调整。

(4) 侦察评判打击效果。导弹飞临目标上空引爆后，侦察卫星系统将获取敌方被炸目标的毁伤情况，信息综合集成中心将卫星回传的导弹毁伤情况和敌人的损伤情况形成服务信息发送至作战指挥所，确定下一波次打击目标，重新决定瞄准点、每个瞄准点的弹数以及导弹的发射时机。导弹作战完毕后，根据打击目标的毁伤情况评估打击效果，制定下一步作战决策。

从天基服务信息支援下导弹进攻作战的信息流程图可以看出，对进攻导弹

(突防方)而言,在有天基信息支援的导弹突防过程中,进攻的导弹、天基信息系统、敌方目标处于一个闭合回路中,通过天基信息系统的信息采集、融合技术与空间定位技术,为导弹突防作战指挥控制系统提供高精确的目标侦察信息、测绘信息、气象信息、导航定位信息等服务信息,始终保持与天基信息系统的信息交互,由天基信息系统直接支持导弹的突防,能够锁住打击目标,提高打击精度和突防概率;具有较强的实时性,是实现导弹机动发射的重要保障。

4.4.3 仿真想定

为了应对未来可能出现的大规模军事对抗,以反航母作战[139]为军事背景,以航母编队为远程精确打击目标,拟制如下作战想定:

蓝方的航母编队包括1艘航空母舰、2艘导弹巡洋舰、2艘导弹驱逐舰、1艘驱逐舰、1艘护卫舰、1艘攻击型核潜艇和1艘供应舰,以30km的速度向红方的濒海海域开进,被运行在上空的红方天基侦察监视卫星发现,红方服务管理中心将预警信息以主动服务形式发送到红方作战指挥所。

红方指挥所接到预警,经分析判断应立即予以打击,制定作战任务,向红方服务管理中心提出服务需求。首先由服务管理中心的用户需求管理系统对服务请求进行分析,服务方案生成系统将分析结果结合天基信息服务资源状态来制定具体服务方案,发现情报数据库里没有作战目标的详细信息,于是生成资源调度指令,由卫星测控中心注入卫星上行链路,并使卫星资源飞临作战区域上空,执行信息获取指令。天基信息服务资源包括侦察卫星、海洋监视卫星、气象卫星、预警卫星、导航定位卫星将目标侦察信息、海洋环境信息、气象信息、时空基准信息等原始信息直接或者通过通信中继卫星下传至信息综合集成中心进行信息融合处理,编制成各级各类服务信息,按需分发至用户。

作战指挥所接收服务信息,进行态势标注,形成战场态势图,制定作战计划,下达作战命令,作战命令通过通信中继卫星传输到作战部队。首先由陆军炮兵部队用陆基反舰弹道导弹对来犯目标进行饱和攻击,作战部队接受服务信息,根据定位信息对发射点进行定位,并根据目标侦察信息、测绘信息给导弹分配目标,装载程序,然后发射导弹;导弹在飞行过程中可以根据导航定位信息调整飞行姿态,结合惯性制导系统进行末制导。

假设与此同时,蓝方的预警卫星发现了红方飞行中的导弹,立即启动反导系统拦截导弹。红方预警系统将侦察到的敌方拦截导弹的数量、发射点、飞行位置、速度等状态参数传输至天基信息综合集成系统,通过计算蓝方拦截导弹飞行弹道预测其拦截位置,计算投放诱饵类型,形成服务信息直接发送给红方导弹,并可给定导弹在飞行末端的机动变轨位置,以避开拦截。红方导弹部分被拦截,部分成功突防。

红方侦察卫星将导弹的毁伤情况和蓝方的损伤情况通过通信中继卫星发送至信息综合集成中心，编制成服务信息，分发至作战指挥所辅助其根据打击情况决定是否继续作战。同时，红方服务管理中心将蓝方残余力量的详细信息作为主动服务提供给用户，指挥所经威胁判断，下令进行深度打击，作战命令通过通信中继卫星传输到前方作战部队。空军飞行中队接受战斗命令，共享战术态势图，制定打击方案，包括编队组成、武器配备和打击方法等，在综合分析目标区域气象等服务信息后，下达空袭命令。飞行编队在导航定位信息指引下严格无线电静默飞行，准确进入作战空域，在蓝方雷达覆盖区超低空突防至目标区域，迅速跃升进行目标识别，锁定目标后投射导弹。导弹采用导航定位系统与惯性制导系统结合的组合制导方式，利用导航卫星测得的导弹与目标的相对位置和相对速度来修正导弹的飞行路线，能够克服导弹在水域上空飞行时地形匹配系统不能正常工作的缺点[140]。导弹投射后，红方侦察卫星对目标区域进行成像侦察，获取目标毁伤情况，为作战指挥所进行作战效果评估提供服务信息。作战指挥所根据目标毁伤信息进行分析判断，认为已达到既定作战效果，下令结束战斗。红方作战飞机在作战区域上空小部分被击毁，大部分突防成功，完成任务后返程。

4.4.4　建立作战规则模型

以上节作战想定为内容依据，在第 3 章建立的静态模型和本章建立的动态模型的基础上，用基于 IDEF3 的流程仿真方法建立的作战规则模型如图 4-14 所示。

4.4.5　基于服务效果的仿真分析

从上节所建的作战规则模型可以看出，天基信息服务体系嵌入于整个作战流程，起到了信息核心作用。卫星资源的合理设置会对天基信息服务效果产生很大影响，下面将以通信卫星为例进行研究；接着，以作战过程中时敏信息的处理时间为关注点，分析天基信息服务体系的时效性。

(1) 基于天基信息服务体系的远程精确打击作战中，提高通信卫星的数据传输速率，使通信卫星的资源利用率处于合理范围，有利于保证服务质量，优化体系。

在作战规则模型参数设置中，其他参数固定不变的情况下，分别将通信卫星的数目设置为 5 颗、10 颗、15 颗、20 颗、25 颗，运行仿真，得到数据如表 4-7 所列，表中资源利用率(忙闲状态)利用百分比来表示，为简便起见，传输速率用将定量信息传至信息综合集成中心每次所需的时间表示。

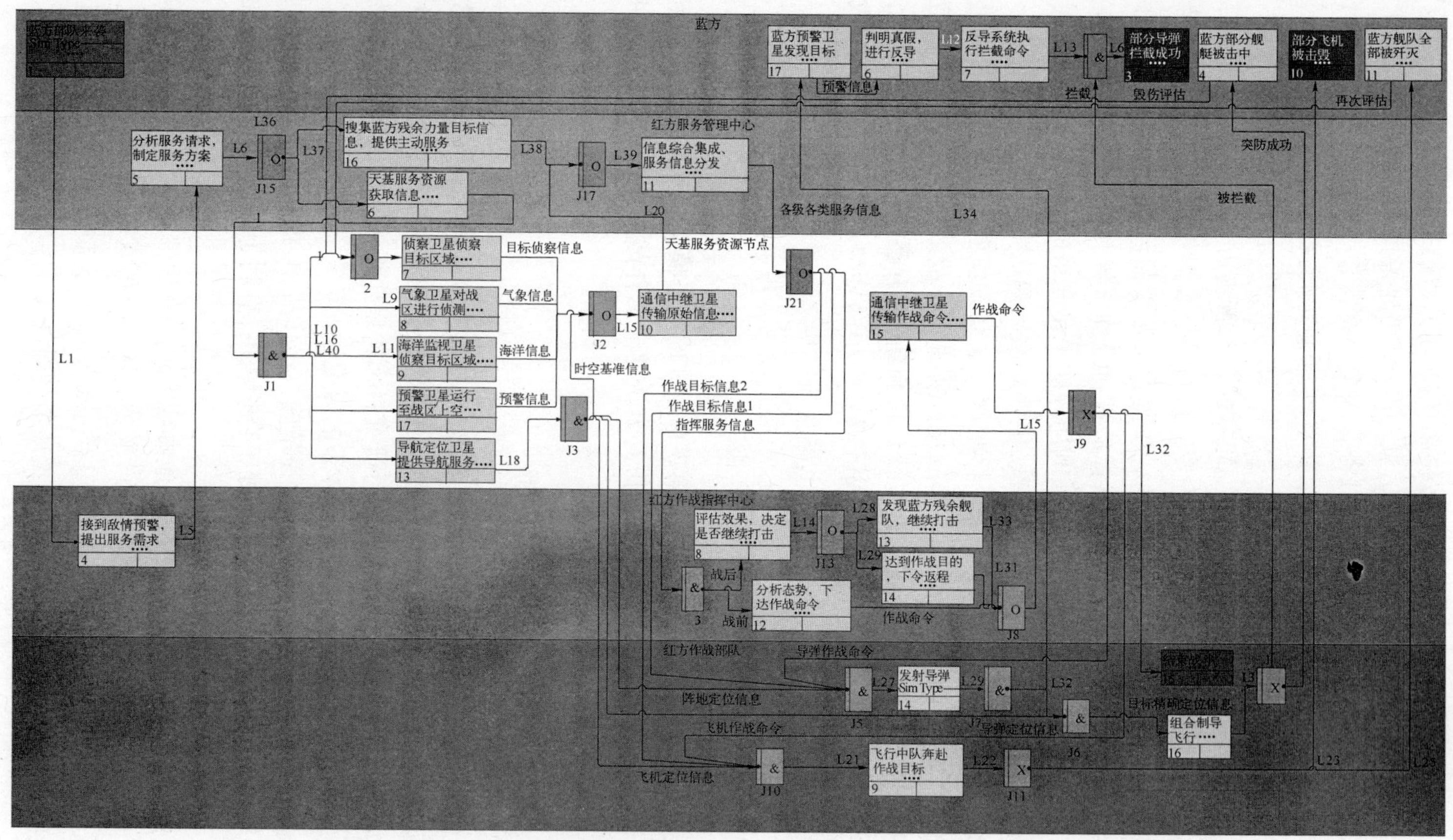

图4-14　基于天基信息服务的远程精确打击作战规则模型

表 4-7　不同数目的通信卫星在不同传输速率下的资源利用率(%)

卫星数目/颗	传输速率为 30s/次时	传输速率为 60s/次时
5	6.95	6.95
10	51.25	74.50
15	36.48	51.98
20	29.10	40.72
25	24.67	33.97

从仿真结果可以得出如下结论：

① 当卫星数目为 5 颗时，因需要传输的原始信息数量超出了 5 颗卫星的处理能力，出现了拥塞(排队现象)，而通信卫星是连接“天上”与“地面”，“前线”与“后方”的关键节点，导致整个体系无法正常运行。

② 当卫星数目为 10 颗，传输速率为 60s/次时，资源利用率为 74.5%，卫星的要处理的信息量仍然很大，这可能引发通信拥塞、传输延时等问题，最终对服务信息的质量(可靠性、可信度、及时性等)产生影响。

③ 当传输速率设定为 60s/次时，卫星数目从 10 颗增至 25 颗，每增加 5 颗，资源利用率的变化量依次为 22.52%、11.26%、6.75%；当传输速率设定为 30s/次时，卫星数目从 10 颗增至 25 颗，每增加 5 颗，资源利用率的变化量依次为 14.77%、7.38%、4.43%。由此可见，当资源利用率大约为 35%时，增加卫星数目对其变化的影响明显减小，趋于平缓。因此，使卫星资源利用率达到该值时的配置较为理想。

④ 当资源利用率约为 35%时，据表 4-7 可知配置：当卫星数目为 15 颗时，传输速率为 30s/次；当卫星数目为 25 颗时，传输速率为 60s/次。因此，通过增加卫星数目或者提高传输速率均可以使资源利用率达到较理想范围。

综合上述分析可知，当传输速率固定时，增加卫星数目到一定量时，卫星的资源利用率变化幅度减小；当设定资源利用率时，则需通过改变卫星数目、改变传输速率或者同时改变卫星数目和传输速率来达到该资源利用率。从成本角度考虑，提高传输速率可以通过研究通信卫星星座、通信卫星组网等方法突破宽带数据传输技术，有效利用天上已有卫星资源来实现，而增加卫星数目则费效比更高。由此可见，相对于增加卫星数目，通过提高传输速率来改善资源利用率，优化体系更合理。

(2) 基于天基信息服务的远程精确打击作战，能够提高作战快速响应能力。

根据项目报告要求设置作战规则中各行为单元的执行时间，通过仿真运行，在图 4-15 数据统计中可以发现，从蓝方来袭目标被预警机发现到最后战斗结束整个作战过程中,各个阶段各种时敏信息处理传输所需时间均能达到要求范围,由此可见,天基信息服务对于提高部队的快速作战响应能力发挥了重要作用。

Name	No. Entered	No. Lost	No. Joined	Number In System	Ave Time
Wit_Entities.飞机作战目标信息.Entity	100	0	90	0	6.96
Wit_Entities.导弹作战命令.Entity	101	0	100	1	11.14
Wit_Entities.原始信息.Entity	669	0	669	0	3.81
Wit_Entities.信息获取指令.Entity	500	0	500	0	2.77
Wit_Entities.服务方案.Entity	200	0	200	0	4.23
Wit_Entities.服务需求.Entity	100	0	100	0	5.32
Wit_Entities.预警信息.Entity	100	0	100	0	6.04
Wit_Entities.蓝方航母编队.Entity	99	0	99	0	1.98
Wit_Entities.飞机作战命令.Entity	101	0	100	1	11.10
Wit_Entities.返程命令.Entity	101	0	0	1	11.11
Wit_Entities.导航定位信息.Entity	400	0	399	0	5.17

图 4-15　作战流程中时敏信息处理时间统计

综上所述,在未来复杂信息化战场上,天基信息服务体系的合理建设将对战时信息服务保障起到至关重要的作用。因此,要科学规划配置卫星资源,发展以侦察卫星和预警卫星为主的战场信息感知和获取系统,提高信息融合处理技术和服务信息分发效率,建立以导航定位系统为精确打击体系和整个杀伤链的核心,以通信卫星和中继卫星为神经中枢的信息共享保障,形成覆盖整个战区的信息共享网络,实现协同作战、体系对抗和快速反应。

第5章 天基信息按需服务概念建模

5.1 天基信息按需服务概念建模方法

5.1.1 概念模型

概念模型是在系统仿真中,对真实世界的第一次抽象[141]。作为连接真实世界与仿真世界的桥梁,概念模型抽象描述了物理和社会系统及其环境某些方面[142,143],对其的理解和定义因目的和方法不同而各异,主要有基于概念描述内容的概念模型、基于用途的概念模型和基于知识获取与描述方法的概念模型等多种[144-146]。

在组织对概念模型的认知方面,概念建模始于美国国防部建模与仿真办公室(DMSO),在1995年10月,DMSO发布的"建模与仿真计划"[147-149]中提出了任务空间概念模型(Conceptual Model of the Mission Space, CMMS)的概念,定义概念模型为"独立与仿真实现的作战人员关于真实世界(如作战行动、武器装备及其环境)中的过程、实体、环境因素以及与构成特定使命、行动或任务的关系和交互的功能描述"[150],并指出了概念模型描述方法,即实体、活动、任务和交互(EATI)方法[150]。除美国国防部外,IEEE在发布分布式仿真标准时,也对概念模型进行了论述。1997年发布的1278.4(IEEE Trial-Use Recommended Practice for Distributed Interactive Simulation-Verification, Validation, and Accreditation)标准中,定义概念模型为"描述一个关于演习的仿真执行独立的对象,对需求和环境的演习体系结构的理解。模型包括逻辑的和算法,以及明确的公认的假设和限制"[152]。2003年发布的1516.3(IEEE Recommended Practice for High Level Architecture Federation Development and Execution Process)标准中,将概念模型定义为"真实世界的抽象,通过对重要实体及其关键活动与交互的仿真进行客观的文档化,以建立联邦开发的参考框架"[153]。但IEEE定义的概念模型主要是为相关协议服务,不具有通用性。

在对概念模型的认知方面,较早研究建模仿真中概念模型的是Sargent,从应用角度提出了把概念模型应用到仿真VV&A中,并给出了定义:概念模型是为了特定的研究,对于问题实体(领域)的数学的、逻辑的或者语言的表示[154]。

1992 年,兰德公司的 Davis 从系统详细设计的角度,提出从中分离出概念模型,把概念模型描述为正式的列出理论和算法,从而形成执行独立的规范,并认为一个详细的概念模型将会导致编码人员定义更多的模型。Johnson 认为概念模型应当为创建 M&S 表示法提供共同的起点,定义概念模型为作战人员眼中的真实世界操作的详细表示,体现军事使命的关键特征,提供权威定义和用户相关的概念边界以及与仿真独立的现实世界的观点,能够成为作战人员和仿真开发者之间的桥梁[155]。Dale Pace 从仿真视角定义概念模型是描述仿真开发者关于假设、算法、特性、关系和数据等仿真内容的概念信息集合,以描述实体、动作、任务、过程、交互等仿真内容以及如何满足需求[156]。Furman Haddix 从仿真视角进一步提出概念模型依赖于开发联邦还是单个的仿真(联邦成员),认为需求可以分为用户空间概念模型(CMUS)和 CMMS(FDMS),CMUS 界定了 CMMS 的范围、保真度和分辨率。

在项目对概念模型的认知方面,YEROOSE 侧重于仿真应用系统领域中面向对象的概念建模和分析设计方法,认为应当用和现实世界领域中的角色(actor)一致的术语建立概念模型。VV&A RPG 中概念模型被认为是定义 M&S 行为的真实世界的可计算表示。VV&A RPG 强调概念模型的可计算性,以满足模型验证和校核的要求[157]。FEDEP[158]描述了联邦概念模型(FCM)开发,并分解成情景开发、概念分析、联邦需求开发三个过程。在美军的两个仿真项目 JSIMS 和 JWARS 中,也提出了各自的概念模型及其开发工具[159-161]。JSIMS 将概念模型分为行为模型、组织模型、装备模型和算法描述,提供仿真开发者定义需求和设计软件。JWARS 概念模型中包括 JWARS 企业模型、算法描述和联合分析设计软件包。

文献[162]研究了军事建模仿真中的概念模型定义,认为概念模型定义差异的原因“都可以归结为一个方面,就是概念模型在仿真中应该起到的作用。概念模型在仿真中的作用可以从两个方面度量,概念模型在整个仿真体系结构中所起到的作用,以及概念模型在具体仿真系统开发中起到的作用”。并尝试将各种概念模型定义统一起来,提出自己的定义。文献[163]在研究复杂系统仿真概念模型时,对目前国内外的概念模型现状进行了小结,认为:“无论国外国内,仿真领域里的概念模型的相关成果都不成熟,还不能达到实际工程应用,究其原因在于没有形成统一的观点,概念模型的建模语言、描述方法以及验证等都没有切实有效的方法。”

通过对概念模型的调研分析,总体上可以看出目前概念建模的特点是“仿真离不开概念模型,但概念模型不只为仿真而建”。

5.1.2 概念建模过程

概念建模本质上是一个知识获取知识工程过程,详细地讲,就是通过对真实世界的相关概念及概念之间关系进行抽象、封装、层次化和模块化描述，为解决问题和系统研制提供一致基础的简约模型。其难点在于概念知识的获取、抽象和描述。不同的抽象方法，可获得不同的模型结构[164]。美军的 EATI 是以任务为中心，时效性较好，针对性较强，但结构难把握；我国军事科学院[165]提出的面向实体的概念建模方法以实体为中心，建模过程简洁，模块化程度高，便于编程开发，但时效性较差，在概念知识的描述侧重于结构化、形式化和可视化。

不管采用什么建模方法，概念建模的步骤基本相似。概念建模过程可以分为三个阶段[146]（图 5-1）：知识获取，从现实世界、主题专家（SME）以及权威数据源（ADS）获取信息；模型抽象与描述，对相关知识进行合理抽象并利用适当的形式表示概念模型；概念模型验证，验证其正确性，并根据验证结论修改概念模型。

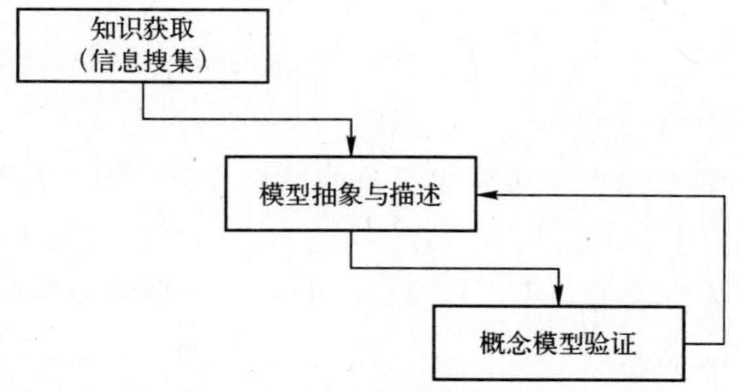

图 5-1　概念建模过程阶段

简单系统的概念建模通常包括“自顶而下”和“自底而上”等分析方法，即从高层描述开始并逐步分解的结构化建模过程，或者从底层描述开始，逐步向上综合的对象化建模过程。对于复杂系统的概念建模，通常可以根据系统涉及领域特点、系统开发目的和应用需求进行融合，把建模过程分解成一系列既相对独立又密切相关的步骤，各个步骤之间环环相套，形成一体化的概念建模工程。

5.1.3　概念建模方法与语言

概念建模方法目前主要有基于“实体—关系”的概念建模方法、基于面向对象的概念建模方法和基于本体的概念建模方法等[166]。

1. 基于“实体—关系”的概念建模方法

实体—关系（E-R）方法适合建立静态模型。E-R 模型采用图形的描述方式，包括实体、属性和关系三个要素，分别用矩形、椭圆和菱形三种图元表示，各要素名称标记于图元符号框内，图元之间通过线段相连。主要步骤如下：

(1) 识别实体。查找模型各要素中的实体，用矩形表示。

(2) 识别关系。识别实体后,根据实体之间的语义标识实体关系,画出初步的 ER 图,并对每一个关系给出一个确切的名称。

(3) 识别属性,细化数据模型。

ER 方法的局限性主要在于:

(1) 难以表示动态模型。

(2) 受制于传统数据模型。

2. 基于面向对象的概念建模方法

基于面向对象的概念建模方法是将"类"和"对象"的概念引入方法中,通过将概念映射为类和对象,建立类结构以及继承与实例关系,从而建立概念模型。主要步骤如下:

(1) 识别"类"和"对象"。首先通过分类进行粗识别,其次根据功能进行精化识别。

(2) 定义"类"。识别"类"和"对象"后,利用层次结构、组合结构和消息把"类"联系起来,使用类描述语言和类图定义"类",组织"类"间关系。

面向对象的概念建模方法采用了目前软件设计、程序开发的主流方法,因此应用领域明确,优势明显,但也存在不足:

(1) 面向对象方法适合于表示模块化的有纵向继承关系的知识,但不适合表示有横向联系的知识。

(2) 面向对象方法缺乏一致的形式化规范问题,不同的人对同一个问题能抽象出不同的结构,并采用不同的语义表示方法,虽然可采用统一建模语言(UML),但仍存在问题,目前还没有推出业界普遍认同的标准规范。

3. 基于本体的概念建模方法

基于本体的概念建模方法是把哲学中"本体"(Ontology)引入方法中,建立对存在的系统化解释,以描述事物的本质。基于本体的概念建模方法强调对问题域中的概念与概念、概念与对象、对象与对象之间的关系以及在问题域中对象上所施加的约束进行明确的定义和说明,以减少对概念和逻辑关系的误解。

一个本体通常由三部分组成 $<C, R, Ru>$,其中,C 表示概念集,R 表示概念集之间的关系,Ru 表示本体中存在的规则。因此,用本体论描述概念模型就是构建本体的过程,即抽象概念集,寻找概念间的关系,并确定相应的活动规则。

基于本体的概念建模方法是对概念模型的显式描述,强调知识的结构,重视事物间的横向联系,适合表示横向的知识,因此在层次性较强问题的描述上不及面向对象方法方便。

4. 概念建模语言

概念建模语言是在建立、描述概念模型时所采用的语言工具。概念建模语言包括表示方法和表示要素两个部分,表示方法明确了概念模型的表示风格以及语法结构,表示要素明确了概念建模需要的模型元素以及这些元素之间的关系。目前常用的建模语言有自然语言、Petri 网、E-R 图、UML、XML、IDEF 等。本书将主要利用 UML、Petri 网等方法描述概念模型。

5.1.4　天基信息按需服务概念建模思路

了解概念模型的定义、概念建模过程、方法和语言后,首先确定建立天基信息按需服务概念模型的思路。

在前面对概念模型定义总结的基础上,根据天基信息按需服务研究需要,提出一种对天基信息按需服务概念模型的理解,阐释如下:

定义 5-1　天基信息按需服务概念模型是为了支持天基信息按需服务及其规则的表示,检验功能结构与服务流程的合理性,由军事专家和设计人员合作开发的独立于具体实现的天基信息按需服务的结构、行为、信息以及相互关系的模型。

天基信息按需服务概念建模的思路:以此定义为基础,首先从功能需求出发,用自然语言和图表方法分析、建立天基信息按需服务功能概念模型;其次在功能概念模型的基础上,结合天基信息按需服务的系统组成结构,采用 UML 活动图方法建立功能与服务基础设施对应的天基信息按需服务系统概念模型;最后利用基于 Agent 的随机 Petri 网技术对天基信息按需服务概念模型进行详细描述和性能分析。

5.2　天基信息按需服务概念模型

按照天基信息按需服务概念建模的思路,首先分析天基信息按需服务的功能与系统需求;其次从功能组成和功能流程角度建立天基信息按需服务功能模型;最后以功能模型及系统组成结构为基础,建立天基信息按需服务系统模型。最终从功能与系统两个角度及层次建立和描述天基信息按需服务概念模型。

5.2.1　天基信息按需服务功能模型

1. 天基信息按需服务功能结构

通过天基信息按需服务的技术需求可知,天基信息按需服务功能上至少应包括需求分析、服务决策、信息获取、信息传输四个部分,如图 5-2 所示。图中对需求分析、服务决策、信息获取和信息传输各部分的具体功能模块进行了划分,详细介绍如下。

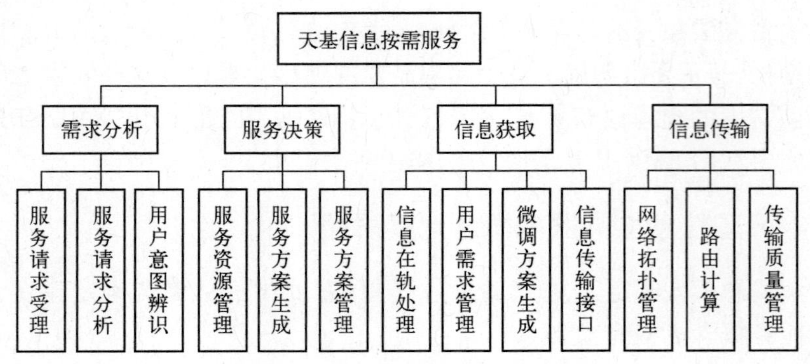

图 5-2　天基信息按需服务功能结构

1) 需求分析

(1) 服务请求受理模块:主要负责天基信息按需服务中服务请求的接受和管理,包括用户的服务请求接口管理、服务请求队列管理、服务请求存储管理等。

(2) 服务请求分析模块:主要负责天基信息按需服务中当前服务请求的分析和处理,包括请求资源分析、服务质量分析、时间限制分析等。

(3) 用户意图辨识模块:主要负责天基信息按需服务中用户意图的辨识和挖掘,对用户在一定时间内的服务请求进行综合分析,采用信息挖掘技术,辨识用户的真实意图和需求,生成主动服务请求。

2) 服务决策

(1) 服务资源管理模块:主要负责天基信息按需服务的资源管理工作,包括天基信息服务资源的接口、注册和状态管理。天基信息按需服务资源是指实施天基信息按需服务的天基节点及其载荷资源,而不是信息服务的内容。

(2) 服务方案生成模块:主要负责根据目前天基信息按需服务请求(主动或被动服务请求)和可用资源的状况生成可行的服务方案。服务方案生成模块集成了任务规划和资源调度两个功能,同时与服务请求和资源管理相接口,是天基信息按需服务的核心模块,其方案的决策过程和生成算法必须成熟可靠,同时还要考虑用户接受服务后的反馈意见加以改进。

(3) 服务方案管理模块:主要负责对服务方案生成模块所生成的规划调度方案进行管理和排队。主要根据任务的优先级及完成时限、资源消耗等情况对方案队列进行插入、提前和推后等管理操作,并可根据方案在当前情况下的可行性实施删除操作。

3) 信息获取

(1) 信息在轨处理模块:主要负责对信息获取节点的原始信息进行预处

理。关键要获取可与用户请求相比对的信息评测技术参数与指标;同时要对预处理后的信息进行数据压缩处理,提高传输效率。

(2) 用户需求管理模块:主要负责注入天基资源节点的服务请求的管理。在天基信息按需服务中,在对天基资源节点注入资源调度指令的同时,将用户的服务请求也注入该资源节点,以便于实施在轨二次决策。

(3) 微调方案生成模块:主要负责天基信息按需服务的在轨二次决策,将所获取的第一帧信息进行在轨处理得到的技术参数与用户服务请求的相关技术指标比对,利用有效的规划和调度算法,快速实施在轨二次规划和调度,提高服务窗口的利用率。

(4) 信息传输接口模块:主要负责信息获取节点的信息传输,通过向天基按需服务信息传输网络进行拓扑注册,获取天基信息传输服务支持,保证天基服务信息能够快速传达用户。

4) 信息传输

(1) 网络拓扑管理模块:主要负责天基信息按需服务信息传输网络的拓扑结构管理,是天基信息按需服务信息传输协议的重要基础模块,包括链路管理、节点管理和拓扑管理等。

(2) 路由计算模块:主要负责天基信息按需服务信息传输网络的路由计算,是天基信息按需服务信息传输协议的核心模块,通过对拓扑管理信息的综合分析,采用高效的路由算法建立可靠的信息传输路由。

(3) 传输质量管理模块:主要负责天基信息按需服务信息传输质量的监控与管理,是天基信息按需服务信息传输协议的管理模块,通过对链路、节点状态的监控,对信息传输过程可能遇到的信息攻击进行规避,提高信息传输的安全性。

2. 天基信息按需服务流程

天基信息按需服务流程主要依照“需求分析→服务决策→信息获取→信息传输”四个功能的顺序,从各具体功能模块连接关系进行分析,如图 5-3 所示。图 5-3 主要描述了天基信息获取和传输服务流程。

如图 5-3 所示的天基信息按需服务流程简要介绍如下:

(1) 用户的服务请求首先到达服务请求受理模块,通过验证接口关系,服务请求受理模块将该服务请求排入队列管理,并进行备份存储。服务请求分析模块按照队列关系分析当前的服务请求,提取服务请求对天基资源、服务质量、时间限制等方面的指标和要求,生成被动服务请求提交服务决策方案生成模块;同时将相关分析结果提供给用户意图辨识模块对该用户在一定时间内的服务请求进行综合分析,采用信息挖掘技术,辨识用户的真实意图和需求,生成主动服务请求提交决策方案生成模块。

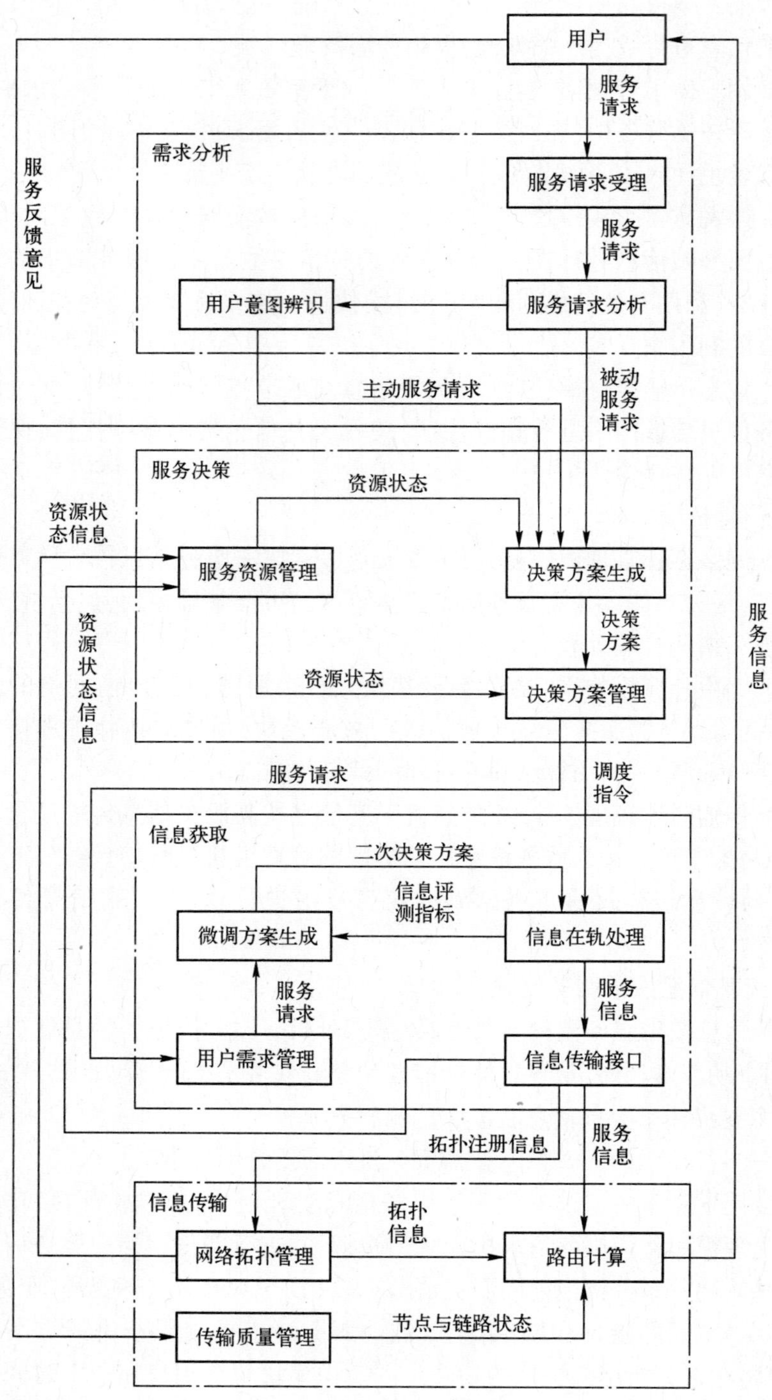

图 5-3　天基信息按需服务流程

(2) 服务决策方案生成模块根据服务请求(主动或被动)以及用户对以往服务的反馈意见,向服务资源管理模块查询服务资源状态,综合相关因素后生成服务决策方案,并将该方案提交决策方案管理模块;决策方案管理模块根据任务的优先级及完成时限、资源消耗等情况对方案队列进行插入、提前和推后等管理操作,当队列中的服务决策方案处于可执行状态时,则根据方案中的调度指令对服务资源实施调度。

(3) 天基信息获取服务节点收到调度指令后,实施相关操作进行信息获取,在获得第一帧原始信息后,信息在轨处理模块将对原始信息进行预处理,提取相关指标进行初步评测,这些指标主要是用户请求中的技术指标和参数,称为信息评测指标;信息评测指标将被提交微调方案生成模块,该模块从用户需求管理模块提取服务请求指标进行比对,如果二者相差不大,则向信息在轨处理模块报告"合格",否则利用有效的规划和调度算法,生成二次决策方案对节点姿态及载荷进行微调;信息在轨处理模块收到微调方案生成模块的"合格"报告后,对预处理后的信息进行数据压缩处理,并调用信息传输接口模块进行信息传输。

(4) 天基信息传输服务节点收到传输服务请求后,首先由网络拓扑管理模块进行拓扑计算生成拓扑信息,其次路由计算模块根据拓扑信息和传输质量管理模块提供的节点与链路安全状态信息计算最优路由将服务信息传给用户。

天基信息按需服务流程除了"需求分析→服务决策→信息获取→信息传输"基本流程外,还包括几个外部进程,以提高服务效率和质量:

(1) 资源状态信息传输流程:该流程是天基信息获取节点和天基信息传输节点将各自状态传输给服务资源管理模块,分别由信息传输接口模块和网络拓扑管理模块负责,以提高服务决策的准确性。

(2) 用户服务反馈意见流程:该流程是用户收到服务信息后将其对服务质量的意见以参数形式反馈给决策方案生成模块和传输质量管理模块,以提高未来决策方案质量和信息传输质量。

5.2.2 天基信息按需服务系统模型

通过分析天基信息服务的需求、功能组成以及功能流程,建立了天基信息按需服务功能模型,为了能够对天基信息按需服务进行更全面的描述分析,还必须结合天基信息按需服务的系统组成结构,建立天基信息按需服务系统模型。

UML[167-170]包含静态和动态两套建模机制。静态建模机制包括用例图、类图、对象图、包、构件图和配置图等;动态建模机制包括状态图、时序图、协作图和活动图等。活动图包含活动、判定点和分支,可以描述多个物理实体之间的动态交互行为，特别适合于描述工作流。为了将活动与物理实体联系起来，可以利用“泳道”将活动按执行活动的物理实体分组，在“泳道”图中，每一个活动都只能明确地属于一个“泳道”。活动图是状态图的一种扩展形式，但活动图除了描述物理实体状态之外，更突出了活动。活动图中一个活动结束自动引发下一个活动，而状态图中状态的改变可能需要事件的激发。

因此，UML 的活动图模型实现了对装备实体与装备行为的有机融合，可用来描述天基信息按需服务的运行过程及涉及的活动，表示各物理实体的状态变化及相互关系，反映各物理实体的逻辑关系，较好地描述天基信息按需服务系统模型，如图 5-4 所示。

图 5-4 按照天基信息按需服务系统组织结构，针对天基信息按需服务功能概念模型的相关模块进行了具体描述。注意以下五点：

（1）图中用户节点没有完全按照图 2-1 中用户列表，而是从用户权限和功能出发，将多种用户抽象成一个用户。

（2）由于在天基信息按需服务功能概念模型中（图 5-4）仅描述天基信息按需服务的基本功能，因此部分装备实体和功能模块并未涉及，图 5-4 是基于图 5-2 和图 5-3 给出天基信息按需服务的系统模型，从装备实体到系统功能都进行了完整描述。

（3）为解决用户的服务请求与用户权限可能存在的矛盾，引入网格技术中“服务代理”的概念。即当用户的服务申请权限受用户身份限制，如需要较高层次的天基信息服务（侦察节点变轨调姿提供服务等）时，则需要向作战指挥中心提出申请，由其代替向服务管理中心提出相应的服务请求，由于作战指挥中心的权威性，因此可为天基信息按需服务请求建立一道有效的防火墙。

（4）由图 5-4 可见，天基信息按需服务是一个复杂的过程，主要涉及作战指挥中心、服务管理中心、卫星指挥控制中心、测控站、数据接收站、通信中继卫星、光学成像卫星、SAR 成像卫星、海洋监视卫星、电子侦察卫星、预警探测卫星以及气象观测卫星等十几种类型的装备实体和系统，但从总的流程看，天基信息按需服务由用户发起由用户结束，评价标准主要依据用户请求，充分体现了按需服务的思想。

（5）从图 5-4 还可看出，天基信息按需服务的核心装备实体是服务管理中心、以通信中继卫星为代表的天基信息传输系统以及以光学成像卫星为代表的天基信息获取系统，因此重点是对这几类装备实体的功能进行研究，以实现按需服务。

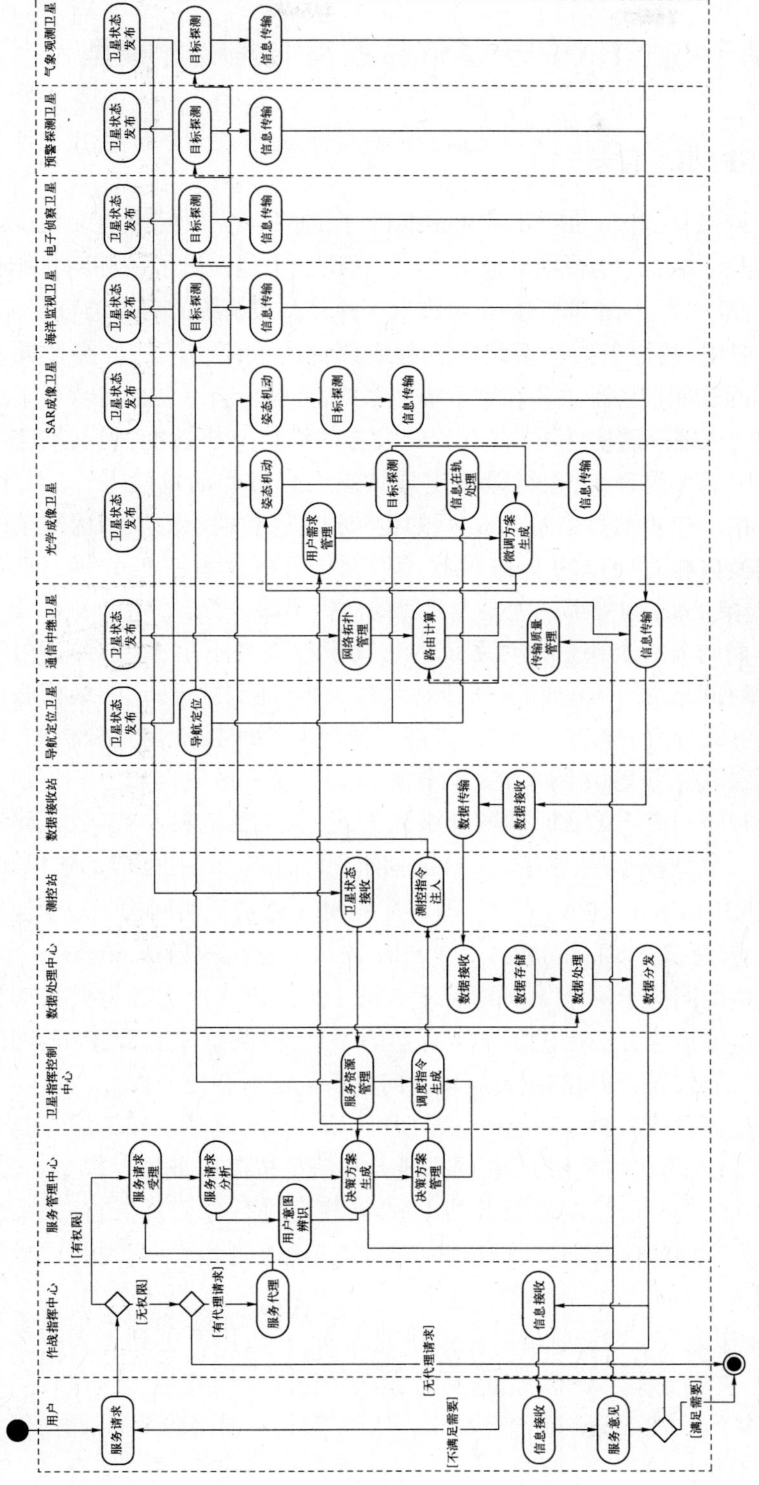

图5-4　天基信息按需服务系统模型

5.3 基于 SPNBA 的天基信息按需服务概念模型

5.3.1 SPNBA 背景

Petri 网源自德国 Carl Adam Petri 博士于 1962 年完成的博士论文 *Communication with automata*（用自动机通信）[171]，在论文中他提出了一种网状结构的信息流模型，后称为 Petri 网。Petri 网作为一种分布式系统的建模与分析工具[172]而被推广应用，适合于描述系统中进程或部件的顺序、并发、冲突及同步等关系。Petri 网虽能在各种抽象级别上描述系统，能够分析系统的有界性、活性、可达性、冲突、死锁等结构性质，具有比较完善的结构分析性能；但其缺陷是即便对一个规模不大的系统，也可能会出现状态组合爆炸的危险[173]。因此，目前 Petri 研究的一个重点是原始 Petri 网的化简技术，将规模庞大、结构复杂的 Petri 网同态变换成相对简单的 Petri 网模型以便于分析。颜色 Petri 网、谓词/变迁网、面向对象 Petri 网等都是主要为此目的而提出的。

Petri 网的另一个缺陷是对系统的仿真模拟能力不足，这主要是由于原始 Petri 网无时间概念[174]造成的。时间参数虽然可能破坏 Petri 网结构表示真实系统所有可能行为的构想，但在许多应用领域如系统性能定量分析中，需要引入时间概念以便将 Petri 网系统运行轨迹投影到统一的时间轴上。目前主要有库所关联时间和变迁关联时间两种引入方式，从文献资料看，多数人倾向于后一种方式。典型模型主要有时间 Petri 网[175]、时延 Petri 网[176]、随机 Petri 网（Stochastic Petri Net, SPN）[177-179]等。其中 SPN 已被证明同构于一个连续时间马尔可夫链（Markov Chain, MC）[180]，SPN 的每个标识映射成 MC 的一个状态，SPN 的可达图同构于一个 MC 的状态空间。SPN 的这种优势为天基信息按需服务概念模型描述方法提供了一个有益的工具，但从总体上看，Petri 网的系统仿真模拟性能较弱，目前的主要应用方向是系统逻辑特性分析。

由天基信息按需服务功能概念模型可以看出，天基信息按需服务具有多流程并发的属性，因此可采用 Petri 网描述天基信息按需服务概念模型。另外，还需要对建立的天基信息按需服务的 Petri 网模型进行分析，得到有关系统结构和动态行为方面的信息，并根据这些信息改进功能概念模型，因此设想能否在 Petri 网引入 Agent，以提高其仿真能力。

Agent 作为人工智能领域的热点研究方向，其应用已得到越来越多人的重视，目前已扩展到军事模拟、信息网络、电子商务、交通管理、虚拟制造、群组管理等众多领域。就 Agent 概念来说，由于研究和关心的问题不同而异，但相关研究还都处于起步阶段，目前尚无被普遍接受的一般定义[181]，综合 Agent 的共性,可以给出 Agent 的一种定义[182]:Agent 是一种能够感知环境并在环境中进行交互、自主运行且自身拥有资源的物理或虚拟实体,具有技能,能够提供服务。此外,Wooldrige[183]、Shoham[184]等还给出了 Agent 的弱定义和强定义,无论哪种定义都强调了 Agent 的自主行为能力,而正是由于这一特性,使 Agent 在军事系统建模与仿真中得到比较好的应用[185],因此 Agent 的建模与仿真能力很强。但 Agent 在分析系统体系结构时,尤其是逻辑特性方面略显不足。

将 Petri 网与 Agent 相结合的思路由来已久。20 世纪 90 年代,学者们便开始从不同角度探讨了 Agent 和 Petri 网结合方式及建模方法。Jin Qun 等采用非再生随机 Petri 网建立和分析多 Agent 系统中 Agent 的概率行为[186],对多 Agent 系统进行了整体建模分析,缺乏对各 Agent 情况的分析,二者结合的优势体现不够。Xu Haiping 等研究和扩展面向对象的 Petri 网[187],利用 Petri 网表示 Agent 之间的消息交互,强化了 Petri 网的作用,但 Agent 自身构模的优势发挥不够。K. Hiraishi[188]基于原始 Petri 网,以 Agent 构造令牌,而 Agent 则由 Petri 网构造,形成网中网,其理论分析简单,但采用原始 Petri 网,模型的复杂性和状态空间的爆炸问题无法得到解决,甚至有恶化的趋势。H. Abouaissa 等提出将 Agent 作为颜色 Petri 网中的变迁,构建颜色 Petri 网模型[189],可较好地发挥 Petri 网和 Agent 技术的各自优势。但在 Petri 网中,变迁表示事件的执行或实体间的交互关系,而位置则一般代表实体或角色,有明确的含义,因此不如采用 Agent 构建位置节点模型,即在 Petri 网中采用 Agent 构建库所,这样的结合将更加直观,理解更容易。

Agent 和 Petri 网结合后的概念模型将具有仿真分析和逻辑结构分析的能力,有利于更好地描述天基信息按需服务总体模型。本书将按照这个思路研究在随机 Petri 网(SPN)中引入 Agent 技术的方法,建立基于 Agent 的随机 Petri 网(Stochastic Petri Net Based on Agent, SPNBA),以描述和分析天基信息按需服务概念模型。

5.3.2　SPNBA 定义

SPNBA 的定义可根据 SPN 和 Agent 的定义来界定。

1. SPN

SPN 是一类含有时间因素的 Petri 网,将随机时间变量引入变迁中,提高了其逻辑分析能力。大多数 SPN 的性能分析建立在其状态空间与马尔可夫链同构的基础上。可以说,SPN 为系统的性能模型提供了良好的描述手段;而随机马尔可夫过程则为模型的评价提供了坚实的数学基础。SPN 引入的随机时间变量可分为离散和连续的两种,为保证随机过程是马尔可夫过程或可嵌入马尔可夫过程,通常要求离散时间随机变量服从几何分布,而连续时间随机变量服从指数分布。将时间随机变量引入变迁的思想是由 Molly 等独立提出来的，对 Petri 网的每个变迁关联一个实施速率即可得到 SPN 模型。SPN 主要有 Molloy 形式和 Florin-Natkin 形式，本书主要基于 Molloy 形式的连续时间 SPN 模型进行研究。

在连续时间 SPN 中，一个变迁 t 从可实施到实施间的时延可看作一个连续随机变量 x_t，其分布函数为

$$F_t(x)=P\{x_t\leqslant x\}\ (x_t\in\mathbf{R}^+) \tag{5-1}$$

如前所述，不同形式的 SPN 模型中，该分布函数定义不同。在 Molloy 形式的连续时间随机变量 SPN 模型采用指数分布定义，即

$$F_t(x)=1-\mathrm{e}^{-\lambda_t x_t}(x_t,\lambda_t\in\mathbf{R}^+) \tag{5-2}$$

式中：λ_t为变迁 t 的平均实施速率。

文献[190]证明了：

(1) 两个变迁同时实施的概率为零。

(2) SPN 的可达图同构于一个齐次 MC，因此可用马尔可夫随机过程求解。

指数分布是满足马尔可夫特性连续随机变量的唯一分布函数，如果要把马尔可夫随机过程应用于 SPN 中，每个 SPN 的变迁时延服从指数分布是充要条件。

定义 5-2 随机 Petri 网(SPN)是一个六元组：

$$\mathrm{SPN}=(S,T;F,W,M_0,\lambda) \tag{5-3}$$

式中：$(S,T;F)$是一个网，S 为库所，T 为变迁，F 为网的流关系，并满足

$$S\cup T\neq\varnothing$$
$$S\cap T=\varnothing$$
$$F\subseteq(S\times T)\cup(T\times S)$$
$$\mathrm{dom}(F)\cup\mathrm{cod}(F)=S\cup T$$

其中

$$\mathrm{dom}(F)=\{x\in S\cup T\mid\exists y\in S\cup T:(x,y)\in F\}$$
$$\mathrm{cod}(F)=\{x\in S\cup T\mid\exists y\in S\cup T:(y,x)\in F\}$$

$W:F\rightarrow N$，为权函数；

$M_0:S\rightarrow N\cup\{0\}$，为初始标识；

$\lambda=(\lambda_1,\lambda_2,\cdots,\lambda_m)$，为变迁 $t_i\in T$ 平均实施速率集合，表示在变迁可实施的情况下单位时间内平均实施次数，单位是次数/单位时间。实施速率有时写作标识的函数，如变迁表示多个任务或进程并发执行时，变迁实施速率与任务(或进程)数成正比。

由式(5-2)可计算变迁实施时延 x_t的概率，进而求得平均值$\overline{x_t}$，即变迁平均实施时延，过程如下：

$$
\begin{aligned}
\overline{x_t} &= \int_0^{\infty} x_t p(x_t)\,\mathrm{d}x_t \\
&= \int_0^{\infty} x_t \left(\frac{\mathrm{d}F_t(x)}{\mathrm{d}x_t}\right)\mathrm{d}x_t \\
&= \int_0^{\infty} x_t \lambda_t \mathrm{e}^{-\lambda_t x_t}\mathrm{d}x_t \\
&= \int_0^{\infty} \mathrm{e}^{-\lambda_t x_t}\mathrm{d}x_t - x_t \mathrm{e}^{-\lambda_t x_t} \Big|_0^{\infty} \\
&= \frac{1}{\lambda_t}
\end{aligned}
\tag{5-4}
$$

由式(5-4)可知,SPN 变迁的平均实施时延 λ_t 与平均实施时延 $\overline{x_t}$ 互为倒数,这也符合其物理意义。

对于 $\forall t \in T$,变迁 t 在标识 M 可以发生($M[t>M'$,库所 s 在标识 M 时经过变迁 t 变迁为标识 M')的条件为

$$
s \in {}^{\bullet}t \rightarrow M(s) \geqslant W(s,t) \tag{5-5}
$$

若变迁发生,即 $M[t>M'$ 时,则标识 M' 同标识 M 的关系为

$$
M'(s)=\begin{cases}
M(s)-W(s,t) & (s\in {}^{\bullet}t-t^{\bullet}) \\
M(s)+W(t,s) & (s\in t^{\bullet}-{}^{\bullet}t) \\
M(s)-W(s,t)+W(t,s) & (s\in {}^{\bullet}t\cap t^{\bullet}) \\
M(s) & (\text{其他})
\end{cases} \tag{5-6}
$$

2. Agent

基于对 Agent 英文原意的理解,常被人解释为代理,随着 Agent 概念的广泛应用,其原始含义已逐步发生变化,不再局限于“代理”方面,由于其强调自主工作能力,因此有时被翻译为“主体”,即“具有主动工作能力的实体”,此外,还有“智能体”“智能节点”等翻译。由此可见,Agent 的概念与定义因应用领域不同而不同,很难从一般意义上对 Agent 概念进行明确而清晰的界定。

本书根据天基信息按需服务概念模型描述和仿真的需要,考虑 Agent 的代理性(Acting on Behalf of Others)、自治性(Autonomy)、主动性(Proactivity)、反应性(Reactivity)、社会性(Social Ability)、智能性(Intelligence)、合作性(Collaboration)、移动性(Mobility)、诚实性、顺从性和理智性等特性,对 Agent 进行如下定义:

定义 5-3　Agent 定义为五元组:

$$
A=(C,P,K,S,R) \tag{5-7}
$$

式中:C 为 Agent 通信接口,负责与其他 Agent 进行交互;P 为 Agent 的参数配

置,描述 Agent 的性能参数和动作参数;*K* 为 Agent 的知识库,规定 Agent 具体动作规则;*S* 为 Agent 的传感器,负责感知环境变化;*R* 为 Agent 的效应器,负责 Agent 在感知信息与交互信息激励下的动作,分为自主动作和响应动作。自主动作是在无外界直接操纵的情况下,根据内部状态和感知的环境信息,决定和控制自己的行为。响应动作是对外界消息或请求做出反应,并依据知识库采取的相应动作。

根据定义 5-3 构造的侦察卫星 Agent 示例如下:

Agent1 <Reconnaissance Satellite>

CommunicationInterface

RI:Receive Information //接收信息

TI: Transmit Information //发送信息

SensorInterface

EI: Environment Information //环境信息

RI: Reconnaissance Information //侦察信息

Parameter Configuration

OP:Orbit Parameters //轨道参数

PP:Payload Parameters //载荷参数

SP: Service Request Parameters //服务请求参数

Knowledge base

Knl_1:When <event_1> Then <Act_1>

Knl_2:When <event_2> Then <Act_2>

Knl_3: When <event_3> Then <Act_3>

Knl_4: When <event_4> Then <Act_4>

Knl_5: When <event_5> Then <Act_5>

Knl_6: When <event_6> Then <Act_6>

Response Action

Act_0: Run on orbit //在轨运行

Act_1: Recon the target area assigned //目标区域侦察

Act_2: Preprocess recon information onboard //侦察信息预处理

Act_3: Search sensitive information according to models //按模型检索敏感信息

Act_4: Transmit recon information to data center //向数据中心下传侦察信息

Act_5: Transmit recon information to user //向用户下传侦察信息

Act_6: Change orbit or payload //改变轨道或载荷

End

该示例中，侦察卫星 Agent 分为通信接口、传感器接口、参数配置、知识库以及响应行为五部分，相关含义如定义 5-3 所述。其响应行为部分包含六种行为，各种行为定义如示例中所示，其中，Act_0 是自主动作，而 Act_1 至 Act_5 为响应动作。

3. SPNBA

根据定义 5-2 和定义 5-3，可将 SPN 中的位置采用 Agent 构建，建立基于 Agent 的随机 Petri 网(SPNBA)，具体定义如下。

定义 5-4　基于 Agent 的随机 Petri 网(SPNBA)是一个六元组：

$$\text{SPNBA}=(A,T;F,W,M_0,\lambda) \tag{5-8}$$

式中：$A=\{a_1,a_2,\cdots,a_m\}$ 是以 Agent 描述的位置集合，T 为变迁，F 为网的流关系，并满足

$$A\cup T\neq\varnothing$$

$$A\cap T=\varnothing$$

$$F\subseteq(A\times T)\cup(T\times A)$$

$$\text{dom}(F)\cup\text{cod}(F)=A\cup T$$

其中

$$\text{dom}(F)=\{x\in A\cup T\mid\exists y\in A\cup T:(x,y)\in F\}$$

$$\text{cod}(F)=\{x\in A\cup T\mid\exists y\in A\cup T:(y,x)\in F\}$$

其他参数含义同定义 5-2。

5.3.3　SPNBA 运行规则

SPNBA 运行触发采用传统 Petri 网的令牌形式，令牌在各位置中的流动反映系统的动态过程。在一定的条件下，变迁 t 被引发后，即有相应的令牌从变迁 t 的输入位置流向输出位置。在 t 被触发时，会根据每个变迁所设置的实施速率进行延迟，该实施速率服从指数分布，均值 λ_t 可根据具体的物理实体特性进行设置。

SPNBA 运行具体过程：令牌由通信输入接口进入 Agent 库所后，Agent 根据令牌属性、知识库以及当前感应信息来确定响应行为，变更令牌属性，通过输出接口传递令牌给下一个 Agent。

变迁对应于真实系统的事件，变迁的实施对应于事件对系统状态的改变。变迁可分为时间变迁和瞬时变迁，分别适用于活动的完成和逻辑的验证。时间变迁可理解为设置一个定时器，当变迁可实施时，时钟被设置初始值，而后按常速率减少，当时钟的值为零时，变迁实施。瞬时变迁与时间变迁相比需要极少的时间，可认为不需要时间。在同时包含瞬时变迁和时间变迁的 Petri 网中，瞬

时变迁的实施比时间变迁的实施具有更高的优先级。

SPNBA 运行与原始 Petri 网一样,存在并发、串发和冲突现象。

定义 5-5 给定 SPNBA=$(A,T;F,W,M,\lambda)$网系统,其中 $M=\{b_1,b_2\}$。在状态 M 下变迁 t_1 和 t_2 都有权发生,当处于条件时,则称在状态 M 下变迁 t_1 和 t_2 处于并发关系。其中,“$\wedge$”表示合取(逻辑与)。

$$^{\bullet}e_1=\{b_1\}\subseteq M\wedge e_1^{\bullet}\cap M=\{b_3\}\cap\{b_1,b_2\}=\varnothing \tag{5-9}$$

$$^{\bullet}e_2=\{b_2\}\subseteq M\wedge e_2^{\bullet}\cap M=\{b_4\}\cap\{b_1,b_2\}=\varnothing \tag{5-10}$$

定义 5-5 中,假设 t_1 在状态 M 发生,变成新的状态 $M'=\{b_2,b_3\}$,易知 t_2 在状态 M' 仍可发生;另一方面,如果 t_2 在状态 M 发生,则得到新的状态 $M''=\{b_2,b_3\}$,而 t_1 在状态 M'' 仍有发生权,因此,在状态 M 下变迁 t_1 和 t_2 处于并发关系。另外,按照网论,变迁的发生只依赖于它们的外延,与全局无关。而

$$^{\bullet}e_1\cup e_1^{\bullet}=\{b_1,b_3\} \tag{5-11}$$

$$^{\bullet}e_2\cup e_2^{\bullet}=\{b_2,b_4\} \tag{5-12}$$

即变迁 t_1 和 t_2 的外延交集为空,因此二者相互独立的变迁,这是两个变迁处于并发关系的必要条件。

一般而言,如果两个事件(变迁)在某情态下有发生权,且任意一个的发生不会使另一个失去发生权,则称两个事件(变迁)在该情态下处于并发关系。并发不是简单的“同时发生”,而是指事件(变迁)在因果上的无依赖性。

定义 5-6 给定 SPNBA=$(A,T;F,W,M,\lambda)$网系统,如果

$$M[e_1>\wedge\neg M[e_2> \tag{5-13}$$

$$M[e_1>M'\to M'[e_2> \tag{5-14}$$

则称在状态 M 下变迁 t_1 和 t_2 处于串发关系,即变迁 t_2 的发生权是通过变迁 t_1 的发生而获得的。这里“$\neg$”为否定(逻辑非)。

一般而言,如果两个事件(变迁)在某情态下只有一个发生权,且一个的发生会使另一个获得发生权,则称两个事件(变迁)在该情态下处于串发关系。串发不是简单的“顺时发生”,而是指事件(变迁)在因果上的传递性。

定义 5-7 给定 SPNBA=$(A,T;F,W,M,\lambda)$网系统,如果

$$M[e_1>\wedge M[e_2> \tag{5-15}$$

$$M[e_1>M'\to\neg M'[e_2>\wedge M[e_2>M''\to\neg M''[e_1> \tag{5-16}$$

则称在状态 M 下变迁 t_1 和 t_2 处于冲突关系。即虽然变迁 t_1 和变迁 t_2 在状态 M 下都能发生,但变迁 t_1 的发生会剥夺变迁 t_2 的发生权,反之亦然。

一般而言,如果两个事件(变迁)在某情态下有发生权,但任意一个的发生会使另一个失去发生权,则称两个事件(变迁)在该情态下处于冲突关系。

冲突关系如不加控制,则会导致系统工作流程的紊乱,因此通常在随机

Petri 网定义竞争策略来解决冲突问题。SPNBA 定义三种竞争策略：一是优先级策略，确定变迁的优先次序，高优先级的变迁可实施，低优先级的不可实施；二是实施概率策略，冲突的变迁按照概率进行实施，高概率的变迁多实施，低概率的少实施；三是实施时间策略，如果几个时间变迁处于冲突关系，则最短时延的变迁可实施，其他时间变迁不可实施。

另外，在具体的运行规则中还可加入决策因素，这主要根据任务调度和控制策略来确定，决策因素的加入可通过对以上三种竞争策略的合理运用来完成。

5.3.4　SPNBA 模型分析方法

在定义了 SPNBA 的概念和运行规则之后，要对 SPNBA 模型进行分析，还应明确 SPNBA 的分析方法。借鉴 SPN 的分析方法，SPNBA 模型性能分析方法主要包括逻辑性能分析方法和物理性能分析方法。逻辑性能分析方法包括有界性、可达性、活性、冲突和死锁等；物理性能分析方法主要包括各单元的利用率、体系的瓶颈分析等。

1. 逻辑性能分析方法

参照 Petri 网的有关理论，可以给出对 SPNBA 的有界性、可达性、活性、冲突、死锁等性能的分析方法，为此给出这些性能的定义及分析方法。

定义 5-8　对给定初始标识 M_0 的 SPNBA，如果存在一组标识 $\{M_1, M_2, \cdots, M_{n-1}\}$ 和变迁序列 $s=t_1t_2\cdots t_n$，使得

$$M[t_1>M_1\cdots M_i[t_{i+1}>M_{i+1}\cdots M_{n-1}[t_n>M' \tag{5-17}$$

则称 M' 是 M 可达的，记为 $M[s>M'$。所有 M_0 可达标识组成的集合称为 M_0 可达集，记为 $R(M_0)=\{M \mid \exists s: M_0[s>M\}$。

可达性表示对期望的某种状态由初始标识是否可以达到，即能否完成预定的任务。

定义 5-9　对给定初始标识 M_0 的 SPNBA，如果对每个标识 $M\in R(M_0)$，其每个位置的令牌数都不超过有限整数 k，称该 SPNBA 为 k-有界的，即

$$\forall M\in R(M_0), a_i\in A: M(a_i)\leqslant k \tag{5-18}$$

有界性体现了物理实体的处理能力是否能保证系统正常运行而不出现阻塞。

定义 5-10　对给定初始标识 M_0 的 SPNBA，在某些变迁序列中，变迁 t 至少被引发一次，则称变迁 t 具有一阶活性。如果该 SPNBA 的每一个变迁都具有一阶活性，则称该 SPNBA 具有一阶活性。

活性表示构成体系的每个单元是否可以得到利用。

定义 5-11　对给定初始标识 M_0 的 SPNBA，称其一个变迁 t 为死锁的，如

果对由初始标识 M_0 可达的任一标识 $M \in R(M_0)$ 下，此变迁都不能被引发。

死锁意味着体系中与死锁相连的单元无法发挥作用。

分析这些性质的主要方法有标识图（可达树）分析法和状态方程分析法。

给定初始标识 M_0 的 SPNBA，可以建立起表达其可达集 $R(M_0)$ 的一个树状结构的图形，称为 SPNBA 的可达树。合并可达树中相同的顶点就得到 SPNBA 的标识图。由标识图的结构特征可分析 SPNBA 的有界性、死锁等特性。

定理 5-1 一个给定初始标识 M_0 的 SPNBA 为有界的，即其可达集 $R(M_0)$ 为有限的，当且仅当其可达树中不出现无限参量 ω。

定理 5-2 一个给定初始标识 M_0 的 SPNBA 中的一个变迁节点 t 是死锁的，当且仅当此变迁节点不出现在可达树的任一路分支上。

对给定具有 m 个位置和 n 个变迁的 SPNBA，可构造其关联矩阵 $\boldsymbol{D}$，关联矩阵 $\boldsymbol{D}$ 的元素 $d_{ij}(i=1,2,\cdots,m;j=1,2,\cdots,n)$ 为

$$d_{ij}=\begin{cases}-w(a_i,t_j) & (\text{存在弧 } e(a_i,t_j))\\ w(t_j,a_i) & (\text{存在弧 } e(t_j,a_i))\\ 0 & (\text{其他})\end{cases} \tag{5-19}$$

这样标识矢量满足如下状态方程：

$$\boldsymbol{M}=\boldsymbol{M}_0+\boldsymbol{D}\boldsymbol{X} \tag{5-20}$$

式中：$\boldsymbol{X}$ 为 n 维引发矢量。

定义 5-12 齐次线性方程 $\boldsymbol{D}\boldsymbol{X}=0$ 的非负整数解称为 SPNBA 的 T-不变量；齐次线性方程 $\boldsymbol{D}^{\mathrm{T}}\boldsymbol{Y}=0$ 的非负整数解称为 SPNBA 的 S-不变量。

定理 5-3 SPNBA 结构有界的充要条件是存在一个 m 维正整数矢量 $\boldsymbol{Y}>0$，使得 $\boldsymbol{D}^{\mathrm{T}}\boldsymbol{Y}\leqslant 0$。

定理 5-4 对一个给定初始标识 M_0 的 SPNBA，$\boldsymbol{M}\in R(\boldsymbol{M}_0)$，即 M 可达的必要条件是 $M>0$，且方程 $\boldsymbol{M}-\boldsymbol{M}_0=\boldsymbol{D}\boldsymbol{X}$ 有非负整数解。

定义 5-13 S-不变量 Y 中严格为正的元素所对应的位置集合称为 S-不变量 $\boldsymbol{Y}$ 的支持，记为 $\langle \boldsymbol{Y}\rangle$。当且仅当 $\langle \boldsymbol{Y}\rangle$ 除了自身和空矢量之外不包含其他支持时，$\langle \boldsymbol{Y}\rangle$ 为最小支持。

通过分析 S-不变量的最小支持，可判断 SPNBA 的有界性，分析体系中的关键环节。

定理 5-5 一个 n 维矢量 $\boldsymbol{Y}$ 是给定初始标识 M_0 的 SPNBA 的一个 S-不变量，当且仅当 $\boldsymbol{M}^{\mathrm{T}}\boldsymbol{Y}=\boldsymbol{M}_0^{\mathrm{T}}\boldsymbol{Y}$，其中 $\boldsymbol{M}\in R(\boldsymbol{M}_0)$。

2. 物理性能分析方法

SPNBA 中变迁实施的时间延迟皆服从负指数分布，即变迁 t 从可实施到实

施完成所需时间是一个随机变量,服从以参数 $\lambda>0$ 为平均实施速率的负指数分布。从而构成的 SPNBA 同构于连续时间马尔可夫链(Continues Time Markov Chain,CTMC)。SPNBA 的每个标识映射成 CTMC 的一个状态,SPNBA 的可达图同构于一个 CTMC 的状态空间。这样通过分析求解 CTMC 就可以分析系统的物理性能。

由于 SPNBA 的每个标识对应 CTMC 的一个状态,因此通过求出 SPNBA 的可达图,将其每条弧上标注的实施变迁 t_i 换成其平均实施速率 λ_i,即可得到同构的 CTMC,在此基础上,可对系统进行一系列的性能分析。

1) 可达标识的稳定概率

设 CTMC 中 n 个状态的稳定状态概率为行矢量 $\boldsymbol{X}=(x_1,x_2,\cdots,x_n)$,则由马尔可夫过程得到线性方程组:

$$\begin{cases}\boldsymbol{XQ}=0\\ \sum_{i=1}^{n}x_i=1\end{cases} \tag{5-21}$$

式中:$\boldsymbol{Q}=[q_{ij}]$ 为 $n\times n$ 阶的无穷小生成元(转移矩阵)。其非对角线上的元素为:当从状态 M_i 到状态 M_j 有一条弧相连时,则弧上标注的速率即为 q_{ij} 的值,没有弧相连时,$q_{ij}=0$;对角线上的元素 q_{ij} 等于从状态 M_i 输出的各条弧上标注速率之和的负值。

求解此方程组可得到每个可达标识的稳定概率 $P[M_i]=x_i(1\leqslant i\leqslant n)$。

2) 每个状态的平均驻留时间

在每个可达标识 $M\in[M_0>$中的平均驻留时间为

$$\overline{\tau}(M)=\left(\sum_{t_i\in H_1}\lambda_i+\sum_{t_j\in H_2}p_j\lambda_j\right)^{-1} \tag{5-22}$$

式中:H_1 为在 M 可实施的所有非冲突变迁的集合;H_2 为在 M 可实施的所有冲突变迁的集合;p_j 为与冲突变迁相关联的随机开关,即变迁 t_j 发生的概率。

子任务的平均实施时间为

$$\mathrm{Tt}_i=\sum_{M\in I}\tau(M) \tag{5-23}$$

式中:I 为完成子任务的变迁序列所包含的可达标识集合。

3) 标记概率函数

$\forall a\in A,\forall i\in N$,令 $P[M(a)=i]$ 表示位置 a 中包含 i 个标记的概率,则可从标识的稳定概率求得位置 a 的标记概率函数为

$$P[M(a)=i]=\sum_{j}P[M_j] \tag{5-24}$$

式中:$M_j\in[M_0>$且 $M_j(a)=i$。

4) 位置中的平均标记数

在稳定状态下,$\forall a_i\in A$ 在任意可达标记中平均所含有的标记数为

$$u_i = \sum_j j \times P[M(a_i) = j] \tag{5-25}$$

在结构分析中,可将每个位置的平均标记数作为设备利用率的评价指标;还可看作任务的队列长度,从而作为分析系统瓶颈的一个度量指标。

5) 变迁的利用率

$\forall t_i \in T$ 的利用率为

$$U(t_i) = \sum_{M \in F} P(M) \tag{5-26}$$

式中:F 为使 t_i 可实施的所有可达标识集合。

6) 变迁的标记流速与吞吐量

$\forall t_i \in T$ 的标记流速是指单位时间内流入 t_i 的后置位置 A_j 的平均标记数,即

$$R(t_i, A_j) = W(t_i, A_j) \times U(t_i) \times \lambda_i \tag{5-27}$$

变迁的吞吐量为

$$\mathrm{Th}(t_i) = U(t_i) \times \lambda_i \tag{5-28}$$

式中:λ_i 为 t_i 的平均实施速率。

5.3.5 基于 SPNBA 的天基信息按需服务概念模型描述

通过对 SPNBA 的定义和运行规则进行界定,可利用 SPNBA 对天基信息按需服务系统模型进行描述,如图 5-5 所示。

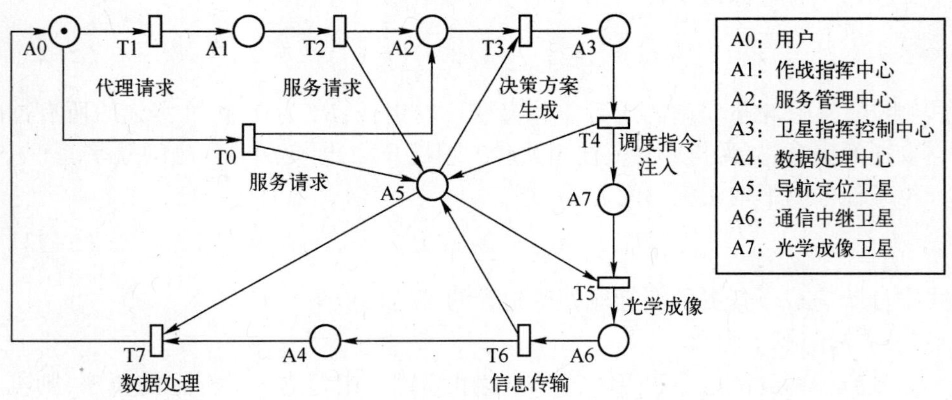

图 5-5 基于 SPNBA 的天基信息按需服务概念模型

图 5-5 主要描述 5.2.2 节的天基信息按需服务系统模型(图 5-4),为便于 Petri 网计算,这里对图 5-5 中的 15 种节点进行了功能综合,选取了 8 种节点进行 SPNBA 建模,相关含义及相应的变迁如表 5-1 所列。

表5-1　0中相关符号含义

库　所	含　义	变　迁	含　义
A0	用户 Agent	T0	服务请求
A1	作战指挥控制中心 Agent	T1	代理请求
A2	服务管理中心 Agent	T2	服务请求
A3	卫星指挥控制中心 Agent	T3	决策方案生成
A4	数据处理中心 Agent	T4	调度指令注入
A5	导航定位卫星 Agent	T5	光学成像
A6	通信中继卫星 Agent	T6	信息传输
A7	光学成像卫星 Agent	T7	数据处理

表5-1中所列的 Agent 均根据定义5-3进行构造,具体如表5-2~表5-8所列。

1. 用户 Agent

表5-2给出了用户 Agent 结构。用户是天基信息按需服务的发起端和服务的最终端,主要负责服务请求的产生与服务效果的评价。

用户 Agent 定义了四种行为:①按既定行为运行;②发送服务请求;③服务质量评价;④利用服务信息更新行为。行为条件主要由知识库定义,执行过程可参考图5-5。

表5-2　用户 Agent 结构

定　义	Petri 网行为	说　明
Agent0 <User Terminal>		**Agent 名称**
Communication Interface RI:Receive Information TI: Transmit Information	令牌入 令牌出	**通信接口** 接收信息 发送信息
Sensor Interface BI: Battlefield Information	令牌入	**传感器接口** 环境信息
Parameter Configuration PP: Position Parameters SP: Service Request Parameters		**参数配置** 位置参数 服务请求参数
Knowledge base Knl_1:When <event_1> Then <Act_1> Knl_2:When <event_2> Then <Act_2> Knl_3: When <event_3> Then <Act_3>		**知识库** event_1:环境变化或收到指令 event_2:收到服务信息 event_3:服务满意
Response Action Act_0: Run on fixed action Act_1: Send service request Act_2:Value the quality of service Act_3: Update action with service information **End**	产生令牌(1) 产生令牌(2) 销毁令牌	**响应行为** 按既定行为运行 发送服务请求 服务质量评价 利用服务信息更新行为 **定义结束**

2. 作战指挥中心 Agent

表 5-3 给出了作战指挥中心 Agent 结构。作战指挥中心既可作为普通用户提起服务请求,又要作为低权限用户的服务请求代理,因此主要负责服务请求的产生与代理以及服务效果的评价。

作战指挥中心 Agent 定义了五种行为:①按既定行为运行;②授权代理服务请求;③发送服务请求;④针对服务效果进行评价;⑤利用服务信息更新行为。行为条件主要由知识库定义,执行过程可参考图 5-5。

需要说明的是,作战指挥中心的代理服务请求工作可看作是用户服务请求的一种处理行为,因此将作战指挥中心作为天基信息按需服务请求处理的第一步,是服务门户的组成部分之一。

另外,代理服务的概念来自于网格技术,在天基信息按需服务中主要用来完成用户急需但没有访问权限的服务。这些服务通常涉及卫星轨道、姿态以及载荷的调整,服务实施后对天基信息服务体系的整体效能影响较大,因此权限不宜下放,仅作战指挥中心有权申请。一般用户如有需要可向作战指挥中心请求代理服务授权,然后以作战指挥中心身份发出服务请求,相关信息服务数据可不经过作战指挥中心直接交付用户。

表 5-3　作战指挥中心 Agent 结构

定　　义	Petri 网行为	说　　明
Agent1 <Operate Command Center>		**Agent 名称**
Communication Interface		**通信接口**
RI:Receive Information	令牌入	接收信息
TI: Transmit Information	令牌出	发送信息
Sensor Interface		**传感器接口**
BI: Battlefield Information	令牌入	环境信息
Parameter Configuration		**参数配置**
PP: Position Parameters		位置参数
SP: Service Request Parameters		服务请求参数
Knowledge base		**知识库**
Knl_1:When <event_1> Then <Act_1>		event_1:收到代理服务请求
Knl_2:When <event_2> Then <Act_2>		event_2:环境变化
Knl_3: When <event_3> Then <Act_3>		event_3:收到服务信息
Knl_4: When <event_3> Then <Act_3>		event_4:服务满意
Response Action		**响应行为**
Act_0: Run on fixed action		按既定行为运行
Act_1: Authorize service request as a proxy		授权代理服务请求
Act_2: Send service request	产生令牌(1)	发送服务请求
Act_3: Value the quality of service	产生令牌(2)	服务质量评价
Act_4: Update action with service information	销毁令牌	利用服务信息更新行为
End		**定义结束**

3. 服务管理中心 Agent

表 5-4 给出了服务管理中心 Agent 结构。

表 5-4　服务管理中心 Agent 结构

定　义	Petri 网行为	说　明
Agent2 <Service Manage Center>		**Agent 名称**
Communication Interface		**通信接口**
RI:Receive Information	令牌入	接收信息
TI: Transmit Information	令牌出	发送信息
Sensor Interface		**传感器接口**
BI: Battlefield Information	令牌入	环境信息
Parameter Configuration		**参数配置**
PP: Position Parameters		位置参数
SP: Service Request Parameters		服务请求参数
RP: Resource Parameters		服务资源参数
Knowledge base		**知识库**
Knl_1:When <event_1> Then <Act_1>		event_1:收到服务请求
Knl_2:When <event_2> Then <Act_2>		event_2:请求队列到达
Knl_3: When <event_3> Then <Act_3>		event_3:收到多次同一用户请求
Knl_4: When <event_4> Then <Act_4>		event_4:调用服务资源
Knl_5: When <event_5> Then <Act_5>		event_5:请求指标合理,资源可用
Knl_6: When <event_6> Then <Act_6>		event_6:生成多个决策方案
Response Action		**响应行为**
Act_0: Run on fixed action		按既定行为运行
Act_1: Accept service requests	销毁令牌	服务请求受理
Act_2:Analyze service requests		服务请求分析
Act_3: Recognize user intent		用户意图辨识
Act_4: Check service resource		服务资源查询
Act_5: Make mission plan	产生令牌(1)	决策方案生成
Act_6: Manage mission-plan queue		决策方案管理
End		**定义结束**

服务管理中心是天基信息按需服务门户的主要组成部分,是天基信息服务的中枢系统,主要负责服务请求受理、服务请求分析、用户意图辨识、决策方案生成和决策方案管理等。

服务管理中心 Agent 定义了七种行为:①按既定行为运行;②服务请求受理;③服务请求分析;④用户意图辨识;⑤服务资源查询;⑥决策方案生成;⑦决策方案管理。行为条件主要由知识库定义,而在决策方案生成的过程中,通常需要导航定位信息,执行过程可参考图 5-5。

服务管理中心 Agent 定义的这些行为综合体现天基信息按需服务的“推”“拉”两种方式。就功能而言,Act_3(用户意图辨识)是天基信息主动服务最主要模块;而 Act_4(服务资源查询)、Act_5(决策方案生成)和 Act_6(决策方案管理)是被动服务和主动服务共用的。

4. 卫星指挥控制中心 Agent

表 5-5 给出了卫星指挥控制中心 Agent 结构。卫星指挥控制中心是天基信息按需服务门户的重要组成部分,主要负责天基信息服务决策方案实施过程以及天基信息服务资源的管理工作。

表 5-5 卫星指挥控制中心 Agent 结构

定 义	Petri 网行为	说 明
Agent3 <Satellite C2 Center>		**Agent 名称**
Communication Interface		**通信接口**
RI:Receive Information	令牌入	接收信息
TI: Transmit Information	令牌出	发送信息
Sensor Interface		**传感器接口**
BI: Battlefield Information	令牌入	环境信息
Parameter Configuration		**参数配置**
PP: Position Parameters		位置参数
SP: Service Request Parameters		服务请求参数
RP: Resource Parameters		服务资源参数
Knowledge base		**知识库**
Knl_1:When <event_1> Then <Act_1>		event_1:收到服务管理中心查询指令
Knl_2:When <event_2> Then <Act_2>		event_2:收到服务决策方案
Knl_3: When <event_3> Then <Act_3>		event_3:资源状态可用
Response Action		**响应行为**
Act_0: Measure and control service resource state		服务资源状态测控
Act_1: Collect service resource state	销毁令牌	服务资源状态收集
Act_2:Make schedule plan	产生令牌(1)	生成调度方案
Act_3: Transmit schedule orders to resource		发送资源调度指令
End		**定义结束**

卫星指挥控制中心 Agent 定义了四种行为:①服务资源状态测控;②服务资源状态收集;③生成调度方案;④发送资源调度指令。行为条件主要由知识库定义,执行过程可参考图 5-5。

5. 数据处理中心 Agent

表 5-6 给出了数据处理中心 Agent 结构。数据处理中心也是天基信息按需服务门户的重要组成部分,主要负责天基信息服务信息的接收、收集、存储、

处理和分发等工作。

表 5-6　数据处理中心 Agent 结构

定　　义	Petri 网行为	说　　明
Agent4 <Data Process Center>		**Agent 名称**
Communication Interface RI:Receive Information TI: Transmit Information	 令牌入 令牌出	**通信接口** 接收信息 发送信息
Sensor Interface BI: Battlefield Information	 令牌入	**传感器接口** 环境信息
Parameter Configuration PP: Position Parameters SP: Service Request Parameters		**参数配置** 位置参数 服务请求参数
Knowledge base Knl_1:When <event_1> Then <Act_1> Knl_2:When <event_2> Then <Act_2> Knl_3: When <event_3> Then <Act_3> Knl_4: When <event_2> Then <Act_4>		**知识库** event_1:接收站或数据中心收到下传请求 event_2:收到数据或接收站数据到达 event_3:有用户请求数据 event_4:按用户请求处理完数据
Response Action Act_0: Run on fixed action Act_1: Receive service information Act_2:Save service information Act_3: Process service information Act_4: Distribute service information **End**	 销毁令牌 产生令牌(1)	**响应行为** 按既定行为运行 接收服务信息 存储服务信息 处理服务信息 分发服务信息 **定义结束**

数据处理中心 Agent 定义了五种行为:①按既定行为运行;②接收服务信息;③存储服务信息;④处理服务信息;⑤分发服务信息。行为条件主要由知识库定义,在数据处理时通常需要导航定位信息,执行过程可参考图 5-5。

6. 通信中继卫星 Agent

表 5-7 给出了通信中继卫星 Agent 结构。在天基信息按需服务中通信中继卫星主要包括各种通信卫星、数据中继卫星等,能够完成天基信息的中继传输。

表 5-7　通信中继卫星 Agent 结构

定　　义	Petri 网行为	说　　明
Agent1 <Communication Relay Satellite>		**Agent 名称**
Communication Interface RI:Receive Information TI: Transmit Information	 令牌入 令牌出	**通信接口** 接收信息 发送信息

(续)

定　义	Petri 网行为	说　明
Sensor Interface EI: Environment Information	 令牌入	**传感器接口** 环境信息
Parameter Configuration OP: Orbit Parameters PP: Payload Parameters		**参数配置** 轨道参数 载荷参数
Knowledge base Knl_1: When <event_1> Then <Act_1> Knl_2: When <event_2> Then <Act_2> Knl_3: When <event_3> Then <Act_3> Knl_4: When <event_4> Then <Act_4> Knl_5: When <event_5> Then <Act_5>		**知识库** event_1:拓扑变化或满查询周期 event_2:收到通信中继请求 event_3:收到服务质量反馈 event_4:生成中继路由 event_5:环境变化或收到指令
Response Action Act_0: Run on orbit Act_1: Produce network topology Act_2: Calculate route Act_3: Manage communication quality Act_4: Relay information Act_5: Change orbit or payload **End**	 销毁令牌 产生令牌(1) 销毁令牌 	**响应行为** 在轨运行 网络拓扑管理 路由计算 通信质量管理 信息传输 改变轨道或载荷 **定义结束**

通信中继卫星 Agent 定义了六种行为:①在轨运行;②网络拓扑管理;③路由计算;④通信质量管理;⑤信息传输;⑥改变轨道或载荷。行为条件主要由知识库定义,执行过程可参考图 5-5。其中,Act_3(通信质量管理)是根据用户的服务反馈意见对路由计算进行调整,提高通信服务的用户满意程度。

7. 导航定位卫星 Agent

表 5-8 给出了导航定位卫星 Agent 结构。在天基信息按需服务中导航定位卫星主要采用“北斗”一代和“北斗”二代系统,主要向各级用户发送导航定位信息。

表 5-8　导航定位卫星 Agent 结构

定　义	Petri 网行为	说　明
Agent5 <Navigation Position Satellite>		**Agent 名称**
Communication Interface RI: Receive Information TI: Transmit Information	 令牌入 令牌出	**通信接口** 接收信息 发送信息
Sensor Interface EI: Environment Information	 令牌入	**传感器接口** 环境信息

（续）

定　义	Petri 网行为	说　明
Parameter Configuration		**参数配置**
OP：Orbit Parameters		轨道参数
PP：Payload Parameters		载荷参数
Knowledge base		**知识库**
Knl_2：When <event_1> Then <Act_2>		event_1：环境变化或收到指令
Response Action		**响应行为**
Act_0：Transmit navigation signal	销毁令牌	发射导航定位信号
Act_1：Transmit state information	产生令牌(1)	发布卫星状态信息
Act_2：Change orbit or payload	销毁令牌	改变轨道或载荷
End		**定义结束**

导航定位卫星 Agent 定义了三种行为：①发射导航定位信号；②发布卫星状态信息；③改变轨道或载荷。行为条件主要由知识库定义，执行过程可参考图 5-5。其中，Act_0（发射导航定位信号）和 Act_1（发布卫星状态信息）是自主动作。

8. 光学成像卫星 Agent

表 5-9 给出了光学成像卫星 Agent 结构。在天基信息按需服务中，侦察卫星具备星上侦察信息预处理能力，同时能够根据星载模型库对部分敏感目标信息进行检索与匹配。另外，还可根据用户需要将部分原始侦察信息直接下传用户。这些行为和能力对于天基信息按需服务来说至关重要，也是本书提出的星上二次规划以及主动服务的技术基础。

表 5-9　光学成像卫星 Agent 结构

定　义	Petri 网行为	说　明
Agent1 <Optical Reconnaissance Satellite>		**Agent 名称**
Communication Interface		**通信接口**
RI：Receive Information	令牌入	接收信息
TI：Transmit Information	令牌出	发送信息
Sensor Interface		**传感器接口**
EI：Environment Information	令牌入	环境信息
RI：Reconnaissance Information	令牌入	侦察信息
Parameter Configuration		**参数配置**
OP：Orbit Parameters		轨道参数
PP：Payload Parameters		载荷参数
SP：Service Request Parameters		服务请求参数
Knowledge base		**知识库**
Knl_1：When <event_1> Then <Act_1>		event_1：收到指令
Knl_2：When <event_2> Then <Act_2>		event_2：获得第一帧侦察信息
Knl_3：When <event_3> Then <Act_3>		event_3：完成信息与处理
Knl_4：When <event_4> Then <Act_4>		event_4：用户无原始信息请求
Knl_5：When <event_5> Then <Act_5>		event_5：用户有原始信息请求
Knl_6：When <event_6> Then <Act_6>		event_6：环境变化或收到指令

(续)

定　义	Petri 网行为	说　明
Response Action		**响应行为**
Act_0:Run on orbit		在轨运行
Act_1:Recon the target area assigned	销毁令牌	目标区域侦察
Act_2:Preprocess recon information onboard		侦察信息预处理
Act_3:Search sensitive information according to models		按模型检索敏感信息
Act_4:Transmit recon information to data center	产生令牌(1)	向数据中心下传侦察信息
Act_5:Transmit recon information to user	产生令牌(1)	向用户下传侦察信息
Act_6:Change orbit or payload	销毁令牌	改变轨道或载荷
End		**定义结束**

光学成像卫星 Agent 定义了七种行为:①在轨运行;②目标区域侦察;③侦察信息预处理;④按模型检索敏感信息;⑤向数据中心下传侦察信息;⑥向用户下传侦察信息;⑦改变轨道或载荷。行为条件主要由知识库定义,执行过程可参考图 5-5。

需要说明的是,卫星侦察信息处理流程的信息分发部分通常由地面数据中心发起,在上述侦察卫星 Agent 中则设置了两种信息下传方案,使侦察卫星具备了一定的信息分发能力。这是由于从目前的研究看,传统 4D(数字高程模型(DEM)、数字正射影像(DOM)、数字线划地图(DLG)和数字栅格地图(DRG))方式处理后的空间信息可能不满用户需求。例如,公安地理信息系统中的基本信息来自 4D 产品的仅占 20%,其余 80%需要通过实地调查来补充。又如,武汉市城市网格化服务系统在 1:500 数字地图基础上,补充调查和采集了 185 万个物件,李德仁院士据此提出了可量测实景影像 DMI 概念。而天基侦察信息也可作为可量测实景影像的重要来源,根据这一需求,本书提出了将部分原始侦察信息直接分发给有原始侦察信息请求并有处理能力的用户。

5.3.6 基于 SPNBA 的天基信息按需服务概念模型分析

本节主要针对上一节所建立的天基信息按需服务概念模型,利用 SPNBA 模型分析方法对相关性能进行分析。需要说明的是,根据模型设计,表 5-2~表 5-9 给出了 Agent 的行为对 SPN 令牌的影响,因此在分析中将主要从令牌在 SPNBA 模型中的传递过程来考察模型的相关特性。

1. 逻辑性能分析

针对图 5-5 所示的基于 SPNBA 的天基信息按需服务概念模型,其可达图如图 5-6 所示。

图 5-6 中,状态 S={A0, A1, A2, A3, A4, A5, A6, A7, A8, P0, P1},具体如表 5-10 所列。

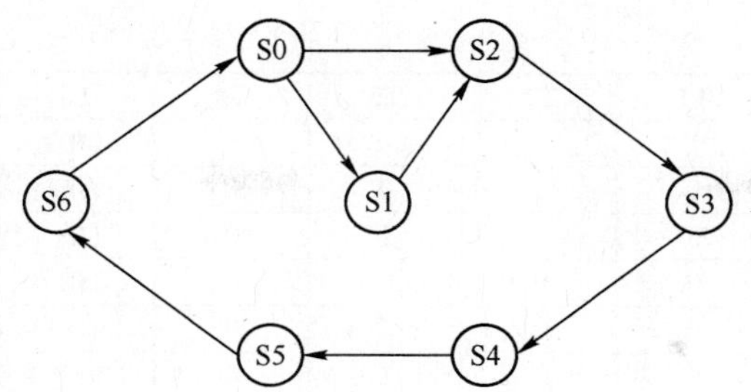

图 5-6　模型的可达图

表 5-10　图 5-6 中状态值

状态	值	入变迁	出变迁	状态类型
S0	{1, 0, 0, 0, 0, 0, 0, 0}	T7(S6)	T0(S2),T1(S1)	Tangible state(Initial state)
S1	{0, 1, 0, 0, 0, 0, 0, 0}	T1(S0)	T2(S2)	Tangible state
S2	{0, 0, 1, 0, 0, 1, 0, 0}	T0(S0),T2(S1)	T3(S3)	Tangible state
S3	{0, 0, 0, 1, 0, 0, 0, 0}	T3(S2)	T4(S4)	Tangible state
S4	{0, 0, 0, 0, 0, 1, 0, 1}	T4(S3)	T5(S5)	Tangible state
S5	{0, 0, 0, 0, 0, 0, 1, 0}	T5(S4)	T6(S6)	Tangible state
S6	{0, 0, 0, 0, 1, 1, 0, 0}	T6(S5)	T7(S0)	Tangible state

分析图 5-6 和表 5-10 可知：

(1) 可达标识集为有限的,由定理 5-1 可知所构造的 SPNBA 有界的,意味着系统中各物理实体处理能力能够保证任务的执行而不会瘫痪。

(2) 可达图中包含了所有的变迁节点,意味着在给定初始标识下任何变迁都可以引发,即任何变迁引发的概率不为 0,因此由定理 5-2 可知所构造的 SPNBA 中不存在死锁,逻辑结构是合理的。

如图 5-6 所示的前向管理矩阵和后向关联矩阵分别如表 5-11 和表 5-12 所列。

根据表 5-11 和表 5-12,可得到图 5-6 模型的关联矩阵,如表 5-13 所列。

表 5-11　图 5-5 模型的前向关联矩阵

	T0	**T1**	**T2**	**T3**	**T4**	**T5**	**T6**	**T7**
A0	0	0	0	0	0	0	0	1
A1	0	1	0	0	0	0	0	0
A2	1	0	1	0	0	0	0	0
A3	0	0	0	1	0	0	0	0
A4	0	0	0	0	0	0	1	0
A5	1	0	1	0	1	0	1	0
A6	0	0	0	0	0	1	0	0
A7	0	0	0	0	1	0	0	0

表 5-12　图 5-5 模型的后向关联矩阵

	T0	T1	T2	T3	T4	T5	T6	T7
A0	1	1	0	0	0	0	0	0
A1	0	0	1	0	0	0	0	0
A2	0	0	0	1	0	0	0	0
A3	0	0	0	0	1	0	0	0
A4	0	0	0	0	0	0	0	1
A5	0	0	0	1	0	1	0	1
A6	0	0	0	0	0	0	1	0
A7	0	0	0	0	0	1	0	0

表 5-13　图 5-5 模型的关联矩阵

	T0	T1	T2	T3	T4	T5	T6	T7
A0	−1	−1	0	0	0	0	0	1
A1	0	1	−1	0	0	0	0	0
A2	1	0	1	−1	0	0	0	0
A3	0	0	0	1	−1	0	0	0
A4	0	0	0	0	0	0	1	−1
A5	1	0	1	−1	1	−1	1	−1
A6	0	0	0	0	0	1	−1	0
A7	0	0	0	0	1	−1	0	0

由关联矩阵可求出图 5-5 模型的 S-不变量，求解方法参见文献[191]，可得两个具有最小支持的 S-不变量，其支持集为{A0, A1, A3, A5, A6}和{A0, A1, A2, A3, A4, A6, A7}。根据定理 5-5 则有

$$M(A0)+M(A1)+M(A2)+M(A3)+M(A4)+M(A6)+M(A7)=\boldsymbol{C}(\boldsymbol{C}\text{为常数})$$

$$M(A0)+M(A1)+M(A3)+M(A5)+M(A6)=\boldsymbol{C}_1(\boldsymbol{C}_1\text{为常数})$$

图 5-5 模型的 S-不变量从另一个侧面检验了天基信息按需服务 SPNBA 模型的有界性和可达性。

2. 物理性能分析

下面分析图 5-5 模型的物理性能，给定一组变迁速率值$(\lambda_0,\lambda_1,\cdots,\lambda_7)=(4,1,1,3,2,1,5,5)$，则有：

（1）可达标识的稳定概率。根据图 5-6、表 5-10 及式(5-21)可得

$$\begin{cases}5p_{S6}=5p_{S0}\\ p_{S0}=p_{S1}\\ 4p_{S0}+p_{S1}=3p_{S2}\\ 3p_{S2}=2p_{S3}\\ 2p_{S3}=p_{S4}\\ p_{S4}=5p_{S5}\\ 5p_{S5}=5p_{S6}\\ p_{S0}+p_{S1}+p_{S2}+p_{S3}+p_{S4}+p_{S5}+p_{S6}=1\end{cases}$$

解此方程组,可得

$$\begin{cases}p_{S0}=0.07595\\p_{S1}=0.07595\\p_{S2}=0.12658\\p_{S3}=0.18987\\p_{S4}=0.37975\\p_{S5}=0.07595\\p_{S6}=0.07595\end{cases}$$

(2) 每个状态的平均驻留时间。根据图 5-6、表 5-10 及式(5-22)可得

$$\bar{\tau}(S0)=\frac{1}{\lambda_0+\lambda_1}=\frac{1}{4+1}=0.2$$

$$\bar{\tau}(S1)=\frac{1}{\lambda_2}=\frac{1}{1}=1$$

$$\bar{\tau}(S2)=\frac{1}{\lambda_3}=\frac{1}{3}=0.33333$$

$$\bar{\tau}(S3)=\frac{1}{\lambda_4}=\frac{1}{2}=0.5$$

$$\bar{\tau}(S4)=\frac{1}{\lambda_5}=\frac{1}{1}=1$$

$$\bar{\tau}(S5)=\frac{1}{\lambda_6}=\frac{1}{5}=0.2$$

$$\bar{\tau}(S6)=\frac{1}{\lambda_7}=\frac{1}{5}=0.2$$

(3) 标记概率函数。根据图 5-6、表 5-10 及式(5-24)可得

$$P[A0=0]=0.92405,P[A0=1]=0.07595$$
$$P[A1=0]=0.92405,P[A1=1]=0.07595$$
$$P[A2=0]=0.87342,P[A2=1]=0.12658$$
$$P[A3=0]=0.81013,P[A3=1]=0.18987$$
$$P[A4=0]=0.92405,P[A4=1]=0.07595$$
$$P[A5=0]=0.41772,P[A5=1]=0.58228$$
$$P[A6=0]=0.92405,P[A6=1]=0.07595$$
$$P[A7=0]=0.62025,P[A7=1]=0.37975$$

(4) 位置中的平均标记数。根据图 5-6、表 5-10 及式(5-25)可得

$$u_{A0}=0\times p[A0=0]+1\times p[A0=1]=0.07595$$

$$u_{A1}=0\times p[A1=0]+1\times p[A1=1]=0.07595$$

$$u_{A2}=0\times p[A2=0]+1\times p[A2=1]=0.12658$$

$$u_{A3}=0\times p[A3=0]+1\times p[A3=1]=0.18987$$

$$u_{A4}=0\times p[A4=0]+1\times p[A4=1]=0.07595$$

$$u_{A5}=0\times p[A5=0]+1\times p[A5=1]=0.58228$$

$$u_{A6}=0\times p[A6=0]+1\times p[A6=1]=0.07595$$

$$u_{A7}=0\times p[A7=0]+1\times p[A7=1]=0.37975$$

(5) 变迁的利用率。根据图 5-6、表 5-10 及式(5-26)可得

$$U(t_0)=U(t_1)=P_{S0}=0.07595$$

$$U(t_2)=P_{S1}=0.07595$$

$$U(t_3)=P_{S2}=0.12658$$

$$U(t_4)=P_{S3}=0.18987$$

$$U(t_5)=P_{S4}=0.37975$$

$$U(t_6)=P_{S5}=0.07595$$

$$U(t_7)=P_{S6}=0.07595$$

(6) 变迁的吞吐量。根据图 5-6、表 5-10 及式(5-28)可得

$$\mathrm{Th}(t_0)=U(t_0)\times\lambda_0=0.07595\times4=0.3038$$

$$\mathrm{Th}(t_1)=U(t_1)\times\lambda_1=0.07595\times1=0.07595$$

$$\mathrm{Th}(t_2)=U(t_2)\times\lambda_2=0.07595\times1=0.07595$$

$$\mathrm{Th}(t_3)=U(t_3)\times\lambda_3=0.12658\times3=0.37975$$

$$\mathrm{Th}(t_4)=U(t_4)\times\lambda_4=0.18987\times2=0.37975$$

$$\mathrm{Th}(t_5)=U(t_5)\times\lambda_5=0.37975\times1=0.37975$$

$$\mathrm{Th}(t_6)=U(t_6)\times\lambda_6=0.07595\times5=0.37975$$

$$\mathrm{Th}(t_7)=U(t_7)\times\lambda_7=0.07595\times5=0.37975$$

通过以上六种分析可以看出,在所设计的天基信息按需服务流程中,虽然根据研究需要,设置$(\lambda_0,\lambda_1,\cdots,\lambda_7)=(4,1,1,3,2,1,5,5)$,使得侦察卫星实施速率最慢,但导航定位卫星的相关指标要高于侦察卫星,这是由于导航定位卫星参与了天基信息按需服务的多个环节,因此在整个流程中最为重要,这个分析结果与目前在空间攻防对抗领域的相关仿真结论[192]一致。

同时由 SPNBA 的分析结果看出,除了导航定位卫星,侦察卫星仍是系统的瓶颈。这样设置的原因在于目前侦察能力在很大程度决定了空间信息应用与服务技术的水平。提高侦察能力既可以通过增加侦察卫星节点来实现,也可通过增强星上处理能力来实现,而目前日益紧张的空间轨道资源,使得各国都在不遗余力研究后者。天基信息按需服务提出的星上处理和主动服

务的观点也正契合了这一点，本书也将对天基信息按需侦察（获取）技术进行深入研究。

最后，从 SPNBA 运行过程以及分析的结果看，导航定位卫星和侦察卫星在天基信息按需服务中至关重要，这说明该 SPNBA 模型及其分析方法能够较好地反映设计者的意图，为从整体上研究天基信息服务提供了一个有效的工具。

第 6 章　天基信息按需服务决策关键技术

6.1　天基信息按需服务决策概述

天基信息按需服务决策主要由服务管理中心完成。服务管理中心收到用户服务请求后,首先进行队列管理,根据到达时间和优先级等因素,挑选当前队列中优先级最高、最紧迫的服务请求进行任务规划;其次,对服务资源进行查询,了解当前可用的天基信息服务资源状态及参数,如卫星、航天器、飞船等;再次,根据用户的服务请求和当前资源状态,利用约束满足理论及遗传算法进行天基信息按需服务任务规划,生成相应的资源规划和调度方案,即服务决策方案,并交由卫星指挥控制中心生成测控指令注入相应的天基信息服务节点;第四,根据用户一段时间内的服务请求、服务决策方案以及用户服务反馈意见等信息,进行用户兴趣挖掘,寻找用户近期感兴趣的区域、目标、时间段等相关知识,生成主动服务决策方案,指导天基信息服务节点进行主动服务;最后,根据用户对主动服务信息的反馈意见不断调整用户兴趣模型,使天基信息按需服务系统能够为用户提供更接近于用户真实兴趣的服务内容(图 6-1)。

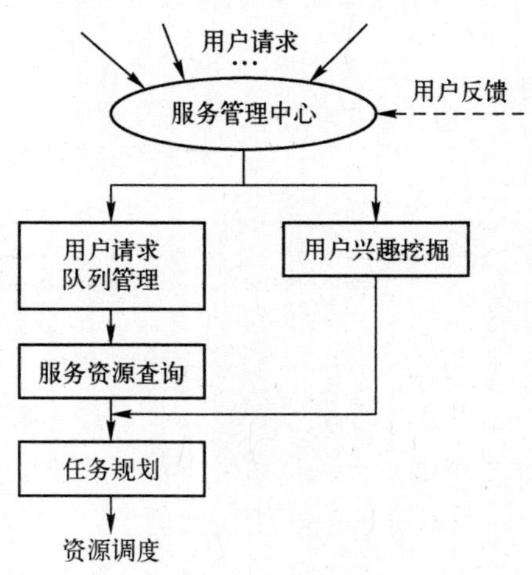

图 6-1　天基信息按需服务决策过程

在天基信息服务决策过程中,针对服务请求进行服务资源的规划调度以及根据用户的服务请求交互记录进行用户兴趣挖掘提供主动服务是其关键环节和技术难点。本章将重点研究这两个方面，首先分析任务规划以及用户兴趣挖掘技术的现状；其次分别对两项关键技术建立求解模型，并给出仿真算例。需要说明的是，由于在天基信息按需服务中还提出了星上二次规划技术，因此服务管理中心的服务决策通常称为天基信息按需服务的“一次规划”。

6.2　任务规划技术

卫星任务规划一般分为预处理和优化两个阶段。其中，预处理过程是根据用户需求来筛选卫星系统资源，确定每个任务的可选资源，预处理过程可以筛选出不可能完成的任务，降低需要规划的任务数量，同时可以针对任务给出失败的原因；优化过程是根据优化目标来确定哪些任务将安排执行，并为这些任务分配相应的资源和执行时间。

以成像侦察卫星为例，其任务规划的预处理过程需要进行地面分辨率、太阳光照条件、可见时间窗口等约束分析，主要依据相对成熟的计算模型，在仿真中可采用在航天领域广泛使用的 STK 软件完成，本节仅给出一些基础模型，不做详细论述。优化过程是目前成像侦察卫星任务规划研究的热点，本节的任务规划技术主要研究在地面进行的卫星任务一次规划，因而可以假设地面处理能力和时间不受限制。

6.2.1　任务规划技术概述

本书以成像侦察服务为例研究天基信息按需服务，因此在服务决策技术中也以成像侦察卫星的规划调度为例进行研究。成像侦察卫星规划调度问题研究主要分为单星调度和多星调度两大类。单星调度技术相对成熟，我国有关成像侦察卫星调度问题的研究也主要处于单星调度管理阶段。针对天基信息按需服务系统的特点，主要考虑多星调度问题。

多星调度问题是目前任务规划研究的热点之一。美国国家航空航天局(National Aeronautics and Space Administration，NASA)的 Globus 讨论了一般的多颗对地观测卫星调度问题，考虑了任务需求的优先级以及每颗观测卫星具有多个遥感设备资源的约束条件，但没有考虑卫星的存储容量和数据下传等因素。J. Frank 等人研究了对地观测卫星调度问题中的大多数约束条件，如观测需求的优先级、卫星存储容量限制、数据下传的速率限制等约束，并给出了一种基于约束的模型表示和描述方法，但其模型要求所有的观测需求在调度之前必须声明其需求的资源，只能对一些小规模的调度问题进行处理。我国贺仁杰对成像侦察卫星多星调度问题进行了较为系统的研究，建立了混合整数规划

(MIP)模型和约束满足模型(CSP),并分别采用了禁忌搜索算法和列生成算法对CSP和MIP进行了求解。刘洋研究了成像侦察卫星的动态调度问题,着重对卫星资源状态变化和新任务插入两种情况建立了模型和求解算法。陈慧中对成像卫星任务规划调度机制、算法,尤其是可视化技术进行了深入研究。张万鹏重点对多星侦察系统的任务建模进行了分析。徐东对空间目标测量网的资源分配策略进行了研究。

除理论研究外,目前在实际使用中有许多针对具体卫星或具体航天任务需求开发的专用调度系统,如美国用于对高层大气研究卫星(UARS)仪器工作规划调度的MOPA(Mission Operations Planning Assistant)系统,W. Potter等针对Landsat 7设计的调度系统,H. Muraoka等设计的ASTER调度系统,肯尼迪航天发射中心开发的用于航天飞机载荷工作规划调度的EMPRESS(Expert Mission Planning and Replanning Scheduling System)系统,美国太空望远镜科学研究所(STScI)为哈勃太空望远镜(Hubble Space Telescope,HST)任务规划与调度研制的P&S(Planning and Scheduling)系统,俄罗斯航天局飞控中心设计的基于知识库的载人飞行计划生成系统等。这些专用系统一般是同具体的应用卫星相关联,模型的设计与具体星载设备密切相关,一般不具有通用性。此外,国外还有一些用于航天任务规划调度的工具和商用软件系统,如美国国家航空航天局喷气动力实验室(Jet Propulsion Laboratory,JPL)研究开发的航天任务规划调度环境(Automated Scheduling and Planning Environment, ASPEN)[193-195],美国Veridian公司开发的通用资源、事件和活动调度(Generic Resource, Event and Activity Scheduler,GREAS)系统,美国AGI(Analytical Graphic Inc)公司STK软件5.0版中包含的调度模块STK/Scheduler[196,197],戈达德航天飞行中心(Goddard Space Flight Center,GSFC)的知识基规划调度工具(Planning and Resource Reasioning,PARR)[198]等。

在任务规划算法上,所有学者都不约而同地采用了不完全算法(或近似算法)。选择这种算法的主要原因在于对地观测卫星调度问题是一个十分复杂的问题,即使卫星和任务数目较少,要想求得问题的最优解也是十分困难的。一般来说,主要采用贪婪规则选取优先级最大的观测需求,如果该观测需求不能被安排,则选取下一个观测需求。在ASTER、GREAS和STK/Scheduler等典型系统中,采用的算法相对成熟。例如,ASTER中的算法是利用贪婪规则按照优先级大小对任务进行安排,采用了一种迭代修正的搜索算法,其基本思想是:首先生成一个初始方案,之后通过不断调整变量取值不断消解冲突,在迭代修正的过程中,进度表中的冲突被一一删除,直到没有冲突存在或者超越了用户自定义的时间限制。GREAS采用约束传播下的启发式搜索搜寻有效解,为每个活动分配相应的参数,资源和开始时间也作为活动的参数来指派,在给定活动的参数约束之后，GREAS 利用标准的约束传播技术来缩小搜索空间。STK/Scheduler 采用 Optwise 公司开发的任务规划引擎[199]，与传统的启发式算法相比可以在较短的时间内找出最佳的解决方案，该引擎内部基于神经网络技术的全局搜索算法不仅胜过了传统的任务规划引擎，还能为更大、更复杂的问题找出解决方案。在 LandSat7 调度系统中按照最早结束时间利用贪婪规则安排所有的观测需求，然后基于优先级替换已安排的任务和未安排的任务。

在算法的研究和改进方面，国内外很多学者都在积极探索。近年来发展较快的几种新的算法主要有遗传算法、禁忌搜索等。Barbulescu 等[200]对一般启发式搜索、局部搜索（爬山法）和遗传算法做了比较，得出当任务规模较小、较简单时这三种算法均有效，而当任务规模扩大到一定程度时遗传算法则显示出明显优势。在 SPOT-5 卫星调度中，Bensana 等也比较了完全搜索算法和非完全搜索算法在不同规模问题实例下的计算性能[201]，得出当问题规模不大时，采用完全搜索算法可以在较短的时间内得到一个最优解；但当问题规模较大时，采用完全搜索算法就不能在合理的时间内得到问题的解，而非完全搜索算法（禁忌搜索）可以在合理的时间内得到满意解。Pemberton 提出了一种对大规模问题迭代求解的方法[202]。Wolfe 和 Sorensen 对贪婪算法、具有前看功能的贪婪算法以及遗传算法进行了比较，得出采用遗传算法可以较大幅度地改进贪婪算法的调度结果。Jonssop 等[203]比较了约束规划方法和局部邻域搜索算法，发现采用约束规划方法具有更强的灵活性和适应性，而局部邻域搜索算法的求解效率和效果更好。

6.2.2　用户需求分析

卫星任务规划是实现对卫星资源有效利用的关键技术。构建智能化的任务规划系统，各种约束条件有机结合，合理安排每颗卫星的工作任务，有助于使尽可能多和尽可能重要的任务以最合理、最迅速的方式被卫星执行，充分利用各种资源，实现信息的高效、优质获取和传输，更有效地发挥天基信息服务系统的价值。根据天基信息按需服务的特点，任务规划的对象包括成像侦察卫星、通信卫星、监视卫星等多种类型，本书主要以成像侦察卫星为例研究任务规划技术。

成像侦察卫星是利用星载的可见光相机、红外相机或合成孔径雷达等遥感器获取地面的图像信息，并将这些图像信息通过胶卷返回舱或中继卫星或者直接传回地面站，以供分析判读和使用。一个完整的侦察任务包括侦察目标信息获取和数据回传两个活动，并且只有在卫星和地面目标（地面站、中继卫星）可以通信的时间段内（称为可见时间窗口），卫星才可能完成这些活动。成像侦察卫星一般是采用近地极轨道环绕地球飞行，卫星飞行轨迹提供一维向前运动，星载仪器侧视扫描提供另外一维侧向运动，卫星每次通过地球上空时在地球上会产生一条二维扫描带。卫星可以对扫描带内任何目标进行侦察(图6-2)。为了便于后期图像处理，这些图像被分割为一个一个的矩形条带。由于单颗卫星对地覆盖的限制和为了提高系统的反应时间，需要采用多星组网的方式，实现对地全天候的侦察。

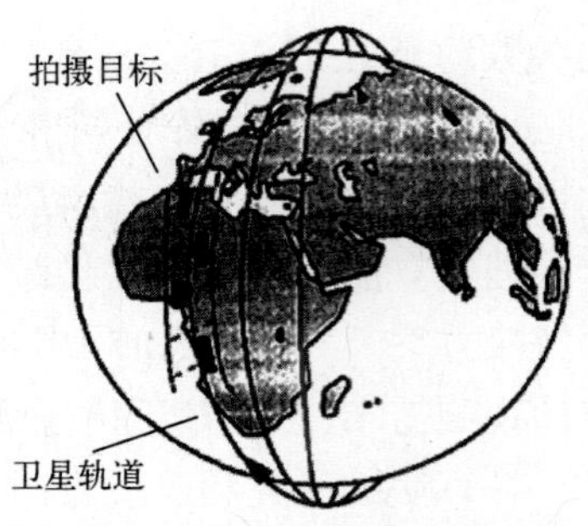

图6-2　成像侦察卫星工作过程

成像侦察卫星被设计用来满足各种各样的用户需求。这些用户需求生成了一个观测需求集合，每个观测需求采用以下指标定义：

(1) 目标区域：可以是点目标(一个很小的矩形区域，矩形中心点代表需要观测目标的经、纬度)，或者区域目标(由一个经纬度定义的多边形区域)。

(2) 图像类型：可以是全色、多光谱、超光谱、雷达图像等。

(3) 图像约束：定义了图像的分辨率、拍摄图像的太阳光照条件(如果是可见光图像)。

(4) 观测有效时间：定义该图像需求的时间范围，如果超过该时间，该需求或者不安排或者降低优先级。

(5) 优先级：确定该图像需求的重要程度，该值是综合用户的重要程度、目标类型以及需求时间等因素得出。

一般来说，由于卫星资源的短缺，不能全部满足用户需求。因此，成像侦察卫星调度的目标就是选择需要观测的地面目标、确定完成观测的卫星遥感器和观测开始时间。在多颗卫星、多种遥感器、多个观测需求的情况下，如何生成一个满意的卫星资源调度方案，分配卫星资源来完成更多的观测任务，对于有效、合理、充分地发挥成像侦察卫星系统的能力是至关重要的。

6.2.3　约束条件分析

根据用户需求及卫星的工作特点，在成像侦察卫星调度过程中，需要考虑以下主要约束条件：

(1) 资源能力。需要特别说明的是，在成像侦察卫星调度问题中，真正完成任务的是星载遥感器而不是卫星本身，所以每一个星载遥感器实际上是一个独立的资源，每个星载遥感器在任何时候只能执行一个观测任务。

(2) 可观测时间。成像侦察卫星一般采用近地轨道，卫星只有在飞经地面目标上空时才能执行观测任务。在一段给定时间内，目标同卫星之间可能存在多个可见时间窗口，这时需要确定采用哪个可见时间窗口来执行侦察任务以及观测的起始时间。

(3) 观测时间长度。大多数成像侦察卫星采用扫描的方式对目标拍摄图像。一般来说,目标越大,需要扫描的时间就越长。对于点目标来说,由于观测卫星在近极地轨道上高速运行,卫星观测所需的时间实际上只是一个时间点。但考虑到卫星拍照前需要进行一些准备工作,以及卫星轨道摄动和其他空间环境的影响,在时间窗口计算上肯定存在一些误差,必须使观测活动持续一定时间,以保证能拍摄到任务要求的地面目标图像。在实际应用中,该持续时间可以是一个比较小的量,由用户根据实际情况来确定。

(4) 多卫星协调。观测卫星星座已经成为未来对地观测的发展趋势,采用多颗卫星协调可以实现对地 24h 不间断观测。对于给定的地面目标,可能同时有多颗卫星或多个遥感器满足观测需求,这时需要针对侦察任务选择观测卫星及所采用的遥感器。

(5) 图像类型需求。由于卫星的星载遥感器具有多种类型,如可见光遥感器、红外遥感器、微波遥感器等,每种遥感器只能拍摄特定类型的图像。因此,对于给定的目标需求,必须首先确定可以满足该需求的图像类型要求的卫星或星载遥感器。

(6) 任务转换时间。为了观测给定的地面目标,卫星或遥感器需要调整以对准目标,由于不同地面目标的地理位置不同,因此前后两次观测任务的观测角度也不相同。在进行观测目标前,需要重新调整卫星的姿态及遥感器的角度,会耗费一定的时间。

(7) 图像地面分辨率。不同目的或类型的用户根据需要会对图像提出不同的地面分辨率要求。一般来说,地面分辨率并不等于识别目标的能力,而只表明地面目标在胶片上有所反映。识别目标是指在胶片上能分辨目标的轮廓、判别目标的类型或属性,例如分辨目标为人、坦克、发射架、飞机、导弹类型等。根据成像侦察任务的不同,可以将地面目标识别等级由低到高划分为发现目标(A 级,判别目标是否存在)、一般识别(B 级,判断出目标的类型或属性,如区分出房屋、车辆)、详细鉴别(C 级,判断出同类物体的不同类型,如区分出房屋是军营还是民房,某导弹是地地导弹还是地空导弹)、目标描述(D 级,识别出目标的特征和细节,如导弹有无尾翼)四种,针对特定地面目标,不同等级要求达到的图像地面分辨率不同。

(8) 太阳光照条件。成像侦察卫星的遥感设备分为光学成像设备和微波遥感成像设备。微波遥感设备,如合成孔径雷达(SAR),能够穿透云层,全天候工作,获得地面、海面目标的雷达散射特性的高分辨率图像。但对于可见光成像设备而言,在观测地面目标时,对太阳光照条件还有一定的要求。这时需采用最小太阳高度角来描述太阳光照条件。太阳高度角是指太阳光线和地面目标所在地平面的夹角,用 S 表示,其中 $0° \leqslant S \leqslant 90°$。当 $S=90°$时,太阳垂直照射地面目标。最小太阳高度角是指光学成像设备在观测地面目标时所要求的太阳光照条件的下限。也就是说，在太阳高度角大于或等于最小太阳高度角时，光学成像设备和地面目标的可见时间窗口才是有效的时间窗口。

(9) 能源消耗。卫星的姿态调整与遥感器旋转、对准目标的操作必须消耗能量。由于卫星上的能量有限，因此观测任务的完成会受到能量的限制。此外，由于太阳能电池板是固定在卫星上的，消耗能量的观测需求与能量产生也可能会发生冲突。例如，观测的卫星姿态要求可能导致太阳能电池板不能很好地对准太阳。

(10) 数据记录与下传。地面目标观测不仅仅是数据采集的过程，所获得的图像数据可以通过中继通信卫星传回地面站，或首先记录在星载存储设备，然后在卫星通过地面站上空时传回。由于卫星存储设备的容量有限，并且卫星同地面站之间的可见时间有限，卫星同中继通信卫星、地面站之间的数据传输速度也有限，所有这些约束都会影响观测任务的完成。

(11) 气象因素。由于物理特性限制，某些星载遥感器不能穿透云层对目标进行观测，如可见光成像设备，观测目标上空的云层会对图像质量产生很大的影响，因此，目标地区的气象因素也是成像侦察卫星任务的约束条件之一。

由于成像侦察卫星任务规划是一个非常复杂的问题，不可能考虑所有的实际约束条件，只能对问题进行简化分析，因此，主要进行以下假设：

(1) 观测目标主要为点目标。选择点目标作为研究对象是因为它是目前在实际中应用最广的一种观测需求。研究中允许点目标具有一定长度，即需求一定的图像扫描时间(观测时间)。面目标可以采用一定方式转换为点目标进行处理，本书不做论述。

(2) 假设卫星的存储容量无限或中继卫星实时可用，认为拍摄的图像总可以直接或间接通过中继卫星回传至地面站。

(3) 在能量限制方面，主要考虑卫星进行轨道机动的能耗，而不考虑卫星姿态调整、遥感器旋转、对准目标、通信等操作消耗的能量。

(4) 由于目标地区的天气因素，如目标上空是否存在云层及云层厚度，变化情况复杂，一般难以预先确定，为此，暂时不考虑云层覆盖等气象因素的影响。

6.2.4 基础模型

在卫星任务规划中，约束条件主要通过对相应参数进行分析和控制来满足，在预处理阶段需要对这些卫星参数进行计算，如星下点位置、太阳高度角、星地可见性、地面分辨率等。这些参数的计算模型是卫星任务规划的基础，称为“基础模型”。

本节基础模型均基于以下的共同假设：地球是一个圆球体，半径为 R，卫星轨道根数为：椭圆轨道半长轴 a，椭圆轨道偏心率 e，轨道平面倾角 i，升交点赤经 Ω，近地点辐角 ω，过近地点时刻 τ。如不特殊说明，所用符号意义与假设相同。

1. 星下点位置

视地球为旋转球体，卫星某时刻的星下点是指卫星在该时刻至地心连线与地球表面的交点。t 时刻卫星星下点位置用地理经度 λ 和地心纬度 φ 表示，则卫星星下点位置为

$$\lambda=\Omega-s+\arctan(\tan u\cdot\cos i)-\omega_e(t-t_0) \tag{6-1}$$

$$\varphi=\arcsin(\sin u\cdot\sin i) \tag{6-2}$$

式中：s 为 t_0 时刻格林尼治恒星时；u 为 t 时刻的纬度辐角，$u=\omega+f$，f 为卫星在时刻 t 的真近点角，ω 为近地点辐角；ω_e 为地球自转角速度；Ω 为升交点赤经；i 为轨道倾角。

2. 太阳高度角

如图 6-3 所示，设星下点 S 的赤经为 λ_S，赤纬为 φ_S；太阳投影点 Θ 的赤经为 λ_Θ，赤纬为 φ_Θ。星下点 S 与太阳投影点 Θ 间的地心角为 ψ，星下点 S 的太阳高度角为 h_Θ，则有

$$\cos\psi=\cos(90°-\alpha)\approx\sin h_\Theta \tag{6-3}$$

在球面三角形 $NS\Theta$ 中，由球面余弦定理可知：

$$\cos\psi=\cos(90°-\varphi_S)\cdot\cos(90°-\varphi_\Theta)+\sin(90°-\varphi_S)\cdot\sin(90°-\varphi_\Theta)\cdot\cos(\lambda_S-\lambda_\Theta) \tag{6-4}$$

即

$$\sin h_\Theta\approx\cos\psi=\sin\varphi_S\cdot\sin\varphi_\Theta+\cos\varphi_S\cdot\cos\varphi_\Theta\cdot\cos(\lambda_S-\lambda_\Theta) \tag{6-5}$$

则

$$h_\Theta\approx\arcsin[\sin\varphi_S\cdot\sin\varphi_\Theta+\cos\varphi_S\cdot\cos\varphi_\Theta\cdot\cos(\lambda_S-\lambda_\Theta)] \tag{6-6}$$

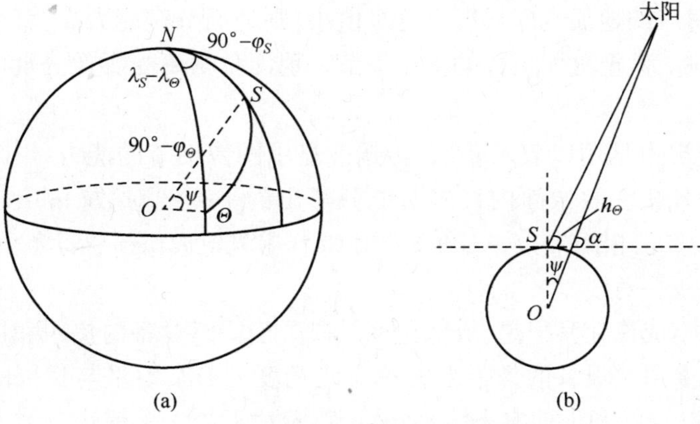

图 6-3　太阳高度角计算示意图

3. 星地可见性

由于卫星围绕着地球转动,因此卫星与地面目标之间不一定是始终可见的。图 6-4 为卫星 S 与地面目标 A 之间可见性判断示意图。过卫星 S 作地球的切线 SB、SC,地球半径为 R,卫星离地心的距离为 h,则

$$SB = SC = \sqrt{h^2 - R^2} \tag{6-7}$$

卫星 S 与地面目标 A 之间的距离为 d,若 $d<SB$,则卫星 S 与地面目标 A 可见。

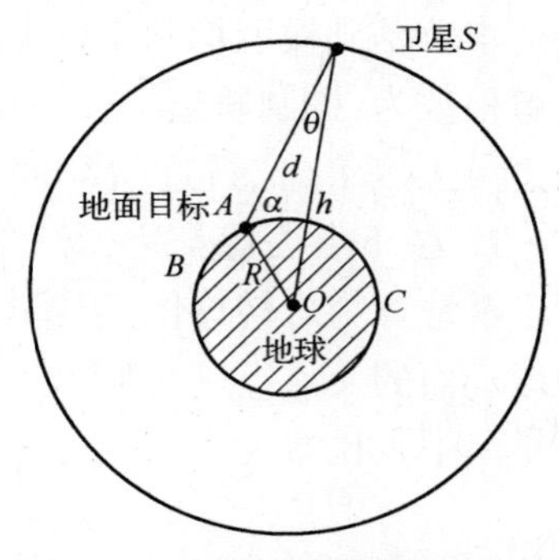

图 6-4　星地可见性判断示意图

在某些情况下,如成像侦察卫星对地面目标执行成像任务,卫星与地面目标间的可见性还与卫星遥感器视角 θ 有关。由图 6-4 中的几何关系可得

$$\theta = \arccos\left(\frac{d^2 + h^2 - R^2}{2dh}\right) \tag{6-8}$$

若卫星遥感器视角限制为 θ_{min},则当 $\theta>\theta_{min}$ 时,卫星 S 与地面目标 A 可见。

如果计算通信卫星与地面站的可通性,设地面站 A 的仰角为 α,则

$$\alpha = \arccos\left(\frac{\sin\theta \times h}{R}\right) \tag{6-9}$$

若地面站仰角限制为 α_{min},则当 $\alpha>\alpha_{min}$ 时,卫星 S 与地面站 A 可通信。

通过判断星地可见性(可通性),容易计算得到卫星的可见(可通)时间窗口。

4. 地面分辨率

一般来说,对于在两个方向都进行采样的系统,地面分辨率可采用地面采样距离(Ground Sample Distance, GSD)的分辨率度量概念。它是描述成像侦察卫星对地观测成像精度的指标。地面分辨率定义为在像元的可分辨极限条件下,像元所对应的地面空间尺度。这个值小,则地面分辨能力高,就可以观测到微小地面目标,甚至地面目标的微小细节。地面分辨率受影像分辨力和成像比例尺的影响。

影像分辨力是用以表示获取、传送或显示图像细节的能力,影响分辨力的大小以每毫米宽度的像面内最多所能分辨出的平行线对数(lp)表示,单位为 lp/mm(每一黑白相间带为一对线)。用 CCD 等光电成像遥感设备获取的图像,两个像元构成一对线。

对于光学成像侦察卫星,成像比例尺取决于遥感设备的焦距和卫星飞行的高度。设星上遥感设备的焦距为 f,每对线宽度为 DP,卫星与目标间的距离为 r,卫星与目标连线和地面水平线夹角为 E,胶片上的一个最小分辨单位对应于地面上的一个矩形区域(矩形边为 x 和 y),则有

$$x=\frac{\mathrm{DP}\cdot r}{f},\quad y=\frac{\mathrm{DP}\cdot r}{f\cdot \sin E} \tag{6-10}$$

则矩形面积为

$$S=\frac{\mathrm{DP}^2\cdot r^2}{f^2\cdot \sin E} \tag{6-11}$$

地面分辨率即为矩形面积的平方根值:

$$\mathrm{GSD}=\frac{\mathrm{DP}\cdot r}{f\cdot \sqrt{\sin E}} \tag{6-12}$$

由上式可知,在遥感器的设备性能参数确定的情况下,卫星在运行过程中对某一地面目标的地面分辨率是变化的。r 越小,E 越大,地面分辨率的值越小,卫星对目标图像的分辨能力也就越高。通常所说的卫星遥感设备的最佳地面分辨率是指卫星对地面目标垂直过顶($E=90°$)时的地面分辨率。如果卫星遥感设备在拍照时存在一定的摆角,也就是说 $E<90°$,则需要考虑摆角影响,计算卫星遥感设备和地面目标之间的实际地面分辨率。

在用户需求提出过程中,如果对图像的地面分辨率有一定要求,则需要设置图像所允许的最大地面分辨率。根据地面分辨率可以反推出卫星轨道高度要求,系统可据此选择适合的卫星执行拍摄任务。同理,在计算卫星可见时间窗口时,卫星遥感设备对地面目标的实时地面分辨率应小于图像所允许的最大地面分辨率,才能保证图像质量。

6.2.5　任务规划模型

任务规划主要由服务管理中心针对用户需求和当前资源状态建立规划方案,为体现按需服务的特点,采用服务需求度来度量服务。服务需求度是一个综合指标,涉及用户域、资源域、服务过程域等的相关指标,例如:用户身份、权限、服务时间(ToS)要求、服务质量(QoS)要求;资源数量、种类、可用权限、可用程度;以往相似服务过程的服务完成时间、服务完成质量、用户满意程度等指标。

一般来说,每个卫星在任何时间只能执行一次任务,每个用户需求也只能由满足要求的一颗卫星不中断地完成。相同卫星执行的两次相邻任务之间存在一定的调整时间。基于这一假设,可以得出以下卫星任务规划问题的数学描述。

卫星任务规划问题可以描述为在 m 个互不相同的卫星遥感设备(资源集合 M)中根据用户需求安排 n 个任务(活动集合 J)。对于每个活动 $j\in J$,只有资源子集 $M_j\subseteq M$ 可以满足其执行要求,完成该活动需要占用资源 $k\in M_j$,占用时间为 $p_{j,k}$。活动 j 在占用资源 k 时具有一组互不相交的时间窗口集约束,且只能在其中的一个时间窗口内不中断地执行。如果活动 i 和活动 j 在执行过程中占用同一个资源 k,且活动 i 在活动 j 之前执行,那么活动 i 执行完成后,必须经过一个转换时间 $s_{i,j,k}$,活动 j 才能开始执行。每个活动 j 的服务需求度为 c_j,由于资源能力及时间的限制,活动有可能不被安排,因而一个最优的任务规划方案应满足安排活动的总服务需求度最大。

目前,成像侦察卫星任务规划问题的建模大部分采用约束满足问题(Constraint Satisfaction Problem, CSP)模型。CSP 由一个变量集合、每个变量的值域以及一个限制变量取值的约束的集合组成。约束满足问题的任务就是在各变量的值域范围内,为所有的变量找到一个赋值,使尽可能所有的约束得到满足。本书也主要依据约束满足理论构建成像侦察卫星的任务规划模型。

卫星任务规划问题可以在预处理阶段将遥感器资源、太阳高度角、星地可见性等约束条件转化为计算卫星对任务的时间窗口。针对特定任务,不满足遥感器资源要求的卫星不分配时间窗口;同一卫星资源的同一时间窗口,不能同时分配给两个或两个以上的任务;此外,相邻任务间的空余时间必须满足任务转换时间的要求。

根据以上分析,可定义如下变量和约束集:

(1) 任务决策变量 $D=\{d_1,\cdots,d_i,\cdots,d_n\}$, $\forall i\leqslant n, d_i\in\{0,1\}$, n 表示任务总数量,$d_i=1$ 表示任务被规划,$d_i=0$ 表示任务未被规划。

(2) 时间窗口变量 $\boldsymbol{W}$ 表示不同任务对不同卫星资源的可用时间窗口:

$$\boldsymbol{W}=\begin{bmatrix} w_{1,1} & \cdots & w_{1,m} \\ \vdots & w_{i,k} & \vdots \\ w_{n,1} & \cdots & w_{n,m} \end{bmatrix}^{\mathrm{T}}, w_{i,k}=[s_{i,k}, e_{i,k}]$$

式中:$\forall i\leqslant n$, $\forall k\leqslant m$, m 为卫星资源总数量;$w_{i,k}$为任务 i 对第 k 个卫星资源的时间窗口,不满足任务要求的资源时间窗口为空;$s_{i,k}$为时间窗口 $w_{i,k}$的开始时间;$e_{i,k}$为时间窗口 $w_{i,k}$的结束时间。

(3) 服务需求度变量 $P=\{p_1,\cdots,p_n\}$ 分别表示 n 个任务的不同服务需求度。

(4) 资源约束 C_{r} 表示同一资源不能同时分配给两个或两个以上的任务,即不同任务对相同资源的时间窗口不可重叠。如果用 $\boldsymbol{W}$ 表示时间窗口变量,则 $\boldsymbol{W}^{\mathrm{T}}$的同一列中的元素间无交集,即 $\forall k\leqslant m$, $\forall i,j\leqslant n$, $w_{i,k}\cap w_{j,k}=\varnothing$。

(5) 时间窗口约束 C_{w} 表示一旦任务被规划,就必须分配给其一定的资源和可用时间窗口;如果用 $\boldsymbol{W}$ 表示时间窗口变量,则当 $d_i=1$ 时,$\boldsymbol{W}^{\mathrm{T}}$第 i 行中的元素不全为空,即 $\forall i\leqslant n, d_i=1$ 时,$w_{i,1}\cup\cdots\cup w_{i,k}\cup\cdots\cup w_{i,m}\neq\varnothing$。

(6) 时序约束 C_{s} 表示占用同一卫星资源的前后任务执行时间上的转换关系,指前一任务结束和后一任务开始之间的空余时间必须满足任务转换时间的

要求。在同一卫星资源 k 上执行的相邻任务 i 和 j 之间的时序约束可表示为

$$s_{j,k} \geqslant e_{i,k}+r_{ijk}$$

或

$$s_{j,k} \geqslant s_{i,k}+l_{i,k}+r_{ijk}$$

式中：$s_{i,k}$、$s_{j,k}$分别为任务 i 和 j 占用资源 k 的开始时间；$e_{i,k}$、$e_{j,k}$分别为任务 i 和 j 占用资源 k 的结束时间；$l_{i,k}$为任务 i 占用资源 k 的时间长度，$l_{i,k}=e_{i,k}-s_{i,k}$；r_{ijk}为卫星资源 k 执行完任务 i 后继续执行任务 j 所需要的任务转换时间。

依据以上定义，以总服务需求度最大为任务规划的目标，则可建立以下卫星任务规划的 CSP 模型：

$$\begin{cases}\max: \sum_i d_i p_i \\ \text{st}: d_i \in \{0,1\} \\ \boldsymbol{W}=\begin{bmatrix} w_{1,1} & \cdots & w_{1,m} \\ \vdots & w_{i,k} & \vdots \\ w_{n,1} & \cdots & w_{n,m}\end{bmatrix}^{\mathrm{T}}, w_{i,k}=[s_{i,k}, e_{i,k}] \\ C_{\mathrm{r}}: \forall k \leqslant m, \forall i,j \leqslant n, w_{i,k} \cap w_{j,k}=\varnothing \\ C_{\mathrm{w}}: \forall i \leqslant n, \text{ if } d_i=1, \text{ then } w_{i,1} \cup \cdots \cup w_{i,k} \cup \cdots \cup w_{i,m} \neq \varnothing \\ C_{\mathrm{s}}: s_{j,k} \geqslant e_{i,k}+r_{ijk} \text{ or } s_{j,k} \geqslant s_{i,k}+l_{i,k}+r_{ijk}, l_{i,k}=e_{i,k}-s_{i,k}\end{cases} \tag{6-13}$$

6.2.6 基于遗传算法的任务规划模型求解

CSP 求解方法一般分为约束传播和搜索两大类。约束传播的基本思想是利用约束循环分析变量及其值域，检测并删除不可能的变量赋值。按照每次考虑变量数量多少划分，CSP 约束传播算法包括节点一致、弧一致、路径一致、k 一致和全局约束传播算法[204-214]。由于 CSP 的复杂性，单纯依赖约束传播不能消除变量之间的不一致取值，不能在有限时间内得到问题的解，因此，还需要依赖搜索算法对 CSP 模型求解。CSP 搜索算法可以分为完全搜索和局部邻域搜索两大类。完全搜索算法主要有生成和测试方法、回溯算法、分支定界算法等。局部邻域搜索算法主要有爬山法、遗传算法、禁忌搜索、基于规则的启发式算法等。

事实上，CSP 的问题描述同求解方法完全分离，目前有许多用于求解 CSP 的通用软件工具，这些软件工具称为约束规划(Constraint Programming, CP)系统。在一个 CP 系统中，预先定义了许多常见的约束及相应的约束传播算法，在问题求解时，用户可以采用 CP 系统提供的约束建模语言来描述问题的变量及约束条件，还可以根据需要定义自己的约束描述方式及相应的约束传播或搜索算法。典型的 CP 系统有法国 ILOG 公司开发的 ILOG Solver、欧洲计算机工业

研究中心（European Computer-industry Research Center，ECRC）开发的CHIP和ECLiPSe等。

在天基信息按需服务系统中，任务规划过程主要在地面完成，其计算条件和时间相对充分。另外，CSP问题求解研究成果丰富，软件工具成熟。本书主要采用遗传算法进行卫星任务规划模型求解，对其他求解方法不再赘述。

遗传算法（Genetic Algorithm，GA）是模拟生物环境中的遗传和进化过程而形成的一种适应全局优化的概率搜索算法。从工程学角度看，它是一种自适应的迭代寻优过程。它从某一随机产生的或是特定的初始群体出发，按照一定的操作规则，如选择、复制、交叉、变异等，不断地迭代计算，并根据每一个个体的适应度值，保留优良品种，淘汰次品，引导搜索过程向最优解逼近，具有较好的鲁棒性。近年来遗传算法已被人们广泛应用于知识发现、组合优化、机器学习、信号处理、自适应控制和人工生命等领域。实际上，对于整个遗传算法影响最大的是编码和适应度函数的设计。有许多研究者将研究的重点放在遗传算法其他方面的优化上，但是结果表明对整个系统的性能提高影响不大。下面采用遗传算法求解卫星任务规划模型，主要讨论编码和适应度函数设计方法。

1. 编码设计

假设参与任务规划的任务总数量为n，卫星资源数量为m，经过预处理过程得到$\forall i \leqslant n$，$\forall k \leqslant m$，第k个卫星资源对第i个任务的可用时间窗口有d_{ik}个，任务规划的目的就是合理地为每个任务分配可用卫星资源，并确定其时间窗口，如图6-5所示。

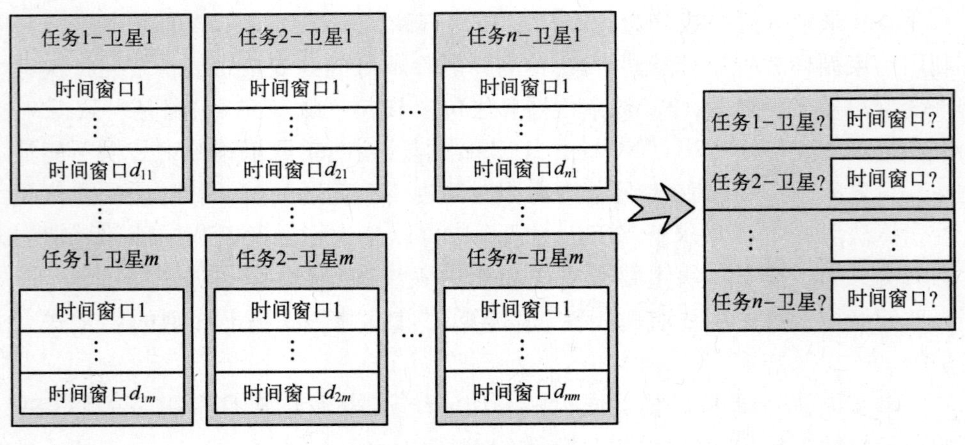

图6-5　任务规划

在遗传算法中，编码的质量直接影响操作算子的效率与效能。针对卫星任务规划问题，其编码方式可采用符号编码方法，个体染色体编码串中的基因值取自一个无数值意义，而只有代码含义的符号集，代表不同任务最终分配的卫星资源和时间窗口。每条染色体表示一个完整的任务规划方案,由 n 个有序的基因组成,序号表示任务单元编号。

采用“k 卫星资源 $-t$ 时间窗口”形式定义染色体基因符号,$\forall k \leqslant m$,$\forall t \leqslant d_{ik}$。

图 6-6 表示第 1、2、3、5、6 号任务单元经过任务规划分别分配的卫星资源和时间窗口为卫星 2 的时间窗口 1、卫星 1 的时间窗口 1、卫星 3 的时间窗口 4、卫星 4 的时间窗口 2、卫星 6 的时间窗口 3,而第 4 号任务单元没有分配执行任务的卫星和时间窗口。

2–1	1–1	3–4	0–0	4–2	6–3

图 6-6　任务规划编码

2. 适应度函数设计

适应度函数是整个遗传算法中的关键部分。在用遗传算法寻优之前,要根据实际问题确定目标函数(适应度函数)。与数学中的优化问题不同,适应度函数求取的是极大值,并且具有非负性。在天基信息按需服务中,任务规划的目标是实现总服务需求度最大。因而可依据总服务需求度定义遗传算法的适应度函数如下:

$$f_i = \frac{p_i}{1+\delta_i} \tag{6-14}$$

式中:p_i 为染色体的总服务需求度;δ_i 为染色体的惩罚值,即约束违例的权和,主要依据染色体每个基因表示的任务规划方案是否合理统计计算出来。显然,染色体的总服务需求度越大越好,而惩罚值越低越好。

对染色体的每个基因,计算惩罚值需要考虑资源约束 C_{r}、时间窗口约束 C_{w} 和时序约束 C_{s},如果任一约束不满足,则惩罚值为 1。其中,时间窗口约束 C_{w} 可描述为如果基因符号为“0–0”,即没有为任务单元分配卫星资源和时间窗口,则惩罚值为 1;如果同一卫星资源执行相邻任务的转换时间相同,则可通过扩大卫星资源的可用时间窗口,将时序约束 C_{s} 合并到资源约束 C_{r} 中,如果不同任务对相同资源的时间窗口重叠,则惩罚值为 1。累加染色体每个基因的惩罚值就得到该染色体的惩罚值。

3. 遗传算子设计

1）选择算子

遗传算法中的选择操作就是用来确定如何从父代群体中按某种方法选取哪些个体遗传到下一代群体中的一种遗传运算。它建立在对个体的适应度评价基础之上,主要目的是避免基因缺失、提高全局收敛性和计算效率。选择算子是遗传算法的基本算子,它将优良的个体直接复制到下一代新群体中,通常采用适应度比例方法,也称为轮盘法。其基本思想是各个个体被选中的概率与其适应度大小成正比。

设某一代的群体大小为 n,某一个体的适应度值为 f_i,那么它被选取的概率为

$$P_i = \frac{f_i}{\sum_{k=1}^{n} f_k} \tag{6-15}$$

当某一个体被选中时,它就被完全复制产生下一代。这样,适应度大的个体被复制的可能性大,但适应度小的个体不是没有复制机会,只是机会较小,这样有利于保持物种的多样性。

2) 交叉算子

在遗传算法中,交叉是指两个相互配对的染色体交换部分基因,从而形成新的个体。这里采用单点交叉方式,即在染色体中随机设置一个交叉点,然后在该点相互交换部分染色体基因。

在交叉过程的开始,先产生随机数与交叉概率相比较,如果随机数比交叉概率小,则进行交叉运算,否则将不会进行交叉运算,直接返回父代。一旦进行交叉运算,交叉断点将在 1 和染色体串长度之间选择,可通过随机函数生成伪随机整数得到,于是获得新的子代个体的真值和适应度。

3) 变异算子

变异是遗传算法中产生新个体的另一种方法。变异个体的选择和变异位置的确定都采用随机的方法,变异概率为

$$P = \frac{B}{nq} \tag{6-16}$$

式中:B 为每一代中要变异的染色体个数;n 为染色体中的基因个数;q 为群体中染色体数目。

变异概率一般很小,在 0.001~0.1 之间。如果变异概率过大,则会破坏许多优良品种,也可能无法得到最优解。但在遗传算法执行过程中,收敛等现象可能使整个种群染色体上的某一位或某几位都固定到一个值,如果整个种群的所有染色体中有 n 位取相同的值,那么单纯通过交叉算子所能够达到的搜索空间只占整个搜索空间的$(1/2)^n$,大大减小了搜索空间,所以必须引入变异算子来改变这种情况。

值得注意的是,由于染色体基因采用“k 卫星资源-t 时间窗口”符号编码,在变异时新的基因符号仍需满足 $\forall k \leqslant m$, $\forall t \leqslant d_{ik}$,$m$ 为卫星资源数量,d_{ik} 为第 k 个卫星资源对第 i 个任务的可用时间窗口数量(“0-0”表示取消原任务单元规划,不再给变异的任务单元分配卫星资源和可用时间窗口)。

4. 终止条件设计和解码

采用遗传算法按照产生初始群体、评价、选择、交叉、变异的步骤不断循环，直至输出具有最大适应度的个体，最终得到最优解。遗传运算终止条件主要用于控制遗传运算的反复迭代次数，可采用规定最大遗传代数与检查染色体适应度相结合的方法。当遗传代数超出规定的最大遗传代数，或者染色体的适应度没有变化或变化很小时，终止遗传搜索。解码过程采用编码的相反过程，即将染色体基因符号“$k-t$”解码为“卫星资源-时间窗口”，“0-0”基因代表某任务没有合适的卫星资源和时间窗口可供分配。

6.2.7　仿真算例

假设有 3 颗地球资源观测卫星 $S=\{\mathrm{Sat1},\mathrm{Sat2},\mathrm{Sat3}\}$ 执行 9 个观测任务 $T=\{T_1, T_2,\cdots, T_9\}$，各任务的服务需求度分别为 $P=\{6,4,7,3,6,2,6,9,8\}$。卫星的主要轨道参数如表 6-1 所列，每个观测任务所对应的观测点地理坐标（随机产生）和观测所需时间如表 6-2 所列。

表 6-1　卫星轨道基本参数

卫星	远地点高度/km	近地点高度/km	轨道倾角/(°)	近地点辐角/(°)
Sat1	1000	300	28.5	0
Sat2	1500	500	35	0
Sat3	1200	400	30	0

表 6-2　观测点坐标及任务持续时间

任　务	观 测 点	经度/(°)	纬度/(°)	任务持续时间/s
T_1	观测点 1	东经 29	北纬 12	400
T_2	观测点 2	东经 87	北纬 18	500
T_3	观测点 3	东经 22	北纬 4	400
T_4	观测点 4	西经 43	北纬 2	450
T_5	观测点 5	西经 79	北纬 22	380
T_6	观测点 6	西经 60	北纬 12	370
T_7	观测点 7	东经 70	北纬 27	550
T_8	观测点 8	西经 44	北纬 7	200
T_9	观测点 9	西经 52	北纬 2	400

假设规划时间段为[1 Jan 2003 00:00:00.00, 1 Jan 2003 12:00:00.00]，利用 STK 卫星软件工具包可通过预处理计算得到各卫星对于不同任务的时间窗口见表 6-3。

表 6-3　卫星对任务的时间窗口

任务	Sat1		Sat2		Sat3	
	开始时间	结束时间	开始时间	结束时间	开始时间	结束时间
T_1	01:05:37.64 02:49:36.03 04:35:40.56	01:23:33.99 03:07:40.04 04:49:47.58	00:29:13.17 02:20:24.84 04:13:44.39	00:51:29.89 02:44:41.21 04:35:04.23	00:28:43.62 02:15:42.49 04:04:23.69 05:57:49.23	00:48:09.35 02:36:30.00 04:22:45.12 06:05:41.51
T_2			00:45:41.72	01:02:45.22	00:46:03.65 11:45:40.02	00:59:23.75 11:54:13.16
T_3	01:05:41.15 02:48:44.86 04:33:14.74 06:20:18.34	01:21:42.66 03:07:20.10 04:51:00.22 06:33:00.10	00:30:07.32 02:20:18.42 04:12:12.94 06:07:30.57	00:48:51.36 02:44:12.24 04:36:13.61 06:25:52.22	00:29:07.88 02:15:16.18 04:02:41.74 05:52:31.06	00:45:38.30 02:35:45.45 04:23:27.96 06:09:20.75
T_4	04:18:53.73 06:01:03.62 07:44:21.61 09:29:21.44 11:17:11.31	04:30:21.16 06:17:58.86 08:03:05.87 09:46:23.96 11:28:08.96	03:59:28.65 05:48:35.74 07:39:23.09 09:32:34.00 11:30:27.95	04:12:10.93 06:10:19.51 08:03:58.37 09:54:54.80 11:43:33.74	03:49:05.83 05:34:25.93 07:20:50.63 09:08:55.81 10:59:52.94	04:00:17.89 05:52:36.67 07:41:52.46 09:28:56.87 11:14:24.59
T_5	00:40:09.87 02:22:57.14 04:06:21.13 05:49:41.15 07:33:01.33 09:17:02.20 11:03:17.48	00:50:13.86 02:34:51.54 04:19:51.53 06:05:20.54 07:50:22.09 09:33:59.54 11:15:16.30	00:02:17.55 01:52:57.45 03:44:44.36 05:36:13.97 07:27:16.48 09:18:49.28 11:12:48.51	00:15:13.38 02:07:37.79 04:00:55.18 05:55:39.20 07:49:56.49 09:42:02.52 11:31:04.32	00:02:56.28 01:48:47.68 03:35:38.33 05:22:30.59 07:09:13.09 08:56:22.23 10:45:19.19	00:13:45.43 02:01:54.47 03:50:19.02 05:39:30.77 07:28:31.85 09:16:08.70 11:01:32.17
T_6	00:44:02.80 02:28:34.43 04:12:16.29 05:55:20.78 07:38:41.16 09:23:13.99 11:10:45.66	00:53:46.04 02:38:34.93 04:25:06.71 06:11:47.11 07:57:02.00 09:40:27.04 11:21:32.89	00:05:47.84 01:59:19.34 03:51:43.00 05:42:29.95 07:33:19.66 09:25:35.96 11:21:56.33	00:18:03.73 02:10:21.91 04:06:10.72 06:03:01.32 07:57:20.54 09:48:46.03 11:37:02.04	00:06:04.00 01:54:11.93 03:41:48.34 05:28:26.13 07:15:01.81 09:02:38.56 10:52:53.39	00:17:29.42 02:05:23.34 03:55:18.82 05:46:05.71 07:35:30.08 09:22:50.63 11:07:57.28
T_7			00:38:19.87	00:57:21.45	00:39:17.64	00:53:45.34
T_8	00:50:03.04 02:34:16.43 04:16:59.32 05:59:46.44 07:43:25.69 09:28:53.78 11:18:33.06	00:56:04.54 02:42:39.35 04:30:43.13 06:17:22.00 08:01:59.71 09:44:48.31 11:24:54.72	00:12:21.10 02:06:42.82 03:56:55.19 05:47:01.62 07:38:11.65 09:31:47.76 11:32:01.03	00:19:28.25 02:13:37.10 04:12:51.67 06:09:31.94 08:02:40.49 09:53:07.05 11:39:34.46	00:11:37.63 02:00:19.66 03:46:52.90 05:32:59:08 07:19:45.97 09:08:14.67 11:00:20.96	00:19:51.52 02:09:01.49 04:01:01.93 05:52:04.81 07:40:47.77 09:27:25.52 11:11:51.37
T_9	04:17:34.73 05:59:18.64 07:42:09.41 09:26:25.99 11:13:02.13	04:25:55.99 06:14:40.47 08:00:37.69 09:44:31.74 11:26:53.10	03:58:53.58 05:47:01.85 07:37:14.60 09:29:26.64 11:25:18.06	04:06:02.56 06:06:30.21 08:01:25.91 09:53:09.84 11:42:42.46	03:47:48.98 05:32:43.97 07:18:43.42 09:06:06.63 10:55:51.64	03:55:22.64 05:48:55.54 07:39:11.10 09:26:56.55 11:12:57.55

染色体编码为“k 卫星资源-t 时间窗口”形式的符号编码。采用随机方法生成初始群体，根据总服务需求度和约束满足情况计算初始群体适应度，按照评价、选择、交叉、变异的步骤不断循环，直至输出具有最大适应度的个体，最终得到最优解{1-1,3-1,2-2,3-1,2-1,2-2,2-1,1-1,2-1}，该任务规划方案的总服务需求度为 51。通过解码可得，任务 1 分配卫星 1 的时间窗口 1，任务 2 分配卫星 3 的时间窗口 1，任务 3 分配卫星 2 的时间窗口 2，任务 4 分配卫星 3 的时间窗口 1，任务 5 分配卫星 2 的时间窗口 1，任务 6 分配卫星 2 的时间窗口 2，任务 7 分配卫星 2 的时间窗口 1，任务 8 分配卫星 1 的时间窗口 1，任务 9 分配卫星 2 的时间窗口 1（表 6-4）。

表 6-4　任务规划方案

任务	分配资源	开始时间	结束时间	任务持续时间/s	剩余可机动时间/s
T_1	卫星 1	01:05:37.64	01:23:33.99	400	676
T_2	卫星 3	00:46:03.65	00:59:23.75	500	300
T_3	卫星 2	02:20:18.42	02:44:12.24	400	1033
T_4	卫星 3	03:49:05.83	04:00:17.89	450	222
T_5	卫星 2	00:02:17.55	00:15:13.38	380	395
T_6	卫星 2	01:59:19.34	02:10:21.91	370	292
T_7	卫星 2	00:38:19.87	00:57:21.45	550	591
T_8	卫星 1	00:50:03.04	00:56:04.54	200	161
T_9	卫星 2	05:47:01.85	06:06:30.21	400	768

由表 6-4 可以看出，为某一任务分配的卫星可用时间窗口一般会超出该任务持续时间，超出部分本书称为剩余可机动时间。在天基信息按需服务中，对卫星的这一任务剩余时间段不分配其他任务，主要用于使卫星对获取的信息进行星上质量评估，如果不满足质量要求，则通过星上二次任务规划对卫星姿态或载荷状态进行微调，并对信息重新获取，以获得满足服务请求的信息。

6.3　用户兴趣挖掘技术

一般来说，新产生的有用信息都具有价值。但随着时间的推移，其价值会逐渐下降，出现信息“老化”现象。下列公式描述了信息的价值衰减规律：

$$v_t = v_0 \times e^{(S\times R-1)\times t} \tag{6-17}$$

式中：v_0为初始时刻信息的统计价值；S、R 为某类信息增长的内部作用因素和社会控制因素。$|SR|$越小，信息老化就越快。因此，新产生的信息传播到使用者的时间越短，对使用者的价值便越高，越可能产生更新的信息。反之，若信息传播不能做到准确及时，其价值将随信息类别的不同而以不同的速度或快或慢地减少。特别是在目前，科学、社会发展越快，信息的时效性越高。

已有的信息服务系统大部分旨在帮助用户快速查找到所需的信息,是被动服务。对于天基信息服务系统,从用户提出需求到得到结果的时间等于用户提出需求时间+卫星执行任务时间+传输时延。用户要在合适的时间、合适的地点得到所需的信息将受到卫星轨道机动、可观测时间、数据传输等多种约束影响,一方面可能降低信息的时效性,另一方面给卫星轨道控制带来一定难度。为此,提出天基信息主动服务的思想,通过将卫星日常获取的信息与用户兴趣模型进行匹配来为用户自动地选择信息,实现"推"服务。用户兴趣挖掘是主动服务的关键技术。在天基信息按需服务中,服务管理中心负责收集和整理用户需求,同时将卫星下传的图像信息按要求转发用户,并能接收用户的反馈意见,因而服务管理中心拥有充分的用户活动信息,可据此进行用户兴趣挖掘。服务管理中心完成用户兴趣挖掘后,需要将用户兴趣模型以一定方式传送给在轨卫星,使卫星能够将日常获取的与用户兴趣匹配的信息在第一时间发送给用户。

6.3.1 用户兴趣挖掘技术概述

对信息用户而言,他们具有大量、分散、动态等特点。每个用户都因其自身个性特征的不同而有不同的信息需求,主要体现在对内容的类型要求不同、对信息获得的实时性高低要求不同和对信息载体类型的要求不同等方面。用户的信息需求也是不断发展变化的,即所需信息的类型等不断变化,用户随时都可能对新的内容产生兴趣,也可能对曾经感兴趣的内容不再需求。因此,进行用户兴趣挖掘,建立准确的用户兴趣模型具有重要价值。

用户兴趣挖掘技术起源于数据挖掘技术,是一项综合技术,涉及人工智能、计算机语言学、信息学、统计学等多个领域。目前在 Internet 中的用户兴趣挖掘应用广泛,又称为 Web 挖掘,是利用数据挖掘技术从 Web 信息中抽取用户感兴趣的、潜在的有用模式和隐藏的知识,如文本数据、音频数据、视频数据、图形图像数据等,由于文本仍是信息传递的主要方式,而且文本处理技术相对比较成熟,因此基于文本的挖掘在研究和应用上都比较普遍。

获取用户兴趣的过程离不开用户的参与以及他们的反馈。根据用户干预程度的大小,可以将用户的反馈行为分为显式反馈和隐式反馈[215]。

显式反馈方式是指用户明确地表明自己的兴趣,包括感兴趣的主题、领域、内容等。常用的方法是要求用户按照自己的兴趣对获得的信息进行评价,给予评分等级,明确表明个人喜好,系统则根据用户的反馈获取用户的兴趣。该方式可获得准确的依据,可以较好地逼近用户的兴趣,不足之处是需要用户有意识地参与,对用户的访问造成干扰,导致用户忽视或是拒绝做出评价反馈。

隐式反馈方式是指无须用户明确地指明自己的兴趣,系统通过用户的访问活动、内容、过程和其他特征推导用户的兴趣。该方式不对用户造成干扰,以间接的信息作为推断用户兴趣的依据，但是依据的原则通常难以把握。

近年来，用户兴趣挖掘技术主要集中于研究用户兴趣建模方法。Fragoudis[216]对几个典型的个性化服务系统采用的用户建模方法进行了综述和分析。Pazzani 和 Billsus[217]针对用户浏览页面的标注计算单字的期望信息增益，选择期望信息增益大的128个单字构成用户模型。Chan[218]根据用户对页面中超链接的选择，计算单字间的期望互信息，选择期望互信息大的250个单字构成用户模型。Adomavicius 和 Tuzhilin[219]采用数据挖掘方法对用户访问记录进行挖掘，得出关联规则以及用户个人信息构成用户模型。Grabtree 和 Soltysiak[220]针对用户兴趣漂移问题，采用时间窗方法，只根据用户最近的 n 个活动行为建立用户模型。Widmer 和 Kubat[221]对时间窗方法进行了改进，使窗口大小可随系统预测精度的变化而自动调整。Maloof 和 Michalski[222]采用一种遗忘机制来衰减用户活动样本，对每个样本赋予一个年龄，年龄随时间推移而增长，当超出某一阈值时，样本被完全遗忘，只有未被遗忘的样本才用于建立用户模型。Koychev 和 Schwab[223]改进了这种遗忘机制，提出了渐进遗忘法，以适应用户兴趣漂移。总的来说，用户兴趣挖掘技术研究还处于起步状态，没有形成完整的技术体系，还有许多关键技术尚待解决。

6.3.2 基本概念

用户模型是指描述用户行为、特性、习惯等各方面特征的模型。用户兴趣模型是指描述用户感兴趣的信息范围的模型。用户兴趣模型可以按三个维度来分类：

(1) 短期/长期维：反映用户信息需求的时间长短特性。

(2) 明显/隐含维：反映用户兴趣模型是由用户直接说明，还是从用户的行为中抽取出来。

(3) 个人/群组维：反映用户兴趣模型是用于单个用户，还是用于一组用户。

用户模型可以由一些变量来表示，如用户最近的行为、用户对提供信息的响应、用户的位置等，依据这些变量的统计信息可以得到用户兴趣模型。本书主要以成像侦察卫星提供的图像信息为例，研究用户较稳定的长期兴趣。

目前已有的用户兴趣模型大都是针对文档检索系统，采用基于关键词[197][198]、基于话题、基于语义等方法建立模型。其中，基于关键词的方法相对成熟，在 Internet 中得到了广泛应用，如雅虎、谷歌、百度等。但是由于人们自身的各种差异性，不同的用户可能会用不同的关键词来表示类同的概念，而同一关键词在不同环境下其含义也可能不同，因而，基于关键词的方法可能造成用户兴趣模型混乱、缺乏统一性，不便于信息服务系统一致、高效地处理用户需求。

在天基信息按需服务中,成像侦察卫星获取的图像信息是用户的主要兴趣对象。但是图像对象不同于文档对象,一方面,对图像加注文本信息主要由人工完成,费时费力,不适用于天基信息的星上处理,地面处理也受时效性限制;另一方面,文本描述具有主观性,不同人对同一图像可能有不同的理解,其关键词设置不统一。因而根据图像进行用户兴趣挖掘并建立用户兴趣模型具有一定难度。为此,本书针对天基信息按需服务的特点,研究基于图像内容的用户兴趣挖掘方法,建立适合星上处理的用户兴趣模型。用户兴趣挖掘的基本思想是:首先从用户的 N 次活动开始,建立初始的用户兴趣模型,随后通过对用户需求活动和反馈的分析来不断调整用户兴趣模型,使用户兴趣模型及系统提供的信息能越来越好地与用户需求相吻合。

6.3.3 基于图像内容的用户兴趣模型

基于图像内容的用户兴趣挖掘是在一定图像识别和理解基础上进行的用户兴趣挖掘行为。目前,图像识别和理解的自动化处理能力有限,其运算量也很大,本书主要针对星上处理的特点,考虑适当简化运算复杂度,以适应用户兴趣挖掘的要求。

在已有的许多信息服务系统中,如雅虎、谷歌、百度等,文档对象的用户兴趣挖掘多采用基于分类和关键词的较简单的数据模型,每一条信息与一个或多个类相关,一组关键词与一条或多条信息相关。与之类似,图像对象的用户兴趣挖掘也需要建立信息与从属类型间的关系。

1. 用户对图像内容的兴趣程度

用户活动能够较好地反映用户兴趣的各项特征,因而以用户活动为参考的系统可以更好地体现信息服务以人为本的宗旨。每个用户都有其信息需求的统计规律,包括需求时间分布、需求量、需求范围等,将用户的每一次信息需求过程作为一个活动,所有活动体现了用户的长期兴趣。各活动之间有内容相关性。将每次活动的特征作为一个活动矢量,按时间先后次序排列的多个活动就构成了一个活动序列。在一系列活动中出现的不同信息内容所占的比率则统计地反映了用户对不同内容的兴趣强度。以用户对成像侦察卫星提供的图像信息需求为例,尽管出现在每次用户需求活动中的图像都可能有极大的不同,但这些图像所从属的图像内容集合有一定的稳定性;这是因为用户的长期兴趣是较稳定的,他们感兴趣的图像内容变化相对较慢,因而可以从一个活动序列中归类出用户感兴趣的图像内容集合。

设用户 u 对某一图像内容 t 感兴趣的程度为 $p(t/u)$,图像内容构成的集合为 $T=\{t_i|i\in N\}$,则用户 u 的兴趣矢量 $\boldsymbol{U}=\{p(t_i/u)|i\in N\}$。

天基信息服务管理中心在用户完成 N 次任务请求活动后，可以得出用户对图像内容的兴趣程度服从如下规则：

规则1：如果对某个图像内容的需求在用户的多个活动中都出现，则说明用户对该图像内容有较大的兴趣。

规则2：在用户的一次活动中，如果某个图像内容需求量所占的比率较大，则说明用户对该图像内容有较大的兴趣。

根据以上规则，建立用户 u 对一个图像内容 t_i 感兴趣的程度度量公式为

$$p(t_i/u)=a\times\left(\frac{l_i}{L}\right)+b\times\left(\frac{k_i}{N}\right) \tag{6-18}$$

式中：$p(t_i/u)$ 为用户 u 对图像内容 t_i 的兴趣程度；l_i 为参与统计的活动中属于图像内容 t_i 的图像数量；L 为参与统计的用户活动中图像总数量；k_i 为出现图像内容 t_i 需求的活动数；N 为用户总活动数；a、b 为系数，$a+b=1$。

若用 a_{ij} 表示第 j $(1\leqslant j\leqslant n)$ 次用户 u 需求活动中从属于图像内容 $t_i(1\leqslant i\leqslant m)$ 的图像数量，则可将这 n 次活动与 m 种图像内容的关系表示为矩阵 $\boldsymbol{A}_{m\times n}=\{a_{ij}\}$。由此可得：

参与统计的活动中属于图像内容 t_i 的图像数量为

$$l_i=\sum_{j=1}^{n}a_{ij} \tag{6-19}$$

参与统计的用户活动中图像总数量为

$$L=\sum_{i=1}^{m}\sum_{j=1}^{n}a_{ij} \tag{6-20}$$

出现图像内容 t_i 需求的活动数为

$$k_i=\sum_{j=1}^{n}\mathrm{nonzero}(a_{ij})$$

式中

$$\mathrm{nonzero}(a_{ij})=\begin{cases}1 & (a_{ij}\neq 0)\\ 0 & (a_{ij}=0)\end{cases} \tag{6-21}$$

用户总活动数 $N=n$；

一般地，可取系数 a、b 为

$$a=b=\frac{1}{2}$$

则用户 u 对一个图像内容 t_i 感兴趣的程度为

$$p(t_i/u)=\frac{\sum\limits_{j=1}^{n}a_{ij}}{2\sum\limits_{i=1}^{m}\sum\limits_{j=1}^{n}a_{ij}}+\frac{1}{2n}\sum_{j=1}^{n}\mathrm{nonzero}(a_{ij}) \tag{6-22}$$

通过计算用户对不同图像内容的兴趣程度,可以得到用户 u 的兴趣内容排序,设置一定阈值,也可以得到对图像内容 t 感兴趣的多个用户。

2. 图像对图像内容的从属度

图像与图像内容也有一个相关值,表示图像 d 对某一图像内容 t 的从属程度,该值与用户无关,在 0~1 之间。图像对图像内容的从属度计算主要在星上完成,通过图像识别,提取图像内容特征实现从属度计算。本书主要采用基于分段链码的边缘匹配方法获取图像与图像内容的从属度(第 7 章详细描述)。

设图像 d 对某一图像内容 t 的从属程度为 $p(d/t)$,该值的获取可先提取出图像 d 的分段链码特征,然后与星上数据库存储的不同图像内容对应的链码特征进行匹配度计算,得到匹配度最高的图像内容 t,从而得到 $p(d/t)$ 值即为此时图像 d 与图像内容 t 的目标边缘匹配度 E。

值得注意的是,由于图像对图像内容的从属度计算在星上完成,要求计算方法简便、快速,满足星上处理要求,因而本书提取链码为图像内容特征,事实上,能够反映图像内容的特征有很多,包括特征角点、不变矩、直方图等,在满足星上处理能力要求的范围内,可根据需要调整图像内容的特征描述。

3. 用户对图像的兴趣程度

已知用户 u 对图像内容 t 的兴趣程度 $p(t/u)$ 和图像 d 对图像内容 t 的从属度 $p(d/t)$ 可得,用户 u 对某一图像 d 感兴趣的程度为

$$i_u(d)=p(t/u)\cdot p(d/t) \tag{6-23}$$

用户对图像的兴趣程度模型计算简单,满足卫星在轨处理要求。根据 $i_u(d)$ 可以设置图像信息匹配时的用户阈值,用户对图像的兴趣程度超出用户阈值时,可以认为用户对当前图像感兴趣。

用户阈值是指对图像满足用户兴趣要求的最低阈值。用户阈值是动态变化的,随着时间的推移,用户对其感兴趣的图像内容的研究越来越深入,对图像信息的需求也会产生相应的改变,此时就应适当地调整阈值。当用户对某一图像内容感兴趣的程度 $p(t/u)$ 较高时,即使某一图像与该图像内容的相关度较低,也可能会引起用户的注意,此时,用户阈值应设置得低些。用户阈值既可以由天基信息服务管理中心通过观察、记录、学习用户的行为来自动地维护,以便适应用户不断变化的信息需求,也可以由用户自己调整。

4. 模型的性质

根据文献[195],容易推出以下两个定理:

定理 6-1 某一图像 d 对某一图像内容 t 的从属程度为 $p(d/t)$,用户 u_i 和 $u_j(i, j\geqslant 0)$ 对该图像内容 t 感兴趣的程度分别为 $p(t/u_i)$ 和 $p(t/u_j)$,用户 u_i 和 u_j 对该图像 d 感兴趣的程度分别为 $i_{ui}(d)$ 和 $i_{uj}(d)$,则对于任一 $p(d/t)\geqslant 0$,当 $p(t/u_j)\geqslant p(t/u_i)$ 时,必有 $i_{uj}(d)\geqslant i_{ui}(d)$ 成立。

证明:因为

$$p(d/t) \geqslant 0$$

又因为

$$p(t/u_j) \geqslant p(t/u_i)$$

所以

$$p(t/u_j)\, p(d/t) \geqslant p(t/u_i)\, p(d/t)$$

即

$$i_{uj}(d) \geqslant i_{ui}(d)$$

证毕。

定理 6-2　图像 d_i 和 d_j 对某一图像内容 t 的从属程度分别为 $p(d_i/t)$、$p(d_j/t)$,用户 u 对该图像内容 t 感兴趣的程度分别为 $p(t/u)$,用户 u 对图像 d_i 和 d_j 感兴趣的程度分别为 $i_u(d_i)$、$i_u(d_j)$,则对于任一 $p(t/u) \geqslant 0$,当 $p(d_j/t) \geqslant p(d_i/t)$ 时,必有 $i_u(d_j) \geqslant i_u(d_i)$ 成立。

证明:因为

$$p(t/u) \geqslant 0$$

又因为

$$p(d_j/t) \geqslant p(d_i/t)$$

所以

$$p(t/u)p(d_j/t) \geqslant p(t/u)p(d_i/t)$$

即

$$i_u(d_j) \geqslant i_u(d_i)$$

证毕。

以上两个定理说明:对从属于相同图像内容的同一图像,对该图像内容兴趣程度高的用户对该图像的兴趣程度也相对较高;对同一用户而言,不同图像对相同图像内容的从属程度越高,用户对该图像的兴趣程度也越高。

5. 模型的维护

在一定时期内,天基信息服务系统发送给用户的图像是一个信息集合,记为 S;在 S 中符合用户兴趣需求的图像内容子集记为 U;其他不属于用户兴趣范围的图像内容构成子集 M;显然有

$$S=U+M \tag{6-24}$$

在 S 中依据用户兴趣矢量 $\langle p_1, p_2, \cdots, p_n \rangle$ 而得到的用户感兴趣的图像内容集合记为 U'。用户兴趣矢量 $\langle p_1, p_2, \cdots, p_n \rangle$ 中元素选取的优劣、数量的多少直接关系到 U' 与 U 的吻合程度及用户兴趣匹配效率,它也是评价用户兴趣匹配效果,进而调整用户兴趣模型的重要依据。矢量 $\langle p_1, p_2, \cdots, p_n \rangle$ 中元素的选取应遵循数量少、质量优的原则,以便降低计算量并能准确描述用户需求。

天基信息服务管理中心通过记录、观察和分析用户对主动“推”服务图像的

反馈意见,将用户感兴趣的图像内容集合 U' 中用户反馈的不感兴趣的图像内容从矢量 $<p_1, p_2, \cdots, p_n>$ 中去除或是修改其特征值;同时可将新发现的用户感兴趣的图像内容加入到矢量 $<p_1, p_2, \cdots, p_n>$ 中,并提取其有效特征发送给资源节点(任务卫星)。通过这种方式可以不断动态地调整、修正用户兴趣模型,使其能更准确地表达用户动态变化的兴趣需求,最终使 U' 能逐渐逼近 U。由于用户兴趣模型维护过程主要在天基信息服务管理中心完成,因而受运算复杂度限制相对较小,可以适当增加人工干预,以提高对用户兴趣模型的维护质量。

6.3.4 仿真算例

设用户向天基信息服务管理中心提出需求的活动有 10 次,涉及的图像内容有 6 种,分别为 t_1、t_2、t_3、t_4、t_5、t_6。在各次活动中,用户需求的图像内容及图像数量不同:

活动 1:$<t_1(3), t_2(5), t_3(1)>$

活动 2:$<t_2(8), t_3(2), t_4(3), t_5(1), t_6(5)>$

活动 3:$<t_2(1), t_3(5), t_5(2), t_6(3)>$

活动 4:$<t_1(3), t_2(4), t_3(1), t_4(1), t_5(1), t_6(1)>$

活动 5:$<t_3(3), t_4(2), t_5(4), t_6(3)>$

活动 6:$<t_1(2), t_2(1), t_4(4), t_5(3)>$

活动 7:$<t_2(3), t_3(2), t_4(2), t_6(3)>$

活动 8:$<t_1(5), t_2(2), t_3(2), t_4(3), t_5(2), t_6(1)>$

活动 9:$<t_1(2), t_2(2), t_3(1), t_4(4), t_5(2), t_6(2)>$

活动 10:$<t_1(3), t_3(2), t_4(5), t_5(1)>$

其中:$t_i(j)$ 表示在某次活动中用户需求的从属于图像内容 t_i 的图像有 j 个。

若用 a_{ij} 表示用户需求活动 $j(1 \leqslant j \leqslant 10)$ 中属于图像内容 $t_i(1 \leqslant i \leqslant 6)$ 的图像数量,则可将这 10 次活动表示为矩阵 $\boldsymbol{A}_{6\times10} = \{a_{ij}\}$:

$$\boldsymbol{A}_{6\times10} = \begin{bmatrix} 3 & 0 & 0 & 3 & 0 & 2 & 0 & 5 & 2 & 3 \\ 5 & 8 & 1 & 4 & 0 & 1 & 3 & 2 & 2 & 0 \\ 1 & 2 & 5 & 1 & 3 & 0 & 2 & 2 & 1 & 2 \\ 0 & 3 & 0 & 1 & 2 & 4 & 2 & 3 & 4 & 5 \\ 0 & 1 & 2 & 1 & 4 & 3 & 0 & 2 & 2 & 1 \\ 0 & 5 & 3 & 1 & 3 & 0 & 3 & 1 & 2 & 0 \end{bmatrix}$$

用户 u 对一个图像内容 t_i 感兴趣的程度为

$$p(t_i/u) = \frac{\sum_{j=1}^{n} a_{ij}}{2\sum_{i=1}^{m}\sum_{j=1}^{n} a_{ij}} + \frac{1}{2n}\sum_{j=1}^{n} \mathrm{nonzero}(a_{ij})$$

计算可得

$$p(t_1/u)=0.37, p(t_2/u)=0.51, p(t_3/u)=0.53$$

$$p(t_4/u)=0.50, p(t_5/u)=0.47, p(t_6/u)=0.42$$

由此可知，用户对图像内容 t_3 最感兴趣，用户兴趣度排序为 t_3、t_2、t_4、t_5、t_6、t_1。

天基信息服务管理中心将用户 u 对不同图像内容 t_i 的兴趣度发送给在轨卫星，当卫星在日常活动中获取到图像信息时，在星上进行图像识别，得到图像 d 对图像内容 t_i 的从属程度 $p(d/t_i)$。假设卫星图像 d 对图像内容 t_3 的从属度 $p(d/t_3)=69\%$，则用户 u 对图像 d 感兴趣的程度为

$$i_u(d)=p(t_3/u)\cdot p(d/t_3)=0.53\times 69\%=36.6\%$$

若设定用户阈值为30%，则可认为图像 d 与用户兴趣匹配，卫星将图像 d 下传给天基信息服务管理中心，由服务管理中心及时将图像主动发送给用户 u，完成“推”服务。

需要说明的是，在物理意义上，图像内容 t_i 既可以指港口、机场、公路等大型目标，也可以指车辆、飞机、坦克、航空母舰、舰船等小型目标，但不同图像内容对图像内容特征的提取要求不同，星上数据库中存储的图像内容特征可以在地面完成特征提取而后上传给卫星，卫星对新获取图像的特征提取则需要在轨完成。为了满足星上处理能力要求，并能更好地将卫星在轨处理得到的图像特征与星上数据库中存储的图像内容特征进行匹配度计算，本书主要采用基于分段链码的边缘匹配方法，事实上，其他的图像特征及特征提取方法也可实现星上图像识别任务，但需要综合考虑卫星处理能力和运算复杂度。

第7章　天基信息按需获取关键技术

天基信息按需获取是指天基信息获取节点根据用户服务请求,按照服务管理中心一次规划方案以及星上二次规划方案而实施信息获取(侦察、观测、监视等)的过程。本章主要研究天基信息获取节点的星上(在轨)处理关键技术和模型,重点研究基于分段链码边缘匹配方法的星上目标检测与识别方法,基于神经网络的星上信息质量评估模型,以及考虑星上姿态、载荷、轨道等要素的二次规划调整方法。综合利用相关技术和模型,实现天基信息的按需获取。

7.1　天基信息按需获取概述

天基信息按需获取技术主要由卫星在轨完成。在第6章的任务规划技术研究中,服务管理中心分配给卫星的可用时间窗口一般大于任务持续时间,为卫星预留一段剩余可机动时间,使卫星有充分的时间高质量地实现天基信息按需获取,使得天基信息按需服务具有逻辑上的可行性。图7-1给出了天基信息按需获取过程。

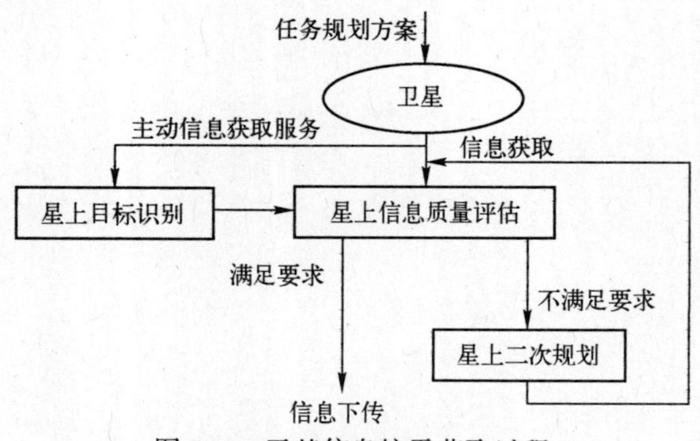

图7-1　天基信息按需获取过程

在研究的天基信息按需服务中,服务管理中心完成卫星任务规划后,卫星将按照预定方案执行信息获取任务,当卫星获取到信息后,首先采用基于神经网络的综合信息质量评估方法对信息质量进行在轨评估:如果信息满足质量要求,则可以直接下传地面;如果信息不满足要求,则卫星在剩余可机动时间内实施星上二次规划,对卫星姿态或载荷状态进行微调,及时、有效地对所需信息进行补充获取,以提高信息服务质量。

另外,天基信息获取过程还包括在轨的主动目标检测与识别模块。该模块主要针对主动服务过程(通常是在用户未发送相关服务请求的情况下),由地面站指导值班卫星对其所获取日常情报进行主动目标检测与识别,发现目标后采用一定手段进行告警和提示,服务管理中心将紧急处理相关情报进行确认,从而提高预警效率。不同类型的信息获取节点处检测和识别方法一般不同,本书以成像侦察卫星的图像目标检测与识别为例进行研究,主要思路是采用基于分段链码的边缘匹配方法进行星上目标检测与识别。

7.2　星上目标检测与识别

星上目标检测与识别主要针对主动服务过程(通常是在用户未发送相关服务请求的情况下),由地面站指导值班卫星对其所获取日常情报进行主动目标检测与识别,发现目标后采用一定手段进行告警和提示,服务管理中心将紧急处理相关情报进行确认,提高了信息获取节点的利用效率。不同类型的信息获取节点处检测和识别方法一般不同,下面重点以光学成像侦察卫星的图像目标检测与识别为例进行研究。利用卫星对重要目标光学信息进行获取、处理、应用,达到检测与识别地面、海上、空中重要目标的目的,可以为用户提供有效情报和决策依据。星上图像检测与识别是指目标的特征提取和识别过程在星上完成的技术,因而要求其能够达到快速、高效、准确和自动化,能够针对一些典型目标(如机场、导弹发射场、武器场、港口、通信枢纽、雷达站、航空母舰、大中型舰船、潜艇等)提取有效特征,提高目标检测与识别的速度与精度。

虽然图像检测与识别的相关研究已经进行了近 30 年,然而目前尚没有一个全能的自动化检测与识别系统可供使用。对于遥感图像而言,由于卫星成像条件的固有差异(成像高度、时间、分辨率、波段等),不可避免地导致图像间存在着较大的灰度差异、方位旋转及特征变形,这给图像检测与识别算法的实施带来了困难,图像识别大多数采用手工勾勒目标边界的方式实现目标提取[224,225]。一般来说,对卫星图像进行检测与识别主要有两种方法:一种是模板比较法,即建立一个专门存放已知目标类别的图像模板数据库,将待识别的图像与数据库的图像进行一一比对。这种方法原理较简单,但实际中有很多局限性,如对数据库中已有的图像识别较好,但对属于同一图像类别的不同目标的识别不太准确。此外,若星上传感器拍摄角度有所变化,则不能将所得图片与数据库中已有图片进行直接比对。另一种方法是特征分析法,即确定能最好地表征某一类目标的特征量,再将此特征用于未知目标的检测与识别。本书重点研究特征分析法。但是由于典型目标背景的特殊性,特征提取直接受到图像分割效果的影响,而理论上尚缺乏简单易行且准确可靠的通用图像分割方法和手段,因而,只考虑在相对简单的目标背景下的特征提取与目标识别问题,暂不研究复杂的目标背景。

在成像侦察卫星获取的图像中,可提取的特征较多,一般包括灰度特征、形状特征、纹理特征、矩特征、光谱特征、分形特征等,其中每一类特征还包括很多子特征。将全部特征均用于目标识别是不可能的[226]。通常,希望选取的目标特征必须明显、易于观测且不易受干扰。明显是指所选取的目标特征必须尽可能区别于其他目标和虚警;易于观测是指该特征易于从观测量中提取出来,而且观测系统对此类特征量的观测误差尽可能小;不易受干扰是指目标的特征比较稳定,其值不会因环境等外界因素的影响而出现大的波动。这些努力都是为了降低目标特征观测的模糊性,从而减小特征关联判决时的模棱两可性,提高正确率。为此,考虑到卫星成像设备和光照条件等差异对图像可能造成的影响,主要针对图像目标的形状特征进行分析,采用链码方法进行图像识别。

7.2.1 链码及特征描述

形状是表征图像的本质特征之一,而目标形状的描述是一个非常复杂的问题,事实上,至今还没有找到能与人对形状的感觉完全一致的确切的数学定义,人对形状的感觉不仅是一个视网膜的生理反应结果,而且是视网膜感受与人所有的、关于现实世界的知识这两者的综合的结果[227]。另外,目前已有的各种形状描述,由于各种侧重点不同,都存在信息丢失现象[228]。

目前利用形状特征进行图像识别的方法大致分为基于边缘的方法和基于区域的方法两类。基于边缘的图像检索方法通过获取图像的显著边缘等特征,利用特征匹配的方式实现目标识别,从而避免直接在灰度层次上进行图像运算,可以提高识别速度[229]。为此考虑首先提取图像边缘,进而对边缘进行链码转换,在链码的意义上进行特征匹配,从而实现目标的快速识别。

在数字图像中,曲线实际上是一折线。8 连通定义的曲线上相邻两个像点之间的连接有 8 个可能的方向,分别为 0°、45°、90°、135°、180°、225°、270°、315°。为此,定义 8 个方向符,分别为 0、1、2、3、4、5、6、7,表示这 8 个方向。从线段的端点或闭合曲线上某一点开始沿曲线观察,一个像点到其邻点的线段用相应的方向符表示,于是一条曲线就可以由一串数码表示,这串数码通常称为 Freeman 链码(简称链码)。链码的概念是 Freeman 提出的,最初用于模式识别[230],如图 7-2 所示,它定义为中心像素指向其 8 个邻点的方向。

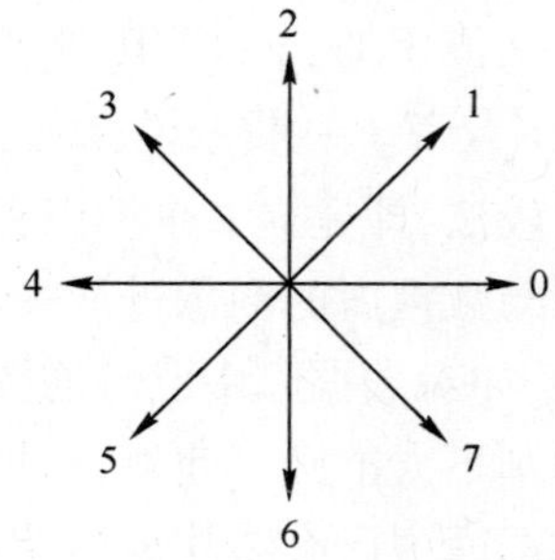

图 7-2 链码的定义

链码值加 1,其所指的方向就逆时针旋转 45°,随着链码值递增(递减),其所指方向就按逆时针(顺时针)方向旋转。因为每个像素只有 8 个邻点,所以链码值为 0~7。

设 L_s是图像中第 s 个边缘的像素集,像素是 8 连接的,则 L_s可以用下面的式子表达:

$$L_s = \{p_0, p_1, \cdots, p_i, \cdots, p_{n-1}, p_n\} \tag{7-1}$$

式中:i 为索引号;p_i为边缘第 i 个像素指向第 $i+1$ 个像素的方向链码。

它由 $n+1$ 项组成,是边缘 s 的方向链码集。这样,只要知道了起始点的位置,就完全可以由链码重建曲线,因此链码是包含了起始点的坐标和曲线路径走向的编码序列。对于闭曲线,起始点的位置改变只引起链码的循环移位,因此在有些场合,为便于比较,需要将表示闭曲线的链码规格化。规格化是指将链码看作一个整数,通过循环移位使链码所表示的整数值最小。

链码方法一般用来描述区域的边界或用于图像编码,它是数字图像中表示边界最简单的方法,与其他方法相比可大幅度减少数据存储空间,从而提高图像处理速度和匹配效率[229]。与链码相关的概念还包括平均链码、链码和、相对链码、绝对链码、差分码等。

链码序列的平均值称为平均链码,直线的平均链码可以表示它的方向。平均链码的取值范围为 0~7,在定义链码的 8 个方向上直线的平均链码取整数,其他方向上直线的平均链码取小数。当计算平均链码的点数固定时,可以不取平均,这时链码和就可用来表示直线的方向。链码和是没有归一化的平均链码,由于边界的一个局部可以近似看作直线,因此边界上连续的几个链码之和可以近似地表示该处的斜率,即当前点的切线方向。

对于边界上的每一个点,都有前一点指向此点的链码 C_1和此点指向后一点的链码 C_2。相对链码是指 C_2和 C_1的相对关系,当它们方向一致时,它们的相对链码为 0。若 C_2相对于 C_1做逆时针旋转时,相对链码按偏角的大小取值 1~4,分别对应逆时针旋转 45°、90°、135°和 180°的情况;做顺时针旋转时,相对链码取值-1~-3,分别对应顺时针旋转 45°、90°和 135°的情况。绝对链码是指从起点开始相对链码的累加值,起始点的绝对链码设为 0,这样,沿着边界移动一周回到起点,其绝对链码值增加 8。引入了绝对链码概念后,求链码和时就不用再考虑 0 和 7 交界处链码的取值问题。

差分码是指离开与进入当前点的 n 点链码和之差,当 $n=3$ 时,为三点链码和之差。设 c_{i-k}和 c_{i+k}是图像边缘上任意点 c_i之前的第 k 点和之后的第 k 点,根据链码的概念,c_i点的差分码定义为 $d_i = a_{i-k,i} - a_{i,i+k}$,其中 $a_{i-k,i}$表示点 c_{i-k}至点 c_i的链码方向,$a_{i,i+k}$表示点 c_i至点 c_{i+k}的链码方向,而 $a_{i-k,i}$和 $a_{i,i+k}$的值分别为 c_{i-k}点至 c_i点以及 c_i点至 c_{i+k}点间 k 个点的链码和。故差分码可用下式计算:

$$d_i=\begin{cases}a_{i-k,i}-a_{i,i+k} & (\,|a_{i-k,i}-a_{i,i+k}|<4k) \\ |a_{i-k,i}-a_{i,i+k}|-8k & (\,|a_{i-k,i}-a_{i,i+k}|>4k) \\ 4k & (\,|a_{i-k,i}-a_{i,i+k}|=4k)\end{cases} \tag{7-2}$$

差分码的值为 $0,\pm1,\pm2,\cdots,\pm4k-1,4k$。

7.2.2 基于特征点和不变矩的边缘匹配

得到差分码后,可以根据以下准则对每一个边缘点进行分类:

(1) 准则Ⅰ:如果 $d_i=0$,则 c_i 点是非拐角点。

(2) 准则Ⅱ:如果 $|d_i|>2k$,则 c_i 点一定是拐角点。

(3) 准则Ⅲ:如果 $k<|d_i|<2k$,则 c_i 点为可疑点。

得到分类结果后,采用估算曲率的方法对可疑点进一步考察。对于前面所定义的点 c_{i-k}、c_i 和 c_{i+k},用以下公式计算 c_i 点的曲率:

$$\begin{cases}s_1=\arctan\left(\dfrac{y_{i+k}-y_i}{x_{i+k}-x_i}\right) & (-\pi_1\leqslant s_1\leqslant\pi) \\ s_2=\arctan\left(\dfrac{y_i-y_{i-k}}{x_i-x_{i-k}}\right) & (-\pi\leqslant s_2\leqslant\pi) \\ s_i=|s_1-s_2|\end{cases} \tag{7-3}$$

式中:s_1、s_2 分别为点 c_{i+k} 与点 c_i 的连线与 x 轴的夹角以及点 c_i 与点 c_{i-k} 的连线与 x 轴的夹角;s_i 为点 c_i 的曲率;s_1、s_2 和 s_i 的单位均为 rad。如果 $s_i>T$(T 是给定的阈值),则点 c_i 将视为可能的角点。阈值 T 的选取须根据实验确定,当 T 值过大时,错检的角点数降低,但漏检的角点数会增多;T 值过小时,则漏检的角点数减少,但错检的角点数会增多。

最后,需对可能的角点做进一步判别。因为如果提取出的这些角点很接近,如彼此间距只有 l 个像素(l 是可调值),这样形成一组相邻近的可能角点,而其中只有一个是真正的角点。这时,比较每组中角点的曲率,取其中曲率最大的点为角点。实验表明,这一步处理是很必要的,由于曲线数字化所产生的误差及图像噪声的存在,使得一些伪角点的曲率也超过了给定的阈值,易被误判为角点,通过上述判别可大大降低误选伪角点的概率。

但上述方法得到的角点可能包含一些多余角点,因此还可以采用动态直线段提取特征角点的方法[231]消除多余角点,保留全局特征角点。假设 $C_i(i=1,\cdots,n)$ 为图像边缘曲线经角点检测后获得的一个角点序列。首先由两点公式构造过 C_1、C_3 的直线方程 L,并计算点 $C_2(x_2,y_2)$ 到直线 L 的距离:

$$d=\frac{|Ax_2+By_2+C|}{\sqrt{A^2+B^2}} \tag{7-4}$$

式中:A、B、C 为直线方程 $Ax+By+C=0$ 中的系数。

如果 d 值小于某给定阈值,则 C_2点为非特征角点,予以剔除,由 C_3替代 C_2,C_4替代 C_3,C_1不变,重复上述过程;如果 d 值大于给定阈值,则 C_2为特征角点,予以保留,由 C_2替代 C_1,C_3替代 C_2,C_4替代 C_3,继续上述过程。最终得到图像边缘的特征角点。

此外,为满足边缘结构在平移、缩放和旋转情况下的不变性,还需要采用基于边缘的结构矩方法[232]对每一条显著边缘计算其结构矩,获得满足结构的平移、缩放和旋转不变的特征值(具体描述略)。

综上所述,基于特征点和不变矩的边缘匹配方法的具体操作步骤如下:

(1) 对图像进行必要的预处理,提取图像边缘。

(2) 采用图像边缘跟踪方法获得图像边缘的链码描述。

(3) 采用基于链码的角点检测方法提取图像边缘的角点,进一步采用动态直线段提取特征角点的方法提取图像边缘的特征角点及特征角。

(4) 比较图像每条边缘的特征角点和特征角与目标边缘的相似程度,保留最相似的 N 条边缘。

(5) 采用基于边缘的结构矩方法分别计算保留的每条显著边缘的结构矩特征值矢量,取矢量间马氏距离最小者为匹配边缘。

可以看出,这种基于特征点和不变矩的边缘匹配方法运算复杂,其中采用图像边缘跟踪方法获得的链码描述以图像边缘的准确提取为前提,依据准确、清晰及连通性好的图像边缘一般能够获得准确的边缘链码描述,但在图像干扰、不清晰或边缘连通性差的情况下,将难以得到准确的边缘链码,从而进一步影响图像边缘特征点的提取和目标边缘匹配。在基于特征点和不变矩的边缘匹配方法中,相关学者均有不同程度的改进,杨晗[233]将 Robert 算子和边界跟踪相结合,提出了一种新的边缘检测方法,推导出了平面五点不变量。但这些改进方法并没有改变边缘匹配方法基于特征点和不变矩的本质。

在地面进行的图像识别可针对图像特点通过人工干预避开以上环节中的干扰因素,但是星上图像识别无法人工干预,且具有实时性要求。因此,基于特征点和不变矩的边缘匹配方法一般用于在地面进行的事后图像处理,而难以实时应用于星上图像识别,需要针对星上处理特点,在图像边缘可能出现干扰、不清晰或边缘连通性差等情况下,进一步研究有效的图像识别方法,为此,提出了基于分段链码的边缘匹配方法。

7.2.3　基于分段链码的边缘匹配

当图像边缘不连续或不闭合时,传统的特征点提取方法受限,可能漏检或错检特征点,从而影响边缘匹配和目标识别。基于分段链码的边缘匹配方法主要在图像边缘提取出现干扰、不清晰或边缘连通性差等情况下，利用不连续或不闭合的链码段进行目标边缘匹配的方法。基于分段链码的边缘匹配方法避开特征点提取环节，依据边缘分段链码相似度进行匹配。

1. 分段链码相似度

目标形状一般为闭合曲线，但图像边缘提取过程有时得到的是有干扰的不连通或不闭合曲线，此时边缘链码往往为不连续的几段，称为分段链码。

设在目标边缘曲线闭合情况下，L_{close}为目标边缘像素集，像素是 8 连接的，则构成链码：

$$L_{\text{close}}=\{p_0,p_1,\cdots,p_j,\cdots,p_{w-1},p_w\} \tag{7-5}$$

式中：j 为索引号；p_j为边缘曲线段第 j 个像素指向第 $j+1$ 个像素的方向链码。

它由 $w+1$ 项组成，是边缘闭合曲线的方向链码集。不妨设此链码为闭曲线的规格化链码。

当目标边缘曲线不闭合时，设 L_s是图像中目标第 s 个边缘曲线段的像素集，像素是 8 连接的，则 L_s可以用以下式表达：

$$L_s=\{p_0,p_1,\cdots,p_i,\cdots,p_{n-1},p_n\} \tag{7-6}$$

式中：i 为索引号；p_i为边缘曲线段第 i 个像素指向第 $i+1$ 个像素的方向链码。

它由 $n+1$ 项组成，是边缘曲线段 s 的方向链码集。在这种情况下，链码无法进行闭曲线的链码规格化处理。

在 $k+1$ 个分段链码描述下的目标边缘为

$$\begin{aligned}L=\{L_0,L_1,\cdots,L_s,L_{s+1},\cdots,L_k\}=\{&\{p_{0,0},p_{0,1},\cdots,p_{0,i},\cdots,p_{0,n-1},p_{0,n}\},\cdots,\\&\{p_{s,0},p_{s,1},\cdots,p_{s,i},\cdots,p_{s,m-1},p_{s,m}\},\cdots,\{p_{k,0},p_{k,1},\cdots,p_{k,i},\cdots,p_{k,r-1},p_{k,r}\}\}\end{aligned} \tag{7-7}$$

式中：n、m、r 分别为分段链码 0、s、k 中的不同链码项数。

为描述不闭合边缘的分段链码与闭合边缘链码的相似程度，引入分段链码相似度：

$$E_s=\frac{N_s}{N_{L_s}} \tag{7-8}$$

式中：N_s为 L_s链码与 L 链码依序匹配的链码项数；N_{L_s}为 L_s链码的总长度。

当 $N_s=N_{L_s}$时，$E_s=1$，表示 L_s链码包含于 L 链码，其代表的曲线段与目标闭合边缘曲线的一部份能够完全匹配。若 L_{s-1}的相似度 $E_{s-1}=1$（或大于一定阈值），则在 L_s相似度计算中，需将 L_{s-1}链码从 L 链码中去除，将 L 剩余链码与 L_s相比较，取 N_s为 L_s链码与 L 剩余链码依序匹配的链码项数。

在得到满足相似度阈值要求的多条分段链码后，总的目标边缘匹配度可表示为各分段链码的匹配链码项数之和与目标链码总长度的比值，即目标边缘匹

配度为

$$E = \frac{\sum N_s}{N_L} \times 100\% \tag{7-9}$$

式中：N_s为L_s链码与L链码依序匹配的链码项数；N_L为L链码的总长度。

以图 7-3 中的目标边缘曲线为例，当目标边缘曲线闭合时(图 7-3(a))，用规格化链码可表示为 00011112333445665657。当边缘曲线不闭合时(图 7-3(b))，则需要用分段链码表示，根据链码段长度由大到小的顺序可将 5 个链码段分别表示为 $L_0\{34456\}$、$L_1\{5665\}$、$L_2\{1123\}$、$L_3\{01\}$、$L_4\{0\}$。

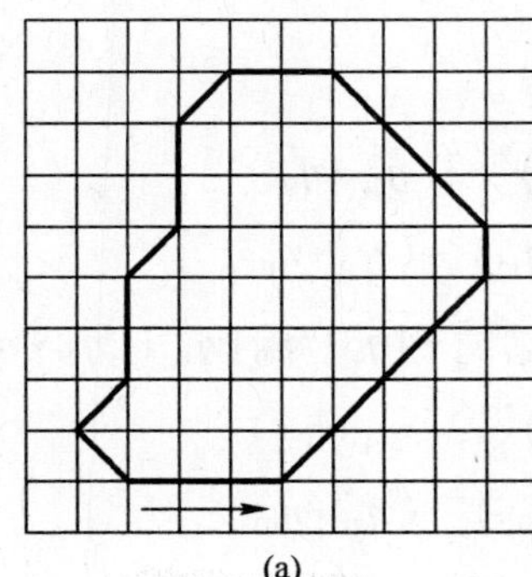

(a)

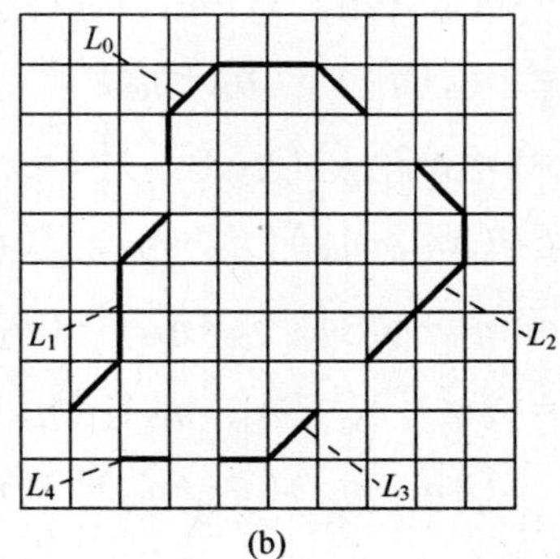

(b)

图 7-3　分段链码对目标边缘的描述
(a)目标边缘曲线闭合；(b)目标边缘曲线不闭合。

按照链码段长度由大到小的顺序，计算各链码段的相似度可得 E_0、E_1、E_2、E_3、E_4均为 1，表明分段链码 L_0、L_1、L_2、L_3、L_4均包含于链码 L，它们各自代表的曲线段均能与目标闭合边缘曲线的一部分完全匹配。

2. 基于边缘的结构矩

依据分段链码相似度可以获得能够与目标闭合边缘曲线部分匹配的多条边缘曲线段，然后进一步计算具有平移、缩放和旋转不变性的结构矩特征矢量，判断这些曲线段的相互关系是否满足目标形状要求。

基于区域边界的原点矩和中心矩定义如下：

$$\begin{cases} m_{pq} = \int_S x^p y^q \mathrm{d}s \\ \mu_{pq} = \int_S (x - \bar{x})^p (y - \bar{y})^q \mathrm{d}s \end{cases} \quad (p,q = 0,1,2,\cdots,k) \tag{7-10}$$

式中：S 代表一条封闭的平滑曲线；$\bar{x}=\frac{m_{10}}{m_{00}}$；$\bar{y}=\frac{m_{01}}{m_{00}}$。

将式(7-10)扩展到由有限段平滑曲线组成的积分域 $S_1+S_2+\cdots+S_n$，得到原点矩和中心矩：

$$\begin{cases} m_{pq} = \int\limits_{S_1+S_2+\cdots+S_n} x^p y^q \mathrm{d}s \\ \mu_{pq} = \int\limits_{S_1+S_2+\cdots+S_n} (x-\bar{x})^p\ (y-\bar{y})^q \mathrm{d}s \end{cases} \quad (p,q=0,1,2,\cdots,k) \tag{7-11}$$

由式(7-11)可推导出7个满足平移、缩放和旋转不变的不变矩：

$$\begin{cases} \Phi_1=\eta_{20}+\eta_{02} \\ \Phi_2=(\eta_{20}-\eta_{02})^2+4\eta_{11}^2 \\ \Phi_3=(\eta_{30}-3\eta_{12})^2+(3\eta_{21}-\eta_{03})^2 \\ \Phi_4=(\eta_{30}+\eta_{12})^2+(\eta_{21}+\eta_{03})^2 \\ \Phi_5=(\eta_{30}-3\eta_{12})(\eta_{30}+\eta_{12})[(\eta_{30}+\eta_{12})^2-3(\eta_{21}+\eta_{03})^2] \\ \qquad +(3\eta_{21}-\eta_{03})(\eta_{21}+\eta_{03})[3(\eta_{30}+\eta_{12})^2-(\eta_{21}+\eta_{03})^2] \\ \Phi_6=(\eta_{20}-\eta_{02})[(\eta_{30}+\eta_{12})^2-(\eta_{21}+\eta_{03})^2]+4\eta_{11}(\eta_{30}+\eta_{12})(\eta_{21}+\eta_{03}) \\ \Phi_7=(3\eta_{12}-\eta_{30})(\eta_{30}+\eta_{12})[(\eta_{30}+\eta_{12})^2-3(\eta_{21}+\eta_{03})^2] \\ \qquad +(3\eta_{21}-\eta_{03})(\eta_{21}+\eta_{03})[3(\eta_{30}+\mu_{12})^2-(\eta_{21}+\eta_{03})^2] \end{cases} \tag{7-12}$$

式中

$$\eta_{pq}=\frac{\mu_{pq}}{\mu_{00}^r} \quad (r=p+q+1,p+q=2,3,\cdots)$$

式(7-12)称为结构矩或骨架矩。

为了对结构矩进行数值计算，将式(7-11)离散化如下：

$$\begin{cases} m_{pq} = \sum\limits_{(i,j)\in S_1+S_2+\cdots+S_n} i^p j^q \Delta s \\ \mu_{pq} = \sum\limits_{(i,j)\in S_1+S_2+\cdots+S_n} (i-\bar{i})^p (j-\bar{j})^q \Delta s \end{cases} \tag{7-13}$$

式中

$$\bar{i}=\frac{m_{10}}{m_{00}}, \quad \bar{j}=\frac{m_{01}}{m_{00}}$$

式(7-13)中，Δs 为离散化的单位弧长，对应于链码表示的边缘。当链码值为0、2、4、6时，$\Delta s=1$；当链码值为1、3、5、7时，$\Delta s=\sqrt{2}$。

为了约掉比例因子 μ_{00}，可令

$$f_1=\frac{\sqrt{\Phi_2}}{\Phi_1}, \quad f_2=\frac{\sqrt[8]{\Phi_3}}{\sqrt[3]{\Phi_1}}, \quad f_3=\frac{\sqrt[8]{\Phi_4}}{\sqrt[3]{\Phi_1}}, \quad f_4=\frac{\sqrt[16]{|\Phi_5|}}{\sqrt[3]{\Phi_1}}, \quad f_5=\frac{\sqrt[11]{|\Phi_6|}}{\sqrt[3]{\Phi_1}} \tag{7-14}$$

则 $f_1, f_2, \cdots, f_5$ 为满足平移、缩放和旋转不变性的一组特征值。

为了对特征值的不变性进行比较，可从目标边缘闭合链码中提取与当前图像的多条分段链码相匹配的链码段，计算它们所构区域的特征值，再与当前图像中多条分段链码所构区域的特征值进行比对，二者的误差将限定在较小的范围内。

为简化运算，可直接将目标闭合边缘的特征值与当前图像中多条分段链码所构区域的特征值进行比较，此时二者误差会增大，需要对应调整误差阈值。

3. 相关因素分析及处理

1）噪声干扰

在图像边缘提取中，噪声干扰一般以离散的短链码段存在，这些短链码段很容易与目标闭合边缘链码部分匹配，然而不构成目标形状的一部分。针对这一问题，主要采用滤噪的方法，消除短链码段的干扰。

2）目标缩放

由于图像比例尺和分辨率不同，数据库中存储的目标链码长度与当前图像中的边缘链码长度可能不同，从而给分段链码相似度计算造成影响。星上数据库存储当前成像设备在一定比例尺下获取的目标链码长度，当卫星根据任务需要调整成像高度时，可根据比例尺间的相互关系对数据库中的目标链码进行缩放，取最接近的链码长度。一般来说，数据库中的链码长度应在保证真实反映目标形状的前提下尽可能短，这样便于在需要时对链码按比例进行放大。链码放大的方法比较简单，如链码 $L_0\{34456\}$ 放大 2 倍后为 $L_0\{3344445566\}$。

3）目标旋转

如果当前图像与数据库中存储的目标存在角度差异，则不断旋转数据库中目标并将其链码与当前图像中的分段链码进行比对，提取小于目标链码总长度的最长分段链码，计算其与数据库目标链码的相似度，当该分段链码相似度最大时，停止数据库目标旋转，此后其他分段链码均以当前数据库目标链码为基准进行比对，计算各自相似度。

4）目标周长

目标周长是指目标轮廓的像素数。例如，红外传感器地面分辨率为 28m 时，成像所得的目标周长特征：航空母舰的周长为 20~30 像素；大中型舰船的周长为 7 像素左右；潜艇的周长为 3 像素左右；机场的周长远远大于上述几类海上目标，为 200 像素以上。利用目标周长特征可进一步判断分段链码组合方式的合理性，多条分段链码的长度和应小于目标周长特征。

5）分段链码互补性

分段链码代表目标形状中不连续的边缘曲线，因而分段链码间应不重合，且分别与目标边缘的不同部分匹配，这种性质称为分段链码互补性。分段链码相似度计算过程正式考虑了这一互补性，将相似度满足要求的链码段不断从目标链码中剔除,随后使其他分段链码与目标剩余链码进行比较。利用分段链码互补性,可检验分段链码组合方式的合理性。

4. 具体步骤及适用范围

综上所述,基于分段链码的边缘匹配主要依据分段链码的相似度,具体操作步骤如下:

(1) 对当前待处理图像进行边缘提取和链码跟踪,按比例缩放数据库中的目标形状。

(2) 将分段链码按长度由大到小排列,提取链码长度小于目标链码总长度的最长分段链码,将其与数据库中目标链码进行比较,不断旋转数据库目标,当分段链码相似度最大时,停止数据库目标旋转,提取此时的数据库目标链码为基准链码。

(3) 采用滤噪的方法,消除短链码段的干扰;将其他分段链码分别与目标基准链码进行比较,计算各自相似度,取相似度满足阈值要求的 N 条边缘。

(4) 根据分段链码的互补特性和目标周长特征,将 N 条边缘按需组合,得到组成目标形状的多种可能的边缘组合方式。

(5) 在不同边缘组合方式下,采用基于边缘的结构矩方法计算各边缘的结构矩特征矢量,取矢量间欧氏距离最小者为匹配边缘,判断是否满足距离阈值要求:如果不满足要求,则说明目标边缘不匹配;如果满足要求,则计算目标边缘匹配度。

在目标识别中,不同的边缘匹配方法侧重点不同,都存在各自的适用范围。基于分段链码的边缘匹配是一种简化方法,主要用于解决图像边缘链码不闭合情况下的边缘匹配问题,在星上无人干预情况下具有运算快速、简便的特点。但是,当图像内容复杂时,这种简化方法对目标识别的准确度可能相对较低,尤其是当图像边缘存在长链码段干扰时,会在一定程度上影响分段链码匹配的准确性。

7.2.4 仿真算例

设数据库中的目标形状如图 7-4(a)所示,当前待处理图像经过边缘提取后得到图 7-4(b)。可以看出,图 7-4(a)和图 7-4(b)分辨率不同,图 7-4(b)中的图像边缘不闭合,且存在少量噪声。采用传统的基于特征点和不变矩的边缘匹配方法难以获得闭合的图像边缘和准确提取特征点,给目标识别造成一定困难。采用基于分段链码的边缘匹配方法进行星上图像识别,其处理步骤如下:

(1) 提取数据库中的目标边缘链码为 $L\{0001111233344456656657\}$;由于图 7-4(b)的分辨率是图 7-4(a)的 2 倍,则首先对目标边缘链码进行 2 倍放大，得到 L'｛000000111111112233333344445566665566665577｝。

（2）获取当前待处理图像的边缘链码 L_0｛3344445566｝、L_1｛45666655｝、L_2｛11112233｝、L_3｛00110｝、L_4｛00｝、L_5｛00｝、L_6｛2｝、L_7｛0｝。将链码长度最大的 L_0 与 L'进行比较，若其相似度为 1，则说明目标边缘链码中有一部分与 L_0完全匹配，因而不需要旋转数据库目标。

（3）滤除长度在 2 像素以下的短链码段 $L_4 \sim L_7$的干扰；将其他分段链码 $L_0 \sim L_3$分别与目标基准链码 L'进行比较，计算得到 $L_0 \sim L_3$的相似度分别为 1、0.875、1、0.8，取相似度阈值为 0.5，则保留 $L_0 \sim L_3$为目标形状可能的 4 条边缘。

（4）数据库中目标周长特征为 21 像素，则换算到当前图像分辨率可知目标周长特征为 42 像素，由于 $L_0 \sim L_3$满足分段链码互补特性，且它们链码长度之和为 31 像素，小于目标周长特征，因此 L_0、L_1、L_2、L_3这 4 条边缘是目标可能的边缘组合方式。

（5）在这种边缘组合方式下，采用基于边缘的结构矩方法计算各边缘的结构矩特征矢量，计算得到矢量间欧氏距离为 0.378，满足距离阈值（0.5）要求，说明目标边缘具有一定的匹配度，计算可得目标边缘匹配度为 69%。

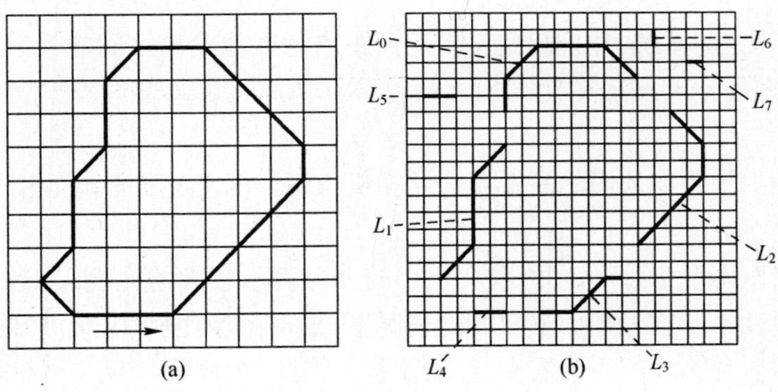

图 7-4　分段链码仿真算例

7.3　星上信息质量评估模型

在天基信息按需服务系统中，星上信息质量评估就是对卫星获取到的信息进行在轨、快速和实时的评价，是进行星上二次规划的前提。由于有效载荷不同，不同类型的天基信息获取节点的信息预处理、质量评估方法也往往不同，本节重点以可见光成像侦察卫星为例，研究建立图像质量的评估模型。

文献[234]将图像质量定义为图像以适合图像分析人员观测的形式，再现所包含信息的程度。一幅图像表示的是一个场景或一个目标。Schott[234]对图像质量和图像保真度做了区分，将保真度定义为遥感系统重现感兴趣特征（对场景或物体)的程度,可以从空间的、辐射的、几何的或地理空间的三个尺度上定义,而图像质量与观测者的视觉和心理物理特性有关,高质量的图像不一定有高的保真度。通常关心的是图像质量而并非图像保真度。

图像质量直接影响用户从图像中提取信息的效果,它主要基于观测者在景物中探测各种目标的能力,同时又基于在图像中探测边缘和灰度变化的能力。大变化、大目标以及明显的边缘比小目标以及模糊的边缘更容易探测,而噪声的存在会降低探测性能。因此,与探测小的细节和边缘的能力相关的度量以及与对比度和噪声有关的度量可用来衡量观测者可用的图像质量。典型的单一度量包括比例尺、分辨率、对比度和一些与噪声相关的度量。此外,边缘锐度这一度量也很常用。本节主要依据常用的比例尺、分辨率、对比度、锐度和信噪比等指标的定义方法对成像质量进行分析,采用神经网络的方法建立综合信息质量评估模型。在目前研究中,除了图像比例尺外(像距与物距之比),其他每个度量指标都有多种定义,因此需要根据天基信息按需服务的特点来确定。

7.3.1 比例尺对成像质量的影响

对于给定的系统,比例尺定义了地面距离与图像距离之间的关系。成像侦察卫星的图像比例尺定义为[236]

$$S=f/H \tag{7-15}$$

式中:H 为卫星距离地面的高度;f 为照相机焦距长度。H 和 f 单位相同,比值是对 1 归一化的。

图像比例尺表示为一个分数,较小的分母表示较大的比例尺,当分母增大时,比例尺变小。在其他因素相同的情况下,根据图像比例尺,可以知道什么目标能够看到,什么目标不能看到,见表 7-1。因此,图像比例尺是评估图像质量的重要指标之一,在天基信息按需服务中,根据图像比例尺可以判断当前在轨卫星的成像能力是否满足用户需求,用户期望看到的目标是否能够以可识别的比例在图像中显示。

表 7-1　比例尺需求

目　标	确认所需的最小比例尺	技术分析所需的最小比例尺
基础工业	1/30000	1/12000
重型防空火炮	1/15000	1/3000(低倾角)
轻型防空火炮	1/2000	1/2000(低倾角)
机动车辆	1/10000	1/2000
铁路	1/30000	1/8000
公路	1/30000	1/5000

（续）

目　　标	确认所需的最小比例尺	技术分析所需的最小比例尺
比驱逐舰大的舰船	1/25000	1/12000
驱逐舰和小型战斗舰	1/15000	1/7000
潜艇	1/25000	1/5000（低倾角）
固定雷达	1/10000	1/5000
移动雷达	1/8000	1/5000
翼展小于 40ft 的飞机	1/10000	1/2000
翼展大于 100ft 的飞机	1/20000	1/5000
注：1ft＝0.305m		

7.3.2　分辨率对成像质量的影响

分辨率是评价空间成像系统性能的常用指标。在第 6 章的卫星任务规划中，当用户对地面分辨率有要求时，可采用地面采样距离（GSD）的分辨率度量概念计算和选择卫星高度和可见时间窗口作为约束条件参与任务规划。如果用户对地面分辨率要求不严格时，分辨率也可用于评估图像质量。地面分辨率计算方法见 6.2.4 节，本节不再赘述。一般来说，分辨率数值小的图像比分辨率数值大的图像质量好，俯视图比侧视图成像质量好。

7.3.3　对比度对成像质量的影响

对比度是对平均色调或能量差值的度量，是反射率（从表面反射能量的百分比）、入射太阳光照度、入射天空光照度、大气透过率和霾的函数。对比度最简单的形式定义为亮度空间内的一个比值[236]：

$$C=\frac{L_1}{L_2} \tag{7-16}$$

人眼在进行图像识别时对比度很重要，目标与背景对比度越强，成像越清晰，越容易辨认；反之图像边缘模糊，难以分辨。

7.3.4　锐度对成像质量的影响

在评估成像质量时，可以使用锐度作为边缘尖锐程度的度量。对于光电数字系统来说，类似锐度的度量是相对边沿响应（RER）。RER 是归一化边沿响应斜率的度量。对于无噪声信号，它定义为距离边沿±0.5 像素处响应的斜率。归一化边沿响应（ER）可由下面的公式计算：

$$\mathrm{ER}_x(d) = 0.5 + \frac{1}{\pi}\int_0^{(n\mathrm{Optcut}x)} \left[\frac{\mathrm{System}X(\xi)}{\xi} \times \sin(2\pi\xi \cdot d)\right]\mathrm{d}\xi \ (X\text{ 轴}) \tag{7-17}$$

$$\mathrm{ER}_y(d) = 0.5 + \frac{1}{\pi}\int_0^{(n\mathrm{Optcut}y)} \left[\frac{\mathrm{System}Y(\xi)}{\xi} \times \sin(2\pi\xi \cdot d)\right]\mathrm{d}\xi \ (Y\text{ 轴}) \tag{7-18}$$

式中：nOptcut$x$、nOptcut$y$ 为归一化（对有效采样间隔）的光学截止频率，System$X$、System$Y$ 分别为系统在 X 轴方向和 Y 轴方向的调制传递函数；d 为系统与像元中心之间的距离，ξ 为空间频率。

RER 定义为距离边沿-0.5 与+0.5 像元处归一化边沿响应的差值：

$$\mathrm{RER}_x = \mathrm{ER}_x(0.5) - \mathrm{ER}_x(-0.5) \tag{7-19}$$

$$\mathrm{RER}_y = \mathrm{ER}_y(0.5) - \mathrm{ER}_y(-0.5) \tag{7-20}$$

几何平均 RER 由下式计算：

$$\mathrm{RER}_{\mathrm{GM}} = \sqrt{\mathrm{RER}_x \times \mathrm{RER}_y} \tag{7-21}$$

锐度是用来测量图像边沿陡峭程度的指标。Higgins 等人指出，具有相同分辨率的图像因边沿陡度不同而不同，判读人员更喜欢陡度大的图像。因而，可以认为在分辨率、对比度等因素相同的情况下，锐度大的图像比锐度小的图像质量好。

7.3.5 信噪比对成像质量的影响

图像不可避免会受随机能量波动，即噪声的影响。随机波动的原因由遥感器类型而不同。信号是探测器或显示器上一个探测元的输出。噪声是由于探测器噪声、光子或散弹噪声、温度噪声、放大器噪声引起的随机信号变化，主要影响场景中细节的探测能力。对于光电数字系统而言，一般采用以下信噪比定义：

$$\mathrm{SNR} = \frac{S}{\sqrt{\sum_{i=1}^{n} (S_{\mathrm{avg}} - S_i)^2 / n}} \tag{7-22}$$

式中：S 为给定入射能量的探测器输出值；S_{avg} 为平均信号电平；S_i 为瞬时信号电平；n 为是测量次数或样本数。

在分辨率、对比度等因素相同的情况下，信噪比大的图像比信噪比小的图像质量好。当信噪比下降时，说明系统探测能力下降。

7.3.6 基于神经网络的综合信息质量评估模型

比例尺、分辨率、对比度、锐度和信噪比等指标均能从不同层面反映出图像质量的差异,如何分析不同指标对图像质量的影响程度,将这些指标进行综合,获得综合性的图像质量度量是众多学者研究的主要问题。

一般来说,综合图像质量评估通常采用回归模型的形式。可以采用单个指标直接进行评估,也可同时使用多个指标。

基于单个指标的评估模型:

$$性能=k+a\times 比例尺 \tag{7-23}$$

式中:k 为常数;a 为系数。

基于多个指标的评估模型:

$$性能=k+a\times 比例尺+b\times 分辨率+c\times 对比度+\cdots \tag{7-24}$$

式中:k 为常数;a、b 和 c 为系数。

也可用更复杂的物理质量度量,如调制传递函数(MTF)来进行图像质量评估。MTF 定义了对比度与空间频率的函数关系,于是将对比度与分辨率有机地结合起来。因而,在式(7-24)中,可以用导出的 MTF 度量替代分辨率和对比度。

总的来说,这种回归模型是一个或多个独立变量的函数形式。在初始建模时,需要一组经验数据,以确定回归模型的各项系数。一旦模型通过了验证,即可用于图像质量评估。为此,利用神经网络在函数逼近中的优势,依据回归模型原理,建立基于神经网络的综合成像质量评估模型。

1. 神经网络基本原理

人工神经网络(Artificial Neural Networks,ANN),简称神经网络(NN),是 20 世纪 40 年代出现并逐渐发展起来的人工智能技术,是对人脑最简单的一种抽象和模拟。脑神经科学研究表明,人脑是由大量基本单元(生物神经元)经过复杂的相互连接而形成的一种高度复杂、非线性、不完全确定且具有并行处理机制的信息处理网络系统,每一个神经细胞都是一个简单的信息处理元,它可由自身条件与外部环境决定它的状态,具有一定的输入/输出变换机制。神经网络正是利用这一原理构造的信息处理系统。

1) 神经元模型

神经元是神经网络的基本信息处理单元,大量神经元按一定拓扑结构相互连接构成神经网络。神经元的特性在某种程度上决定了神经网络的总体特性。因此,本节简要描述神经元的特性。

神经元主要由输入、权值、阈值、求和单元、激励函数和输出组成。具有 n 个输入的神经元模型如图 7-5 所示。$\boldsymbol{x}=(x_1,x_2,\cdots,x_n)^{\mathrm{T}}$为神经元输入;$\boldsymbol{w}=(w_1,w_2,\cdots,w_n)^{\mathrm{T}}$为可调的输入权值;$\theta$ 为激励阈值,也称为偏移信号,用于建立

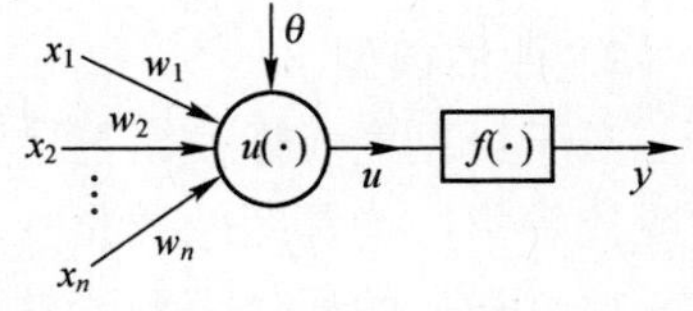

图 7-5　神经元模型

神经元的兴奋阈值；$u(\cdot)$为神经元的基函数，是多输入单输出的函数，如线性函数、距离函数和椭圆基函数等，常见的是线性加权求和；$f(\cdot)$为神经元的激励函数，也称激活函数，主要是对基函数输出进行函数运算，得到神经元的输出 y，常用的激活函数有阈值函数（又称为符号函数或硬极限函数）、线性函数、对数 Sigmoid 函数、正切 Sigmoid 函数和高斯函数等。

神经元的输入与输出之间的关系为

$$y = f\left(\sum_{i=1}^{n} w_i x_i - \theta\right) \tag{7-25}$$

神经元之间的连接可以有任意形式，从而构造出不同的神经网络，通过选择不同的基函数、激活函数和权值调节方法可以得到不同的神经网络学习规则。

2）神经网络

神经网络的类型多种多样，它们是从不同角度对生物神经系统不同层次的抽象和模拟。一般来说，当神经元模型确定后，神经网络的特性及功能主要取决于网络的拓扑结构及学习方法。从网络拓扑结构的角度，神经网络可分为前向型、反馈型、随机型和自组织竞争型，常见的结构是前馈神经网络（又称前向神经网络）和反馈神经网络。传统神经网络的模型和学习算法相对成熟，不再赘述，可参见文献[237]。

前馈神经网络应用广泛，感知器、线性网络、BP 网络都属于这种类型。本节主要利用前馈神经网络建立综合成像质量评估模型。前馈神经网络的结构如图 7-6 所示。网络中的神经元分层排列，N_i表示第 i 隐层（$i=1,2,\cdots,L-1$）的神经元，N_L表示输出层神经元。

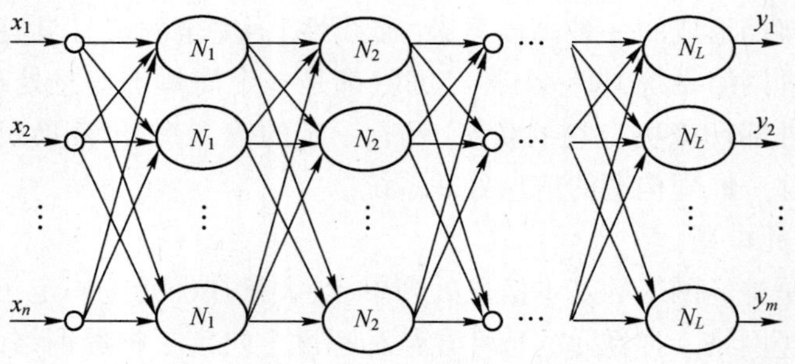

图 7-6　前馈神经网络结构

2. 评估模型

对于可见光成像侦察卫星获取的图像信息，比例尺、分辨率、对比度、锐度、信噪比等指标均是图像质量在不同方面的反映。基于多个指标的评估模型比基于单个指标的评估模型能够更全面地反映出图像质量状态，因此，采用基于多个指标的图像质量评估模型。不同的天基信息获取节点可根据需要调整指标类型。

不同指标在数值或量纲上可能存在较大差异,为了更清晰地显示出不同指标对图像质量影响的程度,在建立评估模型前,考虑对指标进行无量纲化,采用指标的相对偏差:

$$相对偏差= |期望值-实际值|/期望值 \tag{7-26}$$

即

$$性能=k+a\times 比例尺+b\times 分辨率+c\times 对比度+d\times 锐度+e\times 信噪比 \tag{7-27}$$

式中:比例尺、分辨率、对比度、锐度、信噪比等指标均采用无量纲化的相对偏差;k 为常数;a、b、c、d 和 e 为系数。

通常认为图像比例尺和信噪比越大越好,分辨率越小越好,而对比度和锐度则需要取适当的值。在质量评估模型中,从按需服务的角度出发,认为图像指标距离期望值越近越好,如果希望指标尽可能大或尽可能小,则可将期望值取为最大值或最小值,因而,在指标的相对偏差计算中,取期望值与实际值之差的绝对值。

将上述评估模型采用前馈神经网络实现,可建立模型如图 7-7 所示,设网络有 n 个输入层节点,分别代表各相对指标($n=5$,为评估模型的指标数量),m 个隐层节点,1 个输出层节点,代表图像质量的量化度量,则网络输入与输出之间的映射关系为

$$y = g\left(\sum_{j=1}^{m} v_j f\left(\sum_{i=1}^{n} w_{ij}x_i - \theta_j\right) - \varphi\right) \tag{7-28}$$

式中:x_i 为第 i 个输入($i=1,2,\cdots,n$);w_{ij} 为输入层节点 i 到隐层节点 j 的连接权值($j=1,2,\cdots,m$);v_j 为隐层节点 j 到输出层节点的连接权值;θ_j 为隐层节点 j 的激励阈值;φ 为输出节点的激励阈值;$f(\cdot)$ 为隐层神经元激励函数;$g(\cdot)$ 为输出神经元激励函数;y 为系统输出。

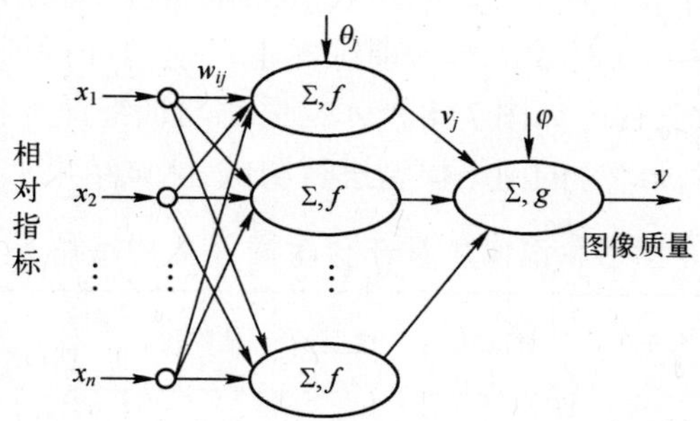

图 7-7　基于前馈神经网络的图像质量评估模型

在天基信息按需服务中,服务管理中心可根据经验或专家打分生成图像质

量评估的样本,对基于前馈神经网络的图像质量评估模型进行训练,确定网络各项权值和阈值。由此得到的模型即可用于星上图像质量评估。同时,服务管理中心还可以根据用户反馈意见,不断对模型进行修正,使图像质量评估模型更接近于实际需求。

7.3.7 仿真算例

取一幅清晰的图像将其图像质量度量设为1,通过对图像比例尺、分辨率、对比度、锐度、信噪比等指标分别进行调整得到9幅经过不同处理的图像,将这10幅图像按图像质量度量按0.1、0.2、…、1的尺度进行分类,仿真得到无量纲化的相对偏差值与图像质量度量间存在的对应关系如表7-2所列。

表7-2 图像质量评估仿真算例样本数据

训练样本序号	比例尺	分辨率	对比度	锐度	信噪比	图像质量度量
1	0	0	0	0	0	1
2	0.1	0.1	0	0	0	0.9
3	0	0	0.3	0.2	0	0.8
4	0	0	0.1	0.1	0.2	0.7
5	0	0	0.1	0.2	0.2	0.6
6	0	0	0	0.2	0.3	0.5
7	0.1	0.2	0.1	0.2	0.4	0.4
8	0.1	0.2	0	0	0.6	0.3
9	0.1	0.2	0.4	0.4	0.6	0.2
10	0.3	0.5	0.8	0.8	0.8	0.1

采用基于神经网络的综合成像质量评估模型,5个输入层节点,5个隐层节点,1个输出层节点,隐层激励函数取对数Sigmoid函数,输出层激励函数取线性函数。将表7-2中的10组数据作为训练样本对模型进行训练,网络经100次训练后收敛,网络收敛速度如图7-8所示。采用与训练样本相同的生成方法生成7组测试数据,对训练好的网络模型进行测试,测试结果见表7-3。

表7-3 图像质量评估仿真算例测试结果

测试样本序号	比例尺	分辨率	对比度	锐度	信噪比	图像质量度量期望结果	图像质量度量测试结果
1	0.1	0.2	0	0	0	0.85	0.7272
2	0	0	0.2	0.1	0.2	0.6	0.5774
3	0.1	0.3	0.1	0	0	0.55	0.5505

（续）

测试样本序号	比例尺	分辨率	对比度	锐度	信噪比	图像质量度量期望结果	图像质量度量测试结果
4	0	0	0.2	0.2	0.2	0.5	0.4899
5	0	0	0.5	0.2	0	0.45	0.4136
6	0	0	0	0.5	0.3	0.4	0.3828
7	0.1	0.2	0.2	0.7	0.4	0.25	0.1724

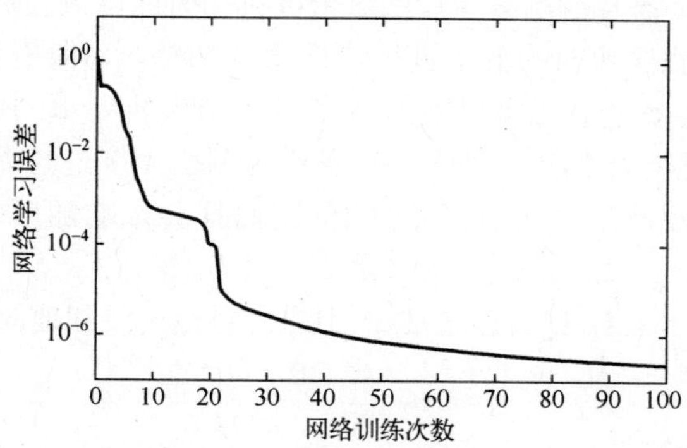

图7-8 仿真算例的质量评估模型训练收敛速度

由于图像质量评估受人主观因素影响较大，不同观察者在不同角度给图像质量进行的量化程度也存在较大差异，因而，主要依据图像质量排序情况分析模型对图像质量的评估效果。可以看出，基于神经网络的综合成像质量评估模型能够得到与期望结果基本符合的评估结果。

7.4 星上二次任务规划

由于天基信息按需获取过程可能受到振动、环境噪声、控制误差等随机因素影响，因而获取的信息质量不一定满足用户请求。对于成像侦察卫星而言，获取的图像信息未必是所需的目标信息，即使完成了对预定目标的成像侦察任务，其比例尺、分辨率、信噪比等指标也未必能够达到要求，不一定满足图像质量要求。如果这类侦察信息直接下传，则将直接降低天基信息服务质量。如果服务管理中心根据成像质量调整服务决策方案调度信息获取节点重新执行侦察任务，则会影响目标信息的实时性和有效性，且浪费大量资源。为此，本节提出采用星上二次任务规划对卫星姿态或载荷状态进行微调，对不满足质量要求的信息重新获取，以提高天基信息按需服务质量。另外，在天基信息按需服务决策过程中，服务管理中心对信息获取节点实施任务规划和调度时，也为其预留了剩余可机动时间，该时间可由信息获取节点用来对卫星姿态或载荷状态进行调整并重新获取信息,这就使星上二次任务规划具有时间上的可行性。

7.4.1 卫星姿态调整方案

当卫星获取的信息不满足质量要求时,根据各指标影响权重,需要对卫星姿态或载荷状态进行调整。以可见光成像侦察卫星为例,当卫星获取的目标侧视图分辨率不满足用户请求,对成像质量影响严重时,可采用调整卫星姿态的方式,重新以俯视图形式成像,提高图像质量。

考虑到卫星姿态控制的复杂性和剩余可机动时间限制,卫星姿态调整方案主要是指对具有侧摆功能的卫星进行侧摆角度调整。对具有侧摆功能的成像侦察卫星来说,如果星上二次规划前后对目标拍摄所要求的卫星侧摆角度不同,则卫星在执行星上二次规划任务时需要对侧摆角度进行调整,调整角度的大小不但与先前观测活动的侧摆角度有关,而且会影响随后观测活动的侧摆调整。

根据地面分辨率 GSD 的定义可知,卫星与目标连线和地面水平线的夹角为

$$E=\arcsin\left(\left(\frac{\mathrm{DP}\cdot r}{f\cdot \mathrm{GSD}}\right)^{2}\right) \tag{7-29}$$

式中:f 为星上遥感设备的焦距;DP 为每对线宽度;r 为卫星与目标间的距离。

当期望分辨率为 $\mathrm{GSD}_{\mathrm{e}}$,实际成像分辨率为 GSD 时,保持卫星轨道高度、相机线宽和焦距不变,则卫星与目标连线和地面水平线的夹角所需的调整量为

$$\Delta E=E_{\mathrm{e}}-E=\arcsin\left(\left(\frac{\mathrm{DP}\cdot r}{f\cdot \mathrm{GSD}_{\mathrm{e}}}\right)^{2}\right)-\arcsin\left(\left(\frac{\mathrm{DP}\cdot r}{f\cdot \mathrm{GSD}}\right)^{2}\right) \tag{7-30}$$

式中:E_{e}为期望分辨率成像条件下卫星与目标连线和地面水平线的夹角;E 为实际分辨率成像条件下卫星与目标连线和地面水平线的夹角。

卫星侧摆角度的调整需要耗费一定的时间和电源。一般来说,侧摆调整消耗的时间是可变的,由于卫星的侧摆是匀速的,因此侧摆调整消耗的时间与调整角度成正比。卫星在侧摆之后,需要一定的稳定时间以使设备可以正常工作,通常这个稳定时间是固定值。这个稳定时间与侧摆调整所耗费的时间之和通常称为观测活动的准备时间。这个时间不能忽略,必须在星上二次任务规划时考虑。准备时间计算方法如下:

$$T_{\mathrm{ap}}=t_{\mathrm{a}}+t_{\mathrm{s}}=\frac{\Delta\theta}{\omega_{\mathrm{a}}}+t_{\mathrm{s}} \tag{7-31}$$

式中:t_{a}为卫星侧摆调整消耗时间;t_{s}为卫星侧摆后稳定时间;$\Delta\theta$ 为卫星侧摆调整角度;ω_{a}为卫星匀速侧摆的角速度。

准备时间的存在实际上是对星上二次规划的时间约束,这是因为如果没有足够的时间进行侧摆调整和设备稳定活动,在剩余可机动时间内任务实际上是不可能执行的。因此,星上二次规划需要保证在卫星姿态调整之前有充分的剩

余可机动时间。事实上,卫星姿态调整也会影响随后的观测活动,卫星在星上二次规划任务完成后的观测活动所需要的准备时间也会因卫星在星上二次规划任务中的姿态调整而改变,但由于随后的观测活动主要由服务管理中心负责规划,可事先预留出充足的准备时间,对随后活动的时间窗口进行控制,因而仅考虑剩余可机动时间对当前星上二次规划的可用性,暂不考虑卫星姿态调整对随后活动的影响。

7.4.2　载荷状态调整方案

载荷状态调整方案主要是指对卫星载荷参数进行的调整,如调整成像侦察卫星遥感器的焦距。以可见光成像侦察卫星为例,当卫星获取的目标图像比例尺偏小,不满足用户请求,对成像质量影响严重时,可采用调整卫星成像遥感器焦距的方式,拉长焦距重新以大比例尺成像,提高图像质量。

根据成像侦察卫星的图像比例尺定义可知

$$f=S\cdot H \tag{7-32}$$

式中:f 为相机焦距长度;H 为卫星距离地面的高度(f 和 H 单位相同);S 为图像比例尺。

当期望比例尺为 S_e,实际成像比例尺为 S 时,保持卫星轨道高度不变,则卫星遥感器焦距所需的调整量为

$$\Delta f=f_e-f=S_e\cdot H-S\cdot H=(S_e-S)H \tag{7-33}$$

式中:f_e 为期望比例尺成像条件下的相机焦距长度;f 为实际比例尺成像条件下的相机焦距长度。

与卫星姿态调整类似,载荷状态调整也需要耗费一定的时间和电源。以成像载荷为例,可以认为相机焦距拉长或收缩过程是匀速的,因此焦距调整消耗的时间与焦距调整量成正比。卫星载荷状态调整之后,也需要一定的稳定时间以使设备正常工作。因此,载荷状态调整所消耗的时间计算方法如下:

$$T_{cp}=t_f+t_s=\frac{\Delta f}{v_f}+t_s \tag{7-34}$$

式中:t_f 为焦距调整消耗时间;t_s 为焦距调整后稳定时间;Δf 为焦距调整量;v_f 为焦距变化速率。

7.4.3　卫星轨道调整方案

一般来说,卫星轨道调整需要花费大量时间(远大于卫星姿态调整和载荷状态调整的时间),在剩余可机动时间内往往难以实现,且消耗大量燃料,因此,在星上二次任务规划中不主张对卫星进行轨道调整以重新获取信息,但在卫星有充足的剩余可机动时间和燃料的条件下,对卫星进行合理的轨道调整仍不失

为提高信息服务质量的一种有效手段，为此，本节对卫星轨道调整方案进行简要描述。

1. 卫星轨道机动速度增量及时间

卫星轨道机动可根据初始轨道和目标轨道间的关系选择不同的轨道转移模型：若初始轨道和目标轨道共面（倾角和升交点相同），且偏心率均为0，则采用霍曼转移模型；若初始轨道和目标轨道共面，而偏心率不全为0，但近地点辐角相同，则采用共面共拱线轨道转移模型，如果近地点辐角不同，则采用共面不共拱线轨道转移模型；若初始轨道和目标轨道不共面，则采用非共面轨道转移模型，先转化为共面轨道转移问题后再求解。

1）共面圆轨道转移

两个共面圆轨道之间的最佳变轨方式为霍曼转移，转移轨道与初始轨道、目标轨道相切于近地点和远地点，如图7-9所示：在初始轨道的任一点P产生速度增量Δv_1，使卫星进入椭圆转移轨道，其近地点为P；然后在椭圆转移轨道的远地点A产生第二个速度增量Δv_2，使卫星进入目标轨道。

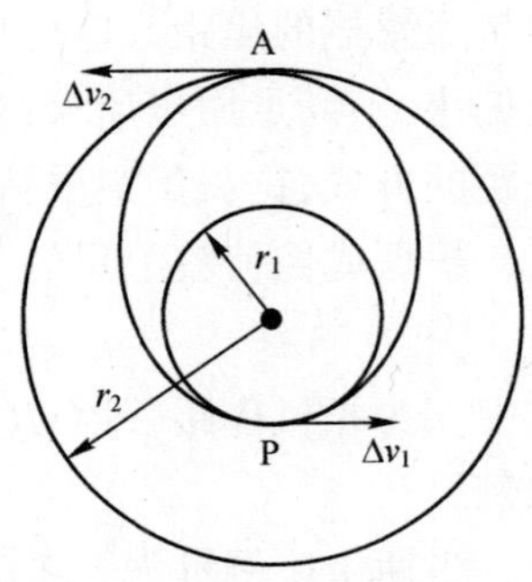

图7-9 共面圆轨道转移

假设初始轨道和目标轨道的半径分别为r_1和r_2，卫星在两个轨道上的速度分别为v_1和v_2，则有

$$v_1=\sqrt{\frac{\mu}{r_1}},\quad v_2=\sqrt{\frac{\mu}{r_2}} \tag{7-35}$$

卫星在椭圆转移轨道的远地点A和近地点P的速度v_{ea}和v_{ep}分别为

$$v_{ea}=\sqrt{\frac{2\mu\cdot r_1}{r_2(r_1+r_2)}},\quad v_{ep}=\sqrt{\frac{2\mu\cdot r_2}{r_1(r_1+r_2)}} \tag{7-36}$$

卫星从初始轨道向目标轨道转移需要的速度增量为

$$\Delta v=\Delta v_1+\Delta v_2=\sqrt{\frac{2\mu\cdot r_2}{r_1(r_1+r_2)}}-\sqrt{\frac{\mu}{r_1}}+\sqrt{\frac{\mu}{r_2}}-\sqrt{\frac{2\mu\cdot r_1}{r_2(r_1+r_2)}} \tag{7-37}$$

轨道转移所需时间$\Delta\tau$为椭圆转移轨道周期的1/2，即

$$\Delta\tau=\pi\sqrt{\frac{(r_1+r_2)^3}{8\mu}} \tag{7-38}$$

2）共面共拱线椭圆轨道转移

采用两次冲量进行最小能量转移的轨道是在拱线的最远点和目标轨道相切而在另一端和初始轨道相切的椭圆轨道。在初始小椭圆轨道的近地点P产生速度增量Δv_1，使卫星转移到椭圆转移轨道，然后在其远地点A产生第二个速度增量Δv_2，转移到目标椭圆轨道，如图7-10所示。

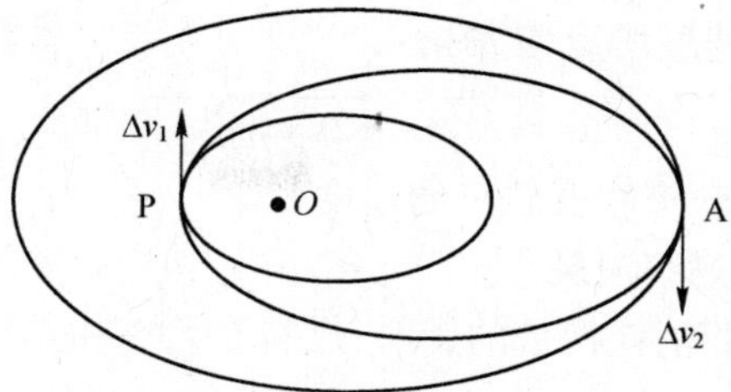

图 7-10　共面共拱线椭圆轨道转移

假设初始椭圆轨道的近地点和远地点的地心距分别为 r_{p1} 和 r_{a1}，目标椭圆轨道的近地点和远地点的地心距分别为 r_{p2} 和 r_{a2}。

在初始椭圆轨道上，卫星在近地点 P 的速度为

$$v_1=\sqrt{\frac{2\mu\cdot r_{a1}}{r_{p1}(r_{p1}+r_{a1})}} \tag{7-39}$$

在椭圆转移轨道上，卫星在远地点 A 和近地点 P 的速度和分别为

$$v_{ea}=\sqrt{\frac{2\mu\cdot r_{p1}}{r_{a2}(r_{p1}+r_{a2})}},\quad v_{ep}=\sqrt{\frac{2\mu\cdot r_{a2}}{r_{p1}(r_{p1}+r_{a2})}} \tag{7-40}$$

在目标椭圆轨道上，卫星在远地点 A 的速度为

$$v_2=\sqrt{\frac{2\mu\cdot r_{p2}}{r_{a2}(r_{a2}+r_{p2})}} \tag{7-41}$$

卫星从初始轨道向目标轨道转移需要的速度增量为

$$\begin{aligned}\Delta v&=\Delta v_1+\Delta v_2\\&=\sqrt{\frac{2\mu\cdot r_{a2}}{r_{p1}(r_{p1}+r_{a2})}}-\sqrt{\frac{2\mu\cdot r_{a1}}{r_{p1}(r_{p1}+r_{a1})}}+\sqrt{\frac{2\mu\cdot r_{p2}}{r_{a2}(r_{a2}+r_{p2})}}-\sqrt{\frac{2\mu\cdot r_{p1}}{r_{a2}(r_{p1}+r_{a2})}}\end{aligned} \tag{7-42}$$

轨道转移所需时间 $\Delta\tau$ 为椭圆转移轨道周期的 1/2，即

$$\Delta\tau=\pi\sqrt{\frac{(r_{p1}+r_{a2})^3}{8\mu}} \tag{7-43}$$

3）非共面轨道转移

非共面轨道转移一般是改变初始轨道倾角或者升交点赤经，转化为共面轨道转移问题再求解。如果仅改变轨道倾角而不改变升交点经度，则最佳变轨点在两轨道相交的节点，速度增量使初轨道面绕节点转过 Δi 角。如果两者都改变，则变轨点距初轨升交点的 γ 角和 Δi 的关系式[238]为

$$\begin{cases}\cos\Delta i=\cos i_1\cos i_2+\sin i_1\sin i_2\cos(\Omega_1-\Omega_2)\\ \sin\gamma=\dfrac{\sin i_1\sin(\Omega_1-\Omega_2)}{\sin\Delta i}\end{cases} \tag{7-44}$$

两种情况需要的速度增量均为

$$\Delta v=\sqrt{v_1^2+v_2^2-2v_1v_2\cos\Delta i} \tag{7-45}$$

式中：v_1和v_2分别为两轨道在变轨点的速度。

2. 卫星轨道机动燃料消耗

卫星轨道机动需要消耗携带的燃料，燃料是否够用是能否完成机动任务的前提。

在火箭发动机推力作用下，卫星速度变化与质量变化的关系[238]为

$$\mathrm{d}v=-w\frac{\mathrm{d}m}{m} \tag{7-46}$$

式中：m 为卫星质量；w 为燃料燃烧产物的有效排出速度。

已知实施轨道机动所需要的速度增量为 Δv，若卫星初始质量为 m_0，轨道机动末质量为 m_f，则对上式积分可得

$$\Delta v=w\ln\frac{m_0}{m_f} \tag{7-47}$$

卫星为了达到速度增量 Δv 所需消耗的燃料质量为

$$m_p=m_0-m_f=m_0\left[1-\exp\left(-\frac{\Delta v}{w}\right)\right] \tag{7-48}$$

当 $\Delta v/w\ll 1$ 时，上式可简化为

$$m_p\approx m_0\frac{\Delta v}{w} \tag{7-49}$$

可以看出，卫星轨道机动需要消耗的燃料质量 m_p 与速度增量 Δv 的大小成正比，与速度方向无关。

第 8 章　天基信息按需传输关键技术

天基信息按需传输是天基信息按需服务的最后环节,其传输质量直接影响服务的水平。在天基信息按需服务中,信源为天基信息获取节点(卫星、飞船、航天器等),信宿为陆、海、空、天、网各级用户。为保证信息的可靠和有效传输,首先需要确定传输介质,从研究情况看,近年来中低轨道的通信卫星星座组网传输成为一种研究热点和解决方案。其次要建立路由传输协议,由于天基信息按需服务的研究背景就是特殊战场环境,尤其是应急作战环境,因此路由传输协议必须考虑信息对抗因素。

8.1　天基信息按需传输概述

8.1.1　需求分析

天基信息按需服务的背景是应急作战、快速反应作战、打击效果及时评估等一些特殊的作战环境,这些作战环境的共同点是对天基信息的实效性要求很高,通常要求天基信息服务节点在最短的时间内提供所需的目标信息,甚至还要求天基信息能够因循用户思路,在其服务请求之外对敏感地域和敏感目标尽可能提供实时情报。这些服务背景在对服务管理技术和信息获取技术提出挑战的同时,也将考验天基信息传输技术的效能。

天基信息传输技术涉及地面接收技术、天基转发技术以及天基接入技术等多个方面,其中的天基转发和天基接入技术更能,也更容易体现“按需”的思想,因此研究重点将放在这两个方面。由于通信卫星是天基信息传输的骨干,因此天基信息传输技术将主要研究卫星通信技术,尤其是信息中继和用户接入技术。

天基信息按需传输网络是天基按需传输的支撑环境,其骨干网络主要由通信卫星组成。就目前我国的军用通信卫星系统看[239],同步卫星首当其冲,但我国目前的卫星多采用弯管转发方式,多波束、智能天线、星上处理、星间链路等新技术使用较少,因此在天基信息按需服务的研究中,将根据目前军事卫星发展趋势以及我国相关课题[240]的研究热点对我国未来的通信卫星技术进行合理假设,建立适合天基信息按需服务要求的信息传输网络。

根据天基信息按需服务的需求，天基信息按需传输网络在设计时应考虑以下指标：一是应能够实现用户卫星与终端的随处接入，因此需要实现对全球以及一定高度区域的无缝覆盖，当然考虑经济因素，卫星数目不宜过多；二是应能够实现对接入用户和终端的快速发现，发现时间（接入时间）至少不应超过用户卫星的业务窗口（如侦察卫星的侦察窗口）；三是应能够在网络受到攻击时，具有一定的自愈功能，同时能够快速实现网络重构和重路由；四是相关协议应具有可扩展性，网络中的接入节点应具有一定的规模。

根据以上需求，本章首先从覆盖性与链路几何特性入手研究并确定天基信息按需传输网络结构；其次以网络结构为基础，从节点管理、链路维护、拓扑收敛和路由计算等方面设计天基信息传输路由协议要素及流程；再次针对路由协议，研究设计基于信任度模型的天基信息传输安全机制，建立接入验证、完整性检验、状态收集与检测、信任度计算以及安全路由计算等功能模块；最后建立仿真系统进行仿真分析，验证相关设计能否满足设计需求，具体如图 8-1 所示。

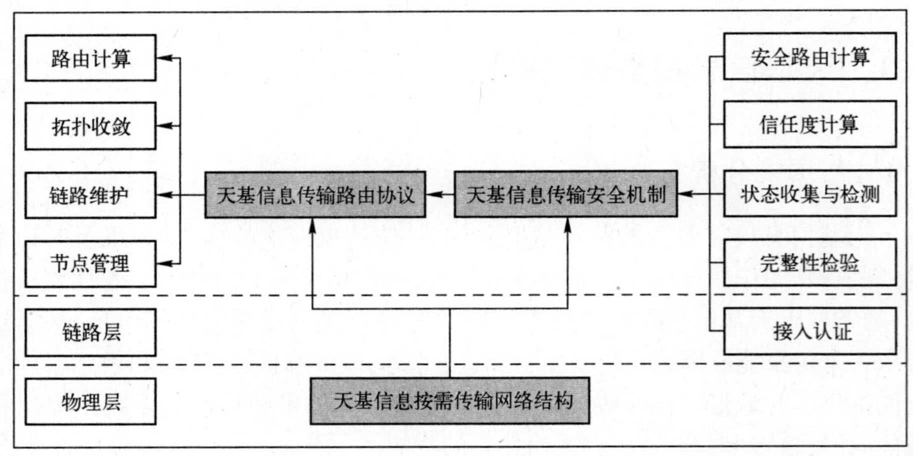

图 8-1　天基信息按需传输关键技术研究总体思路

8.1.2　现状分析

1. 卫星网络现状

在卫星通信领域，早期的卫星通信系统一般以 GEO 卫星为中继，采用弯管式转发器为地面两点之间的通信完成数据转发。这种数据传送形式是固定的，没有路由可言。现有和计划发展的卫星通信系统中，Iridium[241-243] 系统、Teledesic[244,245] 系统等具有了一定的星间链路（Inter-Satellite Links，ISL）能力，为卫星通信的发展开辟了一条新路，目前空间信息网络的路由协议仍然是商业部门以及各国军方机构的研究热点。但遗憾的是，虽然空间信息网络路由协议已研究多年,但仍未形成统一标准。

2. 空间网络通信协议标准

成立于 1982 年的空间数据系统咨询委员会(Consultative Committee for Space Data System,CCSDS)一直致力于空间网络通信协议标准的研究与制定,该机构由美国航空航天局、欧洲航天局等欧美空间机构组成,中国为观察国[246,247]。目前 CCSDS 已批准并正式使用的正式建议书(蓝皮书)有 30 份,内容涉及遥测系统,遥控系统,辅助数据、射频与调制系统,跟踪与导航系统,信息访问与交换系统,高级在轨系统,交互支持的概念、服务与结构等。目前国际航天任务主要采用分包遥控、分包遥测和高级在轨系统(AOS)建议,AOS 力图在天地之间建立统一网络,进行数据的端到端传输[248,249]。CCSDS 并对分包遥测和分包遥控建议进行修改,使之与 AOS 建议一样可以在网络层使用 IPv4 和 IPv6 数据包,同时参考地面 IP 技术开发了一套涵盖网络层到应用层的空间通信协议规范(SCPS)。图 8-2 给出了 SCPS 与 TCP/IP 协议在 OSI 协议栈模型中的对应关系[248]。

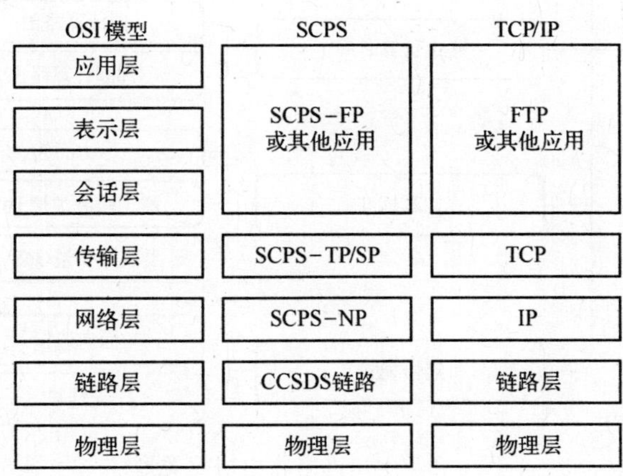

图 8-2　SCPS 与 TCP/IP 协议栈结构

AOS 以及 SCPS 虽然均已成文,但在应用方面还缺乏实际设备的支持。另外,这些建议和规范是从民用空间系统建设角度而提出的,在大多数军用系统中由于保密等原因很难得到广泛应用。对于天基信息按需服务,尤其是天基信息按需传输服务而言,虽然应用背景不允许照搬,但 CCSDS 的相关工作仍为我们提供了一条研究思路。

3. 卫星网络路由算法和协议现状

除了 CCSDS 的 SCPS 外,国内外其他关于空间网络路由算法和协议的研究也多集中于具有星间链路的卫星网络路由协议的研究上,典型的研究单位如国外的美国航空航天局、哥达德航天中心、喷气动力实验室、欧洲航天局等,国内的电子科技大学、哈尔滨工业大学、航天科技集团、中国科学院软件所、南京邮电学院、清华大学、北京航空航天大学、东北大学以及军队的研究单位如国防科技大学、解放军信息工程大学、解放军理工大学和装备学院等。

卫星网络路由协议的本质是在由多颗卫星组成的网络中,按照给定的链路代价度量选择从源端卫星到目的端卫星之间的最优可达路径。文献[250]根据地面网络路由协议的分类方法对空间网络的路由协议进行了详细的分类与讨论,概括如图 8-3 所示。

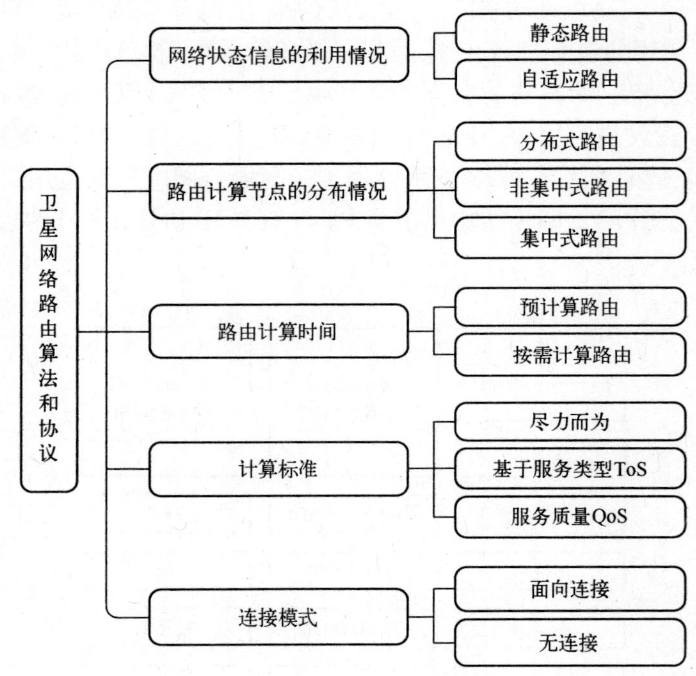

图 8-3　卫星网络路由协议类型

根据图 8-3 的分类,现将卫星网络路由算法和协议研究相关现状总结如下。

1) 静态路由与自适应路由

静态路由是指事先掌握整个网络的拓扑结构,然后对于网络的路由信息进行手工配置,节点之间不交换任何状态信息。自适应路由是指网络中的节点可以自动地了解网络中的状态变化情况,动态地构建路由表。

静态路由算法具有算法实现简单、占用系统资源少的优点,符合星上存储和计算能力有限的特点,在已经提出的卫星网络路由算法中,“离线式”路由算法可归于此类。基于虚拟拓扑的路由算法也是静态路由,原理是将网络的状态划分为若干个静止的时间片,提前计算好路由表存储在节点中,节点按照一定的更新周期对路由进行更新,网络中有路由申请时仅需查找路由表即可。但是,空间环境中还存在一些不可预知的因素,如节点失效、链路拥塞等,星上路由算法必须能够适应卫星网络状态的变化,因此提出了自适应路由。文献[251]中主要对目前针对移动卫星通信网的新网络协议体系,特别是动态路由算法及协议进行了介绍和分析。文献[252]提出了 SGRP(Satellite Grouping and Routing Protocol)算法,根据 MEO 卫星的覆盖区域对 LEO 层卫星进行分组,研究了卫星的状态信息的交互方法,文献[253]提出了针对 LEO/MEO 双层卫星网络的 SOSPF 路由协议,协议以卫星网络的动态性和时变特性为基础,参考地面网络 OSPF 路由协议而进行了完整的设计,并且以减少链路切换率为目标提出了路由算法的优化策略。文献[254]指出,为了满足天基网高级阶段的组网需求,提高敌对环境下的自治性、抗毁性和自适应能力,必须研究星上计算的动态卫星网络路由算法。

2) 分布式、非集中式和集中式路由

分布式路由算法是指路由算法分布在各个节点上,由每个节点分别计算下一跳节点;集中式算法需要一个专门的计算节点为网络中的所有节点计算路由;非集中式路由算法是由路径的源节点计算好路由之后再进行传输。

文献[251]指出,基于星上计算的分布式动态路由首先需要解决链路状态的收集问题,地面网络的分布式路由协议的通信开销大、收敛慢,不能直接用于天基网络。对于单层卫星网络提出分布式分层路由策略(ODHRP),将单层卫星作为双层星座处理,选取轨道发言人,负责维护本轨道的所有卫星的链路状态和路由表计算,从而实现简单的分布式分层路由。对于路由更新策略,主要是考虑其通信开销。将 ODHRP 与类似于 OSPF 的全分布式路由(FDIS)策略进行比较,分析表明,ODHRP 无论是用于哪种星座,开销要远低于 FDIS。Werner 提出的基于 ATM 的路由协议[255]和 Chang 提出的基于 FSA 的路由协议[256]以及 Gounder 提出的快照序列路由算法[257]是集中式路由计算的典型代表。

3) 预计算路由与按需计算路由

预计算路由是不管网络中是否有路由需求,由网络的计算中心(RCC)预先根据网络的状态计算好路由表,在节点有路由需求时再进行上传。预计算路由有静态路由的特征,但不是静态路由,因为静态路由已经计算就不会再改变,而预计算路由是可以根据网络状态的变化而变化的。按需计算路由是指路由计算节点事先不计算任何路由,只有在网络中有节点提出路由申请的时候才开始根据已有网络状态信息进行路由的计算。

文献[258]提出的空间网络中的 ASCoT 协议根据网络的特点事先对未来状态和需求进行预测,预先计算路由。在网络负载量小的时候,按需路由性能要优于预计算路由,但随着网络负载的增加,按需路由将不能够体现出计算量小的优越性。

4）尽力而为、基于服务类型（ToS）和基于服务质量（QoS）的路由

尽力而为路由算法采用同一个计算标准进行路由计算，计算出的路由对于每个节点来说都是最优的。但随着空间网络服务类型的增加，不同的服务对路径的衡量标准是不同的，这就产生了基于ToS的路由算法，但在地面网络中基于ToS的配置是有限的[259]，基于ToS的路由选择在地面网络的IPv6中已经被删除了。在卫星网络中基于ToS的路由的研究也不是很多。服务质量路由（QoS Routing，QoSR）是一种基于数据流QoS请求和网络可用资源进行路由的机制[260]。文献[261]和文献[262]提出了面向QoS的卫星网络路由算法。文献[263]卫星网络环境中QoS路由面临的新问题，并提出了解决这些问题的几点考虑。

5）面向连接和无连接路由

面向连接和面向无连接是针对电路交换及分组交换方式提出的一种路由分类方法，当前网络中运用最为普遍的ATM路由和IP路由分别属于面向连接及无连接路由。

面向连接能够保证一定的QoS，但当ATM技术运用于卫星网络时，需要解决VP路由的建立和维护的问题[264,265]，随着卫星网络拓扑的频繁变化，VP路由表也要随之改变，这就造成了系统开销增大以及系统复杂性的增加。但卫星网络的拓扑变化同时也存在周期性、规律性和可预知性，Werner利用了卫星网络的特点，提出了一种VP路由的方法[255]。文献[266]也对基于ATM技术的卫星网络路由策略进行了研究和讨论，并得出了一些有益的结论。IP技术支持无连接服务，相对于ATM技术，在卫星网络中运用IP技术，能够对频繁变化的拓扑结构有更强的适应性，且基于IP技术的路由协议的可扩展性强，Hashimoto在定义由卫星网络、地面网关和地面终端构成卫星网络系统框架结构的基础上，提出了一个类似IP网络的卫星网络路由机制[267]。

综上所述，空间信息传输技术伴随卫星出现发展到现在，已由单星单业务发展到多星协作多业务并存的局面，未来还将朝着更加智能化、网络化、分布化的方向发展，相关传输协议、路由协议也将随着系统的发展而进步。就天基信息按需服务而言，其信息传输要求及时、可靠、保密、不中断，军事色彩浓厚，应在借鉴相关研究成果的基础上，根据天基信息按需服务的要求建立天基信息按需传输方法，重点从传输网络、安全机制和路由协议三个方面进行研究。

8.2 天基信息按需传输网络结构

针对需求指标，在天基信息按需传输网络的设计中利用相关课题的研究成

果[240]，采用中轨通信卫星星座作为骨干传输网络，同时利用高轨卫星提高拓扑更新效率和转发服务能力。

在星座结构中，采用中轨卫星星座；考虑到 3 颗同步卫星即可覆盖全球，选择 3 颗经度上相差 120°的地球同步轨道卫星作为高轨卫星，具体轨道参数设置如表 8-1 所列。

表 8-1　天基信息按需传输网络骨干节点设置

节点类型	GEO	MEO
高度/km	35786	11946
倾角/(°)	0	45
周期/s	86164.09	24685.75
节点数量	3	12
轨道数量/条	1	4
相位因子	—	1
地面最小仰角/(°)	10	10
对高层卫星的最小仰角/(°)	—	-5
节点名称	GEO1 GEO2 GEO3	MEO111 MEO112 MEO113 MEO121 MEO122 MEO123 MEO131 MEO132 MEO133 MEO141 MEO142 MEO143

表 8-1 中对 GEO 和 MEO 卫星都进行了编号，其中 GEO 有 3 颗，分别编为 GEO1、GEO2 和 GEO3。MEO 采用 Walker[268,269] 星座，有 12 颗，采用 3 位编号，第一位表示卫星类型，设为“1”，第二位为轨道面编号，有 4 个轨道面，第三位为卫星在该轨道面上的序号，每个轨道面有 3 颗卫星。如 MEO111 表示第一轨面上的第一颗中轨卫星。另外，仰角定义为两个节点连线与节点位置切线间的夹角，规定连线在切线上方为正，下方为负，表 8-1 中 MEO 对高层卫星的最小仰角即定为-5°。基于表 8-1 的卫星轨道设置，从覆盖特性、链路几何特性等方面对星间链路的设置进行分析和设计。

8.2.1　覆盖特性分析

分析覆盖特性的目的是确定所设计传输网络的可见、可通、切换等特性，为研究网络传输协议提供支持。下面给出覆盖及其相关特性指标的定义，其中高层卫星和低层卫星均是从轨道高度意义上讲的。

定义 8-1　覆盖是指低层卫星(或地面站)满足最小仰角要求时进入高层卫星覆盖区域内的状态。覆盖特性包括覆盖率、覆盖时间、覆盖重数、覆盖度等指标，它影响卫星切换、卫星分组、拓扑更新等性能。

定义 8-2　覆盖率是指一颗卫星在指定高度上所覆盖的面积占该球体表

面积的比率,通常用百分比表示。

定义 8-3 覆盖时间是指低层卫星(或地面站)满足最小仰角要求时在高层卫星覆盖区域内能够驻留的时间。

定义 8-4 覆盖重数是指一颗低层卫星(或地面站)能被一颗或多颗高层卫星同时覆盖时的高层卫星数目。

定义 8-5 覆盖度是指一颗高层卫星能同时覆盖低层卫星的数目,又称为星座的层间连接度。

单颗卫星单波束覆盖如图 8-4 所示。图中,O 为地心,S 为高层卫星,A 为低层卫星,R_S为卫星 S 的轨道半径,R_A为卫星 A 的轨道半径,R_E为地球遮挡半径(通常为地球半径加上大气高度),γ 为卫星 A 对 S 的仰角,ξ 为卫星 A 与 S 所成的地心角,φ 为 ξ 对应的半锥角,d_{AS}为卫星 S 到卫星 A 的距离。

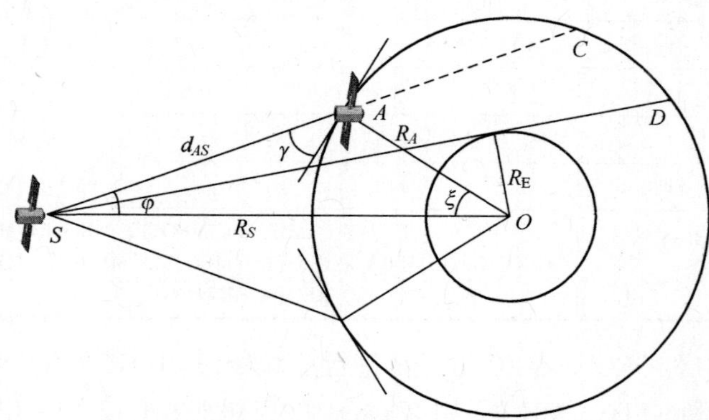

图 8-4 单颗卫星单波束覆盖

由正弦定理可以求得,卫星 A 与 S 所成的地心角 ξ 与仰角 γ 之间的关系为

$$\xi=\arccos\left(\frac{R_A\cos\gamma}{R_S}\right)-\gamma \tag{8-1}$$

星间链路的长度 d_{AS}与仰角 γ 之间的关系为

$$d_{AS}=\frac{R_S\sin\xi}{\cos\gamma} \tag{8-2}$$

根据 ξ 可求得卫星 S 对卫星 A 的覆盖范围(球冠面积)及覆盖率为

$$A_{\text{COVER}}=2\pi R_A^2(1-\cos\xi) \tag{8-3}$$

$$R=\frac{A_{\text{COVER}}}{A_{\text{GLOBE}}}=\frac{1-\cos\xi}{2} \tag{8-4}$$

以上结论可满足星地链路、星间链路的覆盖性判定,即当

$$\gamma\geqslant\gamma_{\min} \tag{8-5}$$

时,可判定为低层卫星或地面站被卫星覆盖。同时由以上公式可知,当 γ 达到

其最小值 γ_{min} 时，地心角 ξ、星地链路长度 d_{AS}、覆盖范围 A_{COVER} 及覆盖率 R 都达到最大。

基于覆盖模型，可得 GEO、MEO 相互之间覆盖的情况。

1. 高轨通信卫星对中轨通信卫星的覆盖

根据表 8-1 的设置，当最小仰角为-5°时，GEO 卫星对 MEO 卫星的覆盖情况如图 8-5～图 8-7 所示，分析工具采用 STK①。由图 8-5 可见，此时覆盖重数大于 1，达到了完全覆盖，任意时刻都至少有 1 颗 GEO 卫星覆盖 MEO112。图 8-6中覆盖度约为 4，即每颗 GEO 卫星都至少覆盖 4 颗 MEO 卫星。达到了覆盖性要求，层间链路的切换次数相应有所增加。

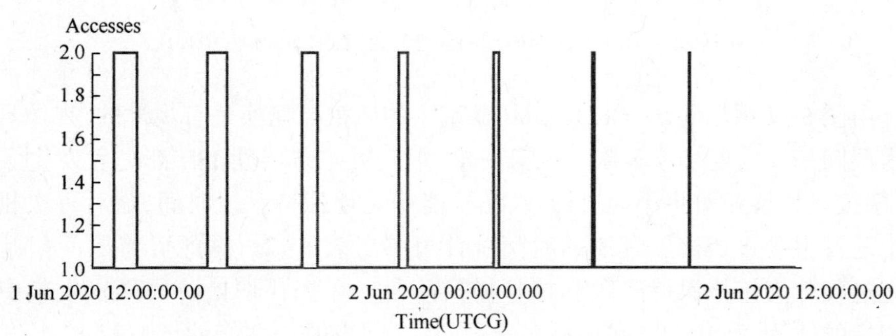

图 8-5　GEO 星座对 MEO112 的覆盖重数（86400s，STK）

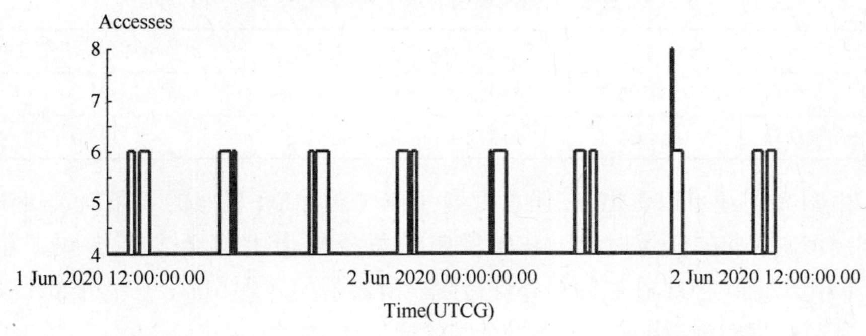

图 8-6　GEO1 对 MEO 星座的覆盖度（86400s，STK）

① STK（Satellite Tool Kit，卫星工具包）是航天领域优秀的设计软件，由美国分析图形有限公司（AGI）研制，在航天器仿真方面有着巨大的优势，可用于分析复杂的陆地、海洋、航空及航天任务，确定最佳解决方案，并可提供逼真的 2 维、3 维可视化动态场景以及精确的图表、报告等多种分析结果。

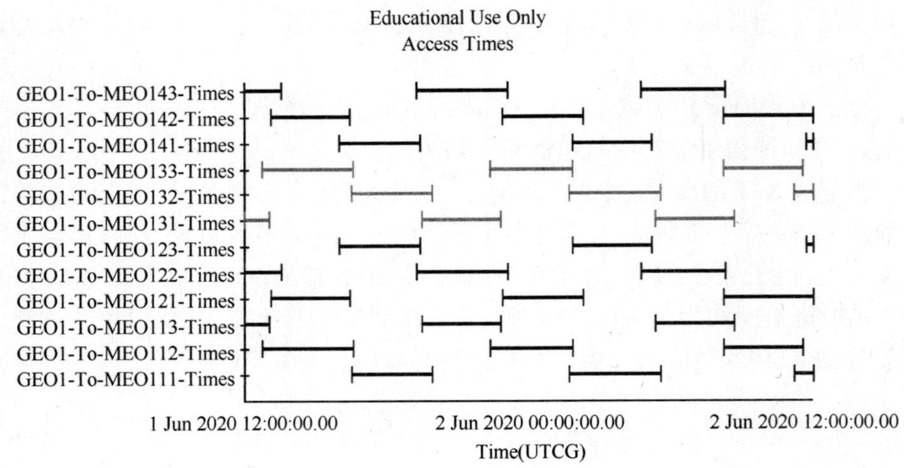

图 8-7　GEO1 对 MEO 星座的覆盖时间(86400s,STK)

由图 8-7 可以看出,GEO 对 MEO 星座的覆盖与切换是有规律的,在仿真时间内层间拓扑需要切换 8 次。在某一时间段内,4 条层间 ISL 都先后发生了切换,即接入切换相对集中地进行,新拓扑能稳定地保持一段时间,之后再次相对集中地发生接入切换。具体的时间统计可参考表 8-2。据此可将层间拓扑的变化过程分为拓扑保持阶段和拓扑切换阶段。在拓扑切换阶段即发生集中接入切换的这段时间内,层间拓扑变化剧烈,对网络通信性能的影响较大,此时路由计算的步长应相应减小。在拓扑保持阶段,层间的连接关系基本不变,此时路由计算的步长可适当增大。

表 8-2　GEO 星座对 MEO 星座的层间拓扑的变化过程统计

	最短时间/s	最长时间/s	平均时间/s	占整个周期的百分比/%
拓扑保持阶段	8663.28	8992.42	8872.56	80.36
拓扑切换阶段	1864.64	2583.84	2168.62	19.64

由图 8-7 还可以看出,在任意时刻,GEO1 对 MEO 星座的 4 条轨道可以实现连续覆盖,即在任意时刻,MEO 星座的每条轨道上都至少有 1 颗卫星与 GEO1 相通,而 GEO1 在层间拓扑保持阶段所覆盖的 4 颗 MEO 卫星分布于 4 条轨道上,这种拓扑结构有助于增强全网的通信能力。

如果不限制 MEO 对 GEO 的最小仰角,通过仿真可知,MEO 卫星能同时被 2 颗以上的 GEO 卫星覆盖,1 颗 GEO 卫星至少能同时覆盖 10 颗以上的 MEO 卫星。连接度过大,会带来很多负面效果:一是对 ISL 收发设备功率要求过高,相应 ISL 误码率也很高,不利于信息传输;二是从天线角度考虑,仰角、方位角受天线的跟瞄技术的限制,也应有一定的范围。

2. 中轨通信卫星对低轨用户卫星的覆盖

考虑到用户卫星多为侦察卫星,其轨道高度通常低于1000km,因此可假设低轨用户卫星参数如表8-3所列,基于该设置分析MEO对其覆盖的程度。由于GEO卫星能够对MEO星座实现良好覆盖,易知其也可对LEO卫星实现较好覆盖,故而此处不再分析。

表8-3　LEO用户卫星参数设置

轨道类型	LEO
高度/km	1000
倾角/(°)	99.6
周期/s	6307.12
卫星数量/颗	4
轨道数量/条	4
相位因子	—
轨道面内ISL	0
轨道面间ISL	0
地面最小仰角/(°)	8
节点名称	LEO1 LEO2 LEO3 LEO4

MEO星座对LEO1的覆盖情况如图8-8和图8-9所示。由图可知,MEO星

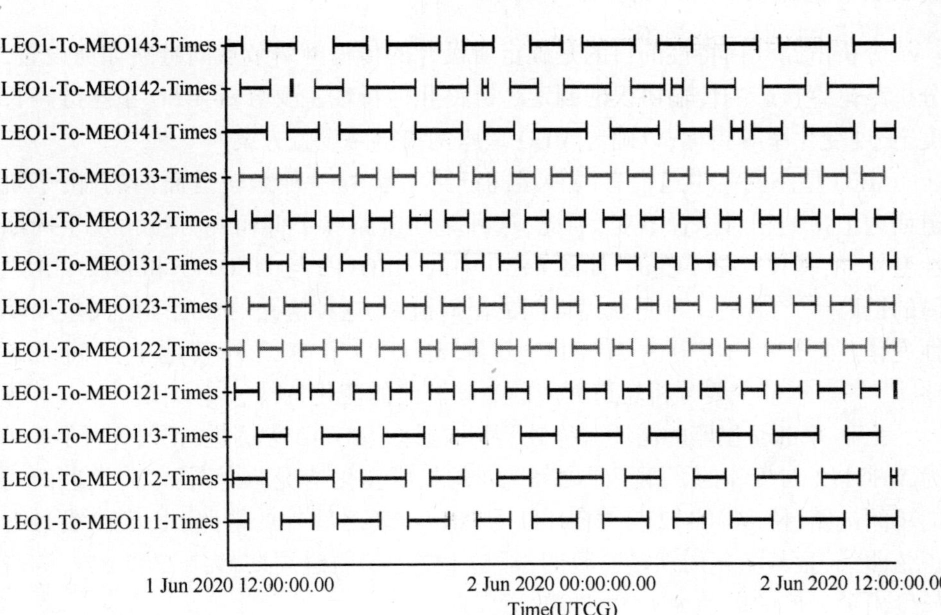

图8-8　MEO星座对LEO1的覆盖时间(86400s,STK)

座能够实现对 LEO 星座的良好覆盖,但两层卫星之间的接入切换非常频繁。在仿真时间内,MEO 星座中单颗卫星对 LEO1 的平均覆盖时间约为 3637.5s,LEO1 与 MEO 星座的接入切换的平均次数约为 23.75 次。

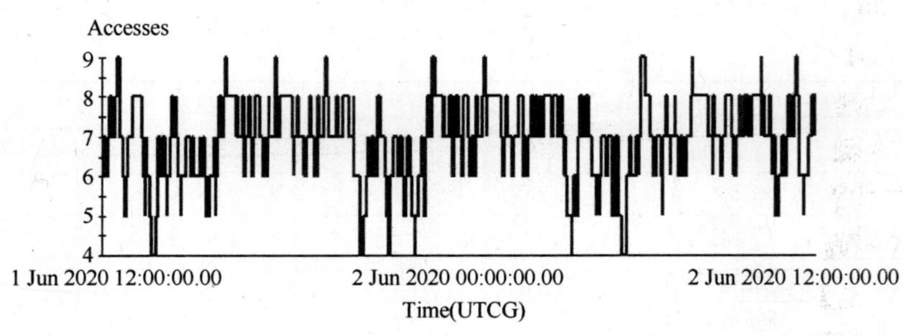

图 8-9　MEO 星座对 LEO1 的覆盖重数(86400s,STK)

通过以上仿真分析可知,天基信息按需传输网络中的 GEO 卫星可实现对 MEO 星座的良好覆盖,而 MEO 星座可实现对高度 1000km 的 LEO 用户卫星的良好覆盖,因此从覆盖特性角度看,该 GEO/MEO 网络能够满足天基信息按需传输服务的要求。

8.2.2　链路几何特性分析

分析链路几何特性的目的是确定所设计的传输网络节点间链路如何设置,分析结论直接影响传输协议的制定。链路几何特性主要分析 MEO 星座链路长度、长度变化率等指标,以确定 MEO 星座网络链路设置方案。

MEO 星座网络中通常有两种星间链路[270,271]:一种是轨道面内的,由于轨道面内卫星的相对位置不变,因此,这种星间链路除了仰角和方位角发生周期性变化外,其长度是不变的,如图 8-10 中的 MEO112 与 MEO111 和 MEO113 之间的链路[272,273];另一种是轨道面间的星间链路,这种链路的长度随时间呈周期性变化,如图 8-10 中的 MEO112 与除 MEO111、113 之外其他节点间的链路[274,275]。本节主要分析轨道面间的星间链路的变化特性。

由于 Walker 星座的循环对称性,因此选择 MEO112 为例进行分析。图 8-10 为 MEO112 与相邻的 8 颗卫星之间 ISL 的长度变化情况。由图可知,轨道面间的星间链路(除 MEO112 与 MEO111 和 MEO113 之间外的链路)长度曲线为类正弦曲线,且其变化周期是一致的,都是 1/2 卫星轨道周期,为 12342.87s;链路长度出现最值的周期为 1/4 卫星轨道周期。

由图 8-10 可知,在相邻的 8 颗卫星中,链路 MEO112 MEO121 与链路

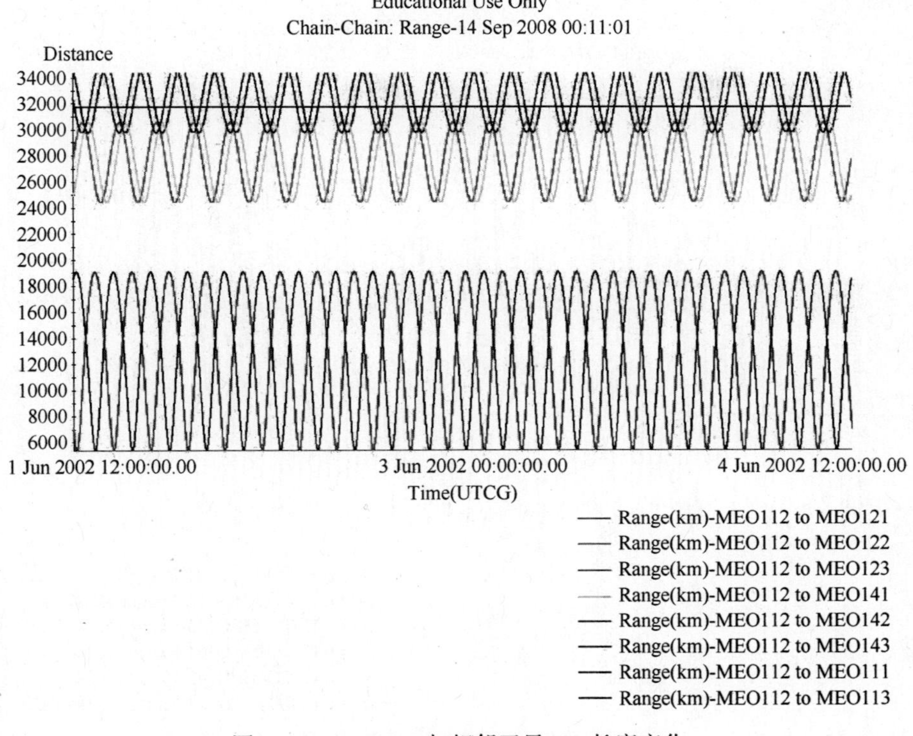

图 8-10　MEO112 与相邻卫星 ISL 长度变化

MEO112 MEO142 长度始终最小，范围均为 5367~19094km，但其变化趋势相反。其次为链路 MEO112 MEO122 和链路 MEO112 MEO141。最次为链路 MEO112 MEO123 和链路 MEO112 MEO143，且出现中断。

从长度变化率上看，图 8-11 给出了 MEO112 与相邻的 2 轨道上的 6 颗卫星之间星间链路的长度变化率情况。链路 MEO112 MEO121 和 MEO112 MEO142 的平均长度虽小，但其变化幅度大（约为 13727km），变化率是 6 条链路中最大的（-3.51~3.51km/s），而链路的长度变化率过大，则会直接导致通信过程中多普勒频移较大，从而使得载波同步困难，造成通信设备复杂。

综合图 8-10 和图 8-11 可知，对于节点 MEO112，其轨道面间星间链路共有两种选择：一种是链路距离短，但多普勒频移大，特点是节省发射功率，但设备相对复杂；另一种是链路距离长，但多普勒频移小，特点是发射功率较大，但设备相对简单。不同的通信卫星可依据自身特点灵活选择链路类型，提高通信的可靠性。

8.2.3　天基信息按需传输网络方案

通过覆盖特性分析和链路几何特性分析，我们可以对表 8-1 给出的网络节

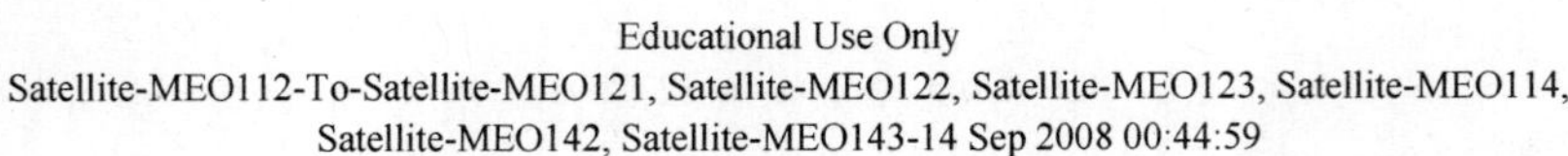

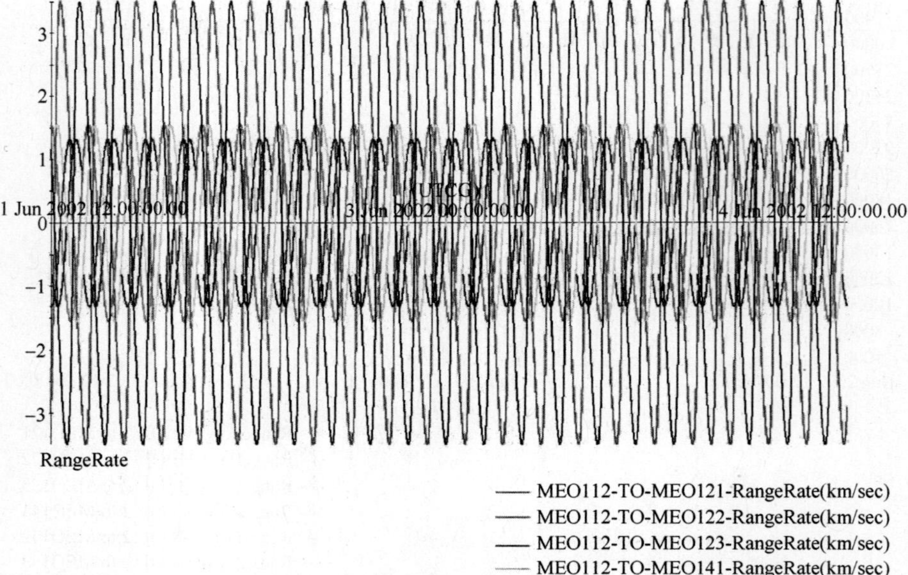

图 8-11 MEO112 与相邻卫星 ISL 长度变化率

点进行合理设计，建立天基信息按需传输网络方案。

对于 GEO 卫星，应建立全面的互联互通和覆盖网络，因此 3 颗 GEO 卫星之间应建立双向星间链路，另外对于其覆盖的 MEO 卫星可在-5°的最小仰角下建立层间星间链路。

在 MEO 星座网络的链路设置上，考虑到未来天基节点载荷的复杂化趋势，采用链路几何特性分析结论中给出的第一种链路组合方式，具体情况如表 8-4 所列。

表 8-4 天基信息按需传输网络 MEO 星座的星间链路设置

节点	111	112	113	121	122	123	131	132	133	141	142	143
111		√	√			√×				√×		
112	√		√	√×							√×	
113	√	√			√×							√×
121		√×			√	√			√×			
122			√×	√		√	√×					
123	√×			√	√			√×				

（续）

节点	111	112	113	121	122	123	131	132	133	141	142	143
131					√×			√	√			√×
132						√×	√		√	√×		
133				√×			√	√			√×	
141	√×							√×			√	√
142		√×							√×	√		√
143			√×				√×			√	√	
注：√表示轨道面内星间链路；√×表示轨道面间星间链路												

MEO 卫星星座网络共设置 24 条星间链路，负责天基信息按需传输的骨干业务。MEO112 4 条同层星间链路情况如表 8-5 所列。

表 8-5　MEO 星间链路长度变化情况

链路设置	链路类型	链路长度/km	变化幅度/km	变化率/(km/s)	平均长度/km
112-121	相邻轨道间链路	5367~19094	13727	-3.51~3.51	约 13210
112-142	相邻轨道间链路	5367~19094	13727	-3.51~3.51	约 13210
112-111	同轨道内链路	约 31739	0	0	约 31739
112-113	同轨道内链路	约 31739	0	0	约 31739

通过覆盖性分析和链路几何特性分析，建立了一套包括 GEO 卫星和 MEO 卫星在内的，为 LEO 卫星和地面节点提供信息传输服务的天基信息按需传输网络。在该网络中，GEO 能够实现对 MEO 卫星、LEO 卫星以及地面节点的较好覆盖；而 MEO 卫星采用 Walker 星座方式按每卫星四链路结构组织在一起，能够实现对 LEO 卫星和地面节点的完整覆盖；同时 GEO 卫星、MEO 卫星以及 LEO 卫星都拥有星间链路，具有星间通信能力，因此该网络结构方案可初步满足天基信息按需传输服务的需求。

8.3　天基信息传输路由协议

确定天基信息按需传输网络后，为满足需求指标，实现信息的有效、可靠的传输，建立了基于拓扑补偿机制的双层卫星网络快速自适应抗毁路由协议（Adaptive Survivable Routing Protocol Based on Topology Compensation in Layered Satellite Networks，ASRPTC），该协议从拓扑快速收敛、安全接入与传输、充分利用 GEO/MEO 网络等角度考虑，保证天基信息按需传输。

ASRPTC 主要思路：利用 GEO、MEO 卫星建立天基信息骨干传输网络；GEO 卫星主要负责 MEO 卫星的管理、全网拓扑计算以及部分信息传输任务；MEO 卫星由其接入的 GEO 卫星管理，负责对接入其的 LEO 卫星和地面用户进行拓扑管理及信息传输和中继工作；LEO 卫星和地面用户仅作为接入节点不承担信息中继任务。这样就在逻辑上建立了一个 GEO/MEO 双层传输网络，节点变化时仅更新改变的拓扑信息，又称为拓扑补偿信息或增量信息，因此该协议可快速地发现和更新网络拓扑变化，具有一定的抗毁和自适应能力，因而该协议称为基于拓扑补偿机制的双层卫星网络快速自适应抗毁路由协议。

8.3.1 节点管理

节点管理部分主要阐明天基信息按需传输网络中的节点的标识以及相关节点间的管理关系，主要包括节点标识、节点接入、节点注销和节点切换等过程，节点管理与下节的链路维护紧密联系，是拓扑描述和计算的基础。

1. 节点标识

节点标识是信息传输的基础，以保证各个节点之间建立有效连接并进行可靠的数据转发，其重点是为每一个节点建立唯一性的名称或编号。

空间信息网络节点标识常用的方法有两种：

（1）利用卫星的逻辑位置进行编址。在任意时刻，卫星的地理位置可用其经、纬度进行表示，即<Lon, Lat>；而卫星的逻辑位置可用二元数组 $<P, S>$ 来表示，其中，P 表示卫星星座的第 P 个轨道面，S 表示轨道面上的第 S 颗卫星。

（2）根据卫星的星下点及其服务覆盖区域进行编址。这种编制方式是基于覆盖区域分割类型路由机制的，地球表面被划分为不同的区域，每个区域都被赋予不同的固定的逻辑地址。而卫星采用一定的隶属函数计算其所属的区域，以获得其逻辑地址。

为简单起见，对第一种方法稍加改动，采用<节点类型 T，类型内序号 S>二元组对天基信息按需传输网络节点进行标识。

2. 节点接入

节点接入是指低层节点通过星间链路接受上层节点管理的过程，包括 LEO 用户节点以及地面陆海空节点（合称为接入节点）接入 MEO 卫星的过程，以及 MEO 卫星接入 GEO 卫星的过程等。这里，GEO 和 MEO 卫星承担网络管理与信息中继等功能，称为传输服务节点。

接入节点按照一定的接入策略搜索对其进行覆盖的 MEO 卫星，并发送注册信息，进行身份验证。如果注册成功，MEO 卫星回复确认信息，并向 GEO 卫星报告由此带来的拓扑增量信息。GEO 卫星之间再进行信息广播，而后各 GEO 将新拓扑信息下发到其管理的 MEO 节点，最终使全网得到此接入节点的状态信息。

3. 节点注销

节点注销是指低层节点通知上层节点终止其管理的过程，主要包括 LEO 用户节点以及地面、陆、海、空节点(合称为接入节点)从MEO卫星注销的过程。值得注意的是,MEO卫星除非发生故障或收到指挥控制中心指令一般不会从GEO卫星注销,因此路由协议中的节点注销仅针对LEO卫星和地面节点而言。

接入节点向其MEO传输服务节点发出注销请求,MEO卫星则向GEO卫星报告由此带来的拓扑补偿信息。GEO卫星之间再进行信息广播,而后各GEO将新拓扑信息下发到其管理的MEO节点,最终通知全网此接入节点注销。

4. 节点切换

节点切换是指随着节点的相对运动,接入节点即将离开某传输服务卫星的覆盖范围进入另一颗卫星的覆盖范围而产生的管理关系、链路连接等方面的转换过程。

在节点切换过程中,从安全的角度考虑,接入节点应在取消与前一颗卫星的链接之前,向下一颗传输服务节点发送注册信息,该传输服务节点确认其注册身份后,向GEO卫星报告由此引起的拓扑补偿信息,进而引起全网拓扑信息的更新;原传输服务节点收到新的拓扑信息后,修改其拓扑信息,释放该接入节点,这样,该接入节点便正式完成到下一传输服务节点的切换过程。

8.3.2　链路维护

天基信息按需传输网络目前存在3种类型的链路:

(1) 同层星间链路(ISL):同层轨道内卫星通信时所使用的星间链路,如MEO星座网络链路。在任何时候,每颗MEO卫星和同层内的4颗与它相邻MEO卫星维持星间链路,包括与同轨道面上的前后2颗和左右相邻轨道面上的2颗。GEO卫星也是通过星间链路和它的两个邻居通信。

(2) 异层星间链路(IOL):不同层轨道间的卫星通信时所使用的星间链路,也称轨间链路。在我们的传输网络结构中,每一颗高层卫星通过IOL连接在它管理范围内的低层卫星。同样,低层的卫星也会同管理它的高层卫星维持一条IOL。注意:高层卫星可能会在GEO层,也可能在MEO层;低层卫星可能在MEO层,也可能在LEO层;同时,IOL不一定非得在相邻层卫星之间才能建立。

(3) 用户数据链路(UDL):地面节点在与卫星进行通信时所用的星地链路。这里包括GEO卫星、MEO卫星和LEO卫星。

1. 链路切换策略

地面站(Earth Station,ES)可与LEO卫星、MEO卫星和GEO卫星之间建立星地链路,其中与LEO卫星间的链路主要用于LEO卫星数据下传,而与MEO卫星和GEO卫星间的链路则通常采用上下行全双工通信链路。

1) 星地链路切换

在MEO卫星、GEO卫星的星地链路中,主要遵循“优势互补,军民共用”的原则，根据 MEO 卫星、GEO 卫星的特点，二者结合使用。对于同时被 MEO 卫星、GEO 卫星覆盖的 ES 可根据业务要求选择使用 MEO 卫星或 GEO 卫星。在战时考虑到实时性的要求，主要应用 MEO 星座完成通信的任务，GEO 星座则主要负责通信所需要的路由的计算，这两种星座互为备份，使卫星系统有一定的冗余，以增强抗毁能力。

对于 MEO 卫星，星地链路切换策略为仰角加权的覆盖时间优先切换策略。采用这种切换策略原因是将覆盖时间与通信仰角结合起来考虑，既能减少接入链路、路由的切换，又能避免较低通信仰角带来的信道恶化，有利于保证较好的通信的质量。

2）高/中/低轨星间链路切换

LEO 用户卫星接入 MEO 卫星采用覆盖时间优先切换策略，这样可以有效地减少接入链路、路由的切换；LEO 应用卫星接入 GEO 卫星采用仰角加权的覆盖时间优先切换策略；对于 MEO 卫星与 GEO 卫星间的切换也采用仰角加权的覆盖时间优先切换策略。采用这种切换策略原因是 LEO 卫星与 GEO 卫星、MEO 卫星与 GEO 卫星间的距离较大，引起传输损耗较大；将覆盖时间与通信仰角结合起来考虑，既能减少接入链路、路由的切换，又能避免较低通信仰角带来的较大的传输损耗引起载噪比的大幅下降，有利于保证较好的通信的质量。

2. 相邻节点间的链路维护

在天基信息按需传输网络中 MEO 卫星之间建立了 24 条 ISL，而 3 颗 GEO 卫星之间也维护着 3 条 ISL，这些链路作为固定链接通常默认为时刻可通，因而其可靠性常常被忽略。考虑天基信息按需服务的背景及需求，同时由于空间信息网络环境的复杂性和不确定性使得这些 ISL 具有时变性，因此认为有必要对这些固定的星间链路进行周期性的检查。检查的内容主要包括各个链路的可通状态、安全状态、有效带宽、队列长度、载噪比、误码率等要素。同时将该检查结果与拓扑信息综合，保证路由计算的可靠性。

设检查的时间为 DT（Detect Time），检查的时间门限为 DTT（Detect Time Threshold），链路时延 LTD（Link Time Delay），链路的可通状态为 LCS（Link Connective State），应满足 DTT>2LTD。可依据以下链路可通状态判别规则进行检查：

$$\mathrm{LCS}=\begin{cases}1 & (\mathrm{DT}\leqslant\mathrm{DTT})\\ 0 & (\mathrm{DT}>\mathrm{DTT})\end{cases} \tag{8-6}$$

若通过周期性地发送分组检查到长时间链路的可通状态 LCS 为 0，则认为被检查的链路失效，此时可向全网通报这一消息，全网的传输服务节点将据此更新其拓扑信息。此外，卫星在受到干扰时，若相邻链路可通，也可向可通卫星发送被干扰信息、其所在链路的链路质量信息，其他卫星可根据这些信息更新链路状态信息表,指导数据包转发。

8.3.3　拓扑收敛

拓扑收敛是指在拓扑结构改变后,传输服务节点尽快实现拓扑更新的过程。由于天基信息网络具有拓扑高动态变化的特点,所以在保证可靠性的前提下应尽可能加快拓扑的收敛速度。影响路由收敛速度的主要因素有:算法的复杂性、网络的规模以及星上计算能力等。由于拓扑是由节点和链路组成,因此其收敛性能与节点管理过程和链路维护过程紧密联系。

在下面三种情况下执行拓扑重新收敛:

(1) 域成员关系改变:域成员关系的改变表明卫星互连的结构发生了变化,为了及时反映拓扑结构的变化必须重新进行拓扑收敛。

(2) 周期性计算:由于卫星的移动和网络中业务负载的变化,链路的状态信息也是不断变化的。周期性的拓扑探测就是为了反映链路状态信息的变化。

(3) 链路拥塞和卫星失效:链路拥塞和卫星失效造成网络拓扑结构发生改变。

天基信息按需传输网络拓扑收敛的一般过程如下:

(1) 当网络结构改变时,正常连接/断开的用户节点将主动报告自己的连接状态,而非正常连接/断开则通过传输服务节点的周期性的查询和探测进行发现。

(2) 拓扑状态补偿信息由当前 MEO 卫星节点上报管理 GEO 卫星节点,由其通知其他 GEO 卫星,进而发布该信息通知全网;如果管理 GEO 卫星节点被攻击或失效,则通知相邻的 MEO 卫星节点,依次在全网内发布该拓扑补偿信息。

(3) 拓扑信息更新后,由传输服务节点负责通知服务管理中心,为其决策过程提供依据。

8.3.4　路由计算

路由计算包含一系列彼此触发的通信和计算事件。路由计算的目标是在满足服务质量指标要求的最短延迟路径上转发数据包。

本书设计的天基信息按需传输网络,GEO 卫星周期性地收集其覆盖范围内的 MEO 卫星的链路状态信息,并与其相邻的 GEO 卫星之间交互信息,进而修正全网的拓扑信息,并将此信息发送给与之连接的 MEO 卫星。在进行信息传输的过程中,MEO 卫星作为信息的接入端和输出端,能够依据拓扑信息独立地进行路由计算和选择。在 GEO 卫星失效时,MEO 卫星网络仍可独立完成路由计算和信息中继。

另外,路由计算还要考虑路由的跳数,通过设置一个最大跳数阈值 N:当路

径跳数 n 小于阈值 N 时,只选择 MEO 卫星网络传输;当 n 大于或者等于阈值 N 时,则选择通过 GEO 卫星网络进行传输,以减少实际传输的跳数。

1. ASRPTC 路由协议的数据格式

1) 时延报告

MEO 卫星与通过 UDL 连接的地面站、通过 IOL 连接的 LEO 和 GEO 卫星、通过 ISL 连接的相邻 MEO 卫星的时延集合。

GEO 卫星与通过 UDL 连接的地面站、通过 IOL 连接的 LEO 和 MEO 卫星、通过 ISL 连接的相邻 GEO 卫星的时延集合。

2) 路由表条目

每个路由表条目主要包含以下信息:

(1) 目的节点 SID 号;

(2) 跳数(到达目的节点所需要的跳数);

(3) 下一跳节点;

(4) 预发送节点列表;

(5) 寿命(本条路由的期满时间或者删除时间);

(6) 其他状态标志和路由标志(如有效、无效、可修复、正在修复)。

3) 包格式

ASRPTC 协议的包共有 12 种,表 8-6 详细说明各种包的类型及作用。

表 8-6　ASRPTC 协议包类型

类　型	名　称	作　用
0	MEO 状态包	MEO 卫星向其 GEO 管理卫星发送状态信息
1	拓扑更新包	GEO 卫星向 MEO 卫星发送拓扑更新信息
2	接入请求包	LEO 卫星或地面用户向 MEO 层卫星广播接入请求
3	接入回复包	MEO 卫星接收到用户的接入请求后回复的接入确认
4	注销请求包	LEO 卫星或地面用户向 MEO 管理卫星发送注销请求
5	注销回复包	MEO 卫星接收到用户的注销请求后回复的注销确认
6	用户注册包	用户向其管理 MEO 节点发送注册消息
7	注册回复包	MEO 接收到用户的注册消息之后,回复注册有效或注册无效信息
8	拓扑补偿包	若用户连接关系改变,MEO 节点要向 GEO 管理节点发送用户节点改变的状态消息;MEO 节点探测到用户节点失效或者链路拥塞后发布
9	用户数据包	用户节点需进行数据传输时,向 MEO 卫星发送数据包
10	数据转发包	GEO、MEO 卫星网络上的数据转发和中继传输
11	状态查询包	GEO/MEO 对所管理的节点状态、MEO 相互间对链路状态周期查询

ASRPTC 协议定义的包格式如下,其中,类型的取值范围为 0~11,长度

4bit；序列号的长度为 16bit；SID 的长度为 16bit；注册回复包的取值为 0、1，长度为 1bit；状态变化类型取值范围为 0～2，长度为 2bit；验证码的长度为 16bit。

（1）MEO 状态包：

类　型	序 列 号	MEO 节点 SID	GEO 节点 SID	MEO 节点的状态信息

（2）拓扑更新包：

类　型	序 列 号	GEO 节点 SID	状态改变节点 SID	拓扑信息

（3）接入请求包：

类　型	序 列 号	用户节点 SID

（4）接入回复包：

类　型	序 列 号	验 证 码	回复节点 SID

（5）注销请求包：

类　型	序 列 号	用户节点 SID

（6）注销回复包：

类　型	序 列 号	验 证 码	回复节点 SID

（7）用户注册包：

类　型	序 列 号	验 证 码	用户节点 SID	注 册 信 息

（8）注册回复包：

类　型	序 列 号	验 证 码	回复节点 SID	回 复 值

回复值为 1，注册成功；回复值为 0，注册失败。

（9）拓扑补偿包：

类　型	序 列 号	源节点的 SID	状态变化类型	状 态 信 息

其中，状态变化类型值为 0，表示用户节点状态改变；状态变化类型值为 1，

表示链路拥塞;状态变化类型值为2,表示节点失效。

(10) 用户数据包:

类　型	源节点 SID	目的节点 SID	传输数据内容

(11) 数据转发包:

类　型	源节点 SID	目的节点的 SID	多跳转发节点计数器	转发数据内容

(12) 状态查询包:

类　型	源节点 SID	目的节点的 SID	验 证 码	状 态 信 息

2. 路由计算步骤

针对"LEO1→MEO1…MEOn→地面站 ESr"路由进行说明,路由计算步骤如下:

(1) LEO1 将数据包发送给其 MEO 管理卫星 Mt。

(2) Mt 收到数据包,向 LEO1 发送接收确认。

(3) Mt 查找接收端 ESr 的接入 MEO 卫星 Mr,而后从全网的完整拓扑中析构出满足传输带宽要求的包含 Mt、Mr 等节点拓扑信息的网络子拓扑。

(4) 针对形成的网络子拓扑,Mt 根据一定的路由策略,采用 Dijkstra 算法计算路由 Mt→M1…→Mr,得到下一跳 M1 节点,而后将数据包转发到 M1 节点,这里,路由策略主要包括最小传输时延、最大接收功率、最小负载等几种。

(5) M1 节点收到数据包后,以发送端身份重复步骤(2)~(4),找到下一跳 M2 节点,并将数据包转发至 M2。

(6) 连续重复相关步骤,直到使找到的 Mn = Mr。

(7) Mr 收到数据包后转发给接收端 ESr,ESr 向 LEO1 发送端到端的接收确认包,该包记录路由中间节点,转发方法与数据包一致,LEO1 收到 ESr 的接收确认后,此次路由计算过程结束。

3. 双路由策略

针对天基信息按需服务的背景和需求,为提高传输的可靠性,ASRPTC 路由协议中对高权限业务采用双路由策略。双路由策略也称作路由备份策略,是指在路由计算时,根据协议确定的约束条件计算出全局最优路径进行数据中继之后,同时计算一条满足约束条件的次优路径进行数据备份传输,且次优路由的路由节点能够避免使用最优路由上的路由节点。仍以"LEO1→MEO1…MEOn→地面站 ESr"路由为例,采用双路由策略时路由计算步骤如下:

（1）LEO1 将数据包发送给其 MEO 管理卫星 Mt。

（2）Mt 收到数据包，向 LEO1 发送接收确认。

（3）Mt 查找接收端 ESr 的接入 MEO 卫星 Mr，而后从全网的完整拓扑中析构出满足传输带宽要求的包含 Mt、Mr 等节点拓扑信息的网络子拓扑。

（4）针对形成的网络子拓扑，Mt 根据一定的路由策略（通常是最小传输延迟），采用 Dijkstra 算法计算路由 Mt→M1…→Mr，得到下一跳 M1 节点；同时计算出 M1 之外的次优下一跳节点 M1*。而后将数据包转发到 M1 和 M1* 节点。

（5）M1 节点收到数据包后按照 8.3.4 节给出的路由计算步骤将数据包发送到 ESr；M1 * 收到数据包后则采用最小负载策略，从而可尽量避开与 M1 选择相同的路径将数据包送达 ESr 节点。LEO1 收到 ESr 的接收确认后，路由计算过程结束。

双路由策略虽然提高了高权限业务的可靠性，但损失了资源利用率，因此在权限设置上应谨慎对待。

4. 服务优先级与资源预留策略

针对天基信息按需服务的军事用途，ASRPTC 协议还给出了服务优先级和资源预留策略。这是由于天基信息按需传输网络资源有限，为了减少在突发业务时出现拥塞情况，对于网络的部分资源进行适当限制，使这部分资源对一般优先级的服务处于不可用状态，仅有达到一定优先级阈值 N（优先级的权值越大，优先级越高）的服务才可以利用这部分资源。假设传输队列中有数据包 i 和数据包 j 的优先级分别为 m、n，资源使用过程如下：

（1）若 $n \geqslant m \geqslant N$，则对数据包 i 进行路由转发，数据包 j 仍处于等待状态。

（2）若 $m \geqslant n \geqslant N$，则对数据包 j 进行路由转发，数据包 i 仍处于等待状态。

（3）若 $n = m \geqslant N$，则对先进入队列的数据包进行转发。

8.3.5　ASRPTC 路由协议交互时序

为形象说明天基信息按需传输 ASRPTC 路由协议的交互过程，采用 UML 的时序图来举例说明。图 8-12 依次给出了两个收发节点接入传输服务网络的过程、数据中继传输的过程和节点注销的过程。

8.3 节主要阐述了根据天基信息按需服务特点所设计的天基信息按需传输 ASRPTC 路由协议，该协议的相关性能将在第 9 章中仿真检验。另外，在对协议细节的描述过程中也引入了身份认证、验证码等安全组网的概念，这是为提高天基信息按需传输服务的安全性而进行的设计，具体机制将在下节阐述。

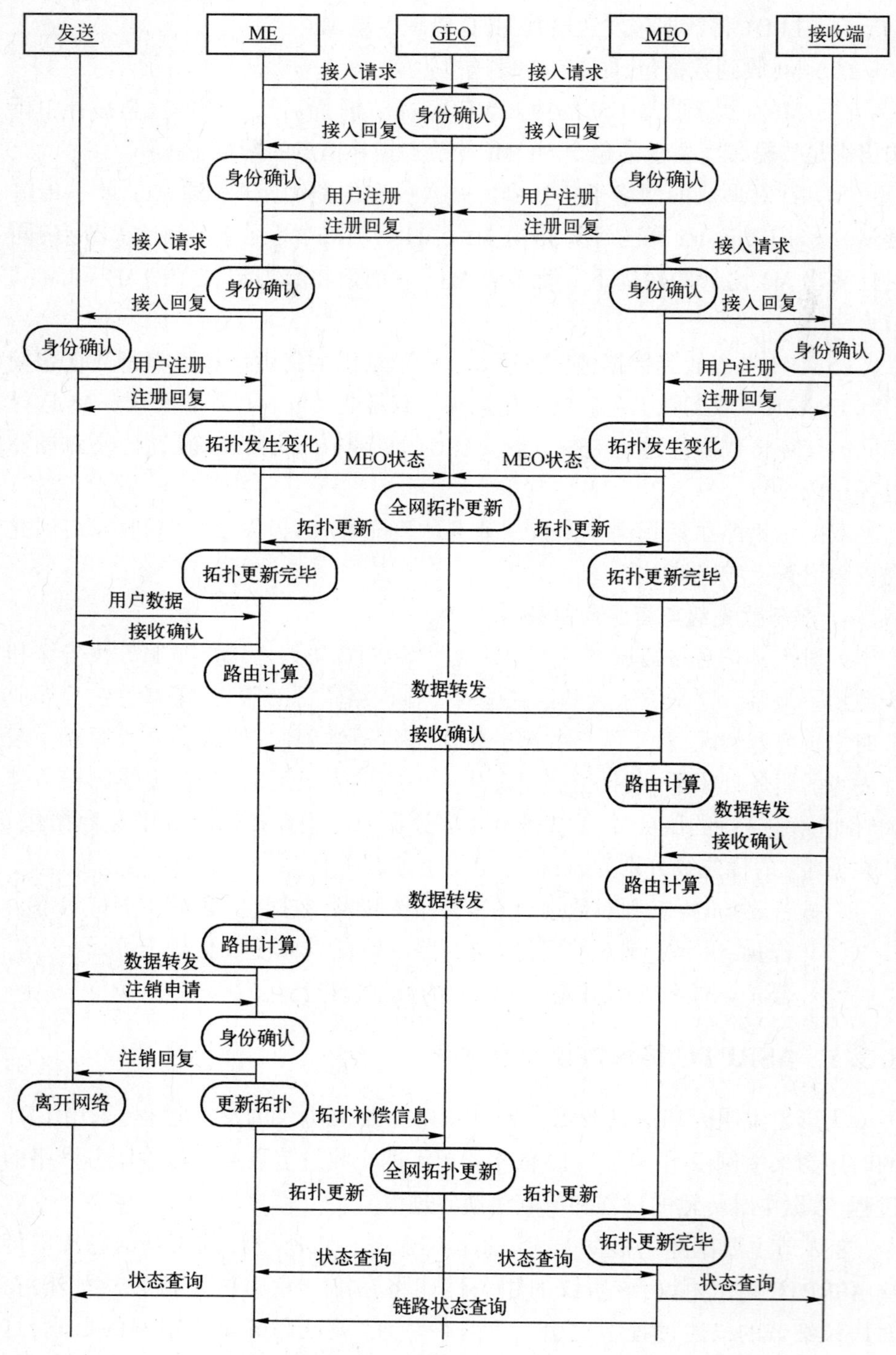

图 8-12　ASRPTC 路由协议交互过程示例

8.4　天基信息传输安全机制

8.4.1　安全机制描述

在天基信息传输网络中,通信干扰、路由溢出等攻击行为都将引起网络中一系列的状态参数的变化,因此应建立一套有效的安全机制以保证天基信息按需服务的正常运行。根据天基信息按需传输技术要求,采用基于信任度模型和节点身份与数据完整性验证模型的自防御安全路由机制。

1. 信任度模型

信任度模型主要包括信任度标识和主动检测机制,相关概念界定如下:

定义 8-6　信任是指相信某一节点不会做出恶意行为和相信某一系统将会抵御恶意操纵,信任度就是信任的量度。

该安全机制及时监视网络各节点与安全相关的各种状态参数及变化,并根据这些状态参数形成信任度标识,明确地表示出各节点的当前安全程度,结合网络中的状态发布机制,及时发布各节点信任度标识。在路由计算时,参考各节点的信任度标识,形成由安全节点构成的网络拓扑,并选择信任度最高的路径作为路由。主动检测是指根据路由计算的需要,实时获取状态参数并发布节点的信任度,用于计算路由的参考,而不是仅仅在节点受到攻击后,被动地去检测攻击节点。

采用信任度标识的安全机制,主要目的在于:

(1) 提供用以判定节点是否可信的依据。

(2) 鼓励正常节点参与网络服务。

(3) 排斥非正常节点参与网络并获取信息与服务。

一般说来,影响节点路由安全的状态参数主要包括节点的本地系统资源使用情况、通信负载、链路质量、受攻击次数与程度、节点失控或失效次数等,这些状态参数基本上能够反映节点在信息转发方面的安全程度。信任度划分为如下两类:

(1) 通信信任度:衡量节点由于通信链路及路由转发情况对安全的影响程度。

(2) 安全信任度:衡量节点受到攻击的程度。

天基信息按需传输网络的每个节点独立计算自己的信任度,并实时发布,提供给路由计算模块,从而形成安全的网络路由。

2. 节点身份与数据完整性验证模型

针对节点接入的身份识别和路由信息的传输完整性的安全问题,分别采用基于预置密钥认证的握手协议和路由信息完整性检验方法。

预制密钥认证握手协议的基本原理是,每一个合法节点都预置了同一组密钥,根据事先设定的规则,周期性地选用其中的一个密钥作为当前工作密钥。当某个节点需要接入传输网络时,在握手协议包中,包含有基于预置秘钥构成的节点安全身份标识,接收节点通过验证此身份标识来判断该接入节点的身份是否合法。

路由信息的完整性检验是对网络中节点之间传输的路由信息都增加一个散列处理的校验值(验证码),用于接收节点对收到的路由信息进行完整性检验,从而防止路由信息在传输中的篡改攻击和虚假信息的广播。

8.4.2 安全机制模块

依据自防御安全路由机制的基本思想,其主要功能构成包括接入认证模块、完整性检验模块、状态收集与检测模块、信任度计算与发布模块和安全路由计算模块。

1. 接入认证模块

1) 主要功能

完成对接入节点的身份验证。

2) 基本流程

(1) 初始化过程:在网络各节点初始化时,系统为每一个合法节点都预置了同一组密钥 K1 ~ Kn,每个节点采用基于时间的变化规律作为事先设定的规则,周期性地选用一组密钥中的一个密钥作为当前工作密钥。

(2) 接入节点的安全身份标识构成过程:节点 A 欲接入传输网络,当其进入通信范围后,使用相应的通信方式开始与最近的节点 B 进行通信,节点 A 向节点 B 发出握手协议包,在协议包中包含了节点 A 的身份密钥标识 IDa。

IDa = {hash(Ki+TimeStamp), TimeStamp}

其中:hash 为散列函数;Ki 为节点 A 的当前工作密钥;TimeStamp 为当前时刻的时间戳。

(3) 接收节点的验证过程:当节点 B 收到此握手协议包,对此包进行验证。节点 B 首先取出时间戳,因为节点 B 保存了同样的密钥组,根据时间戳,可以得到对应时刻的工作密钥,由此工作密钥和时间戳,可以计算出相应的散列值,对比这个值和握手包中携带的散列值是否一致,就可以判断节点 A 是否合法。

尽管在此认证方法中使用了预置的密钥组,但由于使用了自定义的握手协议和基于时间映射关系的当前工作密钥选择规则,节点之间传输验证信息增加了可变信息和密钥散列值,所以可以防范重放攻击、密钥截获攻击等。如果发现某个节点被控制,那么可能泄漏了预置的密钥组,应对所有节点更新密钥组及规则。

2. 完整性检验模块

1）主要功能

完成对传输的路由及状态信息进行完整性检验。

2）基本流程

（1）校验值生成过程：网络中的每个合法节点在发送路由和安全状态信息时，都利用 MD5 等散列算法基于该信息生成散列值，即校验值 = hash（路由信息，安全状态……），该散列值附加在发送的路由和安全信息中一并传输。

（2）检验过程：每个节点接收到转发来的路由和安全状态信息后，对接收到的路由和安全状态进行相同的散列值计算，并将此值与接收到的散列值进行比较，如果一致，则使用此路由信息，否则抛弃此路由信息。

3. 状态收集与检测模块

1）主要功能

完成信任度计算所需要的相关状态的收集和攻击检测。

2）基本流程

（1）通信状态收集过程：通信信任度的计算参数主要是通信资源使用情况与状态，如该节点的链路质量、通信负载等，这些参数状态在节点受到通信干扰或者链路攻击时，都会发生一定的变化，记录和检测这些状态与正常工作情况的偏差程度，作为衡量通信信任度的依据。具体应用中采用的参数主要以通信误码率、信噪比等为主，参数主要通过节点的底层通信模块以预定格式提交给状态收集和检测模块。

（2）攻击检测过程：安全信任度的计算依据是节点的受攻击情况及抗攻击能力，在网络节点上准确获取这些状态，具有一定的难度。根据信息节点上计算资源严格受限的情况，采用如下的具体设计方案。

考虑到针对网络节点物理层和链路层等底层的攻击行为所带来的安全影响，一定程度会体现在通信链路上的状态变化，这些变化由通信信任度模块来检测和计算。所以，安全信任度主要针对节点受到的最典型的上层（主要指网络层以上的）攻击行为，并设计相应的应用层检测模块。这些模块考虑到天基节点资源受限，可以根据检测功能需求进行剪裁、可以根据资源状态自适应加载。攻击检测模块的可剪裁性和自适应性可通过本地资源状态监控，触发设置模块加载配置表的方法来实现。初步的设计中主要实现对黑洞攻击和路由 DoS 攻击等典型攻击行为的检测。攻击检测模块将受到的攻击类型与次数，作为安全参数上报给安全信任度计算模块。

4. 信任度计算与发布模块

1）主要功能

根据收集和检测到的参数进行信任度计算。

2）基本流程

（1）通信信任度计算：节点 A 的通信信任度是根据节点 A 的通信链路及包转发等综合因素进行衡量，具体计算中以信噪比和误码率为主。计算方法如下：

commtrust = 1 - 1/f(commpara1,commpara2,…)

commtrust 为节点 A 的通信信誉度；

commpara1,commpara2,…为节点 A 的通信状态参数；

f 为对状态参数的函数运算，不同的参数，函数不同。

即通信信任度是以通信参数为自变量的函数，根据该算法，通信信任度的值在 0 ~1 之间变化，越接近 1，信任度越高。

（2）安全信任度计算：节点 A 的安全信任度依据该节点所受到的攻击强度和数量来计算。计算方法送如下：

sectrust = sectrust/(attack-times * attack-weight)-Delta

sectrust 为节点 A 的安全信任度；

attack-time,attack-weight 为节点 A 受到攻击的次数和攻击的强度；

Delta 为增量差值。

即安全信任度是以攻击情况参数为自变量的函数，根据此算法，安全信任度的值在 0~1 之间变化，越接近 1，信任度越高。

（3）信任度发布过程：将计算出来的信任度及时发布，此模块在具体实现中，是与节点自身的路由状态转发模块相结合在一起的。

5. 安全路由计算模块

1）主要功能

根据获得的网络中的各节点接入认证、信任度和完整性检验结果，计算和调整路由。

2）基本流程

计算和调整的策略：对于不能通过接入认证的节点，不能接入网络参与路由；对于完整性已破坏的路由信息，不被采用和转发；路由计算中考虑通信信任度和安全信任度，根据通信信任度和安全信任度的乘积，选取信任度高的节点参与路由，形成安全路由路径。

第9章　天基信息按需服务的个性化推荐框架研究

《孙子兵法》云:"知彼知己,百战不殆。"可见,信息历来就是一种重要的战略资源,是军事斗争中制胜的关键因素。军事信息系统已经成为信息化军队的大脑和神经。如同互联网用户一样,随着军事信息技术的不断进步,天基信息服务系统的用户也开始面临信息过剩的问题。天基信息按需服务用户在进行决策分析时希望迅速地定位真正所需的信息,因此迫切需求可将现有信息资源以最方便、最有效、最快捷的方式提供给用户的信息处理技术。当前,随着机械化战争向信息化战争转型的加速,信息力成为作战能力基本构成的主导要素,要把信息化建设的着眼点放在提高基于信息系统的体系作战能力上,信息系统成为体系作战能力的基础和前提。将个性化推荐技术应用于空间信息系统,形成针对天基信息用户的个性化推荐服务,可有效提高空间信息系统的整体效能。

9.1　个性化推荐技术的军事应用需求分析

9.1.1　功能需求

美军参联会2000年发表的《2020联合构想》中,将《2010联合构想》中的"谋求信息优势"目标改为"谋求决策优势",相应手段从"四个任何"(any)变为"五个恰当"(correct),即从"在任何时刻、任何地点,将任何信息送到任何人手中"改变为"在恰当的时间、恰当的地点,将恰当的信息以恰当的形式交给恰当的接收者",同时压制敌方谋求同样能力的企图。作为美军实现决策优势的最重要因素,全球信息栅格(GIG)遵循"按需定制"的原则,把一体化的信息网络细分为若干个网格,将信息共享划分为若干层次,针对不同的用户为其提供所需的、经过处理的信息。我军的《军队信息化建设规划纲要(2006—2020年)》中也指出,要对各类信息资源以及支持资源进行系统集成,提高网络"端到端""即插即用""按需分发""柔性重组"的能力[276]。

无论是"四个任何"到"五个恰当"的转变还是"按需"原则的提出,都充分说明了军事信息系统的功能需求重点正从信息的多样化获取转向可用信息的高效管理和有效利用。而个性化推荐的初衷,即为用户提供符合其自身需要的信息及服务,正契合这一发展趋势。

9.1.2 信息模型需求

随着军事信息系统种类的不断增加和各系统功能的日臻完善,系统之间逐渐形成自成体系、条块分割的局面,不同系统之间的信息却不能及时共享和综合利用,使用户难以及时全面掌握战场态势而不能有力地支援作战。军事信息系统正面临着耗资巨大却难以有效利用,技术先进却难以满足用户需求的尴尬局面。综合集成是提高军事信息系统整体效能的有效途径[12]。军事信息系统的综合集成,是指将各类电子信息系统进行系统整合、功能融合,形成一个涵盖各个作战领域、适应联合作战需要、具备多种功能、作战指挥快速准确、信息流程快捷顺畅的一体化的综合电子信息系统。

个性化推荐技术的信息模型可应对多样化的信息数据,尤其是针对较难用内容描述的信息有较强综合处理能力,具有良好的兼容性。考虑到综合电子信息系统对处理多兵种、多系统、多层次信息数据的要求,个性化推荐的引入可有效提高系统的信息综合处理能力,有助于解决军事信息系统中存在的"烟囱"问题。此外,个性化推荐技术中还考虑了用户兴趣的动态性,即用户对信息的需求也是随时间动态变化的,这也符合军事信息的特点。

9.1.3 服务模式需求

信息服务通常表现为两种基本服务模式:一种是被动式的信息服务模式,即用户根据自身对信息的需求,通过查询和搜索等信息拉取方式获取有关信息的模式;另一种是主动式的信息服务模式,即根据所获取的信息源,主动进行定期或不定期地发布各种信息的推送式服务模式。

现有各类军事信息系统的服务模式单一,主要采取被动服务的方式,在可用信息较多的情况下,并不能发挥信息的整体优势,实现信息的有效融合。在军事信息系统中引入个性化推荐技术,可辅助用户迅速定位所需信息,提高被动式服务模式下信息查询和搜索的效率;同时个性化推荐技术可分析用户的潜在军事需求及服务调用习惯,为用户建立全面的需求模型,以此为依据向用户推荐可能需要的信息服务,使军事信息系统具备充分的自主性、灵活性,实现被动信息拉取和主动信息推送的有机结合。

9.2 天基信息按需服务个性化推荐特性分析

9.2.1 天基信息服务特性分析

天基信息按需服务的关键是要从历史天基服务信息中发现用户兴趣知识,

并利用这些知识提供与按需服务相关的决策支持。

天基信息节点本身具备多时效、多尺度、多类型等特征，结合天基用户需求及天基信息数据特性，天基信息服务具有以下特点：

(1) 多源性。获取或采集天基信息数据的目的和手段不同，同一天基位置的数据也具有不同的天基精度和信息量。

(2) 多尺度性。同一天基信息服务（如图像类），可能会因为轨道倾角和其他因素，造成服务质量（分辨率）的不同。

(3) 时间动态性。天基信息本身是与时间密切相关的资源。天基信息会随着时间的演化而改变，所以天基信息是时态数据。天基信息服务的周期性，天基实体的轨道特性使天基信息的重访存在周期性，某些信息服务的重用存在调整时间，不一定是实时的。

(4) 趋同性。用户历史中调用过的服务很可能是下次依然会选取的服务，对历史记录存在较大的依赖性。

(5) 潜在关联性。

潜在关联规则：调用服务 m 的同时也很可能调用 n。

潜在时序规则：调用服务 m 后，会调用服务 n，但调用服务 n 后不一定调用服务 m。

(6) 地理相关性。对于移动用户特别是一些地面战术级别用户而言，其所需求的天基信息服务往往与用户所在地理位置相关。

其中，多源性和多尺度性是天基信息本身所固有的特征，也是造成天基信息服务类型多样化的直接原因。时间动态性、潜在关联性及趋同性是所有个性化推荐技术得以实施的根源，而针对以军事应用为目标的天基信息服务，时间动态性的考虑最为重要。地理相关性是天基信息服务中最为特殊的一点，与民用的基于地理位置的服务（LBS）不同，天基信息服务考虑地理相关性，但不完全依赖，而需针对用户需求进行调整。

9.2.2 天基信息按需服务个性化推荐的任务分析

天基信息按需服务个性化推荐的实现以用户的历史服务数据为依据，构建用户兴趣模型，预测用户服务需求。天基信息按需服务用户服务需求中最关键的同时，也是天基信息按需服务区别于普通信息服务的两点是：

(1) 推荐用户未申请过但可能需要的服务。军事目标的多样性造成了为联合作战服务的天基服务信息的海量性，用户不可能针对所有可能目标完成所有可能需求的服务，所以，在用户历史服务记录中未申请过的服务也可能是契合用户作战信息支援需求的服务，个性化推荐的特长是通过比较用户和服务项目间的相似性，由已知启发得出未知，不断推测和完善用户对服务的需求程度，以求在非完整数据下得出用户对服务兴趣度的定量计算。

(2) 与突发事件和热点事件相关的服务。对突发事件和热点事件的快速响应和及时处理,是对我军在当前"传统安全威胁与非传统安全威胁交织"的新时期新环境下,应对各类"战争与非战争军事行动"任务的基本要求,而天基信息服务在救灾抢险、远洋护航等此类新任务的应用中至关重要,个性化推荐可以追踪用户与服务对应信息的变化,洞悉突发事件和热点事件的发生,并向用户推荐相应信息服务。

9.2.3 天基信息按需服务个性化推荐需注意的问题

个性化推荐技术最初的研究目的是提高在线网络销售的利润,而个性化推荐技术最成功应用也集中在电子商务领域。但天基信息服务毕竟不同于互联网中的信息服务,而且军事信息本身在准确性、安全性、时效性等方面都有更高的要求,所以,将个性化推荐技术应用于天基信息服务需结合个性化推荐的技术优势与天基信息服务的特殊性(表 9-1)进行综合考虑。

表 9-1 天基信息按需服务个性化推荐与电子商务个性化推荐的区别

推荐类型 区别因素		电子商务个性化推荐	天基信息服务的个性化推荐
推荐原则		结合商业利润 与用户兴趣	综合系统整体效能与 军事信息用户需求
服务模型	服务扩展	快	慢
	服务需求迁移	一般较慢	通常比较突然
安全性	用户权限管理	宽松	严格
	特征隐藏需求	低	高
时效性		在线购物系统要求较高	高
评估指标		兼顾精确度和多样性	强调精确度

1. 推荐原则

电子商务中的个性化推荐是为利润服务的。例如,考虑到销售市场的"长尾"效应,即众多小市场汇聚成可以与主流大市场相匹敌的市场能量,个性化推荐系统需保证推荐结果的多样性,借以提高整体销售业绩。但对于军事信息系统,许多情况下恰恰相反,天基信息服务的个性化推荐无需太多考虑多样性,最终希望获得的推荐是更准确、更符合用户需求的项目。

天基信息服务的推荐原则肯定与获利无关的,但仍应考虑系统的整体效能。电子商务的个性化推荐中,系统推荐原则是兼顾商业利润和用户兴趣;而天基信息服务的个性化推荐,其原则是综合考虑系统整体效能和军事信息用户的特殊需求。

2. 服务模型

(1) 服务扩展较慢,但仍需考虑推荐算法的可扩展性。空间信息系统所涵盖的信息服务类型一般基于现有的航天信息装备,短时期内不会有较大的变化,军事目标的增加速度相对电子商务中货物数量的增长也并不显著,天基信息服务的数量和类型扩展都比较慢。但现有天基信息服务的种类已经比较可观,在考虑个性化推荐实施的具体算法时,依然需要考虑算法在应对大量项目时的可扩展性。

(2) 用户的需求迁移有时较突然。电子商务系统中的用户兴趣存在动态性,常随季节、时间、天气等变化,空间信息系统针对的军事信息用户需求也应考虑动态性。即使和平时期,与军事相关的突发事件也层出不穷,军事热点变化的同时,天基信息服务所面向用户的需求也随之相应变化。

3. 安全性

(1) 严格的用户权限管理。许多在线个性化推荐系统为了扩大用户群和用户信息以完善用户兴趣模型,对系统非注册用户的信息也进行收集。为满足军事信息对安全性的更高要求,个性化推荐技术在应用于空间信息系统时,需对用户进行严格的级别和相应权限划分,特别针对各军种、各军事单元级别,将赋予不同的服务调用权限。

(2) 特征数据的隐藏。由于个性化推荐系统一般会为用户建立需求模型,如果模型在建立中对用户特征的描述过于具体,则会存在军事信息泄露的风险。为避免敌方通过非法获得、伪造、篡改我方军事信息数据等行为,对军事信息系统的安全造成威胁,应优先考虑隐藏用户特征数据的推荐算法,如基于矩阵分解、粗糙集以及模糊数学等方法的协同过滤算法,此类算法只建立抽象的用户特征,难以通过具体内容进行表述和归类。

4. 时效性

(1) 简洁的数据收集方式。为建立用户的兴趣模型,个性化推荐系统需收集用户的行为数据及个人特征属信息。推荐完成后,用户应对服务质量进行反馈。如果系统为获得更全面而细致的用户兴趣和服务质量反馈信息,过分介入用户接受服务的过程,反而会影响用户对推荐服务的满意度,从而违背了个性化推荐的初衷。对于军事信息系统,要求用户提供过多信息除了会产生安全隐患,更会影响信息服务质量和服务的实时性,从而降低系统的使用效率。所以,应用于军事信息系统的个性化推荐,在数据收集时应尽量采取隐含式的信息反馈,以避免打扰用户使用服务。

(2) 快速的信息数据处理。在实际的个性化推荐系统中,许多在线系统需要迅速为用户做出推荐,因此仅适当考虑其的购买和评价历史记录,此时推荐算法即使再精确,若不能满足实时性的要求,则对推荐系统来说也是徒劳。战场态势瞬息万变,军事信息的时效性要求更高于一般系统,如果军事信息的个性化推荐服务不能迅速完成,那么军事信息服务的个性化推荐结果也将失去意义。

5. 评估指标

个性化推荐的性能评估虽然形成了全面的常用评估指标集,涵盖了推荐性能评估的各个方面,但目前仍没有明确的使用标准,通常情况下,不同的推荐算法在不同服务数据集上表现不同,不同指标用于评估的目的也不同,而最终对性能评估指标的选取,应由个性化推荐系统的具体应用需求决定。

一般的个性化推荐系统在评估推荐结果时,较为流行的推荐可能因用户觉得信息量不大而失去价值,过于精确的结果如果不能体现推荐的多样性就不能算好推荐,评估推荐好坏的标准应兼顾用户兴趣与商家利润。而将个性化推荐应用于军事信息系统时,在推荐过程中最需要的信息往往是较熟悉的方面或是近期使用频率较高的信息服务,所以优先考虑的应是 MAE、RMSE 等一类更强调精确度的评估指标。

9.3 个性化推荐系统框架研究

个性化推荐系统分为基于规则的个性化推荐系统和基于信息过滤的个性化推荐系统,这两类系统的结构框架各不相同。

9.3.1 个性化推荐系统分类

个性化推荐系统根据其采用的推荐技术可以分为基于规则的系统和信息过滤系统,信息过滤系统可分为基于内容过滤的系统、协同过滤系统[277]。

基于规则的系统一般根据用户感兴趣的内容,通过规则推算出用户对未知内容的兴趣。其关键是采用数据挖掘的方法形成规则,根据规则的支持度对可能感兴趣的内容排序筛选出推荐结果。基于规则的系统优点是简单直接;缺点是规则的质量难以保证,且无法动态更新,随着规则数量的增多,系统更加难以管理[278]。

基于内容过滤技术的推荐系统一般针对以文本为主的内容易于描述的信息资源,须通过用户以往访问的信息资源总结用户所关心的内容并形成用户兴趣描述文件,通过比较信息资源与用户兴趣描述文件的匹配程度来推荐资源。该类系统的局限性是对较难描述和确切分类的内容推荐效果较差,而且因其算法原理,只能发现和用户已有兴趣相似的资源,无法为用户发现新的需求[279]。

协同过滤技术是根据用户或项目的相似性来推荐资源,它是目前个性化推荐系统中应用最广、效果最好的推荐手段。因其原理是利用相似用户的兴趣预测当前用户感兴趣的内容,而非直接匹配用户与目标内容,故而可以得出用户可能需要的新项目。但随着系统用户和服务的增多,多数算法的计算量增大较快,存在可扩展性的问题。在构建个性化推荐系统时,为融合各类算法的优点,协同过滤技术的使用一般采用多种算法组合的方式[280]。

基于信息过滤的系统最大特点是为用户建立兴趣模型,其中基于内容的用户兴趣模型一般是用户感兴趣的内容主题的集合,而协同过滤的用户兴趣模型是指用户属性和行为信息与用户需求间的关系。协同过滤和基于内容推荐之间的区别在于前者使用用户—项目行为数据及用户属性数据来做预测和推荐,而后者依赖用户和项目的内容特征做出推荐。

9.3.2　个性化推荐系统的基本框架研究

1. 基于规则的个性化推荐系统框架

基于规则的推荐系统中最关键的是规则库的建立。如图9-1所示,该类系统运行的前提是已经通过长时间的数据收集得到大量用户行为数据,而后用关联规则挖掘算法搜寻用户行为的关联,形成规则库,当用户申请服务时规则引擎调用规则库进行查询和匹配,将与当前用户行为符合关联规则的项目或服务推荐给用户。

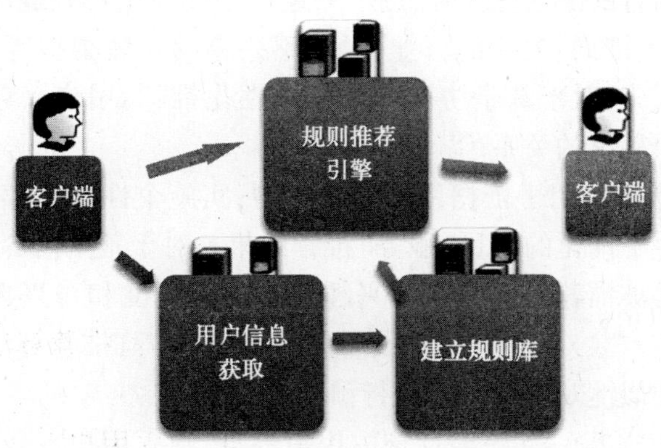

图9-1　基于规则的个性化推荐系统框架

在基于规则的推荐系统中,因关联规则的挖掘所需的数据量和数据处理的计算量极其巨大,包括大量的数据清洗整理和后期与规则引擎交互时的规则导入,所以关联规则库的建立和规则引擎的数据处理过程是相互独立的,规则推荐引擎的作用遵循制定关联规则时确定的规则格式和识别算法,一般情况下,关联规则库的更新和推荐不同时进行[281]。

2. 基于信息过滤的个性化推荐系统框架

基于信息过滤的个性化推荐系统基本框架一般包括客户端、用户信息获取

模块、用户兴趣建模模块、个性化推荐模块以及服务端,如图 9-2 所示

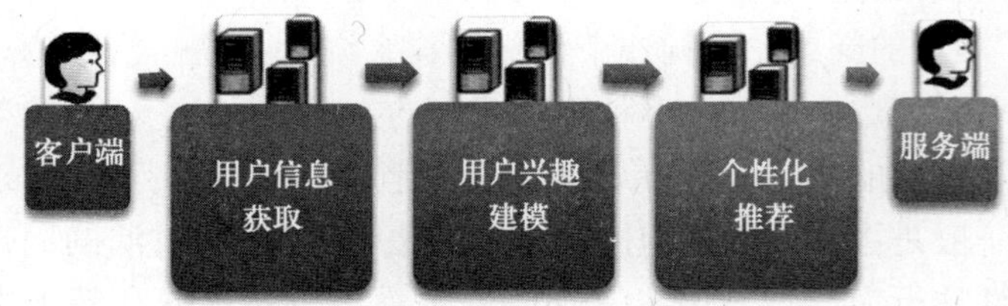

图 9-2 基于信息过滤的个性化推荐框架

用户信息获取模块用于从客户端收集可反映用户兴趣的信息,信息的表达形式可以是文本、数据、图像等。信息的获取方式既可以是显式的,也可以是隐式的,前者利于收集更详细的信息并建立更准确的兴趣模型,但会干扰用户接受服务的过程,后者多从挖掘用户行为入手,不易为用户察觉,对用户体验不会造成干扰[282]。

用户兴趣建模模块用于将获取的用户信息转化为用户兴趣或用户需求的度量指标。用户兴趣模型的表示方式一般为一个所有用户与所有项目(服务)之间的矩阵,每个用户和每个项目之间对应着一个表示用户兴趣或需求的数据。对于基于内容的个性化推荐,用户兴趣模型反映用户兴趣的内容主题的集合,如用户常用关键词、关注的行业领域、感兴趣的媒体类型等,建模对象的内需易于表达和区分;对于基于协同过滤的个性化推荐,用户兴趣模型反映的是用户属性与用户需求的关系[283]。

个性化推荐模块用于依据用户兴趣模型,实施个性化推荐算法,从而针对不同的用户产生个性化的项目(服务)推荐结果。对于基于内容的个性化推荐,推荐算法是根据被推荐对象内容与兴趣模型的匹配度和对兴趣主题的支持度判断用户的兴趣[284];对于基于协同过滤的个性化推荐,推荐算法通常通过比较用户或服务的相似性对用户兴趣进行预测。

整个个性化推荐的过程经过获取用户信息,建立用户兴趣模型,进而通过个性化推荐算法预测用户需求,向用户推荐服务,从用户开始,也到用户结束,通过不断地收集信息、推荐服务,更新并完善用户的兴趣模型,最终的目标是为用户提供更切合其需求的推荐服务。这个从用户到用户的闭环过程中,用户信息收集得越多,所建立的用户模型越准确,而对用户长期稳定的兴趣爱好推荐也越准确,而且在基于信息过滤的推荐系统中,用户兴趣模型的建立更新和推荐结果的形成是顺序进行的,更易于捕捉用户兴趣的动态变化[285]。

9.3.3 基于信息过滤的个性化推荐系统划分

在基于信息过滤的个性化推荐系统框架中,用户信息收集模块、用户建模

模块和个性化服务模块可以分别存在于客户端、代理端或服务器端，根据这三个模块的在系统中的不同分布，可将其划分为五种类型[286]，结构如图 9-3 所示。

图 9-3(a)为一种客户端/服务器端个性化服务系统的实现结构。该类结构系统中，用户信息的收集在客户端实现，用户兴趣建模和个性化服务在服务器端实现。由于用户行为信息是在客户端收集，因而能够获得丰富准确的用户信息，而数据处理量较大的兴趣建模和个性化推荐过程则交给服务器端；缺点是需要传输用户信息，所以也容易造成对用户隐私的侵犯。但由于个性化服务是在服务器端实现，因而可以实现基于协同过滤的个性化服务。

图 9-3 (b)是另一种客户端/服务器端个性化服务系统的实现结构。与图 9-3 (a)所示的系统不同的是，在图 9-3 (b)中，用户信息的收集和用户建模均在客户端实现，只有个性化服务在服务器端实现。由于用户信息的收集和用户建模是在客户端收集，因而能够收集到丰富、准确的信息构建用户模型，虽然需要传输用户模型，也容易造成对用户隐私的侵犯，但用户模型的隐私泄露风险相较原始数据来说稍低，如果不知用户兴趣模型的构造原理，有单一用户的用户模型数据意义不大。此结构中个性化服务是在服务器端实现，因而同样可以实现基于协同过滤的个性化服务，但其最大的问题是整个系统的可扩展性存在问题。因用户建模模块在客户端，故而当用户模型升级或推荐算法升级时，需要对大量的客户端进行升级从而带来过高的成本问题，此外对数据传输系统也会造成额外的负担。

图 9-3 (c)为服务器端个性化服务系统的实现结构。在该结构中，用户行为信息的收集、用户兴趣建模和个性化服务均在服务器端实现。由于用户的信息在非本地的服务器端处理，因此同样有可能侵犯用户的隐私。其优点是可以实现基于协同过滤的个性化服务，尽可能实现客户端的瘦化，非常利于在线信息推荐系统和电子商务个性化系统的构建。

图 9-3 (d)为客户端个性化服务系统的实现结构。在该结构中，用户行为信息的处理、用户兴趣建模和个性化服务均在客户端实现。由于用户信息就在本地收集和处理，因而不但能获取丰富的用户信息以构建高质量的用户模型，还可以有效地保护隐私。缺点是无法借鉴其他用户的行为信息和用户模型实现协同过滤，而且客户端需承载个性化所需大部分模块，对客户端设备的研发要求较高。

图 9-3 (e)为代理端个性化服务系统的实现结构。在该结构中，用户行为信息的收集、用户建模和个性化服务均在代理端实现。由于用户的信息需要传给代理端以进行用户建模，因而对用户的隐私可能造成侵犯。其优点是可以在被代理的用户群中实现基于协同过滤的个性化服务。

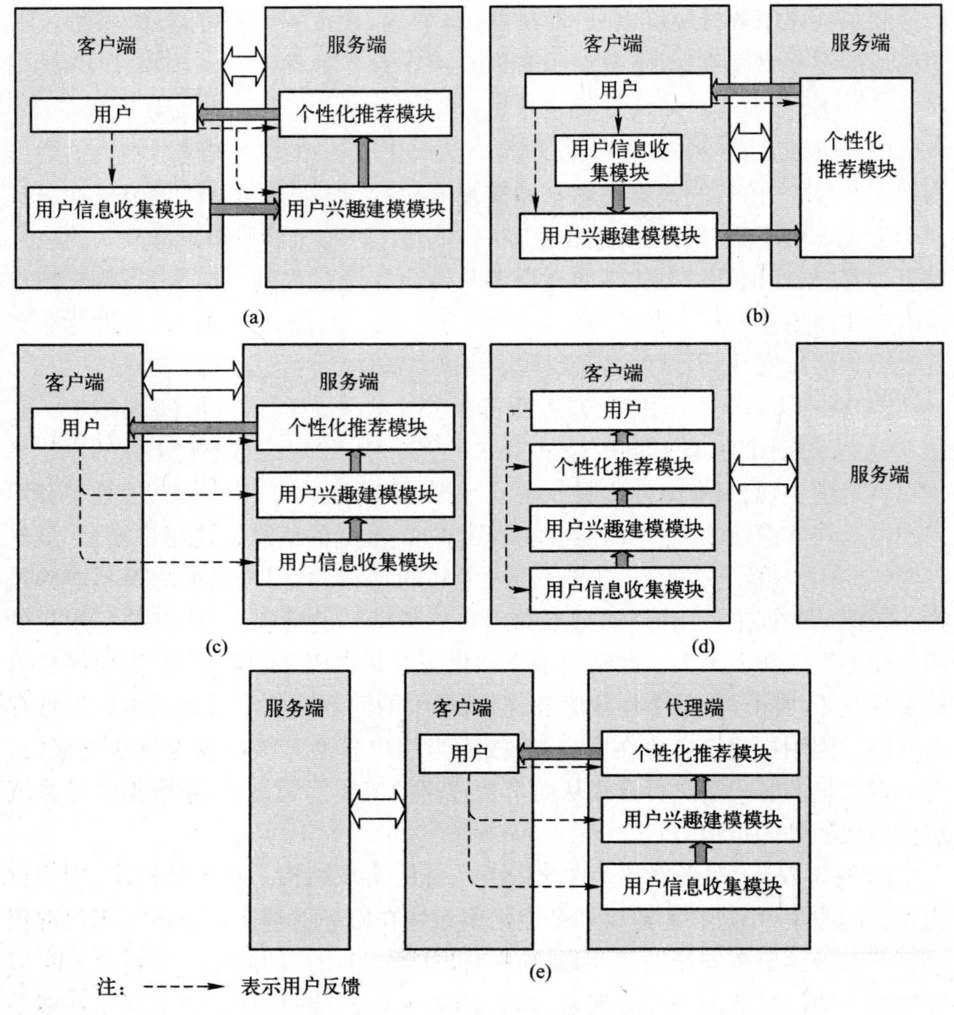

图 9-3 基于信息过滤的个性化推荐系统框架分类

(a) 客户端/服务器端个性化结构(一)；(b) 客户端/服务器端个性化结构(二)；(c) 服务器端个性化结构；(d) 客户端个性化结构；(e) 代理端个性化结构。

9.4 天基信息按需服务个性化推荐框架设计

对于天基信息按需服务而言，天基信息和军事信息的处理有较强的动态性和可扩展性要求，而且需要系统对用户可能需求的新服务做出预测，基于规则的系统和基于内容的过滤无法满足要求，所以本书的天基信息按需服务个性化推荐框架构建采用基于信息过滤的个性化推荐系统框架。在基于信息过滤的框架类型中，考虑天基信息服务对时效性的要求，并结合天基信息按需服务系统模型及实体装备的分布状况,图 9-3 (c)所示模型应是最适合用于构建天基信息按需服务个性化推荐框架的,而天基信息按需服务个性化框架的构建,需针对天基信息服务的特性,参照其框架进行细化和改进。

9.4.1　推荐对象的描述与区分

在天基信息个性化推荐中,推荐的目的是向天基信息按需服务用户推荐其可能需要的天基信息服务,即推荐的用户是天基信息按需服务用户,而被推荐的对象是天基信息服务而不是服务信息。所以,在建立推荐框架前,首先必须明确天基信息服务的描述与区分方法。

依据天基信息服务的需求描述模型,系统在描述用户对某一服务的需求时记录服务标识、服务目标信息、服务执行要求、传感器参数要求、用户标识等。在天基信息按需服务系统总体模型的设计中,涵盖了成像侦察卫星、电子对抗卫星、预警卫星、海洋卫星、气象卫星、通信卫星、导航定位卫星等空间信息资源,除导航卫星和通信卫星外,空间信息资源提供的服务多数是针对特定目标的观测任务。对于单一服务的申请和识别,用户只需给出以下参数:

(1) 服务目标信息:包括服务目标属性和目标的位置描述信息。

(2) 服务执行要求:包括开始时间要求和结束时间要求。

(3) 传感器参数要求:指需要服务的传感器指标要求。

而服务执行要求中服务时间的要求及最终服务规划结果的时间信息与卫星资源的性能参数及规划算法关系密切,为便于个性化推荐的实现,时间参数并不作为区分推荐对象的指标,但在用户兴趣模型的构建中予以考虑。

依据天基信息服务需求模型,能够完整描述服务规划调度的要素包括服务、资源、用户、环境和约束等,但用于区分不同服务的因素包括服务目标信息和传感器要求信息,具体来说包括用户所选取服务目标的地理位置信息,包括经、纬度界限及传感器类型,如服务分类、加标签。

具体服务的区分只需以下参数:

服务类型	载荷参数	服务目标位置

而载荷参数对于天基信息服务来说数量是有限的,而服务目标位置则数量较多,服务的载荷参数可通过用户选定服务目标位置后进一步选取。所以对天基信息服务进行个性化推荐,本书的研究以针对服务目标位置为主。

9.4.2　天基信息按需服务个性化推荐的方式

根据提供推荐的时机,天基信息服务的个性化推荐可以在三种方式下实施,分别是服务申请前推荐、服务完成后推荐、针对新用户的推荐,如图 9-4 所示。

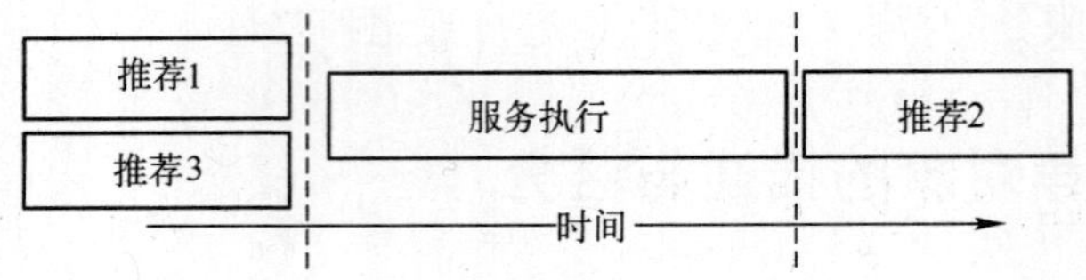

图 9-4　天基信息个性化服务推荐的三种模式

1. 服务申请前推荐

该类情况是推荐系统中最普遍的情况,用户曾经使用过天基信息按需服务系统,系统已根据用户以往的历史服务记录为用户进行了兴趣建模,而在用户再次登录系统并准备申请前,系统能根据预测的用户需求,给出推荐结果,为用户提供服务建议。

2. 服务完成后推荐

在军事任务的执行中,用户在空间信息支援时,对服务的需求往往不是单一的,可能会申请一系列的服务。当用户接受完一项服务(通过申请或接受推荐皆可)后,如需继续信息服务,则新申请的服务与刚完成的服务之间常常是围绕同一军事目标,因而具有紧密关联性。所以单次服务完成后,可依据被推荐服务的属性信息辅助完成下一次服务的推荐。

3. 针对新用户的推荐

当系统加入新用户时,系统记录中没有该用户的服务历史信息,也无法完成用户的兴趣建模,推荐算法的存在也没有意义,该类情况称为协同过滤系统的“冷启动”(Cold Start)问题,此类情况下的推荐可结合用户的属性信息进行解决。

9.4.3　用户需求相关信息的获取

个性化推荐系统中的用户需求相关信息包括用户属性信息、项目属性信息和用户行为信息。在基于协同过滤的个性化推荐系统中,用户信息的获取有两个作用:一是用于构建用户模型;二是用于实现协同过滤时用户或项目间的相似性计算。用户信息获取的完整性,与个性化推荐系统的整体性能密切相关[287]。

1. 用户行为的一般获取方法

用户研究中的直接调查与间接调查分析方法是典型的两种用户行为获取方法,其要点是围绕用户研究的某一具体内容或方面有目的地开展直接或间接的调查与观察,以获取详尽的资料,继而对有关资料进行归纳、整理与一般分析，最终得出研究结论。

1）直接调查法

直接调查法是用户研究中的一种直接方法，其基本点是必须有用户本身参与调研活动。这种方法的优点是调查面广，既可调查当前用户又可调查潜在用户[288]。采用该方法所获得调查资料具有详细、可靠、具体的特点。在信息服务工作中，对于发挥用户的主观能动作用有着重要的意义。该方法的主要缺点在于使用不太方便，由于受调查对象的限制，有时对调查问题的答复率不高。

2）间接调查法

间接调查法是用户研究中的一种间接的方法，通过调查用户有关的各种资料，如各种文献、用户登记卡、服务工作记录、咨询记录、业务日记、用户工作日程表等。使用该方法进行用户调查研究，虽然不直接与用户接触，但所调查的各种资料与用户的活动息息相关。与直接调查相比，间接调查具有调查可靠和使用灵活的特点。它不仅克服了用户回答调查问题时的随意性，而且不与用户接触就能掌握调研素材，不受时空的限制[128]。该方法也是用户研究中的一种常规方法。

3）统计测量分析法

用户研究中的统计测量分析法，其实质是利用社会学中的统计测量方法获取用户特征资料的过程。在个性化推荐的相关问题研究中，对这些特征资料稍加归纳、整理和分析便可以得出直观而明确的结论。因此，在简单问题的研究中，“统计测量”可以作为一种独立方法使用。同时，通过统计测量所获得的用户特征资料，又是进一步寻求关系和开展深层次研究的基础[289]。

2. 天基信息服务过程中与用户需求相关的信息

如图 9-5 所示，在天基信息服务中，与用户需求有关的信息中，用户属性信息包括：

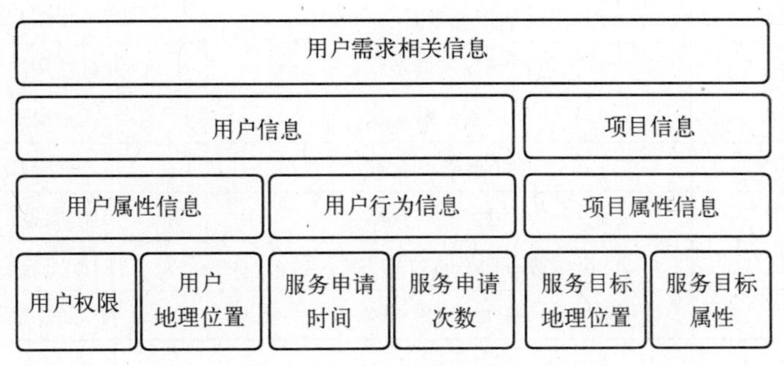

图 9-5　用户需求相关信息

（1）用户权限：天基信息按需服务系统面向的用户，依据联合作战指挥层级进行划分，包括战略级、战役级和战术级，不同级别的用户拥有不同的服务资源调用权限,其服务需求也各有不同。

(2) 用户地理位置:天基信息用户特别是战术级别的用户,处于不同的作战区域,对天基信息的需求也不同,所以用户的地理位置也是反映用户需求的因素。

与用户需求相关的用户行为信息包括:

(1) 服务申请时间:用户申请某一服务的时刻,可从一定程度反映时间因素与用户对该服务的需求程度。

(2) 服务申请次数:用户在某一时期内申请某一服务的次数,可较直接地反映用户对该服务的需求程度。

天基信息按需服务系统中的推荐对象是天基信息服务,所以与用户需求相关的项目信息即能反映用户兴趣的服务目标信息,包括:

(1) 服务目标地理位置:用户对天基信息服务的需求往往带有一定的序列性,连续申请多次服务时,各类服务之间常常依据地理位置有所关联。

(2) 服务目标属性:指服务针对目标的物理标签属性,如机场、码头、仓库、导弹基地等,与目标地理位置信息的作用一样,用户连续申请多次服务时,前后服务之间也可能依据目标物理属性相互关联。

3. 需求相关信息的获取方式和用途

鉴于军事信息服务的特点,天基信息服务需求相关信息的获取方式应以间接调查和统计测量为主,直接调查为辅,以尽量借助用户主动提供的数据和服务申请时必须提供的数据为基本原则。

天基信息服务需求相关信息的获取方式和相关推荐模式如表 9-2 所列。

表 9-2　天基信息服务需求相关信息的获取方式和相关推荐模式

信息类型	获取方式	相关推荐模式
用户权限	账户申请时由服务管理中心记录	针对新用户的推荐
用户地理位置	用户端导航设备获取	针对新用户的推荐
服务申请时间	申请服务时获取	三种模式都有
服务申请次数	申请服务时获取	三种模式都有
服务类型	申请服务时获取	申请服务前推荐
服务目标地理位置	申请服务时获取(用户输入)	服务完成后推荐
服务目标属性	数据处理中心获取	服务完成后推荐

用户权限和用户地理位置可用于解决系统的冷启动问题,当新用户进入系统时,可向用户推荐同权限用户或地理位置相近用户所感兴趣的服务,用户权限信息在用户申请服务账户时由服务管理中心记录,用户地理位置只针对可以被定位的移动的天基信息按需服务用户(一般是战术类用户),可由用户端集成

的导航设备获取。

包括服务申请时间和服务申请次数在内的用户行为信息用于用户建立用户兴趣模型和进行协同过滤，都在用户申请服务的同时获取，该类信息的获取方式以不干扰用户接受服务的整个过程为佳。

服务目标的地理位置信息和服务目标属性信息可体现序列服务间的关联性，故用于用户在单次服务完成后连续申请服务时使用。目标地理位置在用户申请服务时由用户输入，服务目标属性需要数据处理中心对原始信息处理后进行总结和归纳，所以由数据处理中心处获取，具体内容将在用户兴趣模型的构建中给出。

9.4.4 天基信息按需服务个性化推荐框架

结合天基信息按需服务系统的总体模型，本书设计了针对天基信息按需服务的个性化推荐框架，如图9-6所示。天基信息按需服务个性化推荐框架属于基于信息过滤的个性化推荐系统框架，主要参考图9-3 (c)所示可实施协同过滤的结构类型建立，由用户信息获取、用户兴趣建模、协同过滤三个子模块构成。

1. 用户信息获取子模块

用户信息获取子模块负责获取用户行为数据信息、用户属性数据信息，分别形成用户行为数据库和用户属性数据库。

(1) 用户行为数据库：包括服务申请时间和服务申请次数，主要用于构建用户兴趣模型。

(2) 用户属性数据库：包括用户权限级别和用户地理位置，参与用户/服务相似度的测算和推荐结果的筛选。因在天基信息按需服务系统的设计中，导航定位服务采用的是直接支持作战单元模式，所以用户属性数据中的地理位置数据一般由用户端的嵌入式定位装置提供。

2. 用户兴趣建模子模块

用户兴趣建模子模块对用户行为数据库中的服务申请时间和服务申请次数信息进行处理，结合服务目标属性数据构建可以反映用户和服务之间对应兴趣关系的用户-服务兴趣度矩阵，形成天基信息按需服务用户兴趣模型。

3. 协同过滤子模块

协同过滤子模块中包括四个基本过程，即相关数据处理、用户/项目相似度测算、用户兴趣预测以及推荐结果排序筛选。

(1) 相关数据处理：为后两步相似度测算和兴趣度预测服务，主要目的是通过结合用户属性数据和服务目标属性数据对已形成的用户兴趣模型加以完善。

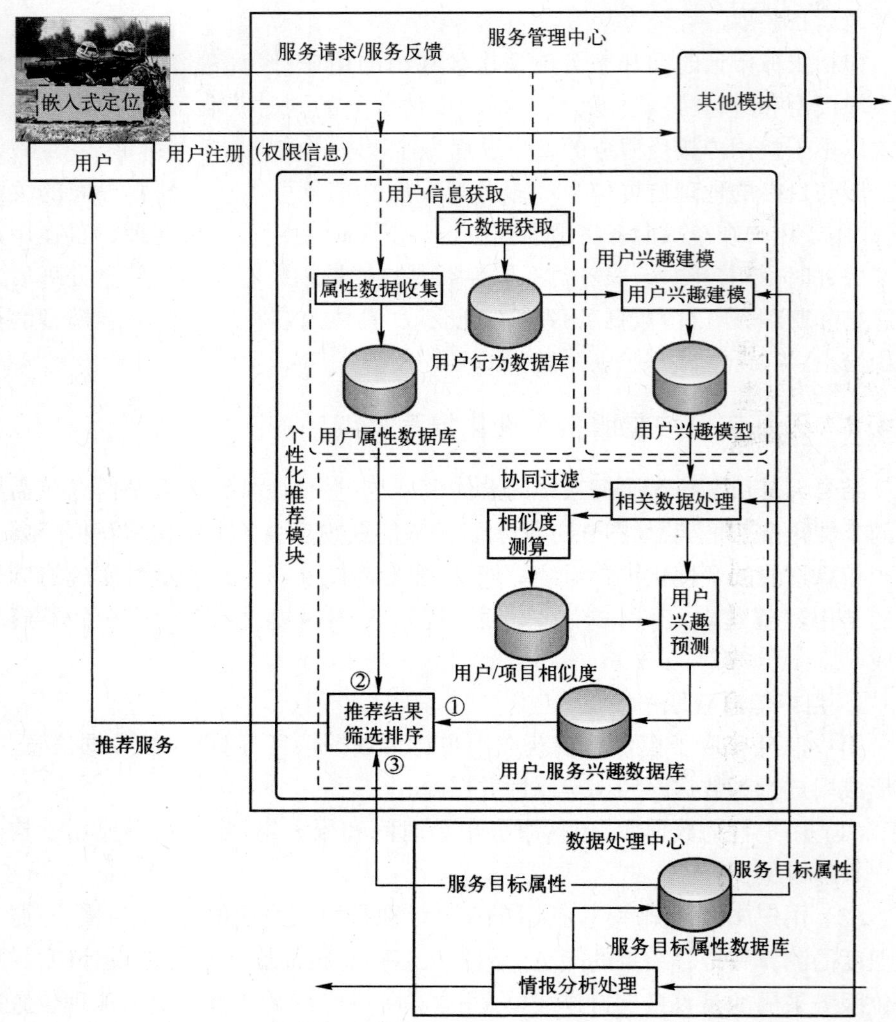

图 9-6　天基信息按需服务个性化推荐框架

（2）相似度测算：主要依据用户-服务兴趣度矩阵，计算用户或项目间的相似程度，以作为兴趣度预测时借鉴其他用户或其他项目的参考指标。

（3）用户兴趣预测：根据相似度计算结果，按照特定的预测算法计算用户对所有项目的兴趣度。

（4）推荐结果筛选排序：天基信息按需服务个性化推荐的结果以服务列表的形式给出，列表中服务以用户的兴趣度作为排序依序。推荐结果的给出应针对天基信息按需服务个性化推荐的三种模式分别实施，依据三种推荐模式的特点采取不同的筛选和排序策略得出和推荐模式向对应的推荐结果，图 9-6 中的①、②、③分别表示服务申请前推荐、新用户推荐和服务申请后推荐模式。

此外,推荐框架中还包含了对数据处理中心形成的服务目标属性数据的利用,用户每次申请服务的目标数据都会同时传向数据处理中心以便进一步处理相关信息。服务信息经处理后会形成与用户需求相关的目标属性信息,形成服务目标属性数据库,该数据库可从目标属性的角度反映用户对服务的兴趣度及服务之间的相似度,所以可用于用户兴趣建模、协同过滤中的相关数据处理以及最后推荐结果的筛选和排序。

与基于信息过滤的一般性个性化推荐框架相比,本书设计的天基信息服务框架具有以下优点:

(1) 结合地理信息,立足天基特色。除了协同过滤中所需使用的用户行为信息,还通过数据处理中心对服务数据的进一步处理获取了服务目标属性数据,用以建立能更全面反映天基信息用户服务需求的用户兴趣模型。

(2) 多模式多配置,充分体现“按需”。考虑了三种推荐模式,包括服务申请前推荐、新用户推荐和服务申请后推荐模式,从而实现面向各类用户和用户所处各种服务阶段都可实施相应的个性化推荐。此外,新用户的推荐模式通过利用用户属性数据中的权限和地理位置信息进行推荐,可在保证推荐基本合理的前提下有效缓解系统的“冷启动”问题。

第10章　天基信息按需服务用户兴趣模型研究

真正能为用户提供所需个性化推荐服务的系统,首先必须了解用户,针对面向的用户建立相应的用户兴趣模型。用户兴趣模型的好坏决定了系统的推荐服务是否能真正满足用户需求,决定了整个系统个性化服务的质量。个性化信息服务的质量主要依赖于用户兴趣模型的准确程度,因此,为天基信息按需服务用户构造恰当的兴趣模型是实施天基信息按需服务个性化推荐的关键和基础。本章将总结用户兴趣建模的方法,分析天基信息按需服务用户兴趣的模型结构,并结合个性化推荐中用户兴趣的动态变化选择合理的兴趣遗忘机制,建立天基信息按需服务用户兴趣模型。

10.1　用户兴趣建模技术概述

10.1.1　用户兴趣模型相关概念

1. 用户模型

早期用户模型主要是用在自适应人机界面,同时也是信息过滤机制研究的一个核心问题。用户界面是直接与用户交互的接口,通过与用户的交互,接收用户的行为,积累用户处理事务的经验,以应对用户出现的新动作。用户模型是用于存储和管理用户行为历史,存储学习用户行为的知识和进行相关推导的知识功能的集合[290]。

2. 用户兴趣模型

在信息推荐过程中引入用户模型,有利于实现自适应推荐,即提供一种个性化智能化的信息推荐服务。通过对用户申请信息服务行为史的记录和学习,可对用户信息需求分析得更为准确,通过提高用户相关度来提高用户的满意度,于是形成了用于反映用户需求的用户兴趣模型[291]。

用户兴趣模型的定义为用户兴趣模型是用来捕捉用户需求及其兴趣点,并记录、管理用户兴趣,描述用户潜在的兴趣及需求的模型。用户兴趣模型是对用户兴趣的准确描述,用户兴趣建模的过程通常是先考虑服务的过程中哪些因素会影响用户对服务的需求或兴趣,而后将这些因素集合,形成量化的计算方法[292]。用户兴趣模型一般面向以实际应用为目标的个性化推荐服务,所以应面向算法,并具有特定的数据结构,是一种形式化的用户兴趣描述[290]。

10.1.2 用户兴趣模型构造方法

根据用户在建模过程中的参与方式,用户兴趣建模技术分为基于手工定制的用户兴趣建模、基于示例的用户兴趣建模和基于历史记录的用户兴趣建模三类[293]。

1. 基于定制的用户兴趣建模

基于定制的用户兴趣建模是指用户兴趣模型由用户自己手工输入或选择方式完成,如用户手工输入感兴趣信息的关键词列表,或者选择感兴趣的栏目等[294]。在个性化推荐系统发展的早期,用户手工定制的方式是用户兴趣建模是的主要手段。基于定制的用户兴趣建模方法实现简单,也具有较好的效果,但它存在以下问题[295]:

(1) 完全依赖于用户,容易降低用户使用系统的积极性。对用户而言,易用性是衡量服务质量的重要标准。

(2) 依据定制产生的用户兴趣模型存在片面性。即使用户愿意手工输入用户模型,短期内用户也难以全面、准确地罗列自己感兴趣的栏目或关键词,从而导致用户模型不够准确。

(3) 难以反映用户兴趣的变化。手工定制的用户模型是静态的,随着时间的不断推移,用户模型与真正的用户兴趣之间的差距会越来越大,因此当用户兴趣发生变化时,用户必须重新定制,这将给用户带来额外的负担。

2. 基于示例的用户兴趣建模

基于示例的用户兴趣建模是指由用户提供与自己兴趣相关的示例及其类别属性来建立用户兴趣模型的建模方法。由于用户对自己的兴趣和偏好等最有发言权,因而用户提供的有关自己兴趣的示例最能集中、准确地反映用户的兴趣和偏好等特点[296]。示例一般通过要求用户在接受服务前对被推荐项目标注感兴趣、不感兴趣或者感兴趣的程度得到。

相对手工定制的方式,基于示例的用户兴趣建模对用户的依赖少,在系统分析能力足够好时,构建的模型也更能全面地反映用户的兴趣爱好,准确性较高,但仍需要用户在接受服务前进行一些额外的操作,会对服务体验产生影响,而且该方法依赖于用户对自己兴趣的了解程度和表达能力。

3. 基于历史记录的用户兴趣建模

基于历史记录的用户兴趣建模通过自动收集用户接受服务过程中相关的内容信息和行为信息,构建用户兴趣模型,实际上是基于示例的用户兴趣建模的改良。基于历史记录的用户兴趣建模按获取记录信息的不同分为基于内容的用户兴趣建模和基于行为的用户兴趣建模[297]。

基于内容的用户兴趣建模常见于传统的信息检索系统和基于内容的个性化推荐系统,其推荐对象往往是易于用文字主题形容、表达或区分的,而基于行为的用户兴趣建模往往针对无法直接用于表示用户兴趣的行为因素。

基于历史记录的用户兴趣模型最大的优势是对用户接受服务的过程没有影响,但对新用户的推荐无能为力,所以在实际个性化推荐系统的应用中,往往采用多种建模相结合的方法,典型的如 MoveLens 针对电影的推荐,用户在系统注册后被建议给出自己喜欢的电影示例,此后系统通过收集用户对电影的评分历史记录不断丰富用户兴趣模型[298]。

10.2　天基信息按需服务用户兴趣模型的结构分析

天基信息个性化用户兴趣模型的构建采用基于定制与基于历史记录相结合的方式,如图 10-1 所示。

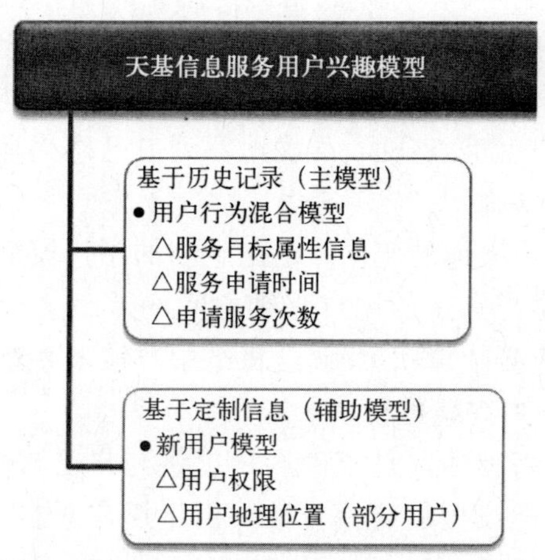

图 10-1　天基信息按需服务用户兴趣模型结构

基于历史记录的模型包括系统运行中记录的服务目标属性、申请服务的时间和次数信息,是用来反映用户感兴趣的目标主题和服务的混合兴趣模型。

与部分电子商务系统为收集数据而向未注册用户开放相比,因考虑天基信息服务的安全性,天基信息按需服务系统的用户必须经过认证,而这一环节中用户手工输入的信息恰好可用于基于定制的用户兴趣建模。

10.2.1　基于定制信息的新用户模型

新用户模型面向系统中无服务记录的新登记用户,主要用于解决系统的

“冷启动”问题。新用户模型需收集用户的权限信息,如果用户终端具备定位功能,还可收集用户的地理位置信息。当新用户进入系统,系统会根据用户的权限和地理位置信息进行服务筛选,剔除用户权限外的服务,同时筛选用户附近的服务目标,最后向该用户推荐用户有权限申请,目标位置与自身地理位置较近,而且其他用户调用频率最高的服务。

10.2.2　基于历史记录的混合模型

基于历史记录构建的用户兴趣混合模型将作为天基信息按需服务个性化系统的主要用户兴趣模型参与个性化推荐算法的实现过程。

从联合作战信息支援的角度思考,天基信息服务中用户的需求除与服务目标地理位置信息相关,还与包括服务目标的内容属性相关,包括目标地形,目标区域存在的军事、民用设施等。因此,用于个性化服务推荐的天基信息服务的用户兴趣模型中还应考虑目标属性信息,于是构建了如图 10-2 所示的模型。

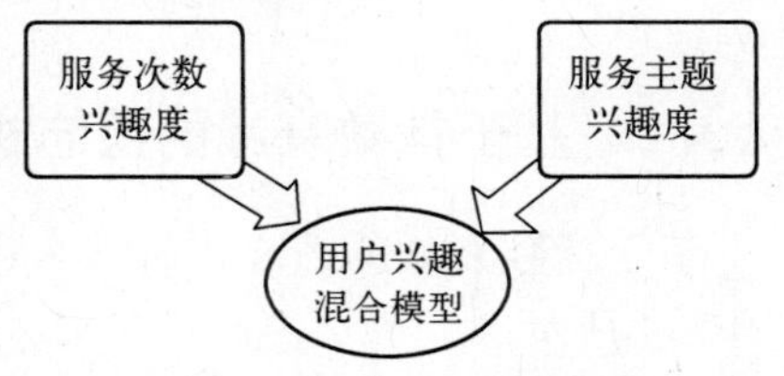

图 10-2　用户兴趣混合模型

用户兴趣混合模型包括两方面的内容:

(1) 服务次数兴趣度:记录用户申请系统所有服务的次数及时间,以此为依据评估用户对服务的需求程度。

(2) 服务主题兴趣度:依据用户所申请过的服务涉及的目标属性信息评估户对单一目标属性主题的兴趣度(目标属性信息由数据处理中心获得)。

10.3　个性化推荐用户兴趣的动态变化与遗忘机制研究

在个性化推荐系统中,用户的兴趣不是一成不变的,热点事物会成为用户新的需求,而随着时间的推移,用户的旧兴趣也会逐渐淡化并被遗忘,为研究和捕捉用户兴趣的动态变化,相关学者开始了对个性化推荐中用户兴趣遗忘机制的研究,Maloof 和 Michalski 采用一种遗忘函数来衰减样本[299],KOychev 提出了渐进遗忘的方法[300]。本节将用户兴趣的遗忘机制划分为基于滑动窗口的遗忘机制、基于指数衰减的遗忘机制和基于遗忘曲线的遗忘机制。

10.3.1　基于滑动窗口的遗忘机制

用户的兴趣往往和最近一段时间内的数据关系较为密切,基于滑动窗口的遗忘机制出发点是重点考虑用户的近期数据建立兴趣模型[301],如图 10-3 所示,该类方法首先将系统收集得数据集按时间划分成块,按照一定宽度的时间窗口选取数据进行处理用于推算用户的兴趣,这相当于滤除了部分过去收集的数据。滑动窗口的宽度既可以是固定的也可以是自适应的,目前比较常用的方法是通过算法性能的评估,如准确率、均方差的计算,对时间窗口的宽度进行自适应调整,以保证系统保持较好的推荐性能。

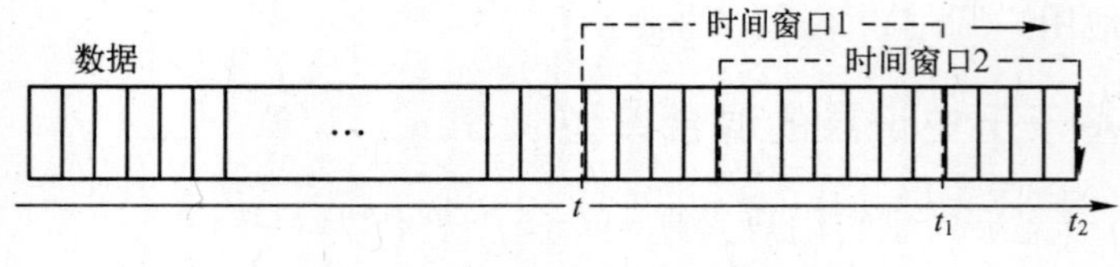

图 10-3　基于窗口的遗忘机制

10.3.2　基于指数衰减的遗忘机制

基于指数衰减的遗忘机制认为用户兴趣的变化是随时间呈指数衰减的,如图 10-4 所示。

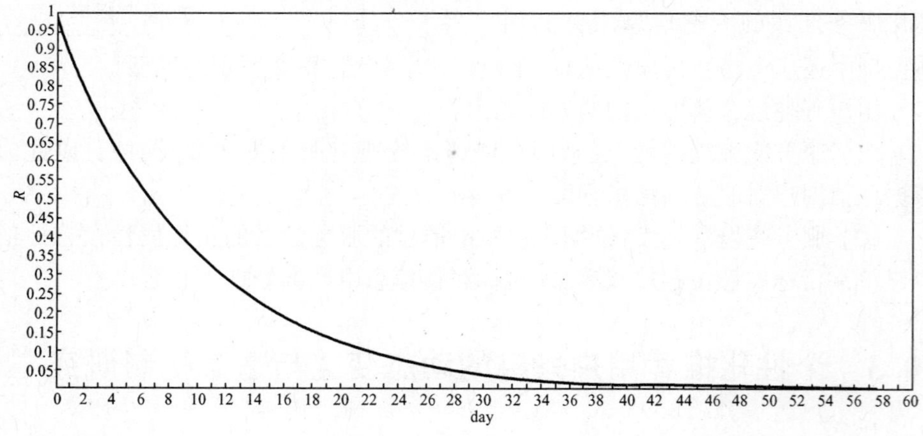

图 10-4　指数衰减曲线

假设用户对某项服务的兴趣度为 y,以实际 t 为变量,则建立兴趣的衰减模型为

$$y=k\alpha^{t} \tag{10-1}$$

式中:α 为用户兴趣的衰减因子,且 $0<\alpha<1$。

在个性化推荐系统中,衰减模型常以兴趣度加权的方式在用户兴趣建模中使用,如图 10-5 所示,按时间顺序将数据集分块,依据指数衰减模型,系统收集数据的时间与当前时间越近,数据越能反映用户的兴趣信息;相反,距离当前时间越久的数据对用户兴趣模型的构建贡献较小。

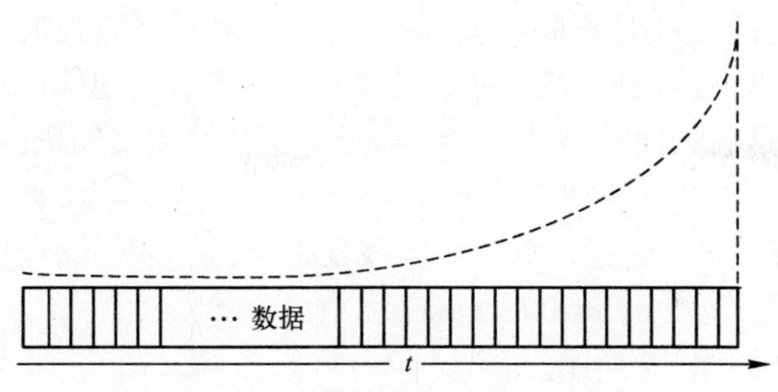

图 10-5　基于指数衰减的遗忘机制

10.3.3　基于遗忘曲线的遗忘机制

遗忘曲线是德国心理学家艾宾浩斯通过实验得出的反映人脑记忆规律的曲线。艾宾浩斯所进行的实验是记忆陌生单词并统计单词的记忆量,其实验所得数据和曲线分别如表 10-1 和图 10-6 所示。

表 10-1　艾宾浩斯遗忘规律数据

时间间隔	记忆量/%	时间间隔	记忆量/%
刚记忆完毕	100	1 天后	33.7
20min 后	58.2	2 天后	27.8
1h 后	44.2	6 天后	25.4
9h 后	35.8	1 个月后	21.1

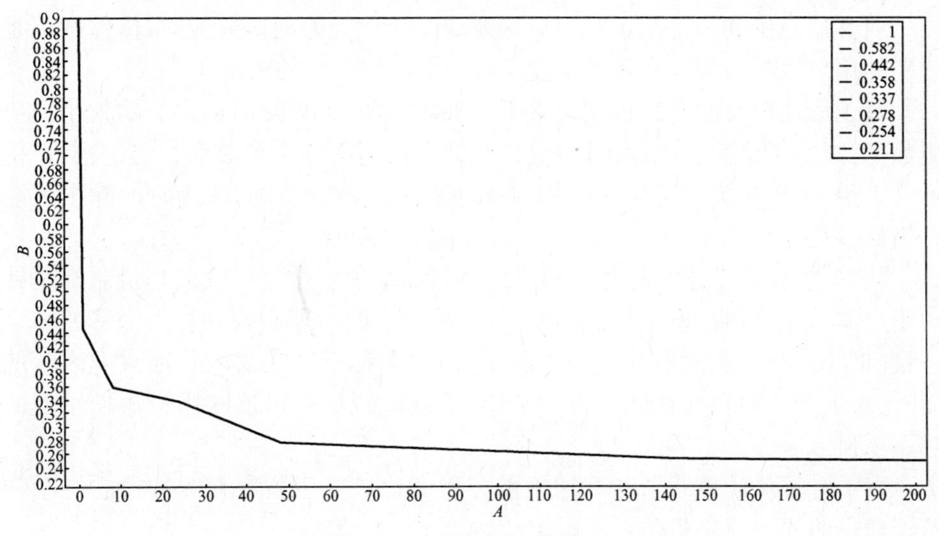

图 10-6　艾宾浩斯遗忘曲线

不同人的遗忘曲线是不同的，而同一个人针对不同属性的记忆，遗忘曲线也是不同的。艾宾浩斯通过遗忘曲线总结出了人脑对信息记忆和遗忘的基本特征，即该过程是非线性的，先快后慢，刚开始遗忘的速度较快，时间越长，遗忘的速度越慢。

于洪等对艾宾浩斯遗忘曲线进行非线性拟合，获得以下函数[302]：

$$y = 0.318 \times t^{-0.125} \qquad (t>0)$$

拟合效果如图 10-7 所示。

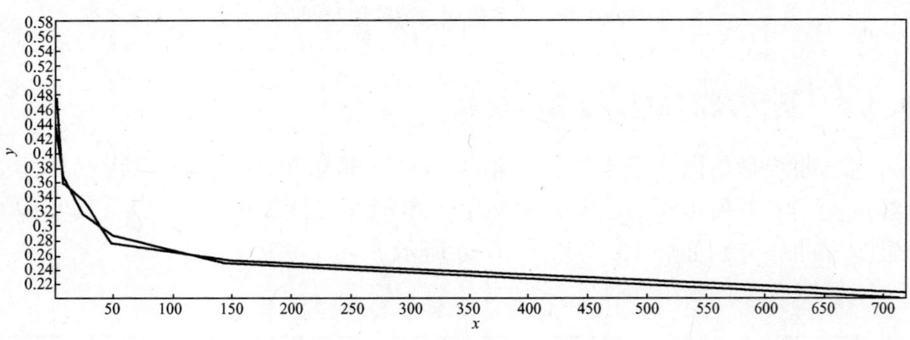

图 10-7　艾宾浩斯遗忘曲线拟合结果

他们同时还提出了基于遗忘曲线的协同过滤算法，通过将兴趣分为长期兴趣和短期兴趣，利用基于时间窗口的权重函数，解决跟踪用户兴趣的问题。

10.3.4　三类遗忘机制的比较

三类遗忘机制都是基于对用户兴趣动态变化规律的研究，其总体原则都是近期的用户兴趣行为能在较大程度反映当前时间用户的需求。

基于滑动窗口的遗忘机制建立用户兴趣模型，可剔除对用户影响较小的历史数据，减少了个性化推荐的计算量，有助于提高推荐系统效率。但是，从严格意义上说，采用该类方法建立的用户兴趣模型是不完整的，因为它滤除了可能有用的过往信息。

从本质上说，基于遗忘曲线的遗忘机制和基于指数衰减的遗忘机制都是针对用户需求变化规律模型的猜测，是对影响用户的短期因素和长期因素的综合考量（图 10-8）。相对滑动窗口机制而言，这两种机制在兼顾长期兴趣因素的同时，对近期的用户兴趣变化更加敏感，更能敏锐捕捉可反映用户短期兴趣的热点项目或服务。

以下着重从计算原理和算法性能分析和比较基于指数衰减的遗忘机制和基于遗忘曲线的遗忘机制：

1. 计算原理

依据艾宾浩斯的遗忘曲线，记忆的保持不仅包括衰减性，还应具备叠加性，

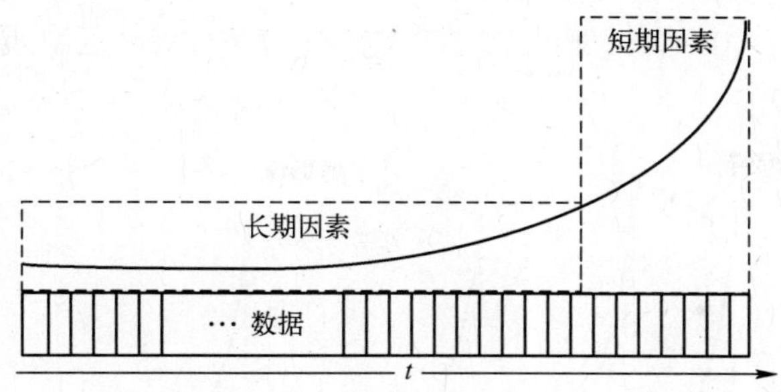

图 10-8　遗忘机制中的短期因素和长期因素

将不同时刻的遗忘曲线相叠加,可以得到图 10-9。

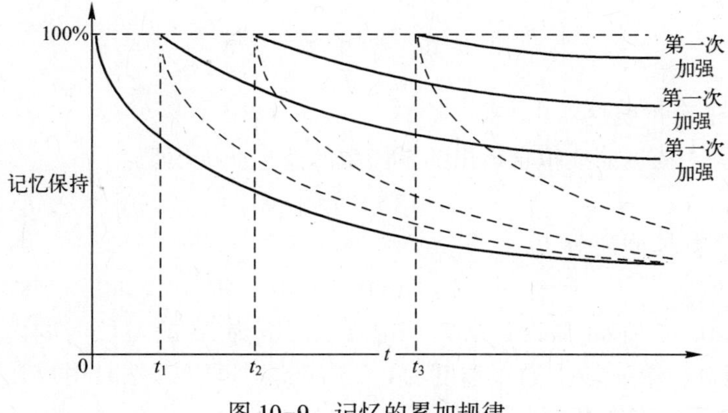

图 10-9　记忆的累加规律

由图 10-9 可以看出记忆加强的规律,当所记忆的知识在某一时刻得到复习时,该时刻以后的遗忘规律是符合该知识第一次记忆时的遗忘曲线的,当第一次复习知识时,被研究对象的遗忘趋势减缓,在第三次复习后,记忆的遗忘效应已经十分平缓。在实际应用中,人们往往在知识学习过程中依据遗忘曲线,制订出记忆时间表,不断加强记忆,长此以往,可以获得长期稳定的记忆。

用户兴趣的动态变化规律和人脑记忆的保持规律存在较大区别(图 10-10):

(1) 衰减规律不同。指数衰减模型中用户兴趣度下降到接近零的速度较快,而记忆则会在很长一段时间保持在 20%左右,但衰减趋势很缓。

(2) 衰减效果叠加机制不同。在遗忘曲线模型中记忆的衰减趋势是符合第一次记忆时的衰减规律,而在个性化推荐中,用户兴趣的有限次呈现很难造成长久恒定的兴趣保持效果,所以用户兴趣的长期叠加效果比记忆的叠加效果小得多,而用户兴趣衰减的过程中没有和人脑记忆类似的维持机制。实际上,兴趣的衰减应呈现图 10-10 所示的规律,短时内($0 \sim t_1$)多次调用某一项目,确实会使促成用户兴趣的明显变化,但如间隔时间较长,则对兴趣衰减整体趋势的影响较小($0\sim t_2$,$0\sim t_3$)。很明显,在个性化推荐中,兴趣的衰退过程比记忆的遗忘过程迅速得多。

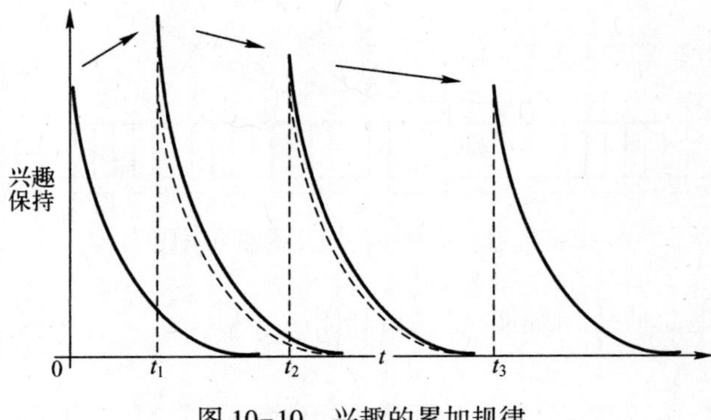

图 10-10　兴趣的累加规律

2. 算法可扩展性

于洪等人依据曲线拟合得出的幂函数的遗忘曲线模型:

$$y = 0.318 \times t^{-0.125} (t > 0)$$

指数衰减模型为

$$y = k\alpha^{t} (0 < \alpha < 1)$$

如图 10-11 所示,假设数据集 D 记录了间隔为 Δt 的 w 段时间内用户对某项目的兴趣度,第 w 段平均兴趣度为 r_w,不考虑时间动态性时用户在当前时间 t_w 对项目的平均兴趣度为

$$R_{t_w} = \frac{1}{w} \sum_{k=1}^{w} r_k \tag{10-2}$$

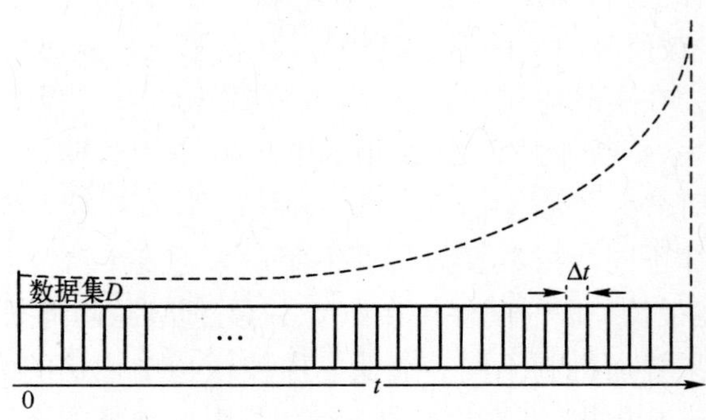

图 10-11　遗忘机制与兴趣度的加权

则如果使用以上两类模型加权,则对于遗忘曲线模型为

$$R_{t_w} = \frac{0.318}{w} \sum_{k=1}^{w} r_k \cdot [(w - k) \cdot \Delta t]^{-0.125} (w > 0) \tag{10-3}$$

对于指数衰减模型为

$$R_{t_w} = \frac{1}{wc}\sum_{k=1}^{w} r_k \cdot \alpha^{(w-k)\cdot\Delta t} = \frac{1}{wc}\sum_{k=1}^{w} r_k \cdot \alpha_t^{(w-k)} (0 < \alpha_t < 1)$$

因α_t与 α 皆为常数，故指数衰减模型仍可描述为

$$R_{t_w} = \frac{1}{wc}\sum_{k=1}^{w} r_k \cdot \alpha^{(w-k)} \quad 0 < \alpha < 1 \tag{10-4}$$

式中：c 为兴趣度规范化参数。

就计算的复杂度而言，遗忘曲线模型即使没有考虑记忆的保持效应，其基础模型建立时的系统计算量仍比指数衰减模型大得多，而且由于指数衰减模型具有恒定的衰减因子 α，因此在兴趣模型更新时十分便利。

10.4 基于指数衰减的天基信息按需服务用户兴趣混合模型

个性化推荐系统中用户的兴趣是动态变化的，用户兴趣模型需有效反映用户兴趣变化的规律，天基信息按需服务用户兴趣建模更应如此。作为军事信息服务用户，天基信息按需服务用户依据其自身权限、层级、职能区域的不同，一般具有较为稳定的长期服务需求，同时因为军事信息系统对突发事件的敏感性，短期兴趣的动态性也较为明显，本节根据天基信息按需服务用户兴趣的上述特征，基于天基信息按需服务用户兴趣模型的基本结构，建立了基于指数衰减的天基信息按需服务用户兴趣混合模型。

10.4.1 服务次数兴趣模型

在天基信息按需服务系统的设计中，考虑尽量不影响用户接受服务的过程，用户信息获取时只收集了用户行为数据中的服务次数。服务次数本身可作为反映用户兴趣的一个度量，但用户兴趣是随时间动态变化的，近期的服务次数较能反映用户当前的真实需求，相较当前时间而言，很久以前的用户服务记录对用户当前的兴趣影响较小，依据 10.3.2 节的分析，参考基于指数衰减的遗忘机制建立了以下次数模型：

假设针对用户集 $\boldsymbol{U}=\{u_1,u_2,u_3,\cdots,u_M\}$ 和服务集 $\boldsymbol{S}=\{s_1,s_2,s_3,\cdots,s_N\}$，数据集 $\boldsymbol{A}_t$记录了所有用户对所有服务的调用次数，以固定时间间隔 Δt 将 $\boldsymbol{A}_t$划分成 w 份，如图 10-12 所示。

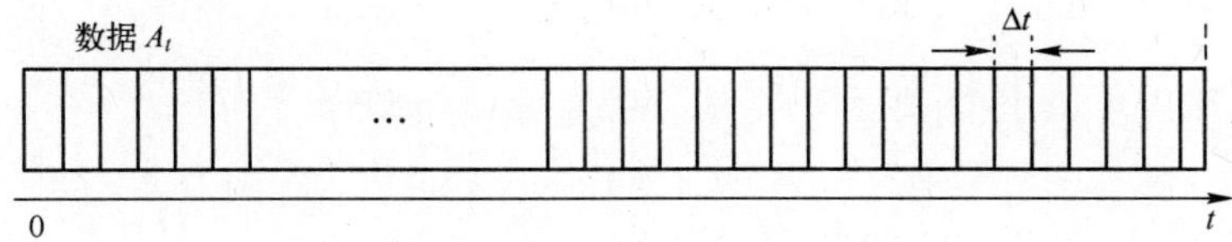

图 10-12　数据集的时段划分

如定义

$$w=\begin{cases}\left[\dfrac{t}{\Delta t}\right],\dfrac{t}{\Delta t}-\left[\dfrac{t}{\Delta t}\right]=0\\\left[\dfrac{t}{\Delta t}\right]+1,\dfrac{t}{\Delta t}-\left[\dfrac{t}{\Delta t}\right]\neq 0\end{cases}\tag{10-5}$$

式中：$y=[\cdot]$为取整，则如 t 能被 Δt 整除，则 w 段时间的长度都为 Δt，如 t 不能被 Δt 整除，则前 $w-1$ 段时间的长度都为 Δt，第 w 段时间的长度都为 $t-w\cdot\Delta t$。令 $\boldsymbol{A}_t(k)$表示第 k 段时间的数据，$a_{us}(k)$为序号 u 的用户在第 k 段时间内申请序号 s 的服务的次数，则 $\boldsymbol{A}_t(k)$可描述为

$$\boldsymbol{A}_t(k)=\begin{bmatrix}a_{11}(k) & \cdots & a_{1N}(k)\\\vdots & & \vdots\\a_{M1}(k) & \cdots & a_{MN}(k)\end{bmatrix}$$

假定短时内申请同一服务的次数越高，用户对该服务的兴趣度越高，则定义序号 u 的用户在第 k 段时间对序号 s 的服务的兴趣度为

$$a'_{us}(k)=\frac{a_{us}(k)-\min_{1\leqslant i\leqslant N}[a_{ui}(k)]}{\max_{1\leqslant i\leqslant N}[a_{ui}(k)]-\min_{1\leqslant i\leqslant N}[a_{ui}(k)]}\tag{10-6}$$

相应第 k 段时间内的服务次数兴趣度矩阵为

$$\boldsymbol{A}'_t(k)=\begin{bmatrix}a'_{11}(k) & \cdots & a'_{1N}(k)\\\vdots & & \vdots\\a'_{M1}(k) & \cdots & a'_{MN}(k)\end{bmatrix}$$

令矩阵 $\boldsymbol{R}_t$表示当前时刻针对用户集 $\boldsymbol{U}$ 和服务集 $\boldsymbol{S}$ 的用户次数兴趣模型：

$$\boldsymbol{R}_t=\begin{bmatrix}r_{11} & \cdots & r_{1N}\\\vdots & & \vdots\\r_{M1} & \cdots & r_{MN}\end{bmatrix}$$

式中：r_{us}为序号 u 的用户对序号 s 的服务次数兴趣度。

依据基于指数衰减的遗忘机制模型可计算 r_{us}：

$$\begin{aligned}r_{us}&=\frac{1}{w}\sum_{k=1}^{w}a'_{us}(k)\cdot\alpha^{(w-k)}\\&=\frac{1}{w}\sum_{k=1}^{w}\frac{a_{us}(k)-\min_{1\leqslant i\leqslant N}[a_{ui}(k)]}{\max_{1\leqslant i\leqslant N}[a_{ui}(k)]-\min_{1\leqslant i\leqslant N}[a_{ui}(k)]}\cdot\alpha^{(w-k)}(0<\alpha<1)\end{aligned}\tag{10-7}$$

故可得

$$R_t=\frac{1}{w}\sum_{k=1}^{w}\boldsymbol{A}'_t(k)\cdot\alpha^{(w-k)}\tag{10-8}$$

10.4.2　兴趣主题模型

兴趣主题模型反映天基信息感兴趣的主题及用户对主题的兴趣度。依据天基信息按需服务系统的设计,用户在申请服务时自身不给出主题,兴趣主题来自数据处理中心对信息数据的加工处理而得出的服务目标属性,如图 10-13 所示。

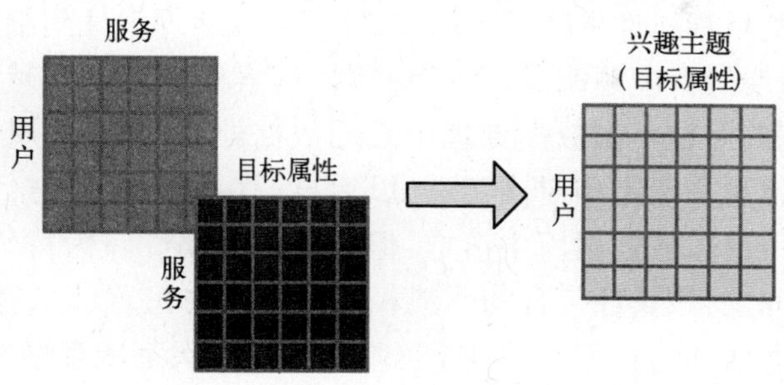

图 10-13　用户—兴趣主题数据生成

1. 兴趣主题的选取

因天基信息服务以观测类服务为主,推荐的对象为服务,而服务的核心是地理位置。所以,本节构建的天基信息按需服务用户兴趣主题模型,围绕联合作战这一中心,从观测类服务的目标属性中确定兴趣主题的选取。参考表 10-2 所列从空间识别各种军事目标所需的地面分辨率,将天基信息服务的目标属性划分为常规地理属性、特殊地理属性及细致目标属性三类,如图 10-14 所示。

表 10-2　空间识别各类目标所需地面分辨率

目　标	发　现	一般识别	详细识别	描　述
桥梁	6	1.5	1.5	0.9
雷达	3	0.9	0.3	0.15
仓库	1.5	0.6	0.3	0.025
机场设施	6	4.6	3	0.3
火箭和大炮	0.9	0.6	0.15	0.05
飞机	4	1.5	0.9	0.15
导弹阵地	3	1.5	0.6	0.3
海面舰只	7.6	4.6	0.6	0.3
运输车辆	1.5	0.6	0.3	0.05
港口	30	15	6	3
铁路车场和工厂	30	15	6	1.5
公路	9.1	6.1	1.6	0.6
城区	60	30	4.5	1.5
一般地形	—	91	4.5	1.5

常规地理属性是指与服务区域地理特征相关的信息,主要是地形类信息。

特殊地理属性是指与可能与作战相关的地理因素信息,包括公路、铁路、机场、港口等关键军事目标的属性信息。

细致目标属性是指服务区域中与作战相关的人员、装备等具体相关元素的属性信息。

在上述三类目标属性中从常规地理属性、特殊地理属性到细致目标地理属性,其辨识所需要的精度越来越高,相应属性内容的粒度越来越小。地理位置固定的同一服务,经过一次数据处理中心的数据处理后,其常规地理属性和特殊地理属性的信息一般是相对固定的,以后再调用同一服务时,常规地理属性和特殊地理属性只需从数据库中读取,但细致目标属性较为特殊,其相对地理位置而言并非固定,该属性包含的作战相关元素虽与位置信息有所关联(如坦克一般不会在海中部署),但在同一个区域不一定每次都能观察到同样的人员、坦克、舰船等作战相关元素,其有无完全因情而定,与服务目标的位置信息没有直接关联。此外,细致目标属性的判定一般只在侦察类服务中才能实施,所以,本节在为天基信息按需服务用户选取兴趣主题时只对常规地理属性和特殊地理属性予以考虑。

图 10-14 天基信息服务目标属性的划分

2. 兴趣主题的指数衰减模型

数据处理中心通过对服务数据的处理,会得出服务与兴趣主题的对应关系,结合构建用户次数兴趣模型时对服务次数的记录,可得出用户与服务兴趣主题数据集。常规地理属性和特殊地理属性因其对兴趣的影响程度不同而分开获取数据,获取数据后可同样参考基于指数衰减的遗忘机制构建用户的兴趣主题模型。具体方法如下:

假设针对用户集 $\boldsymbol{U}=\{u_1,u_2,u_3,\cdots,u_M\}$ 和常规地理属性集 $\boldsymbol{G}=\{g_1,g_2,g_3,\cdots,g_P\}$,数据集 $\boldsymbol{B}_t$ 记录了用户调用的服务中包含常规地理属性的服务的次数情况,同样以固定时间间隔 t_i 将 $\boldsymbol{B}_t$ 划分成 w 份,w 的定义与 10.3.4 节中相同。令 $\boldsymbol{B}_t(k)$ 表示第 k 段时间的数据,$b_{ug}(k)$ 为序号 u 的用户在第 k 段时间内调用的服务中包含序号 g 的常规地理属性的服务的次数,则以 $B_t(k)$ 可描述为:

$$\boldsymbol{B}_t(k)=\begin{bmatrix} b_{11}(k) & \cdots & b_{1P}(k) \\ \vdots & & \vdots \\ b_{M1}(k) & \cdots & b_{MP}(k) \end{bmatrix}$$

定义序号 u 的用户在第 k 段时间对序号 g 的常规地理属性的服务的兴趣度为

$$b'_{ug}(k)=\frac{b_{ug}(k)-\min_{1\leqslant i\leqslant N}[b_{ui}(k)]}{\max[{}_{1\leqslant i\leqslant N}b_{ui}(k)]-\min_{1\leqslant i\leqslant N}[b_{ui}(k)]} \tag{10-9}$$

相应第 k 段时间内的常规地理属性兴趣度矩阵为

$$\boldsymbol{B}'_t(k)=\begin{bmatrix} b'_{11}(k) & \cdots & b'_{1P}(k) \\ \vdots & & \vdots \\ b'_{M1}(k) & \cdots & b'_{MP}(k) \end{bmatrix}$$

矩阵 $\boldsymbol{I}_t$ 表示当前时刻针对用户集 $\boldsymbol{U}$ 和常规地理属性集 $\boldsymbol{G}$ 的用户次数兴趣模型:

$$\boldsymbol{I}_t=\begin{bmatrix} i_{11} & \cdots & i_{1P} \\ \vdots & & \vdots \\ i_{M1} & \cdots & i_{MP} \end{bmatrix}$$

式中:i_{ug} 为序号 u 的用户在第 k 段时间内调用服务中含序号 g 的常规地理属性的主题兴趣度。

依据基于指数衰减的遗忘机制模型计算 i_{ug}:

$$i_{ug}=\frac{1}{w}\sum_{k=1}^{w} b'_{ug}(k)\cdot\alpha^{(w-k)}(0<\alpha<1) \tag{10-10}$$

故可得

$$\boldsymbol{I}_t=\frac{1}{w}\sum_{k=1}^{w} \boldsymbol{B}'_t(k)\cdot\alpha^{(w-k)}(0<\alpha<1) \tag{10-11}$$

同理,针对用户集 $\boldsymbol{U}=\{u_1,u_2,u_3,\cdots,u_M\}$ 和特殊地理属性集 $\boldsymbol{H}=\{h_1,h_2,h_3,\cdots,h_Q\}$,数据集 $\boldsymbol{C}_t$ 记录了用户调用的服务中包含特殊地理属性的服务的次数情况,同样以固定时间间隔 Δt 将 $\boldsymbol{C}_t$ 划分成 w 份。令 $\boldsymbol{C}_t(k)$ 表示第 k 段时间的

数据，$c_{uh}(k)$为在第 k 段时间内序号 u 的用户调用的服务中包含序号 h 的特殊地理属性的服务的次数，则以矩阵描述 $\boldsymbol{C}_t(k)$ 如下：

$$\boldsymbol{C}_t(k)=\begin{bmatrix} c_{11}(k) & \cdots & c_{1Q}(k) \\ \vdots & & \vdots \\ c_{M1}(k) & \cdots & c_{MQ}(k) \end{bmatrix}$$

定义序号 u 的用户在第 k 段时间对序号 g 的常规地理属性的服务的兴趣度为

$$c'_{uh}(k)=\frac{c_{uh}(k)-\min_{1\leqslant i\leqslant N}[c_{ui}(k)]}{\max_{1\leqslant i\leqslant N}[c_{ui}(k)]-\min_{1\leqslant i\leqslant N}[c_{ui}(k)]} \tag{10-12}$$

相应第 k 段时间内的常规地理属性兴趣度矩阵为

$$\boldsymbol{C}'_t(k)=\begin{bmatrix} c'_{11}(k) & \cdots & c'_{1Q}(k) \\ \vdots & & \vdots \\ c'_{M1}(k) & \cdots & c'_{MQ}(k) \end{bmatrix}$$

令矩阵 $\boldsymbol{J}_t$ 表示当前时刻针对用户集 $\boldsymbol{U}$ 和特殊地理属性集 $\boldsymbol{H}$ 的用户次数兴趣模型：

$$\boldsymbol{J}_t=\begin{bmatrix} j_{11} & \cdots & j_{1Q} \\ \vdots & & \vdots \\ j_{M1} & \cdots & j_{MQ} \end{bmatrix}$$

式中：j_{uh}为序号 u 的用户对序号 h 的特殊地理属性的兴趣主题度。

依据基于指数衰减的遗忘机制模型计算 j_{uh}：

$$j_{uh}=\frac{1}{w}\sum_{k=1}^{w}c'_{uh}(k)\cdot\alpha^{(w-k)} \tag{10-13}$$

故可得

$$\boldsymbol{J}_t=\frac{1}{w}\sum_{k=1}^{w}C'_t(k)\cdot\alpha^{(w-k)}(0<\alpha<1) \tag{10-14}$$

10.4.3 天基信息按需服务用户兴趣模型的更新算法

当服务记录增加时，用户的兴趣模型也随之变化。基于指数衰减的模型因其具有恒定的衰减因子，为用户模型的更新提供了极大便利。本节将依据前面所建立的基于指数衰减的兴趣遗忘机制模型，推算天基信息用户兴趣模型的增量更新算法。因用户兴趣模型及其更新算法的性能验证需结合推荐算法进行，故本章中构建的天基信息按需服务用户兴趣模型及其更新算法的性能验证将在天基信息按需服务个性化推荐算法性能评估中一并给出。

1. 服务次数兴趣模型的更新算法

前面已得出针对用户集 $\boldsymbol{U}$ 和服务集 $\boldsymbol{S}$ 的用户次数兴趣模型算法：

$$\boldsymbol{R}_t = \begin{bmatrix} r_{11} & \cdots & r_{1N} \\ \vdots & & \vdots \\ r_{M1} & \cdots & r_{MN} \end{bmatrix}$$

依据基于指数衰减的遗忘机制模型可计算 r_{us}：

$$r_{us} = \frac{1}{w} \sum_{k=1}^{w} a'_{us}(k) \cdot \alpha^{w-k} (0<\alpha<1)$$

假设当前时刻由 t 变成 t^*，w 变成 w^*，此时序号为 u 的用户又申请了 1 次序号为 s 的服务，模型的更新存在两种情况（图 10-15）：

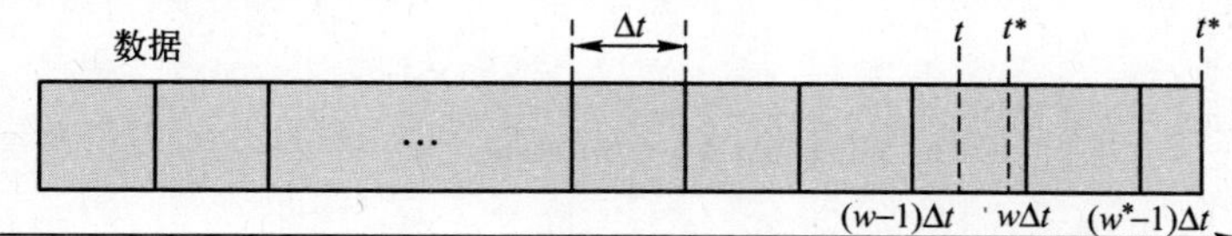

图 10-15　t^* 的不同情况

1）$t<t^*<w \cdot \Delta t$

该情况下 t 和 t^* 都在第 w 段时间内，也就意味着 $w^*=w$，此时在 r_{us} 的计算中只有 $a'_{us}(w)$ 发生了变化，令第 k 段时间内，序号 u 的用户对序号 s 的服务申请次数为$a'_{us}{}^*(k)$，当前时刻序号 u 的用户对序号 s 的服务的兴趣度为 r^*_{us}，则

$$a'_{us}{}^*(k) = a'_{us}(k) (k=1,2,3,\cdots,w-1)$$

$$\begin{aligned} a'_{us}{}^*(w) &= \frac{a_{us}(w^*) - \min\limits_{1\leqslant i\leqslant N}{}^*[a_{ui}(w)]}{\max\limits_{1\leqslant i\leqslant N}{}^*[a_{ui}(w)] - \min\limits_{1\leqslant i\leqslant N}{}^*[a_{ui}(w)]} \\ &= \frac{a_{us}(w) + 1 - \min\limits_{1\leqslant i\leqslant N}{}^*[a_{ui}(w)]}{\max\limits_{1\leqslant i\leqslant N}{}^*[a_{ui}(w)] - \min\limits_{1\leqslant i\leqslant N}{}^*[a_{ui}(w)]} \end{aligned}$$

而

$$a'_{us}(w) = \frac{a_{us}(w) - \min\limits_{1\leqslant i\leqslant N}[a_{ui}(w)]}{\max\limits_{1\leqslant i\leqslant N}[a_{ui}(w)] - \min\limits_{1\leqslant i\leqslant N}[a_{ui}(w)]}$$

如果

$$a_{us}(w^*) = \max_{1\leqslant i\leqslant N}{}^*[a_{ui}(w)]$$

则$a'_{us}{}^*(w)=1$。故

$$\begin{aligned} r_{us}{}^* &= \frac{1}{w} \sum_{k=1}^{w} a'_{us}{}^*(k) \cdot \alpha^{(w-k)} \\ &= \frac{1}{w} \sum_{k=1}^{w-1} a'_{us}(k) \cdot \alpha^{(w-k)} + \frac{1}{w} \\ &= r_{us} + \frac{1 - a'_{us}(w)}{w} \end{aligned} \tag{10-15}$$

如果

$$a_{us}(w^*)=\min_{1\leqslant i\leqslant N}{}^*[a_{ui}(w)]$$

则$a'_{us}{}^*(w)=0$。显然 $a'_{us}(w)=0$,故

$$r_{us}{}^*=r_{us} \tag{10-16}$$

如果$\min^*_{1\leqslant i\leqslant N}[a_{ui}(w)]\leqslant a_{us}(w^*)\leqslant\max^*_{1\leqslant i\leqslant N}[a_{ui}(w)]$,则

$$\min_{1\leqslant i\leqslant N}{}^*[a_{ui}(w)]=\min_{1\leqslant i\leqslant N}[a_{ui}(w)]$$

$$\max_{1\leqslant i\leqslant N}{}^*[a_{ui}(w)]=\max_{1\leqslant i\leqslant N}[a_{ui}(w)]$$

故可得

$$a'_{us}{}^*(w)=a'_{us}(w)+\frac{1}{\max\limits_{1\leqslant i\leqslant N}[a_{ui}(w)]-\min\limits_{1\leqslant i\leqslant N}[a_{ui}(w)]}$$

代入式,可得

$$\begin{aligned}r_{us}{}^*&=\frac{1}{w}\sum_{k=1}^{w}a'_{us}{}^*(k)\cdot\alpha^{(w-k)}\\&=\frac{1}{w}\sum_{k=1}^{w}a'_{us}(k)\cdot\alpha^{(w-k)}+\frac{1}{w}\cdot\frac{1}{\max\limits_{1\leqslant i\leqslant N}[a_{ui}(w)]-\min\limits_{1\leqslant i\leqslant N}[a_{ui}(w)]}\\&=r_{us}+\frac{1}{w}\cdot\frac{1}{\max\limits_{1\leqslant i\leqslant N}[a_{ui}(w)]-\min\limits_{1\leqslant i\leqslant N}[a_{ui}(w)]}\end{aligned} \tag{10-17}$$

2) $t^*>w\cdot\Delta t$

同样,令第 k 段时间内,序号 u 的用户对序号 s 的服务申请次数为$a'_{us}{}^*(k)$,当前时刻序号 u 的用户对序号 s 的服务的兴趣度为 r^*_{us},则

$$a'_{us}{}^*(k)=a'_{us}(k)(k=1,2,3,\cdots,w)$$

$$a'_{us}{}^*(k)=0(k=w+1,w+2,\cdots,w^*-1)$$

因为在$t^*>wt_i$ 的情况下,第 w^* 段时间内只有一次服务记录,故有 $a_{us}(w^*)=1$,$\min_{1\leqslant s\leqslant N}[a_{us}(w^*)]=0$,$\max_{1\leqslant s\leqslant N}[a_{us}(w^*)]=1$。从而得出

$$a'_{us}{}^*(w^*)=\frac{a_{us}(w^*)-\min\limits_{1\leqslant s\leqslant N}[a_{us}(w^*)]}{\max\limits_{1\leqslant s\leqslant N}[a_{us}(w^*)]-\min\limits_{1\leqslant s\leqslant N}[a_{us}(w^*)]}=1$$

则可得

$$\begin{aligned}r_{us}{}^*&=\frac{1}{w^*}\sum_{k=1}^{w^*}a'_{us}{}^*(k)\cdot\alpha^{(w^*-k)}\\&=\frac{1}{w^*}\left[\sum_{k=1}^{w}a'_{us}{}^*(k)\cdot\alpha^{(w^*-k)}+\sum_{k=w+1}^{w^*-1}a'_{us}{}^*(k)\cdot\alpha^{(w^*-k)}+a'_{us}{}^*(w^*)\right]\\&=\alpha^{(w^*-w)}r_{us}+\frac{1}{w^*}\end{aligned} \tag{10-18}$$

综合上述两类情况可知，t^* 时刻，用户兴趣模型中序号 u 的用户对序号 s 的服务的兴趣度更新为

$$r_{us}{}^{*}=\alpha^{(w^{*}-w)}r_{us}+\frac{\rho}{w^{*}} \tag{10-19}$$

式中

$$w^{*}=\begin{cases}\left[\dfrac{t^{*}}{\Delta t}\right],\dfrac{t^{*}}{\Delta t}-\left[\dfrac{t^{*}}{\Delta t}\right]=0\\ \left[\dfrac{t^{*}}{\Delta t}\right]+1,\dfrac{t^{*}}{\Delta t}-\left[\dfrac{t^{*}}{\Delta t}\right]\neq 0\end{cases} \tag{10-20}$$

$$\rho=\begin{cases}1-a'_{us}(w) & (t<t^{*}<w\cdot\Delta t,a_{us}(w^{*})=\max\limits_{1\leqslant i\leqslant N}[a_{ui}(w^{*})])\\ 0 & (t<t^{*}<w\cdot\Delta t,a_{us}(w^{*})=\min\limits_{1\leqslant i\leqslant N}[a_{ui}(w^{*})])\\ \dfrac{1}{\max\limits_{1\leqslant i\leqslant N}[a_{ui}(w^{*})]-\min\limits_{1\leqslant i\leqslant N}[a_{ui}(w^{*})]} & (\text{其他})\end{cases}$$

2. 兴趣主题模型的更新算法

同上面可求得兴趣主题模型的更新算法（w 和 $w*$ 仍照前面定义）：

1）常规地理属性

$$i_{us}{}^{*}=\alpha^{(w^{*}-w)}i_{us}+\frac{\delta}{w^{*}} \tag{10-21}$$

式中

$$\delta=\begin{cases}1-i'_{us}(w) & (t<t^{*}<w\cdot\Delta t,i_{us}(w^{*})=\max\limits_{1\leqslant k\leqslant N}[i_{uk}(w^{*})])\\ 0 & (t<t^{*}<w\cdot\Delta t,i_{us}(w^{*})=\min\limits_{1\leqslant k\leqslant N}[i_{uk}(w^{*})])\\ \dfrac{1}{\max\limits_{1\leqslant k\leqslant N}[i_{ui}(w^{*})]-\min\limits_{1\leqslant k\leqslant N}[i_{uk}(w^{*})]} & (\text{其他})\end{cases}$$

2）特殊地理属性

$$j_{us}{}^{*}=\alpha^{(w^{*}-w)}j_{us}+\frac{\tau}{w^{*}} \tag{10-22}$$

式中

$$\tau=\begin{cases}1-j'_{us}(w) & (t<t^{*}<w\cdot\Delta t,j_{us}(w^{*})=\max\limits_{1\leqslant i\leqslant N}[j_{ui}(w^{*})]\\ 0 & (t<t^{*}<w\cdot\Delta t,j_{us}(w^{*})=\min\limits_{1\leqslant i\leqslant N}[j_{ui}(w^{*})])\\ \dfrac{1}{\max\limits_{1\leqslant i\leqslant N}[j_{ui}(w^{*})]-\min\limits_{1\leqslant i\leqslant N}[j_{ui}(w^{*})]} & (\text{其他})\end{cases}$$

第 11 章　天基信息按需服务个性化推荐算法研究

推荐算法的选择是个性化推荐系统构建的关键，本书所构建的天基信息按需服务个性化推荐框架因在服务器端收集用户信息而易于实现协同过滤，而且协同过滤也是目前在个性化推荐领域应用最广泛、效果最好的技术，所以把协同过滤作为实施天基信息按需服务个性化推荐的主要算法。协同过滤常用于处理巨大而稀疏的数据集，其推荐性能也往往面临各方面的挑战，而不同的协同过滤算法，针对不同的数据集，其性能也不尽相同。在选择实际应用的个性化推荐推荐算法时，往往要求其易于实现、消耗资源少、推荐准确，并能克服协同过滤在实际应用中所遇到种种问题（如稀疏性、可扩展性、多义性、隐私保护等）。实际上，在不断探求新的协同过滤算法的同时更应明确最合理的推荐系统应遵循的原则是在诸多要求中寻求符合用户所需的一个最优的性能组合。本章将通过对现有各类协同过滤算法的分析比较，设计与基于指数衰减的天基信息按需服务用户兴趣混合模型相适应的天基信息按需服务个性化推荐算法。

11.1　协同过滤算法研究综述

协同过滤作为个性化推荐的主要技术，出现于 20 世纪 70 年代，到 90 年代形成较为成熟的理论框架。第一个推荐系统——Tapestry，其设计团队首次提出了“协同过滤”的概念，协同过滤的基本原理是假设用户 x 和 y 对 n 个项目（如物品、资讯等）的评价或行为（如购买、观看、收听）是相似的，那么他们对其他项目所持有的观点也是相似的。协同过滤算法通过分析用户兴趣，在用户群中找到指定用户的相似（兴趣）用户，综合这些相似用户对某一项目的评价，形成系统对该指定用户对此项目的喜好程度预测。协同过滤算法的主要类型有基于记忆的协同过滤（Memory-based CF）、基于模型的协同过滤（Model-based CF）及组合协同过滤（Hybrid CF）[303]。

11.1.1　基于记忆的协同过滤

基于记忆的协同过滤算法使用全部或部分用户—项目数据库来生成预测，基于记忆的协同过滤分为基于用户的方法和基于项目的方法[304]。对于基于用户的方法，每个用户是一个具有相似兴趣的用户所组成小组的成员，小组内其他成员称为该用户的邻居。推荐系统通过识别新用户的邻居，来预测他或她对新项目的喜好；如果是基于项目，则将项目看成一组具有相似特性（针对用户的行为来说，如评分、购买频率等）的项目所组成小组的成员，组内其他成员称为该项目的邻居，可以通过某位用户对多位邻居的行为数据来预测其对该项目的喜好。

协同过滤的实现一般包含三个环节[305]：一是利用用户行为信息计算用户或项目间的相似性，建立兴趣模型；二是利用相似性较高的用户或项目预测用户对项目的喜好程度；三是系统根据预测的喜好程度进行推荐[306]。以下将以基于用户的方法为例进行说明。

假设有用户集合 $\boldsymbol{C}=\{c_1,c_2,\cdots,c_N\}$，项目集合 $\boldsymbol{S}=\{s_1,s_2,\cdots,s_M\}$，令 $r_{c,s}$ 为用户 c 对项目 s 的兴趣度，$r_{c,s}$ 构成的矩阵代表用户对应项目的行为数据，称为 User-Item 矩阵[307]。

常用相似度计算方法包括 Pearson 相关和矢量余弦[308]。

（1）Pearson 相关。

$\boldsymbol{S}_x$ 和 $\boldsymbol{S}_y$ 分别为用户 x 和用户 y 评价过的项目集，$\boldsymbol{S}_{xy}=\boldsymbol{S}_x\cap\boldsymbol{S}_y$ 为用户 x 和 y 共同评价过的项目集合，$\mathrm{sim}(x,y)$ 为用户 x 和 y 的相似性。

$$\mathrm{sim}(x,y)=\frac{\sum\limits_{s\in S_{xy}}(r_{x,s}-\bar{r}_x)(r_{y,s}-\bar{r}_y)}{\sqrt{\sum\limits_{s\in S_{xy}}(r_{x,s}-\bar{r}_x)^2\sum\limits_{s\in S_{xy}}(r_{y,s}-\bar{r}_y)^2}} \tag{11-1}$$

（2）矢量余弦。

$$\mathrm{sim}(x,y)=\frac{\boldsymbol{x}\cdot\boldsymbol{y}}{\|\boldsymbol{x}\|_2\times\|\boldsymbol{y}\|_2}=\frac{\sum\limits_{s\in S_{xy}}r_{x,s}r_{y,s}}{\sqrt{\sum\limits_{s\in S_{xy}}r_{x,s}^2\sum\limits_{s\in S_{xy}}r_{y,s}^2}} \tag{11-2}$$

在进行预测时，相似度被作为权重使用，常用的预测函数有以下两种[280]。

（1）简单加权平均。

$$r_{c,s}=\frac{\sum\limits_{i\in\hat{C}}\mathrm{sim}(c,i)\cdot r_{i,s}}{\sum\limits_{i\in\hat{C}}|\mathrm{sim}(c,i)|} \tag{11-3}$$

（2）评分差加权平均。

$$r_{c,s}=\bar{r}_c+\frac{\sum\limits_{i\in\hat{C}}\mathrm{sim}(c,i)\cdot(r_{i,s}-\bar{r}_c)}{\sum\limits_{i\in\hat{C}}|\mathrm{sim}(c,i)|} \tag{11-4}$$

式中：sim(c,i)为用户 c 和用户 i 之间的相似度；$\bar{r}_c$ 为用户 c 的平均兴趣度，且有

$$\bar{r}_c = (1/|s_c|)\sum_{s \in S_c} r_{c,s} \tag{11-5}$$

其中：$S_c = \{s \in S \mid r_{c,s} \neq 0\}$。

为减少计算量，在预测时一般只采用评分较高的 N 个数据，所以此方法也常称为 TOP-N 算法，预测时另一种处理是只采用 k 个相似度最高的数据计算（k 称为当前计算用户的邻居规模），故基于相似度的协同过滤算法也称基于邻居的协同过滤算法。只选取 k 个邻居计算的算法称为 KNN（K Nearest Neighbors）。基于项目的方法与基于用户的相似，只是计算的相似性是针对项目[309]。

基于 Pearson 相关的协同过滤算法是一种典型的协同过滤算法，Herlocker 等[310]给出了一些基于用户和基于项目的 Pearson 相关的变形。其他基于相关的相似度包括：约束 Pearson 相关，一种使用中值而不是平均评分的方法；Spearman 评级相关，与 Pearson 相似，但评价数据是评级而不是评分；Kendall 提出了 τ 相关，与 Spearman 相关相似，但不直接使用评级数据，而是只使用与相关计算有关联的评级数据[310]。

11.1.2　基于模型的协同过滤

基于模型的算法可以通过训练数据完成对系统复杂模式的识别，而后基于学习模型对协同过滤任务做出智能预测，一般采用机器学习、人工神经网络及数据挖掘等方法，常见的方法模型包括贝叶斯模型、聚类模型及置信网络模型等[311,312]。如果用户的评分是分类的，那么通常使用分类算法；如果是数值类型的，则常用回归模型和 SVD 方法[313,314]。因基于模型的协同过滤方法很多，不能一一赘述，只选几种较为典型的进行介绍。

1. 基于概率的协同过滤

令 $r_{c,s}$ 为用户 c 对项目 s 的兴趣度，则基于概率的协同过滤算法中规定评分预测方法：

$$r_{c,s} = E(r_{c,s}) = \sum_{i=0}^{n} i \times \Pr(r_{c,s} = i \mid r_{c,\bar{s}}, \bar{s} \in S_c) \tag{11-6}$$

假设兴趣度分值在 0～n 之间，Pr 表示基于用户历史兴趣度数据计算出的用户给项目 s 的指定分数的概率。

概率的估计需使用概率模型，常用的有聚类模型、概率相关模型、极大熵模型、线性回归、基于聚类的 Gibbs 抽样等[315-318]。最近较为热门的是使用更复杂的模型，包括把推荐过程看作基于马尔可夫决策过程（MDP）的序列决策过程[319]和使用语义生成模型[320]。

2. 朴素贝叶斯算法

该类算法使用朴素贝叶斯分类算法来为协同过滤任务做预测。贝叶斯网络是一个带有概率注释的有向无环图[321],图中的每一个结点均表示一个随机变量,图中两结点间若存在着一条弧,则表示这两结点相对应的随机变量是概率相依的;反之,则说明这两个随机变量是条件独立的[322]。贝叶斯分类器是用于分类的贝叶斯网络。贝叶斯分类器的分类原理是通过某对象的先验概率,利用贝叶斯公式计算出其后验概率,即该对象属于某一类的概率,选择具有最大后验概率的类作为该对象所属的类。根据对特征值间不同关联程度的假设,可以得出各种贝叶斯分类算法。朴素贝叶斯分类基于一个简单的假定,即给定目标值时属性之间相互条件独立。

假如将一些特征赋予独立的类,则可以计算某一类别被赋予所有特征的概率,而后具有最高概率的类将被标识为预测类型。对于不完整数据,基于观测数据进行的概率计算和产生分类(下标 $\boldsymbol{O}$ 表示观测值)如下:

$$\mathbf{class} = \underset{j \in \mathbf{classSet}}{\mathrm{argmax}} p(\mathbf{class}_j) \prod_{o} (X_o = x_o \mid \mathbf{class}_j) \tag{11-7}$$

为平滑概率计算并避免条件概率为 0,可使用拉普拉斯估算器:

$$P(X_i = x_i \mid Y = y) = \frac{\#(X_i = x_i, Y = y) + 1}{\#(Y = y) + |X_i|} \tag{11-8}$$

式中:$|X_i|$ 为类集 $\{X_i\}$ 的大小。

朴素贝叶斯模型所需估计的参数很少,对缺失数据不太敏感,算法也比较简单。

3. 聚类算法

聚类是一个相似对象的集合,一个聚类内部的元素与其他元素都相似而与其他聚类内部的元素不同[323]。而相似的度量最常用的是 Minkowski 距离和 Pearson 相关。

对于数据集 $\boldsymbol{X} = \{x_1, x_2, \cdots x_N\}$ 和 $\boldsymbol{Y} = \{y_1, y_2, \cdots y_N\}$,则 Minkowski 距离可定义为

$$d(X,Y) = \sqrt[q]{\sum_{i=1}^{n} |x_i - y_i|^q} \tag{11-9}$$

式中:n 为 x 和 y 的维度;q 为正整数,当 $q=1$,d 是曼哈顿距离,当 $q=2$ 时,d 是欧氏距离[315]。

在推荐系统的许多情况下,聚类的过程只是一个中间步骤,最后的聚类结果将用于更进一步的数据分析及处理。基于聚类的协同过滤可以通过许多种方法实现,Sarwar[308]、Connor 和 Herlocker 等人[312]将数据划分聚类,而后使用基于记忆的协同过滤算法来为每个聚类的元素做评分预测。聚类模型比其他一些典型协同过滤算法具有更好的可扩展性,因为预测评分只对少数聚类进行,

但推荐质量较低。

4. 基于矩阵分解的算法

该算法通过对打分矩阵实施矩阵分解和重构对用户和项目之间的隐含关联进行挖掘,在保留数据主要特征的同时提高算法的可扩展性[314]。

如 $r_{c,s}$ 为用户 c 对项目 s 的兴趣度,那么将 $r_{c,s}$ 的估计分解为[324]

$$\hat{r}_{c,s}=\boldsymbol{q}_s^{\mathrm{T}}\boldsymbol{p}_c \tag{11-10}$$

这里定义了一个与用户和项目都有隐含关联的元素空间,假设其维数为 f,那么 $\boldsymbol{q}_s,\boldsymbol{p}_c\in\mathbf{R}^f$,其中,$\boldsymbol{q}_s$ 表示项目与元素的关联程度,而 $\boldsymbol{p}_c$ 则对应用户对这些元素的感兴趣程度[172]。

该类算法重点针对数据中隐含而抽象的特征信息,虽然有时无法向用户解释推荐的原因,但可以很好地保护用户的隐私[325]。

11.1.3 组合协同过滤

除了协同过滤,基于内容的推荐技术是另一种重要的推荐技术。基于内容的推荐系统通过分析文本信息和在内容中发现规律并做出推荐。协同过滤和基于内容推荐之间的区别在于前者使用用户—项目行为数据来做预测和推荐,而后者依赖用户和项目的内容特征做出推荐。

组合协同过滤系统是将协同过滤与其他推荐技术(包括基于内容的推荐)加以融合进行预测和推荐。组合协同过滤中按照算法的结合方式大致可以分为以下三类[326]:

(1) 结合基于内容方法的协同过滤;

(2) 多种协同过滤简单组合;

(3) 多种协同过滤相互融合。

1. 结合基于内容推荐的协同过滤

该类方法首先设法在推荐前获取内容信息,并在内容中发现规律,这些信息包括文档、URL、新闻信息、网页日志、物品描述以及用户的品味、喜好、需求模型[327],以此形成针对用户的模型配置文件。内容有许多影响因素,如通过观测的出的词汇或页面的浏览特征以及用户以前所喜好的项目之间的相似度[328]。而后利用用户兴趣度数据和配置文件计算相似度,在以协同过滤算法为主体的同时考虑基于内容的因素,能够较好克服协同过滤面对的数据稀疏性问题,特别是冷启动的问题。

Mooney[327]等提出了一种使用朴素贝叶斯分类器来对内容分类的协同过滤算法,该算法使用内容预测的方法填补评分矩阵的空缺数据,构成伪评分矩阵。而后使用基于加权 Pearson 相关的协同过滤算法对为评分矩阵进行预测计算,更多用户评价过的项目以及当前用户将被赋予更高的权重。Balabanovic 和

Shoham 开发的 Fab 系统[77]，使用基于内容的技术维护网页中的用户兴趣模型，并使用协同过滤技术来识别相似品味的用户模型。而后可以通过用户模型推荐文档。Sarwar 等[329]使用了基于知识的 Agent，它们在系统中充当行为符合一定标准的智能用户。Basu 等开发的协同过滤系统 Ripper，使用用户评分和内容特征来产生推荐。

2. 多种协同过滤简单组合

简单的方法是多种推荐结果的叠加，也包括来自不同推荐数据源的特征组合被一种推荐算法所采用。例如在评分预测环节中，可以是多种在系统中可用推荐算法评分结果的加权平均，而权重的调整策略由推荐系统的设计者决定；另一种结合方法是采取算法切换，在数据满足某类条件时，推荐系统可采用相应的算法；还有一种组合的方法是将一种算法的结果作为另一种的输入。

加权组合推荐技术通过加权处理综合了不同推荐技术，此方法的计算结果来源于所有系统中使用的推荐技术[330]。组合可以是线性的，权重也可以使可调的，也可使用多数加权评分或加权平均评分。切换组合推荐方法按某种标准或条件在推荐技术中变换使用不同算法，如推荐技术的置信度。当协同过滤系统无法做出足够可信的推荐时，另一种推荐系统如基于内容的系统将会尝试启动。切换组合推荐也带来了切换标准参数化的复杂性。其他常见的组合推荐方法还有级联组合推荐（Cascade Hybrid Recommeders）[174]，元级推荐（Meta-level Recommenders）[331]等。

对于上述两种形式的组合协同过滤，虽然设计人员可以根据具体的推荐对象或是被推荐项目的范畴选取不同的线性组合方式，但要求设计者须具备很强的专业知识，而且很难避免其心理主观因素在参数设定中的影响。

3. 多种协同过滤相互融合

此类组合过滤一般将多种协同过滤的计算结果作为其他协同过滤计算的输入[153]。

结合概率的基于记忆协同过滤（Probabilistic memory-based CF）结合了基于记忆方法和基于模型的技术[323]，使用了基于一组已存用户档案构建的组合模型和用户评分的后验分布来做预测。为解决新用户问题，该方法通过主动学习的扩展方法在可用信息不足时主动询问用户以获取附加信息。为减少计算时间，算法从全部数据中选择称为模型空间的小子样集，并在该小子样集中做预测。相比基于 Pearson 相关的协同过滤和使用朴素贝叶斯的基于模型的协同过滤，该算法具有更好的性能。

个性诊断（Personality Diagnosis，PD）是另一种典型的组合协同过滤方法[304]。在 PD 中，根据当前用户的已知评分数据，可以计算该用户与其他用户拥有相同“个性”的概率，以及喜好新项目的概率。PD 还能作为一种聚类方法，可将一个用户作为聚类。EachMovie 和 CiteSeer 都使用了 PD,Breese 等[333]研究发现该方法相比基于 Pearson 相关的协同过滤、基于矢量余弦相似度的协同过滤算法、基于贝叶斯聚类以及贝叶斯网络两种模型的算法,都具有更好的预测性能。

11.1.4 协同过滤算法性能总结

在构建推荐系统的实际应用中,协同过滤常用于处理巨大而稀疏的数据集,其推荐性能也往往面临各方面的挑战,而不同的算法针对不同的数据集其性能也不尽相同。

1. 协同过滤面临的问题

1) 数据稀疏性

当面对庞大的项目集时,User-Item 矩阵的数据通常会十分稀疏,如果两个可能有相似兴趣的用户并未对相同项目做出过推荐,那么其相似性就难以被辨别[330]。此外,如果没有足够的初始信息,系统很难找出相似的对象,所以当新用户或项目刚加入系统时,会产生“冷启动”的问题。推荐系统中覆盖率的定义为算法可以提供推荐的项目的在全体项目中的比例,显然,当系统中用户评价数据相对项目数量而言十分稀少时,将会发生覆盖率降低的问题[334]。

2) 可扩展性

当用户和项目数剧增时,随着计算资源的过度消耗,传统协同过滤会呈现出缺乏可扩展性的问题。面对超大量用户和项目时,协同过滤计算的复杂度太高。许多在线系统需要迅速为用户做出推荐而适当考虑他们的购买和评价历史记录,此时算法即使再精确,如果不能满足实时性的要求,那么对推荐系统来说也是徒劳的,这种情况下需要具备良好扩展性的协同过滤系统[280]。

3) 同义性和多义性

若推荐中包含项目具体描述内容,则必然会涉及一些具有相同或相似意义但名称不同的项目,大部分推荐系统无法发现这类隐含联系而同等对待这些项目,但基于记忆的协同过滤系统会无法发现它们之间的相似性;在各类语言里,也往往有一个词汇具备多重意义的情况。实际上,某些项目在内容表述上变化很多,导致同义和多义问题,影响了协同过滤系统的推荐性能[320]。

4) 用户行为不确定性

有时用户不会一直同意或否定某类用户的观点,还有一些总会提相反意见的用户,他们的特殊行为使推荐很难完成[353]。此外,在任何人都可以给出建议的情况下,某些商家可能针对竞争对手给出消极负面的评分数据,基于协同过滤的系统应对此类现象进行防范,应对欺骗攻击模型及其对推荐系统的影响[336]进行相应研究。

5）其他问题

多媒体数据（图形、视频流、声音等）在特征提取上存在很大困难[337]。解释性是另一个重要的方面。在某些情况下，相比预测的准确度，对推荐结果做出直观合理的解释可能对读者来说更具吸引力和说服力[338,339]。

2. 协同过滤算法性能比较

协同过滤的每一种算法都有其自身的优点和缺点，每一种新算法的提出都能相应解决某些方面的问题，但即使再好的组合过滤算法，也不可能成功应对协同过滤面临的全部挑战。典型协同过滤算法性能比较如表 11-1 所列。

表 11-1　典型协同过滤算法性能比较

算法类型	代表技术	主要优点	主要缺点
基于记忆的 CF	① 基于邻居（使用 Pearson/矢量余弦相关的基于记忆算法）； ② 基于记忆的 Top-N 推荐	① 易实现； ② 易添加新数据； ③ 无需考虑推荐项目内容	① 依赖人为评价； ② 数据稀疏时性能下降； ③ 无法为新用户或新项目推荐； ④ 可扩展性有限
基于模型的 CF	① 朴素贝叶斯； ② 聚类； ③ 基于 MDP； ④ 潜在语义索引 LSI； ⑤ SVD	① 更好地解决了稀疏性问题； ② 更好的可扩展性； ③ 提高预测性能； ④ 部分算法可给出推荐结果的直观解释	① 建模成本高； ② 在预测性能和可扩展性上存在折中； ③ 数据预处理时丢失有效信息
组合 CF	① 内容驱动的协同过滤； ② 综合了基于记忆和基于模型算法的组合协同过滤，如个性诊断（PD）	① 克服单一方法的局限性； ② 提高预测性能； ③ 克服数据稀疏问题和用户行为的不确定性问题	① 需要难获取的外部信息； ② 计算复杂度、执行成本高

基于记忆的算法易于实现并针对稠密数据集有较好的性能，但缺陷是依靠用户评分数据，当数据稀疏时性能降低，而且面对新用户时存在“冷启动”问题。此外，它还有扩展性的问题。在数据估算和降维后使用基于记忆的协同过滤，可以产生更准确的预测。基于记忆的协同过滤技术还存在许多限制，最明显的是数据稀疏性问题。

基于模型的算法需要训练算法模型，相对基于记忆的算法有更好的预测性能，能够较好提取数据特征，但基于模型的技术也存在缺陷，如当数据极度稀疏时无法使用，解决方法是将可能影响性能的多类数据降维或是变换成二类数据，模型的构建代价可能会很高，所以对于该类算法来说，需要在预测性能及可扩展性之间寻求平衡。

组合协同过滤技术通过对协同过滤方法与基于内容的技术及其他推荐技术加以融合，力求扬长避短[340]。在以协同过滤算法为主体的同时考虑基于内容的因素,能够较好地克服数据稀疏性中的"冷启动"问题。与纯粹的单一协同过滤方法及基于内容的方法比较,组合协同过滤在性能上能够获得更为精确的推荐结果[341]。但组合协同过滤通常需要依赖一些外部信息,而这些外部信息往往不可用,或是很难从用户身上获取,而且算法执行的复杂度也越来越高[334]。

11.1.5 协同过滤技术的发展方向分析

1. 更合理的评估指标

协同过滤算法目前所使用的性能评估指标主要源自信息检索领域,仍没有完全针对推荐性能形成统一的评估标准[342],而且检索结果的评估和推荐性能的评估在本质上是有所区别的,所以,推荐算法性能评估指标的合理性和标准化问题仍有待研究。

2. 更注重隐私保护

在日常生活中,人们往往不愿意自己的观点或习惯为他人所知,而推荐中经常需要根据用户的行为推断用户的喜好,组合协同过滤中往往会收集大量的用户私人信息,所以协同过滤系统未来也需更多地考虑用户隐私保护的问题[343]。

3. 算法的"个性化"选择

随着在电子商务领域的成功应用,协同过滤技术相继被引入教育、医药等同样需大规模信息处理的行业领域,而不同行业领域、不同任务需求、不同数据集,所需要的推荐算法也不同,这就使协同过滤技术的选择本身也需要充分"个性化",所以,在构建推荐系统时,协同过滤技术发展面临的关键是针对推荐应用领域的任务需求及数据集的特点,同时结合多指标性能的均衡,选择合理的推荐算法。

11.2 天基信息按需服务个性化推荐算法设计概述

11.2.1 天基信息按需服务个性化推荐涉及数据

假设当前天基信息服务系统的记录中共有 M 个用户、N 种服务、P 个常规地理属性和 Q 个特殊地理属性,则天基信息按需服务用户兴趣模型中应包含表 11-2 所列数据。

表 11-2 天基信息按需服务用户兴趣模型中的数据

兴趣模型	服务次数兴趣度模型	兴趣主题模型	
		常规地理属性	特殊地理属性
数据信息(兴趣度矩阵)	$\boldsymbol{R}_t=\begin{bmatrix} r_{11} & \cdots & r_{1N} \\ \vdots & & \vdots \\ r_{M1} & \cdots & r_{MN} \end{bmatrix}$	$\boldsymbol{I}_t=\begin{bmatrix} i_{11} & \cdots & i_{1P} \\ \vdots & & \vdots \\ i_{M1} & \cdots & i_{MP} \end{bmatrix}$	$\boldsymbol{J}_t=\begin{bmatrix} j_{11} & \cdots & j_{1Q} \\ \vdots & & \vdots \\ j_{M1} & \cdots & j_{MQ} \end{bmatrix}$

同时,假设每一服务经数据处理中心处理后其对应的兴趣主题信息格式如表 11-3 所列。

表 11-3　兴趣主题信息格式

<table>
<tr><td></td><td colspan="4">常规地理属性</td><td colspan="4">特殊地理属性</td></tr>
<tr><td>目标属性</td><td>属性 1</td><td>属性 2</td><td rowspan="2">…</td><td>属性 P</td><td>属性 1</td><td>属性 2</td><td rowspan="2">…</td><td>属性 Q</td></tr>
<tr><td>是否有该属性</td><td>有</td><td>无</td><td>有</td><td>无</td><td>有</td><td>无</td></tr>
</table>

可将当前时刻所有服务和所有常规地理属性的对应关系用矩阵表示如下:

$$\boldsymbol{C}_t=\begin{bmatrix} c_{11} & \cdots & c_{1P} \\ \vdots & & \vdots \\ c_{N1} & \cdots & c_{NP} \end{bmatrix}$$

式中:c_{NP}表示第 n 项服务是否具备第 p 项常规地理属性,取 0 或 1。

同样,可将当前时刻所有服务和所有特殊地理属性的对应关系用矩阵表示如下:

$$\boldsymbol{D}_t=\begin{bmatrix} d_{11} & \cdots & d_{1Q} \\ \vdots & & \vdots \\ d_{N1} & \cdots & d_{NQ} \end{bmatrix}$$

式中:d_{NQ}用于表示第 n 项服务是否具备第 q 项特殊地理属性,取 0 或 1。

11.2.2　天基信息按需服务个性化推荐算法设计的思路

结合各类协同过滤算法的特点和性能,以结合 User-based 协同过滤的 SVD 算法为主体,同时考虑天基信息按需服务用户兴趣主题信息的合理使用,设计了基于兴趣主题的改进 SVD 协同过滤算法(Interest Topic based SVD-CF, ITSVD-CF),其设计思路如图 11-1 所示。

(1) 根据服务兴趣主题信息,实施基于服务兴趣主题的兴趣度预测,补全空缺服务次数模型兴趣度矩阵:

① 依据服务主题数据,计算服务间的相似度;

② 依据服务的主题相似度,填充服务次数模型兴趣度矩阵的空缺。

(2) 对填充后的服务次数模型兴趣度矩阵实施 SVD 算法:

① 对填充后的服务次数模型兴趣度矩阵进行奇异值分解;

② 选取最大的 K 个奇异值,构建新的用户—服务兴趣度矩阵,根据分解矩阵求解活动用户的最近邻居集 U^*;

③ 计算活动用户对未申请服务的兴趣度预测值,用以代替第二步的填充数据。

(3) 对完整的服务次数模型兴趣度矩阵实施基于用户的兴趣主题加权协

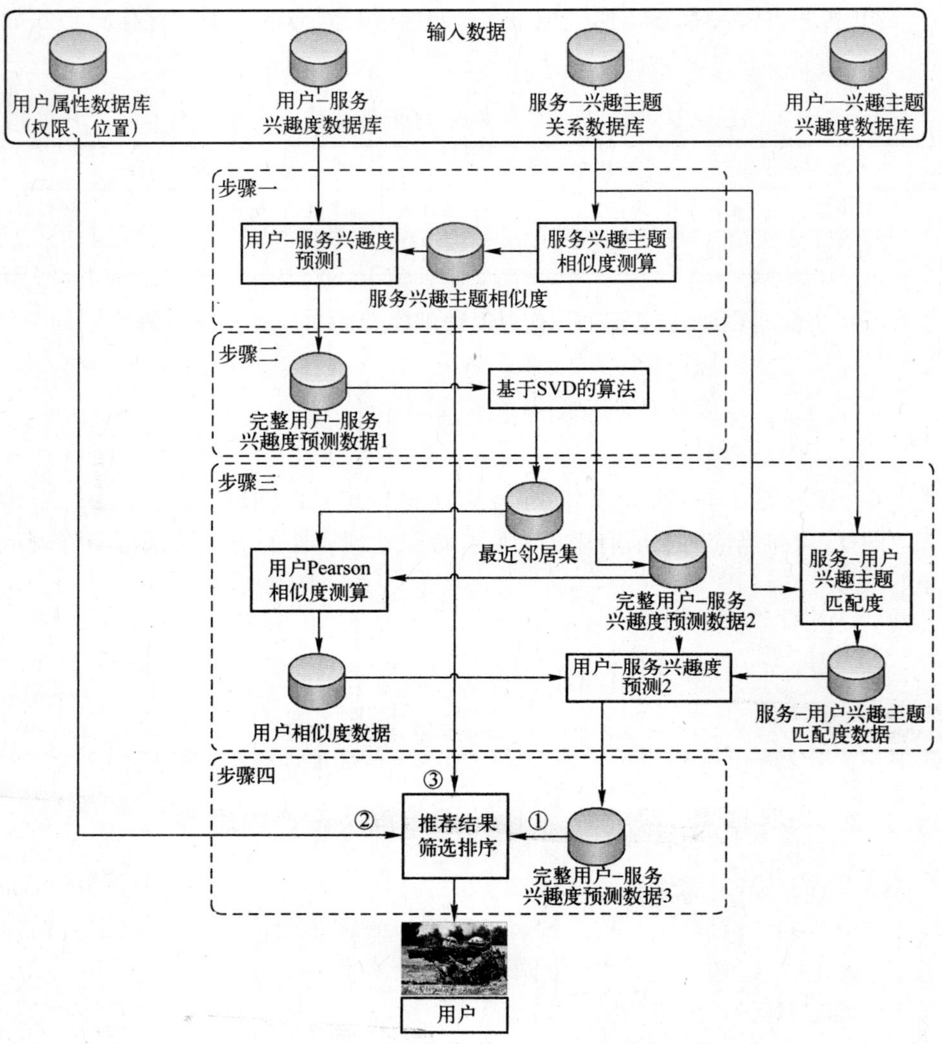

图 11–1　天基信息按需服务个性化推荐算法的设计思路

同过滤算法：

① 根据步骤二后得到的兴趣度矩阵计算活动用户和最近邻居集 U^* 内用户的 Pearson 相关相似度；

② 依据兴趣主题模型和服务—兴趣主题关系数据，计算服务与用户兴趣主题的匹配度；

③ 依据用户间的 Pearson 相关相似度、用户—服务兴趣度矩阵及服务—用户兴趣主题的匹配度数据，估计用户对未访问服务的兴趣度。

（4）依据推荐模式对服务进行筛选和排序，给出推荐结果列表。

11.3 基于兴趣主题的改进 SVD 协同过滤算法

11.3.1 基于服务兴趣主题的兴趣度预测

基于服务兴趣主题对用户—服务兴趣度进行预测的目的是补全用户—服务兴趣度矩阵中缺失的数据,其基本过程类似基于项目的协同过滤,首先依据服务主题数据计算服务间的相似度,而后依据服务的相似度进行用户—服务兴趣度预测。

1. 基于兴趣主题的服务相似度计算

以服务 s_a 和服务 s_b 为例,其常规地理属性相似度为

$$\mathrm{sim}_I(a,b)=\frac{\sum_{k=1}^{P}c_{a,k}\cdot c_{b,k}}{\sqrt{\sum_{k=1}^{P}c_{a,k}^2\cdot\sum_{k=1}^{P}c_{b,k}^2}} \tag{11-11}$$

特殊地理属性相似度为

$$\mathrm{sim}_J(a,b)=\frac{\sum_{k=1}^{Q}d_{a,k}\cdot d_{b,k}}{\sqrt{\sum_{k=1}^{Q}d_{a,k}^2\cdot\sum_{k=1}^{P}d_{b,k}^2}} \tag{11-12}$$

综合两种相似度,依据两种地理属性对服务需求的影响程度,定义服务 s_a 和服务 s_b 的相似度为

$$\mathrm{sim}^*(a,b)=\frac{[1+\lambda\cdot\mathrm{sim}_I(a,b)]\cdot[1+\mu\cdot\mathrm{sim}_J(a,b)]}{(1+\lambda)\cdot(1+\mu)}(0<\lambda<\mu<1) \tag{11-13}$$

式中:λ 和 μ 分别表示常规地理属性和特殊地理属性对用户兴趣度的影响因子。在一般情况下,粒度越细的目标属性信息对天基信息用户越重要,所以与用户需求的关系更密切,对用户兴趣的影响更大,因而取 $\lambda<\mu$。

与细致目标属性不同,单一服务对应的常规地理属性和特殊地理属性一般是不变的(除非固定目标被拆除或摧毁以及发生重大地质灾害),因此服务和服务涉及兴趣主题的对应关系是较为固定的,所以基于兴趣主题计算的已有服务间的相似度数据几乎不变,因此也降低了算法实施的复杂度。

2. 基于服务相似度的兴趣度预测

基于服务相似度的兴趣度预测采用用户相似度加权求和的方法:

$$r_{u,s}=\frac{\sum_{k\in K_u}\mathrm{sim}^*(s,k)\cdot r_{u,k}}{\sum_{k\in K_u}\mathrm{sim}^*(s,k)} \tag{11-14}$$

式中：$K_u=\{n \mid \forall r_{un}\neq 0: s_n\in S\}$，为第 u 个用户曾申请过服务的序号集合。完成此步以后，用户—服务兴趣度矩阵 R_t 中的数据已经全部补充完毕得到 R_t'。

11.3.2 基于 SVD 的兴趣度预测

利用服务和兴趣主题的对应关系粗略计算用户间的相似度，而后对用户—服务兴趣度矩阵中缺失的数据进行预测，以补全兴趣度数据，缓解实施算法时数据集中数据过于稀疏的问题。奇异值分解的引进可滤除用户—服务兴趣度数据中的噪声数据，在尽量保留数据集潜在特征的同时考虑了算法性能，提高了算法的可扩展性[173]。同时，SVD 算法还可对用户数据的显性特征进行有效隐藏，无形中也增加了推进过程的安全性。

SVD 奇异值分解是一种矩阵分解技术，它可将一个 $M\times N$ 阶矩阵用户—服务兴趣度矩阵 R_t' 分解为三部分[172]：

$$R_t'=T_0\times S_0\times D_0'$$

式中：$S_0=\mathrm{diag}(\sigma_1,\sigma_2,\cdots,\sigma_r)$，$\sigma_1\geqslant\sigma_2\geqslant\cdots\geqslant\sigma_r\geqslant 0$，所有 σ 均大于 0 且按照由大到小排列，称为奇异值；T_0、D_0 分别为 $M\times r$ 和 $N\times r$ 阶的正交矩阵，r 为 R_t 的秩（$r\leqslant\min(M,N)$）；S_0 为 $r\times r$ 的对角矩阵。通常对于矩阵 $R_t'=T_0\times S_0\times D_0'$，$T_0$、$S_0$ 和 D_0' 必须是满秩的。

对用户—服务兴趣度矩阵 R_t' 实施 SVD 前，先需要将 R_t' 中各元素 r_{uv} 用 $r_{uv}-\bar{r}_u$ 代替以进行规范化，$\bar{r}_u$ 的定义如下：

$$\bar{r}_u=\frac{1}{|K_u|}\sum_{k\in K_u} r_{u,k} \tag{11-15}$$

本阶段具体的数据处理过程如下：

（1）对 R_t' 进行奇异值分解得到 T_0、S_0 和 D_0'。

（2）将矩阵 S_0 降到 k 维，得对应的 T_k、S_k 和 D_k'。

（3）计算 S_k 的方根矩阵 $S_k^{1/2}$。

（4）计算矩阵 $T_kS_k^{1/2}$，并以此计算用户的最近邻居集 U^*。假设 $M\times k$ 阶矩阵 $T_kS_k^{1/2}$ 的元素为 z_{ij}，则求解活动用户最近邻居集的相似度计算采用矢量余弦相似度：

$$\mathrm{sim}(u,v)=\frac{\sum_{i=1}^{k} z_{u,i}z_{v,i}}{\sqrt{\sum_{i=1}^{k} z_{u,i}^2\sum_{i=1}^{k} z_{v,i}^2}} \tag{11-16}$$

（5）计算 $S_k^{1/2}D_k'$，预测所有在原始的用户—服务兴趣度矩阵 R_t 缺失的数据，用以代替 R_t'。

基于 SVD 的兴趣度预测的公式为

$$r'_{uv}=\bar{r}_u+\boldsymbol{T}_k\boldsymbol{S}_k^{1/2}\boldsymbol{S}_k^{1/2}\boldsymbol{D}'_k \tag{11-17}$$

11.3.3　基于兴趣主题加权的协同过滤

经过 SVD 算法对缺失数据的预测，R_t 已经不再稀疏，更便于实施基于用户的协同过滤算法。考虑到天基信息服务中目标属性的重要性，本节在使用基于用户的协同过滤算法计算用户—服务兴趣度时利用了服务和用户兴趣主题的匹配度进行加权优化。

1. 基于服务次数模型的用户相似度计算

矩阵 $\boldsymbol{R}_t$ 表示当前时刻针对用户集 U 和服务集 S 的用户次数兴趣度模型：

$$\boldsymbol{R}_t=\begin{bmatrix} r_{11} & \cdots & r_{1N} \\ \vdots & & \vdots \\ r_{M1} & \cdots & r_{MN} \end{bmatrix}$$

式中：r_{us} 为序号 u 的用户对序号 s 的服务次数兴趣度。

首先，天基信息服务兴趣模型中记录的第 u 个用户和第 v 个用户基于服务次数模型的相似度可按下式计算：

$$\mathrm{sim}(u,v)=\frac{\sum\limits_{k\in K_{uv}}(r_{u,k}-\bar{r}_u)\cdot(r_{v,k}-\bar{r}_v)}{\sqrt{\sum\limits_{k\in K_{uv}}(r_{u,k}-\bar{r}_u)^2\sum\limits_{k\in K_{uv}}(r_{v,k}-\bar{r}_v)^2}} \tag{11-18}$$

式中：K_{uv} 为第 u 个用户和第 v 个用户都申请过的服务序号的集合，$\boldsymbol{K}_{uv}=\boldsymbol{K}_u\cap\boldsymbol{K}_v$。

2. 基于服务次数模型的用户兴趣度预测算法

基于用户的协同过滤的算法原理中，用户对未知服务的兴趣度可通过已知的兴趣度进行预测，其基本假设是需求类似的用户对同一服务表现出的兴趣度也较为接近，本节基于服务次数模型采用基于均值修正的相似度加权求和的方法对用户兴趣度进行计算[344]：

$$r_{u,s}=\bar{r}_u+\frac{\sum\limits_{v\in U^*}\mathrm{sim}(u,v)\cdot(r_{v,s}-\bar{r}_v)}{\sum\limits_{v\in U^*}\mathrm{sim}(u,v)} \tag{11-19}$$

式中：$\boldsymbol{U}^*$ 为与用户 u 的最近邻居集。

基于用户的协同过滤算法中最近邻居的确定一般通过 $\mathrm{sim}(u,v)$ 的比较，但本节算法中的最近邻居集通过 SVD 算法确定。

3. 基于兴趣主题模型的用户兴趣度预测算法

将服务中的目标属性信息和用户对目标属性的兴趣主题度相比较，可以得出基于常规地理属性的用户—服务兴趣度为

$$r'_{u,s} = \frac{\sum_{p=1}^{P} i_{u,p} c_{s,p}}{\sum_{p=1}^{P} i_{u,p}} \tag{11-20}$$

同理,可得出基于特殊地理属性的用户—服务兴趣度为

$$r''_{u,s} = \frac{\sum_{q=1}^{Q} j_{u,q} d_{s,q}}{\sum_{q=1}^{Q} j_{u,q}} \tag{11-21}$$

4. 基于混合模型的用户兴趣度预测算法

天基信息用户对服务的兴趣与服务涉及的目标属性关系密切,因此在计算天基信息用户对服务的兴趣时,应同时考虑服务次数和服务主体因素对兴趣度的影响,可依据兴趣主题度对由服务次数模型计算出的兴趣度进行加权,于是得到基于混合兴趣模型的天基信息用户兴趣度计算公式:

$$r_{u,s} = \left[\bar{r}_u + \frac{\sum_{v \in U^*} \mathrm{sim}(u,v) \cdot (r_{v,s} - \bar{r}_v)}{\sum_{v \in U^*} |\mathrm{sim}(u,v)|}\right] \cdot (1 + \lambda \cdot r'_{u,s}) \cdot (1+\mu \cdot r''_{u,s})(0<\lambda<\mu<1) \tag{11-22}$$

式中:λ 和 μ 分别表示常规地理属性和特殊地理属性对用户兴趣度的影响因子。在一般情况下,粒度越细的目标属性信息对天基信息用户越重要,所以与用户需求的关系更密切,对用户兴趣的影响更大,因而取 $\lambda<\mu$。

11.3.4 推荐结果的筛选和排序

天基信息按需服务个性化推荐的结果以服务列表的方式给出,服务列表中包括用户最可能感兴趣的服务,并按照用户对服务的兴趣度进行排序,如图 11-2 所示。依据天基信息个性化推荐的不同模式,推荐结果的筛选和排序原则及考虑因素也不一样。

1. 服务申请前的推荐结果筛选

假设向第 u 个用户提供服务前个性化推荐,推荐结果需依据基于混合模型的用户兴趣度预测结果 r_{us},系统筛选出用户兴趣度 r_{us} 最高的服务,并按兴趣度降序排列供用户选择。

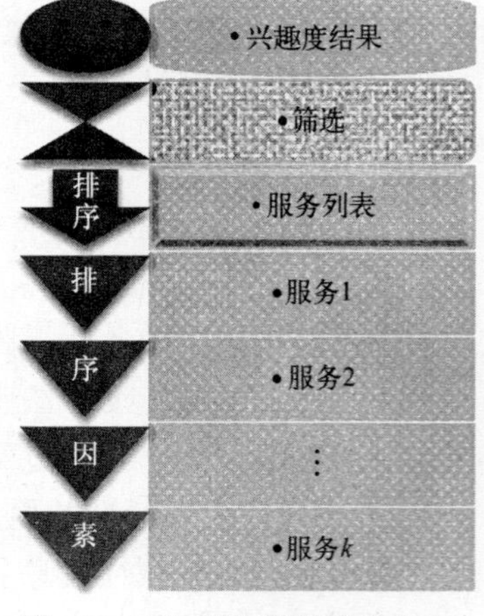

图 11-2 推荐结果筛选和排序

2. 服务完成后的推荐结果筛选

在用户接受一次服务后,下一次的服务往往和上次存在关联,在天基信息的军事应用中这类关联包括两个方面:一方面用户可能对类似兴趣主题的服务感兴趣;另一方面用户可能对附近位置的其他服务感兴趣。

此时推荐结果依据 $\text{sim}^*(a,b)$ 筛选出与上次服务兴趣主题相似度最高的若干服务,而后将其按协同过滤得出的兴趣度降序排列供用户选择。

当用户选取附近地理位置进行推荐时,系统首先计算服务地理位置的距离,假设服务集 $\boldsymbol{S}=\{s_1,s_2,s_3,\cdots,s_N\}$ 中各服务对应的坐标集为 $\boldsymbol{L}=\{(x_1,y_1),(x_2,y_2),(x_3,y_3),\cdots,(x_N,y_N)\}$(其中 x、y 分别表示经度和纬度),则服务 s_a 和 s_b 的归一化距离为

$$\text{DIS}_{a,b}=\frac{(x_a-x_b)^2+(y_a-y_b)^2}{\sqrt{(x_a^2+y_a^2)\cdot(x_b^2+y_b^2)}} \tag{11-23}$$

此时推荐结果依据 $\text{DIS}_{a,b}$ 筛选出与上次服务目标位置距离最近的若干服务,而后将其按协同过滤得出的兴趣度降序排列供用户选择。

3. 新用户的推荐结果筛选

新用户由于没有历史服务记录,只能根据用户权限和用户地理位置给出推荐。

假设为系统的第 n 个用户提供个性化推荐,而该用户的权限为 $P_U(u_n)=k$,首先从用户集 $\boldsymbol{U}=\{u_1,u_2,u_3,\cdots,u_M\}$ 中筛选出新的用户集

$$\boldsymbol{U_c}=\{u_i \mid P_U(u_i)=k,i=1,2,\cdots,M\}=\{u_1^*,u_2^*,u_3^*,\cdots,u_{M'}^*\}$$

而后依据新用户集筛选出所有权限为 k 的用户曾申请的服务集

$$\boldsymbol{S_c}=\{s_j \mid \exists u_i\in\boldsymbol{U}^*:r_{ij}\neq 0,s_j\in S\}=\{s_1^*,s_2^*,s_3^*,\cdots,s_{N'}^*\}$$

根据 $\boldsymbol{U}_c$ 及 $\boldsymbol{S}_c$ 可得用户权限为 k 的服务兴趣度矩阵为

$$\boldsymbol{R_c}=\begin{bmatrix} r_{11}^* & \cdots & r_{1N'}^* \\ \vdots & & \vdots \\ r_{M'1}^* & \cdots & r_{M'N'}^* \end{bmatrix}$$

如用户属性数据库只收集到新用户的权限数据,则根据 $\boldsymbol{R}_c$ 计算同权限用户对曾接受历史服务的平均兴趣度为

$$\bar{r}_s=\frac{1}{M'}\sum_{k=1}^{M'}r_{ks}^* \tag{11-24}$$

推荐结果依据 $\bar{r}_s$ 排序,给出与已知用户同权限用户平均兴趣度最高的若干服务。

如果用户可以被系统定位(如战场用户携带嵌入式定位装置),则还可以根据用户位置对推荐结果进行进一步的筛选。

首先计算用户与服务位置的距离,假设用户地理位置为 (x_n,y_n),而服务集

$\boldsymbol{S}_c=\{s_1^*,s_2^*,s_3^*,\cdots,s_{N'}^*\}$ 中各服务对应的坐标集 $\boldsymbol{L}^*=\{(x_1^*,y_1^*),(x_2^*,y_2^*),(x_3^*,y_3^*),\cdots,(x_{N'}^*,y_{N'}^*)\}$（其中 x、y 分别表示经度和纬度），则用户和服务 s_i^* 的归一化距离为

$$\mathrm{DIS}_{n,i}^*=\frac{(x_n-x_i^*)^2+(y_n-y_i^*)^2}{\sqrt{(x_n^2+y_n^{*2})\cdot(x_i^2+y_i^{*2})}} \tag{11-25}$$

此时推荐结果依据$\mathrm{DIS}_{n,i}^*$筛选出与用户位置距离最近的若干服务，而后将其按权限为 k 的用户对曾接受历史服务的平均兴趣度 $\bar{r}_s$ 降序排列供用户选择。

11.4 天基信息按需服务个性化推荐性能评估

11.4.1 个性化推荐评估技术概述

1. 数据分割的方法

协同过滤所需处理的数据集数据量较大，验证算法也仅选取部分数据进行处理，一般称该部分被选出进行处理的数据为训练集，而未选出的数据主要用于算法的性能验证称为测试集，如图 11-3 所示。协同过滤算法常用的数据分割方法有三种，分别是多值选取法、单值选取法及交互验证法[342]。

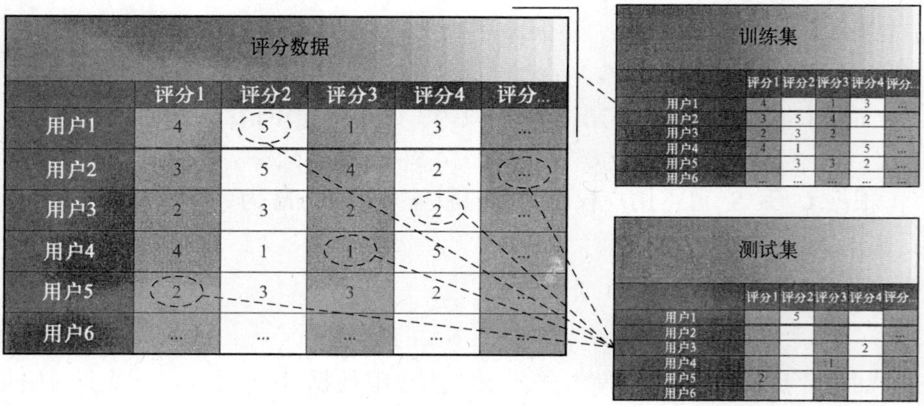

评分数据

	评分1	评分2	评分3	评分4	评分...
用户1	4	5	1	3	...
用户2	3	5	4	2	...
用户3	2	3	2	2	...
用户4	4	1	1	5	...
用户5	2	3	3	2	...
用户6	...	...	...	...	...

训练集

	评分1	评分2	评分3	评分4	评分...
用户1	4		1	3	...
用户2	3	5	4	2	
用户3	2	3	2		...
用户4	4	1		5	...
用户5		3	3	2	...
用户6	...	...	...	...	...

测试集

	评分1	评分2	评分3	评分4	评分...
用户1		5			
用户2					...
用户3				2	
用户4			1		
用户5	2				
用户6					

图 11-3　数据分割

多值选取法将数据集区分为训练集和测试集，训练集和测试集的数据量可以有不同的比例。测试集通过随机从所有（或部分）用户中选取数据产生，余下数据构成训练集。如随机选取 20%的数据作为测试集，剩下 80%数据就构成了训练集，多次实验可以让训练集的比例逐渐增加，以此验证数据分割比例对算法的影响。

单值选取法每次只从数据集中抽取选定用户的一个数据，余下数据作为训

练集，选定数据用来评估预测的准确性，单值数据的选取中一般要求选取非 0 值。在单值选取法的单次实验中，只需要预测一个数据。该方法的优点是计算复杂度小，更适用于测试算法对老用户的推荐性能。

交叉验证法其实是一种多值选取法的一种优化。它将数据集随机分割为多个独立的不重叠子集，每次选取一个子集作为测试集，余下子集作为训练集，依次进行实验。这种数据分割方法能较好测试系统对新用户的推荐能力。

2. 常用评估指标

协同过滤算法的性能评估主要针对推荐性能，没有统一的标准，但已形成了一些常用的评估指标，通常情况下，不同的协同过滤算法在不同数据集上表现不同，不同指标用于评估的目的也不同，而最终协同过滤算法的性能评估指标的学区应由推荐的应用需求决定[345]。协同过滤算法的性能评估指标一般分为预测准确度指标和分类准确度指标两类[346]。

1）预测准确度

常用的预测准确度指标有平均绝对误差（MAE）、归一化平均绝对误差（NMAE）、均方根误差（RMSE）等。

协同过滤使用最广泛的指标是平均绝对误差，该指标用于计算预测数据与正式评分之间差的绝对值的均值。

$$\mathrm{MAE} = \frac{\sum_{\{c,s\}} |p_{c,s} - r_{c,s}|}{n} \tag{11-26}$$

式中：n 为所有用户评分的数量总和；$p_{c,s}$ 为用户 i 对项目 j 的预测评分；$r_{c,s}$ 为实际评分。MAE 越低，预测性能越好。

不同推荐系统可能会使用不同的评分标度。NMAE 将 MAE 依据系统的总标度按比例进行了正规化：

$$\mathrm{NMAE} = \frac{\mathrm{MAE}}{r_{\max} - r_{\min}} \tag{11-27}$$

式中：$r_{\max}$ 为评分的最大标度；$r_{\min}$ 为最小标度。

RMSE 均方根误差定义为[347]

$$\mathrm{RMSE} = \sqrt{\frac{1}{n}\sum_{\{c,s\}} (p_{c,s} - r_{c,s})^2} \tag{11-28}$$

MAE 和 NMAE 的优点是简单易于理解，而且对每个系统是唯一的，能区分出算法的性能差异，但 MAE 对较小误差并不敏感，而 RMSE 则放大了绝对误差的影响。

2）分类准确度

常用的分类准确度指标有准确率、召回率、F 指标及与 ROC 参数[346]。

假设所有产品中，有以下描述：

(1) TP(True Positive),表示用户感兴趣且被推荐的项目数。

(2) TN(True Negative),表示用户不感兴趣但未被推荐的项目数。

(3) FP(False Positive),表示用户不感兴趣但却被推荐的项目数。

(4) FN(False Negative),表示用户感兴趣但未被推荐的项目数。

则定义

$$准确度=\frac{TP}{TP+FP} \tag{11-29}$$

$$召回率=\frac{TP}{TP+FN} \tag{11-30}$$

召回率的计算中需要用户是否喜欢某些未知的产品,这恰恰与推荐系统的初衷相违背(向用户推荐可能喜欢的未选择产品)。实际应用中,如果更看重所有用户都喜好的产品,召回率就会变得很重要[348]。

准确率和召回率需要结合使用,如果系统不能返回一个固定长度的推荐列表,须提供一个准确率/召回率比来度量系统的表现。为综合考虑准确率和召回率,Pazzani 等提出了 F 指标:

$$F=\frac{2TP}{2TP+FN+FP} \tag{11-31}$$

ROC 曲线是一种考虑了两个综合指标的图形,这两个指标是 TPR(True Positive Rate)和 FPR(False Positive Rate),各自定义为

$$TPR=\frac{TP}{TP+FN} \tag{11-32}$$

$$FPR=\frac{FP}{FP+TN} \tag{11-33}$$

ROC 曲线的横轴是 FPR,纵轴是 TPR。ROC 曲线下的面积(AUC)可反映推荐系统特征诊断能力。AUC 实质上是一个对评分质量的度量。AUC 值越大,推荐系统性能越好[349]。理想的 ROC 曲线会一直向上,直到完全推荐出所有相关项目,而后是一直向右的平行线。

ROC 曲线类指标的优点是不受推荐列表长度限制;缺点是需要分析每个用户潜在感兴趣的产品,如果只考虑图形面积,那么推荐列表对用户可能存在累计负面影响,而且 ROC 曲线的绘制需要大量的数据点。一般来说,如果一条 ROC 曲线高于另一条曲线,那么前者所代表的系统具有更佳的预测性能[310]。

11.4.2 实验数据集

本书用作天基信息按需服务个性化推荐性能评估的数据集中包括 600 天内,234 个用户对 478 类服务(地理位置)的 47490 次服务记录,数据集中有历史记录的用户—服务访问关系为 13102 个,其稀疏程度为 88.29%。此外,实验所

需数据还包括:记录用户权限和服务申请时位置的用户属性数据、依据记录中 478 类服务所建的地理目标属性信息数据,包括 10 类常规地理属性和 15 类特殊地理属性(仅包含记录中 478 类服务相关的属性)、依据地理目标属性数据建立的用户兴趣主题相似度数据。

11.4.3　评估方案

1. 评估内容及方法

本书算法中结合了 SVD 和 Memory-based CF 故性能比较以此两类为主,因此与推荐性能密切相关的参数不但包括算法中的衰减因子 α,兴趣主题的两个加权系数 λ 和 μ,还包括 SVD 和 Memory-based CF 中涉及的最大奇异值数 k 和最近邻居数 N。评估实验将以天为单位时间间隔将数据集分划为 600 段,依据构建的天基信息按需服务用户兴趣模型计算用户兴趣度矩阵,而后采用多值选取法在兴趣矩阵中的数据选取 80%作为评估实验的训练集,剩余 20%作为测试集,对其实施不同的个性化推荐算法并记录相关数据结果,主要内容包括:

(1) 分析算法性能。从兴趣度预测精度和算法的可扩展性两方面,将本书所提算法与个性化推荐系统中常用的其他算法进行性能的比较分析。

(2) 讨论天基信息按需服务个性化推荐算法中的相关的指标参数。通过指标变化,观察推荐效果的性能变化,并以此分析天基信息按需服务个性化推荐算法中各类参数与推荐性能间的关系。

此外,本书还针对用户兴趣的动态变化建立了基于指数衰减的天基信息用户混合兴趣度模型,实验中也会对该模型的性能加以评估。

2. 评估指标

前面已讨论,对军事信息推荐的性能评估应注重准确度,而本书所提出的算法在建模时对兴趣度实施了规范化,算法第三步执行 SVD 后的兴趣度计算有针对兴趣主题加权,故选用 NMAE(越小越好)作为兴趣度预测的性能指标,以消除标度范围不同的影响。对可扩展性的评估以算法实施耗时长短为依据,评估实验中以秒为计算单位。

3. 算法标识说明

如图 11-4 所示,本书提出的 ITSVD-CF 算法主要包括四步:第一步是根据由兴趣主题信息计算出的服务相似度补全用户—服务兴趣度矩阵;第二步是实施 SVD 并计算用户的最近邻居集;第三步是根据最近邻居集实施 User-based CF;第四步是依据用户和项目的兴趣主题匹配度对兴趣度进行加权。

Proposed CF 指为本书提出的 ITSVD-CF(基于兴趣主题加权的改进 SVD 协同过滤算法)。

CF 指本书的算法中不使用 SVD,即只包含 ITSVD-CF 中的第一、三、四步。

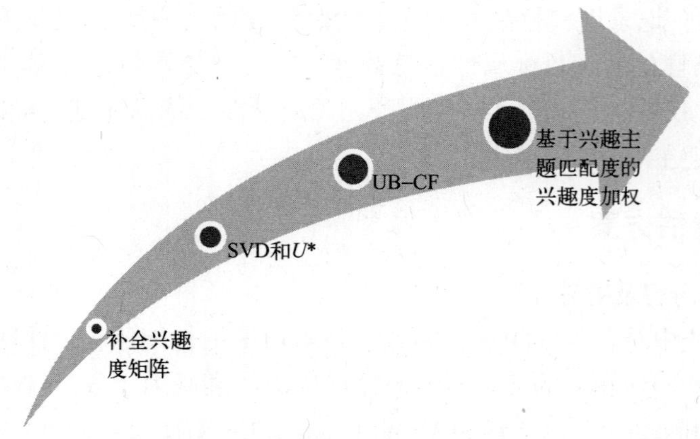

图 11-4　ITSVD-CF 的步骤

SVD+CF 指本书的算法中不使用兴趣主题信息，即只包含 ITSVD-CF 中的第二步和第三步。

SVD 指基于奇异值分解的协同过滤算法，即完全通过 SVD 进行用户—服务兴趣度数据的预测，只有第三步，并且不求解 $\boldsymbol{U}^*$。

CF^* 特指计算耗时时实施 Proposed CF 的第三步。

4. 实验步骤

（1）在相同 k 值时，选取不同的邻居规模 N，比较本书算法和 SVD+CF 以及 CF 算法在 NMAE 指标和计算耗时上的差别。

（2）在相同 N 值时，选取不同的最大奇异值数 k，比较本书算法和 SVD+CF 以及 SVD 算法在 NMAE 指标性能上的差别，同时比较本书算法和 SVD 算法以及本书算法中实施第三步 CF^* 的耗时差别。

（3）在 N、k 固定时，分析 λ 和 μ 分取不同值时算法的 NMAE 指标。

（4）依据分割的数据段，按时序模拟进行天基信息按需服务用户兴趣模型的更新并取不同的衰减因子 α 实施 ITSVD-CF 算法，比较每次更新时重新计算和使用增量算法的耗时以及取不同 α 值时算法 NMAE 指标随时间变化的规律。

11.4.4　评估结果及性能分析

1. 用户兴趣预测的精确度

图 11-5 为三类算法在取不同最近邻居数进行计算时的 NMAE 指标。由图可见本书算法因使用了用户兴趣主题数据并结合 SVD 算法，相对 CF 和 SVD+CF 算法的性能都有所改善，而因兴趣主题的准确描述需借鉴较多用户，所以当 $N<20$ 时，本书算法性能略逊于 SVD+CF，但随着 N 的增大，NMAE 指标性能逐渐超过 SVD+CF。

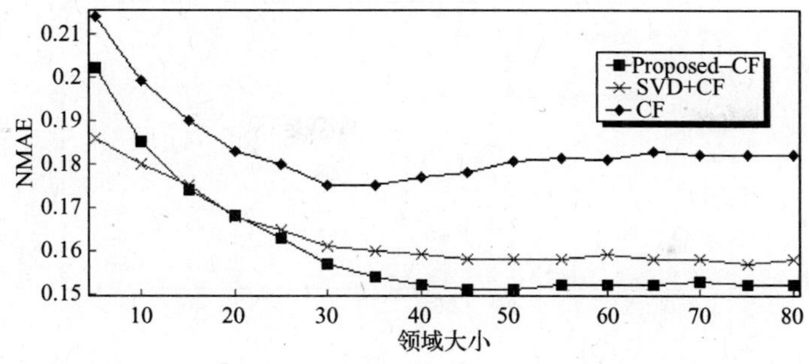

图 11-5　N 与 NMAE 对比

图 11-6 表明与 SVD 相关的推荐算法处理数据集时 k 值(k 指 SVD 中保留的最大奇异值数)选取与算法性能之间的关系。由图可见,因 k 值的大小代表经 SVD 分解重构后数据矩阵所保留原矩阵特征的程度,所以随 k 值的增大,NMAE 指标始终保持着逐渐变小的趋势,而本书提出的 ITSVD-CF 算法在性能上也优于未使用兴趣主题信息的 SVD+CF 和纯粹的 SVD 算法。

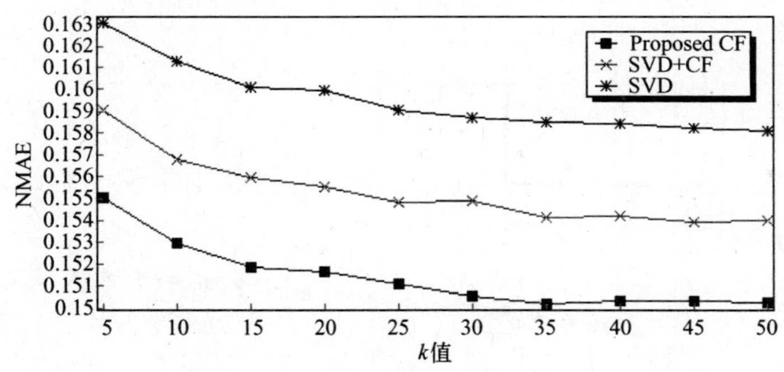

图 11-6　k 与 NMAE 对比

2. 可扩展性

在数据集规模固定的情况下,本书所提出的个性化推荐算法 ITSVD-CF,其实施所需时间与两个因素关系最密切:SVD 中保留的最大奇异值数 k 和 CF 中确定的最近邻居数 N。下面将分别以这两个参数为依据就算法的可扩展性进行讨论。

图 11-7 中 CF^* 指本书提出的 ITSVD-CF 算法中经 SVD 求出最近邻居集后,基于用户相似度的 CF 计算步骤,k 值的大小决定着最近邻居集的计算效率,而此时 k 值已经限定(实际应用时一般不会很大),所以 CF^* 所需消耗的时间相较 SVD 过程较短。由图可见,SVD 算法和本书算法所需的计算时间随 k 增大而增大。

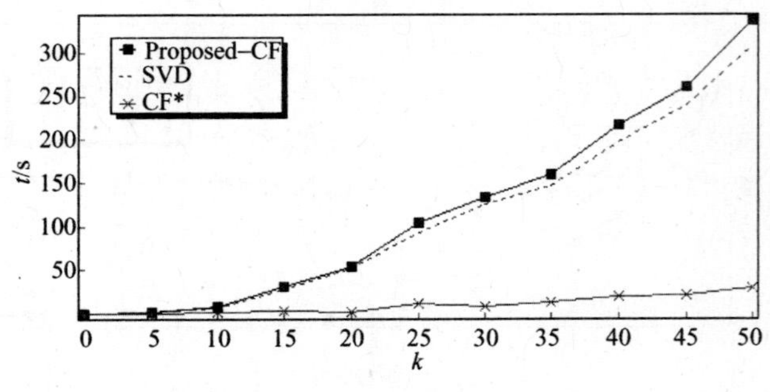

图 11-7　k 与算法耗时对比

图 11-8 中数据表示取 $k=20$ 时，随着用户最近邻居数量 N 的增加，对实验数据集分别采用 ITSVD-CF 算法、CF 算法和基于 SVD 的 CF 算法的耗时统计。由图可见，在曲线交点后，用户数超过 80 后，随着用户数量的增加，基于 SVD 的 CF 算法及本书算法的整体计算耗时增长较缓，且大大低于 CF，所以，在天基信息按需服务个性化推荐算法中结合了 SVD 算法，虽然 SVD 算法所需的计算时间随 k 增大而增大，但如对 k 取值合理，则既可尽量保留数据特征信息又能保证计算效率。

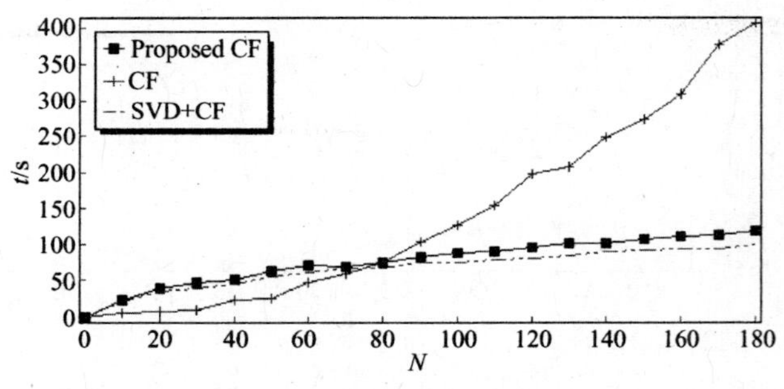

图 11-8　N 与算法耗时对比

此外，本书提出 ITSVD-CF 算法，但算法第一步基于兴趣主题的兴趣度填充时，因兴趣主题涉及的目标地理属性数有限，而且此时服务相似度的计算可预先进行，故而耗时很短，而 SVD 完成后基于用户兴趣的推荐虽然属于 Memory-based CF，但因 k 值的确定使用户最近邻居的计算耗时大大减少，所以相对 SVD 的步骤以及普通 CF 算法耗时也较少。总体而言，本书中的 ITSVD-CF 算法虽结合了 SVD 和 CF 算法，但在提高了推荐精度的同时仅在计算耗时上只比基于 SVD 的 CF 算法略高，也具备了较强的可扩展性。

图 11-9 表示兴趣模型中原始的用户兴趣度矩阵更新所需的耗时统计，横轴 w 表示划分的时间段数。由图可见，当采用前面所推算的增量更新算法时，兴趣度矩阵的更新时间呈减缓趋势，而且相较每次服务记录更新时都对兴趣度

矩阵进行重新计算具有明显的时间优势。虽然就目前数据而言,单次服务记录对模型的更新给系统带来的耗时负担较整体算法的实施而言微乎其微,但可以预计的是随着用户服务记录的不断增加,如果每次服务记录增加后兴趣模型更新都由原始数据重新计算,则带来的时间消耗会越来越可观,由此可见增量更新算法的引入也十分必要。

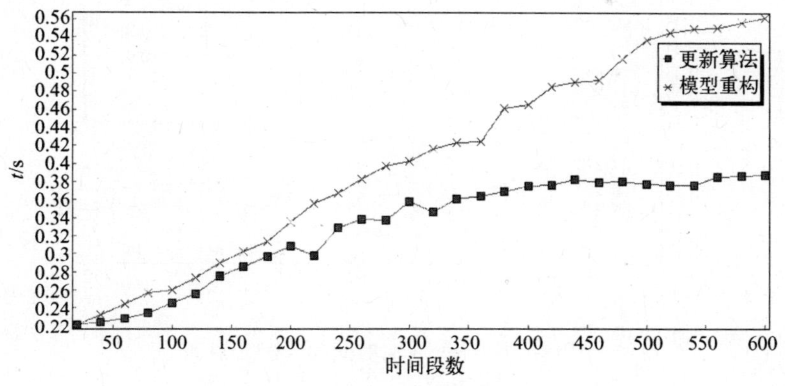

图 11-9　时间与建模耗时对比

3. 相关参数分析

本书针对天基信息按需服务个性化推荐设计的 ITSVD-CF 算法包含五个特定参数,分别是最大奇异值数 k、最近邻居数 N、时间衰减因子 α、常规地理属性对用户兴趣度的影响因子 λ 和特殊地理属性对用户兴趣的影响因子 μ。

图 11-10 为针对数据集实施 ITSVD-CF 算法,μ 取不同数值时 λ 与算法性能间的关系。由图可见,常规地理属性和特殊地理属性与用户的兴趣存在关联关系,与常规地理属性相比,特殊地理属性与用户兴趣的关系更为密切,而当 $\lambda=0.2,\mu=0.6$ 时,算法整体性能较优。

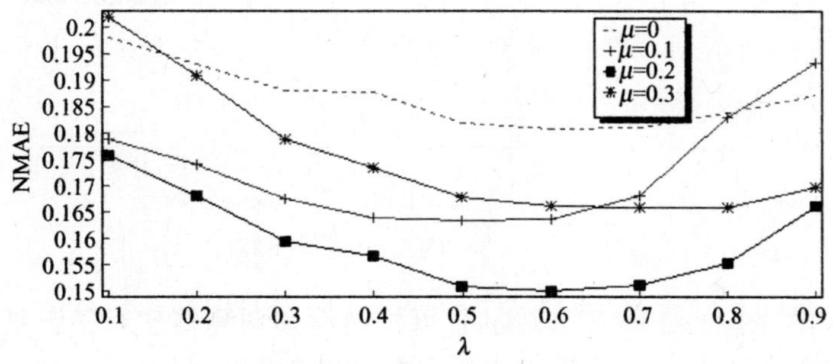

图 11-10　不同 λ 时 μ 与 NMAE 对比

图 11-11 为以一天为时间间隔,时间衰减因子 α 取不同值时,依据时间(天数)对数据集进行选取并实施 ITSVD-CF 算法得到的 NMAE。由图可见,当数

据收集时间较短时,数据集本身包含的数据较少,算法性能也不甚稳定;但随着时间的推移,测试数据集中包含的数据越来越多,推荐算法的性能趋于稳定,而且 NMAE 呈现出随时间变化逐渐变小的趋势,当 $\alpha=0.97$ 时,NMAE 数据最小。可见此时算法性能优于其他取值。

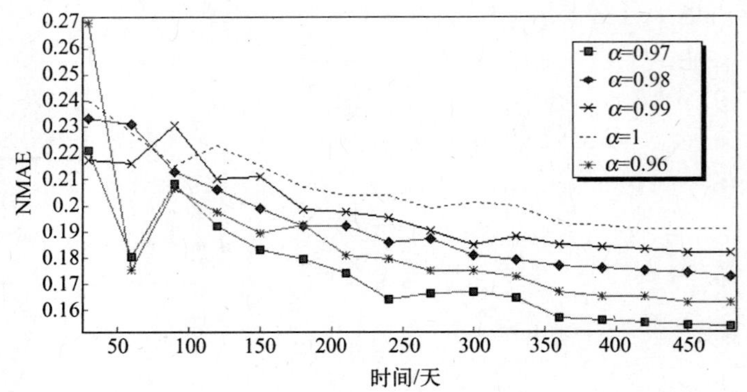

图 11-11　不同 α 时时间和 NMAE 对比

在算法的可扩展性分析中已指出,ITSVD-CF 算法的执行时间主要与算法所取的最大奇异值数 k 和最近邻居数 N 有关。而 k 和 N 都与算法对用户兴趣度的预测精度值的 NMAE 指标相关。由此可见,k 和 N 的选取应尽可能综合算法的 NMAE 性能和可扩展性。图 11-12、图 11-13 为对测试数据实施 ITSVD-CF 算法后所分别记录的 k 与 NMAE、计算耗时的对应关系以及 N 与 NMAE、计算耗时的对应关系。

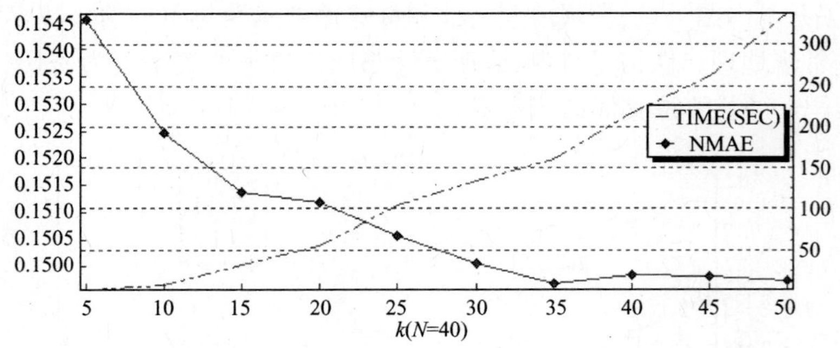

图 11-12　k 与 NMAE、计算耗时对比

图 11-12、图 11-13 都可以说明,可扩展性和预测精度对于天基信息服务的个性化推荐来说是一对矛盾,随着 k 和 N 值的增大,预测精度都有所提高,k 和 N 值的选取需考虑系统对精度及处理时间需求的平衡。一般对 k 和 N 值的选取优先参考系统可接受的反应时间,通过对数据的综合分析,考虑到将算法实施时间控制在 1min 以内,本书认为针对天基信息按需服务个性化推荐的测

试数据集取 $k=20$ 和 $N=40$ 时算法实施的效果较好，此时的算法实施耗时约为 51.9s。

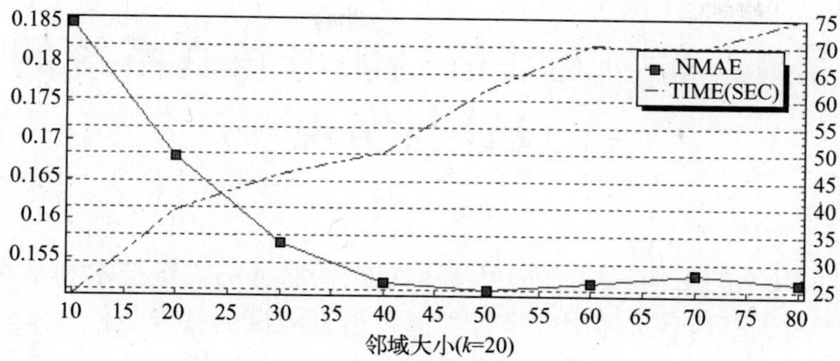

图 11-13　N 与 NMAE、计算耗时对比

第 12 章　天基信息服务仿真系统的设计与实现

通过前几章的工作,已经建立天基信息按需服务的关键技术和基本功能模块,具备了对天基信息按需服务全过程进行仿真测试的基本条件。本章将在前几章的基础上,利用计算机仿真技术采用分布式仿真思路设计天基信息按需服务仿真系统,检验天基信息按需服务的总体模型以及相关算法、模块、模型和技术的可行性。

12.1　天基信息服务仿真系统概述

12.1.1　仿真场景

采用天基信息按需服务仿真场景如图 12-1 所示。

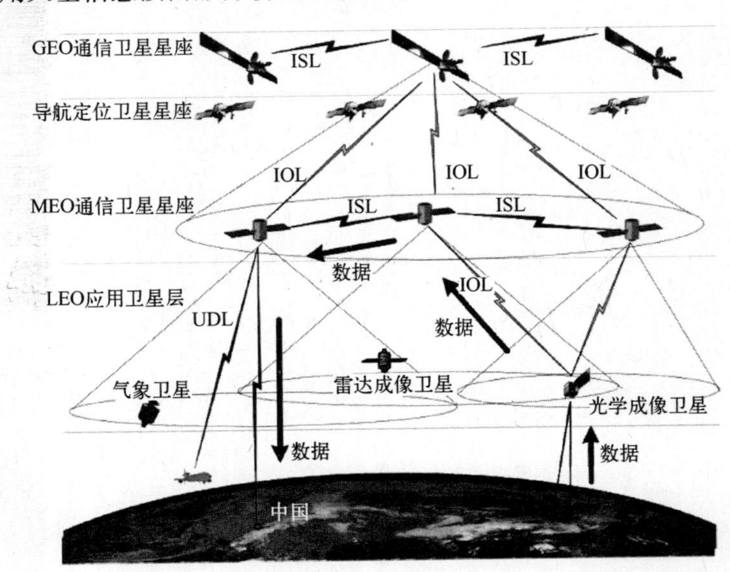

图 12-1　天基信息按需服务仿真场景

该场景中给出了天基信息按需服务运行的基础信息网络环境,主要涉及以下网络节点:

(1) GEO 卫星;

(2) MEO 通信卫星星座;

(3) 各种 LEO 应用卫星;

(4) 地面服务中心;

(5) 地面数据传输网络;

(6) 用户单元,包括地面用户(固定单元和移动单元)、空基用户(包括侦察机、预警机、弹道导弹等)、海基用户(包括舰队、潜艇等)。

在图 12-1 所示的场景中,各类应用卫星(通常为 LEO 卫星)按照一定规则通过 IOL 接入到覆盖在其上空的 MEO 通信卫星。应用卫星通过 IOL 将各种数据交给 MEO 卫星传回地面数据处理中心或用户单元数据接收端,而卫星指挥控制中心则通过 MEO 卫星利用 IOL 将测控指令注入应用卫星。

GEO 卫星与 MEO 卫星功能相似,也可实现数据中继和卫星测控等任务,但在天基信息按需服务中,还需要承担传输网络拓扑信息收集和管理等工作。GEO 卫星与 MEO 卫星一起构成了天基信息按需传输网络。

导航定位系统作为天基信息按需服务的重要基础设施,在地面服务中心的规划过程、数据处理中心的信息处理过程、天基信息获取节点的各种星上操作过程及移动用户天基信息服务的个性化推荐过程中都必不可少。但由于其在天基按需服务中的作用属于基础性工作,因此在仿真作为独立子系统存在。

天基信息按需传输网络还有一项重要任务是数据分发。地面服务中心按照用户的天基信息服务请求,将相应的服务信息通过 GEO 和 MEO 卫星网络及时有效地发给用户,这些用户不仅包括陆基用户,还包括空基、海基和天基等用户。

地面服务中心是地面网络与空间网络的交互点。在地面服务中心运行边界路由协议以实现地面网络与空间网络的无缝融合,其功能是实现天基信息网络与地面各指挥机构的连接,为领率机关的战略决策提供一个多维综合信息基础平台。

12.1.2　仿真系统传输网络结构方案

设计的天基信息按需服务仿真系统传输网络结构,采用中轨通信卫星星座作为骨干网络,同时利用高轨卫星提高拓扑更新效率和转发服务能力。

1. 网络架构

根据天基信息按需服务的需求,天基信息传输网络在设计时应考虑以下指标:一是应能够实现用户卫星与终端的随处接入,因此需要实现对全球以及一定高度区域的无缝覆盖,当然考虑经济因素,卫星数目不宜过多;二是应能够实现对接入用户和终端的快速发现,发现时间(接入时间)至少不应超过用户卫星的业务窗口(如侦察卫星的侦察窗口);三是应能够在网络受到攻击时,具有一定的自愈功能,同时能够快速实现网络重构和重路由;四是相关协议应具有可扩展性,网络中的接入节点应具有一定的规模。

天基信息按需服务仿真系统的传输网络节点设置如表 12-1 所列,在星座结构中,考虑到 3 颗同步卫星即可覆盖全球,选择 3 颗经度上相差 120°的地球同步轨道卫星作为高轨卫星,编号分别为 GEO1、GEO2 和 GEO3。MEO 卫星采用 Walker 星座,有 12 颗,采用三位编号:第一位表示卫星类型,设为"1";第二位为轨道面编号,分布于四个轨道面;第三位为卫星在该轨道面上的序号,每个轨道面有 3 颗卫星。如 MEO111 表示第一轨面上的第一颗中轨卫星。此外,定义仰角为两个节点连线与节点位置切线间的夹角,规定连线在切线上方为正,下方为负,MEO 卫星对高层卫星的最小仰角定为-5°。

表 12-1　天基信息传输网络骨干节点设置

节点类型	GEO	MEO
高度/km	35786	11946
倾角/(°)	0	45
周期/s	86164.09	24685.75
节点数量	3	12
轨道数量	1	4
相位因子(360/12)	—	1
地面最小仰角/(°)	10	10
对高层卫星的最小仰角/(°)	—	-5
节点名称	GEO1 GEO2 GEO3	MEO111 MEO112 MEO113 MEO121 MEO122 MEO123 MEO131 MEO132 MEO133 MEO141 MEO142 MEO143

2. 链路设置

通过覆盖特性分析和链路几何特性分析,可以对网络节点的链路设置如下:

对于 GEO 卫星,应建立全面的互联互通和覆盖网络,因此 3 颗 GEO 卫星之间应建立双向星间链路。对于 GEO 卫星覆盖的 MEO 卫星可在-5°的最小仰角下建立层间星间链路。在 MEO 卫星星座网络的链路设置上,考虑到未来天基节点载荷的复杂化趋势,通过相关链路几何特性分析实验,将仿真中的 MEO 链路按表 12-2 所列组合方式设置。MEO 卫星星座网络共设置 24 条星间链路,负责天基信息传输的骨干业务。

表 12-2　天基信息传输网络 MEO 星座的星间链路设置

节点	111	112	113	121	122	123	131	132	133	141	142	143
111		√	√			√×				√×		
112	√		√	√×							√×	
113	√	√			√×							√×
121		√×			√	√			√×			
122			√×	√		√	√×					
123	√×			√	√			√×				
131					√×			√	√			√×
132						√×	√		√	√×		
133				√×			√	√			√×	
141	√×							√×			√	√
142		√×							√×	√		√
143			√×				√×			√	√	

注:"√"表示轨道面内星间链路;"√×"表示轨道面间星间链路

在该网络结构方案中,GEO 卫星能够实现对 MEO 卫星、LEO 卫星以及地面节点的较好覆盖;而 MEO 卫星采用 Walker 星座方式按每卫星四链路结构组织在一起,能够实现对 LEO 卫星和地面节点的完整覆盖;同时 GEO 卫星、MEO 卫星以及 LEO 卫星都拥有星间链路,具有星间通信能力,可较好地满足天基信息按需服务数据传输的需求。

12.1.3　系统逻辑结构

根据天基信息服务体系仿真示范系统的目标和任务,软件仿真系统可分为服务数据库、监控管理成员、用户成员、地面服务中心成员、中继卫星成员、通信卫星成员、侦察卫星成员、气象卫星成员、导航定位成员、总体态势显示成员,其中地面服务中心代表仿真系统的总体服务门户。如图 12-2 所示,仿真系统组成及交互信息包括以下几个方面:

1——用户操作信息;

2——中心站通过中继卫星对资源卫星的监控信息;

3——中继卫星与资源卫星之间的测控信息;

4——资源卫星通过通信卫星与用户之间的通信信息;

5——读取数据库服务的信息;

6——监控管理信息;

7——导航定位信息。

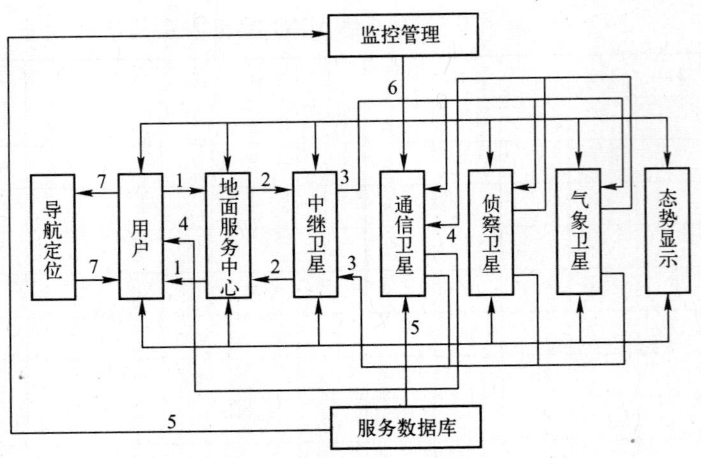

图 12-2　仿真系统组成及交互信息

仿真系统的开发运行环境分为基本仿真环境、仿真应用环境和综合显示评估环境三个组成部分,仿真系统总体逻辑结构如图 12-3 所示。

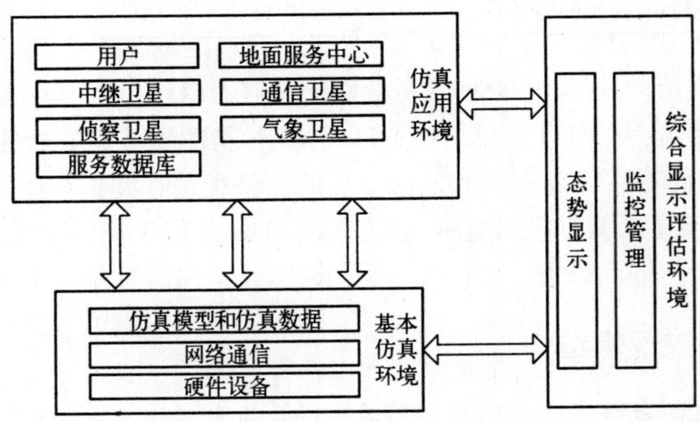

图 12-3　仿真系统总体逻辑结构

基本仿真环境包括仿真模型和仿真数据、网络通信、硬件设备。

仿真应用环境包括用户、地面服务中心、中继卫星、通信卫星、侦察卫星、气象卫星、服务数据库等各类天基信息服务相关的仿真成员。

综合显示评估环境包括对仿真系统成员运行状态的监控管理及系统态势显示。

12.1.4　软、硬件环境

1. 硬件环境

(1) 计算机:高性能计算服务器、数据库服务器、仿真计算机。

(2) 网络环境:交换机,千兆局域网。

(3) 显示环境:液晶显示器。

（4）辅助设备：视频采集设备。

2. 软件环境

（1）运行环境：WindowsXP 操作系统。

（2）系统开发软件：Visual C++。

（3）数据库管理系统：Oracle9i。

3. 系统仿真成员布局

系统仿真成员布局如图 12-4 所示。

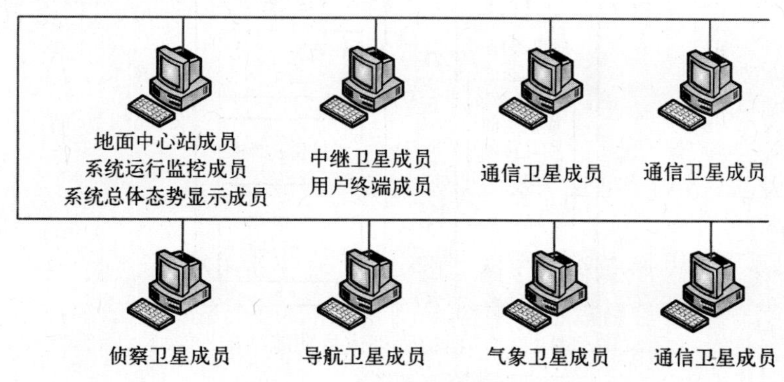

图 12-4　系统仿真成员布局

12.1.5　仿真环境

地球模型：EGM96。

空间坐标系：J2000 ECI 坐标系。

地面站位置坐标：经度、纬度、高程。

长度（位置、距离等）单位：米（m）。

速度单位：米/秒（m/s）。

角度单位：弧度（rad）。

角速度单位：弧度/秒（rad/s）。

成员分类：中继卫星、通信卫星、侦察卫星、地面服务中心、用户。

数据库服务：天基信息服务体系仿真示范系统运行时使用一个编成数据库，为仿真运行的数据支撑、记录服务。

实体标识 ID：仿真系统为每个实体分配了一个标识 ID。

12.2　仿真系统成员功能设计

根据天基按需信息服务目标和任务，这里主要对监控管理成员、用户成员、地面服务中心成员、中继卫星成员、通信卫星成员、侦察卫星成员、气象卫星成员、总体态势显示成员的功能进行说明。

12.2.1 监控管理成员

监控管理成员主要功能：作为轨道服务器计算所有节点当前时刻的位置，推进仿真时钟，控制仿真系统的运行和停止；显示各成员之间相互传输的系统消息，对系统的交互状态进行记录，如图 12-5 所示，其界面如图 12-6 所示。

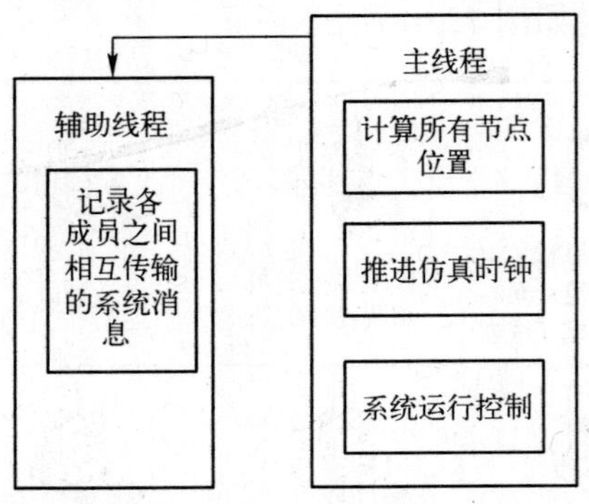

图 12-5　监控管理成员功能结构

仿真系统的监控管理成员将监测系统内服务数据包传输的相关情况，包括数据包的传输时间、源节点、目的节点、业务类型以及传输路径。

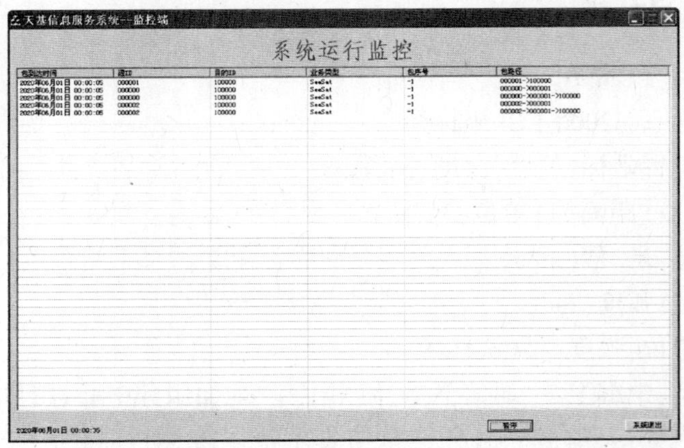

图 12-6　系统运行监控界面

12.2.2 用户成员

用户成员主要功能是：根据仿真时钟更新节点位置信息，完成用户进入仿真系统、退出仿真系统、获取个性化推荐服务、申请信息服务、服务评价等，在服务申请获地面服务中心站批准后，负责接收资源卫星回传的各种天基信息，如图 12-7 所示。

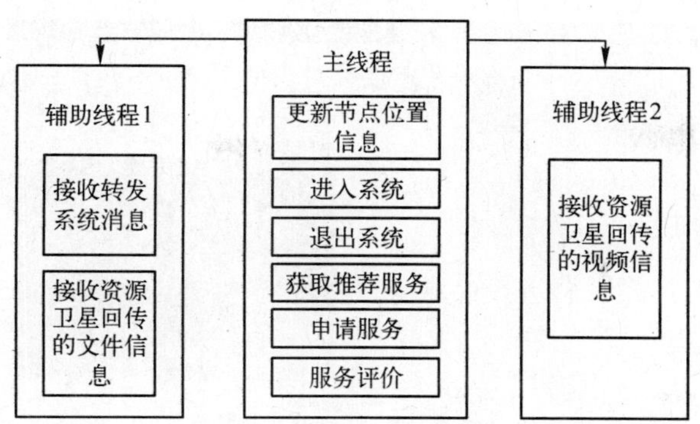

图 12-7　用户成员功能结构

用户界面包括“服务请求”和“服务评价”两个页面。

(1) 在“服务请求”页面中,包括“可通信节点”“服务推荐”和“申请服务信息”三个模块,如图 12-8 所示。

“可通信节点”显示当前时刻可与终端用户 1 进行通信的节点。

“服务推荐”可显示推荐的服务类型,例如侦察服务、气象服务等,在未进入系统之前,此列表不可用。

“申请服务信息”可显示当前所申请服务的信息,包括服务的起止时间、服务类型、目标经纬度、服务精度和服务备注等信息;在已经进入系统的前提下,当所申请的服务信息完备时,点击“提交申请服务”按钮,即可向地面中心站申请服务。

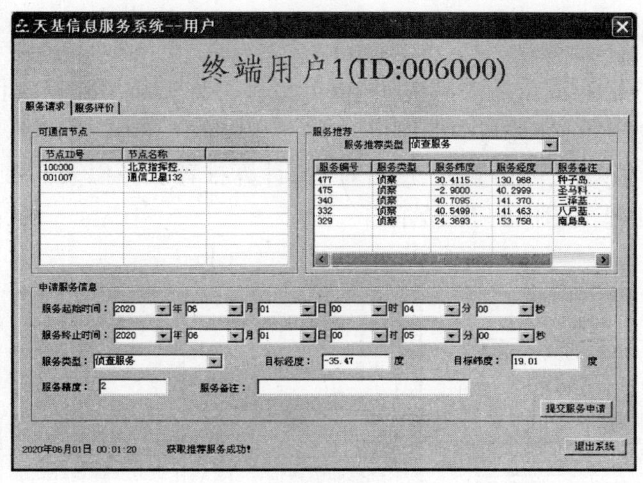

图 12-8　终端用户成员界面 1

(2) 在“服务评价”页面中,包括“图像接收”“侦察信息”“申请服务列表”和“服务评价”四个模块,如图 12-9 所示。

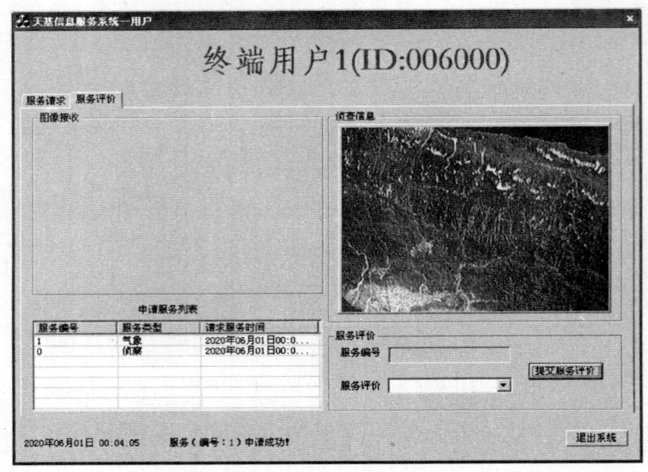

图 12-9　终端用户成员界面 2

“图像接收”显示气象卫星所转发的图片信息。

“侦察信息”显示侦察卫星转发的视频图像。

“申请服务列表”显示该用户当前所申请的服务，包括服务的编号、类型以及请求服务的时间等。在图 12-8 中点击“提交服务申请”按钮后，所申请的服务将会在这里显示。

“服务评价”是用户对“申请服务列表”中所申请的服务进行评价，一般在所申请的服务执行完毕之后进行。

12.2.3　地面服务中心成员

地面服务中心成员主要功能是：根据仿真时钟更新节点位置信息，选择能够通信的中继卫星，处理与中继卫星之间的监控信息，响应用户进入系统、退出系统、获取推荐服务、申请服务、服务评价，计算推荐服务以及与推荐相关的目标属性数据处理，如图 12-10 所示。

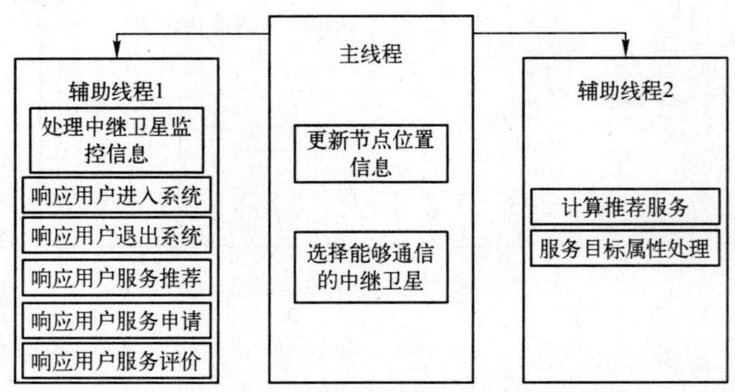

图 12-10　地面服务中心成员功能结构

仿真系统中加入了用户认证的功能。当用户准备进入系统时,首先向 CA 获取相应的证书,然后向地面站中心站发送进入系统请求。地面站接收该请求后,若通过验证则允许用户进行系统,否则禁止用户进入系统。

用户进行系统后可以根据需求向地面服务中心申请服务,地面服务中心根据当前的资源卫星情况来对用户的申请进行规划,若规划成功,则向相应的资源卫星发送控制命令,若规划不成功,则向用户返回服务规划失败消息,如图 12-12 所示。

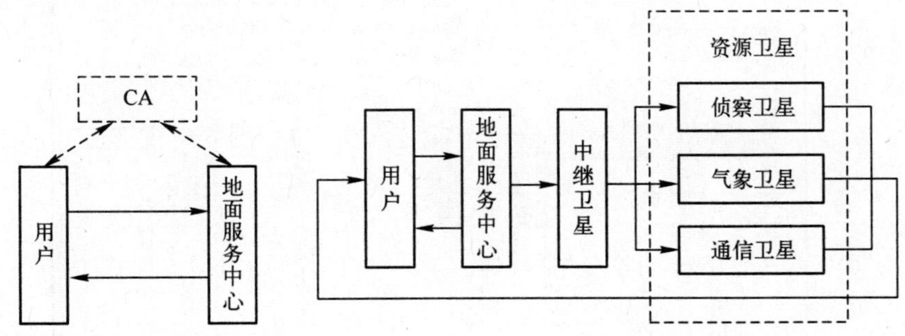

图 12-11　用户认证流程　　　　图 12-12　用户申请服务流程

用户申请服务流程具体包括:

(1) 用户向地面服务中心发送服务申请信息。

(2) 地面站根据可用资源信息对用户申请任务进行规划,若规划成功,则通过中继卫星向相应资源卫星发送任务,向用户返回规划成功消息,否则直接向用户返回规划失败消息。

用户进入系统后,个性化推荐的功能实现也以地面服务中心为主题。具体的推荐框架和推荐算法已在前面做了详细论证,不再赘述。

地面服务中心对用户的推荐服务主要有两种计算方案:

(1) 系统对用户提出的任务申请,每经过一段时间则根据收集的数据通过推荐算法计算相应的推荐结果,存储结果备用。

(2) 用户接受完一次服务后,地面服务中心都对该用户的推荐数据重新计算并存储。

由于服务推荐基于大量的历史数据,其计算过程较长,为保证推荐的时效性,本系统采用了方案(1),同时不对推荐结果的更新时间作限定,而是近实时进行更新:如用户未申请服务,系统的个性化推荐结果不做更新;如用户申请服务,则此次服务后系统更新推荐结果;如系统更新中有新的用户服务申请被记录,此时仍给出更新前的推荐结果,直至更新结束进入新的推荐结果更新周期。

地面服务中心界面包含三个页面,分别是服务资源管理、用户及个性化推荐、用户请求及服务规划:

（1）“服务资源管理”页面上半部分显示选定卫星轨道根数、地面站、卫星平台参数、卫星载荷参数以及仿真参数等，下半部分显示3颗中继卫星所监控资源，如图12-13所示。

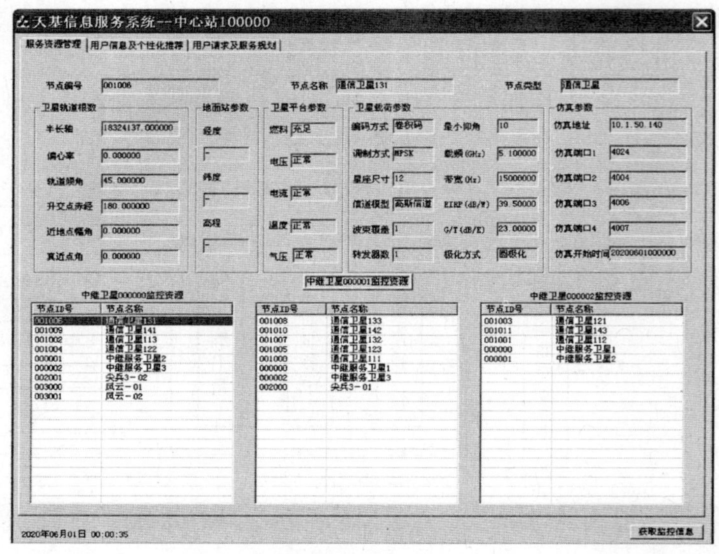

图 12-13　地面服务中心界面 1

（2）“用户及个性化推荐”页面显示登录系统的用户信息，针对选定用户的个性化推荐结果及该用户的认证信息，如图12-14所示。

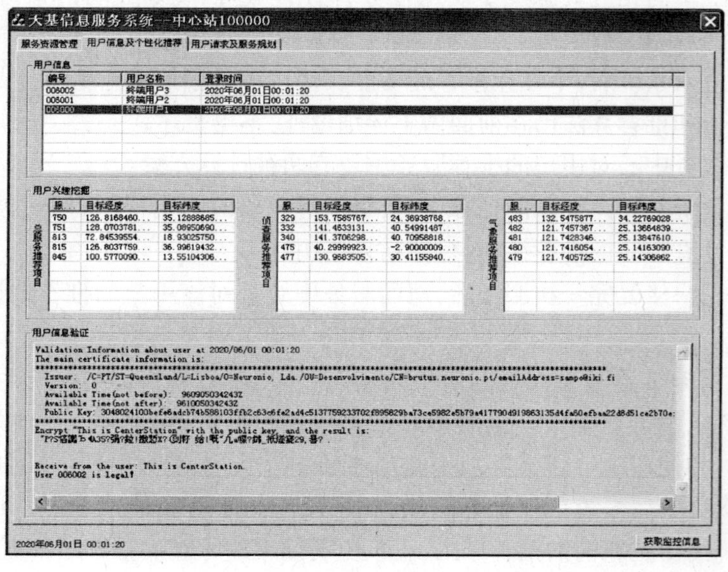

图 12-14　地面服务中心界面 2

(3)“用户请求及信息规划”页面包括三个信息列表,由上至下分别记录用户服务请求记录、当前系统执行的服务及占用资源情况、系统当前的任务规划方案,如图 12-15 所示。

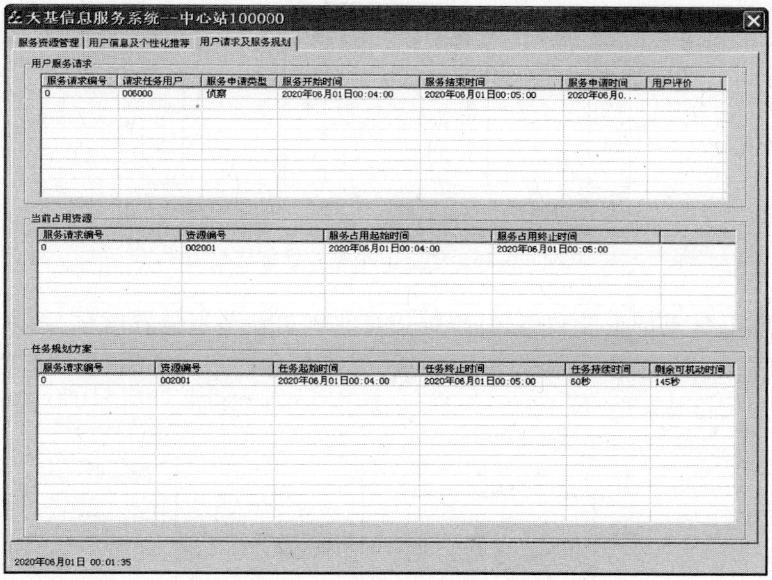

图 12-15　地面服务中心界面 3

12.2.4　中继卫星成员

根据未来天基测控的趋势,为了达到全球的天基测控,本系统采用了均匀间隔的 3 颗高轨静止卫星作为中继卫星,主要完成天基资源的测控管理。为了使地面服务中心时刻掌握整个天基资源,当某一时刻中继卫星的监控管理资源卫星列表发生了变化,中继卫星即向地面服务中心进行汇报。由于系统中只设定了一个地面服务中心,为了实现对 3 颗中继卫星的管理,仿真中假设每颗中继卫星都能够与另 2 颗中继卫星进行通信。

中继卫星测控管理具体流程(图 1-26)如下:

(1) 中继卫星监控当前资源卫星。

(2) 若当前资源卫星列表发生了变化,则中继卫星向地面服务中心传送当前变化后的监控信息。其中,若该中继卫星与地面服务中心能够通信,则直接发送给地面站中心站;若该中继卫星不能与地面服务中心进行通信,则发送给邻居中继卫星节点。

(3) 中继卫星接收到其他中继卫星的监控更新信息,若该中继卫星能够与地面服务中心进行通信,则直接转发给地面服务中心;否则,丢弃此消息。

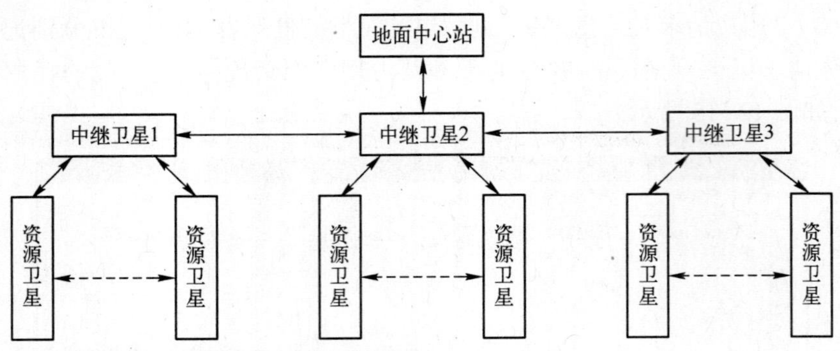

图 12-16　中继卫星测控管理流程

中继卫星成员主要功能是：根据仿真时钟更新节点位置信息，判断能否与地面服务中心进行通信，监控资源卫星，监控信息回传中心站，发送监控信息，转发监控信息、转发资源卫星任务命令，如图 12-17 所示。

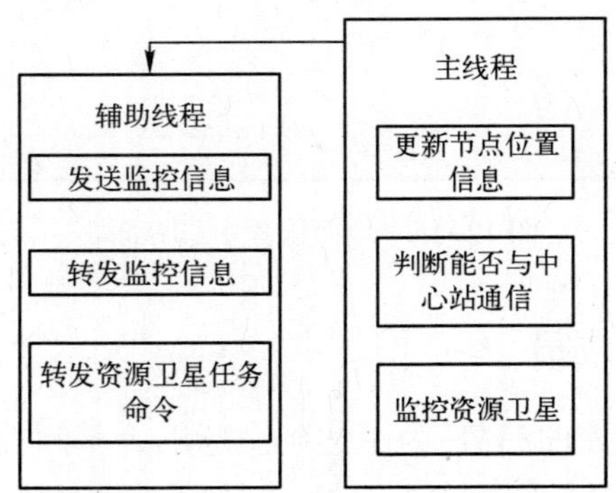

图 12-17　中继卫星成员功能结构

中继卫星成员界面如图 12-18 所示，与地面服务中心的服务资源管理页面类似，但只包含单一中继卫星的信息，其上半部分显示资源节点的属性，包括轨道根数、地面站属性、卫星平台参数、卫星载荷参数以及仿真参数等，下半部分显示中继卫星所监控的资源。

12.2.5　通信卫星成员

若用户的申请规划成功，则各种天基信息将会在既定时刻通过通信卫星向用户回传。本系统中采用 12 颗通信卫星进行组网通信，该通信网络能够覆盖全球而且能够实时动态更新星上路由表，从而实现任何资源卫星与地面任何用户的通信，如图 12-19 所示。

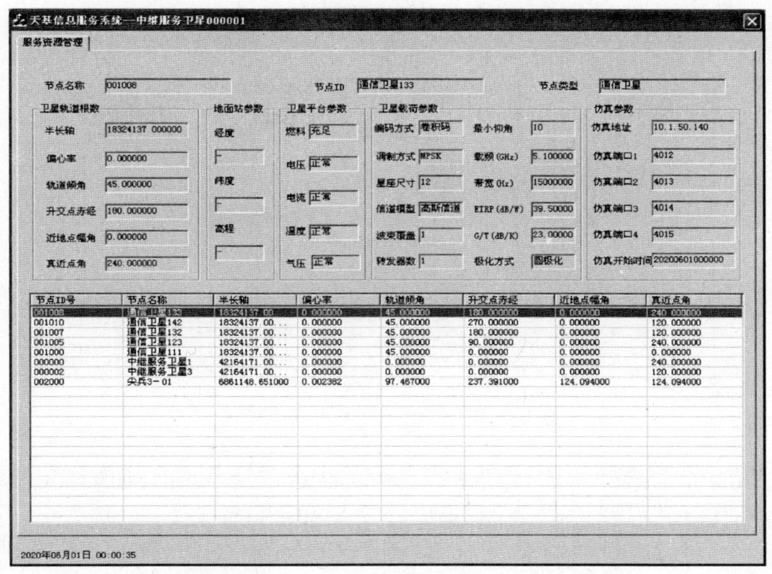

图 12-18　中继星成员界面

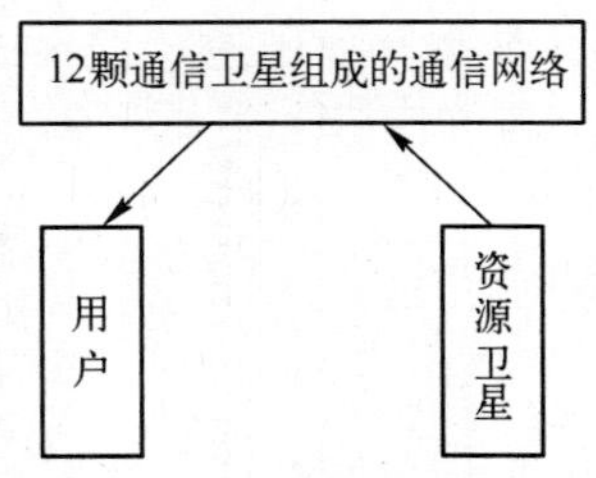

图 12-19　空间信息服务流程

空间信息服务流程如下：

(1) 资源卫星将信息进行封包处理,上传至其接入的通信卫星。

(2) 通信卫星接收到数据包后根据星上路由表对数据包进行传输,通过组网传输最后将信息传送至用户,用户对所接收的数据包进行相应的处理。

通信卫星成员具体功能是:根据仿真时钟更新节点位置信息,判断能够通信的节点,更新星上路由表,转发各种信息,如图 12-20 所示。

通信卫星成员界面包括“可通信节点”“路由表”和“包转发记录”三个模块,如图 12-21 所示。

“可通信节点”显示能够与此通信卫星进行通信的节点信息。

“路由表”显示服务信息能够经此通信卫星转发到达目的节点的路径信息,包括目的节点的 ID 号和名称以及下一跳节点的 ID 号和名称,目的节点主要包括可接入用户和服务资源节点。

“包转发记录”显示了此通信卫星转发数据包的信息记录。

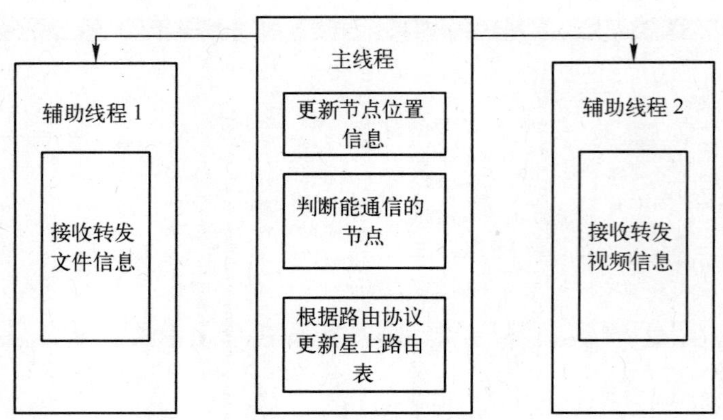

图 12-20　通信卫星成员功能结构

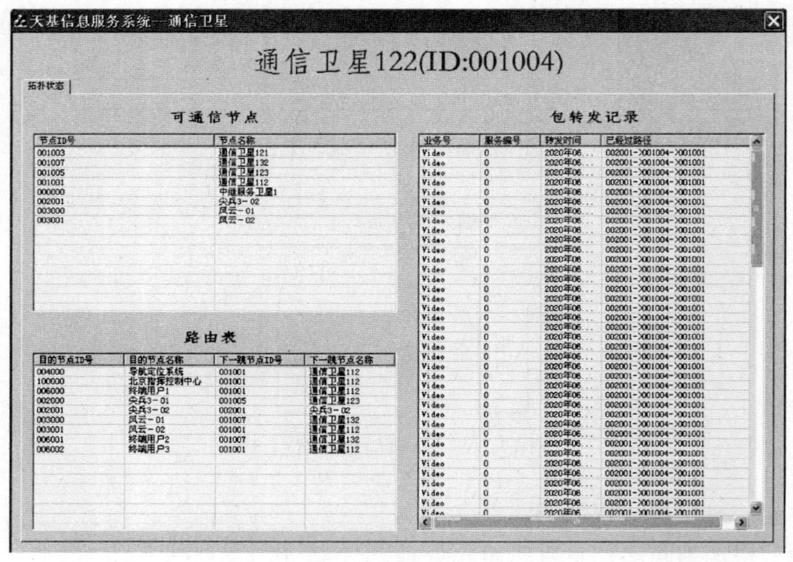

图 12-21　通信卫星成员界面

12.2.6　侦察卫星成员

侦察卫星成员主要功能是:根据仿真时钟更新节点位置信息,判断接入的中继卫星、通信卫星,判断当前是否有侦察任务需要完成,获取任务指令并根据任务指令发送信息,如图 12-22 所示。

侦察卫星成员界面包括“可通信节点”“本节点属性”“侦察信息”和“任务列表”四个模块,如图 12-23 所示。

“可通信节点”显示能够与侦察卫星通信的节点。

“本节点属性”显示当前侦察卫星的节点位置信息,包括其星下点经纬度以及在同一坐标系下的空间位置。

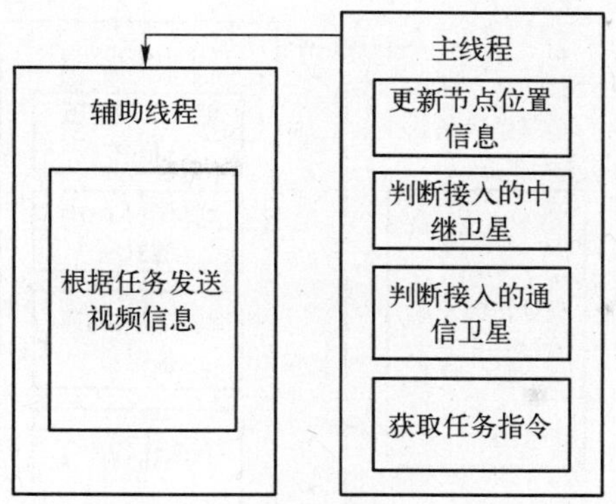

图 12-22　侦察卫星成员功能结构

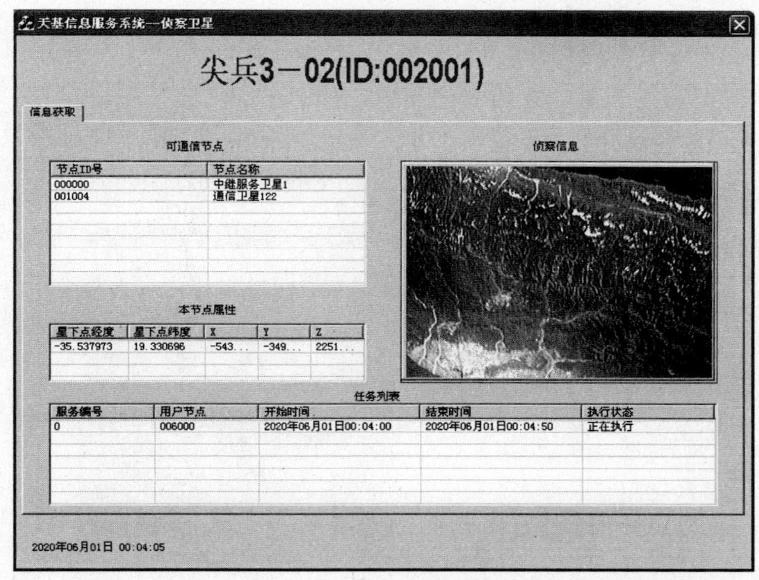

图 12-23　侦察卫星成员界面

“侦察信息”显示由星载摄像头所侦察的视频信息，可通过通信卫星传送到终端用户。

“任务列表”显示本颗侦察卫星所执行的任务，包括所执行服务的编号、用户节点、服务起止时间以及执行状态等，其中执行状态按照服务所申请的时间以及服务执行的起止时间可分为“等待”“正在执行”和“已完成”三种状态。

12.2.7　气象卫星成员

气象卫星成员主要功能是：根据仿真时钟更新节点位置信息，判断接入的中继卫星、通信卫星，判断当前是否有气象任务需要完成，获取任务命令、根据任务命令发送信息，如图 12-24 所示。

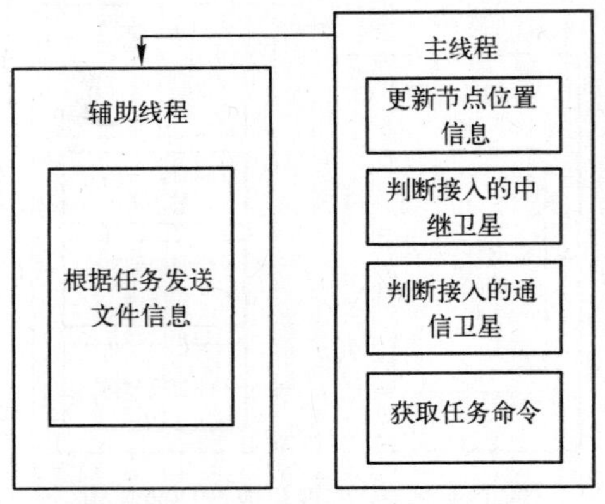

图 12-24　气象卫星成员功能结构

气象卫星成员界面包括“可通信节点”“本节点属性”“气象信息”和“任务列表”四个模块，如图 12-25 所示。其中“可通信节点”“本节点属性”“任务列表”的功能与侦察卫星类似，此处不再赘述。“气象信息”显示由星载设备捕捉的气象信息，并可通过通信卫星转发到用户终端。

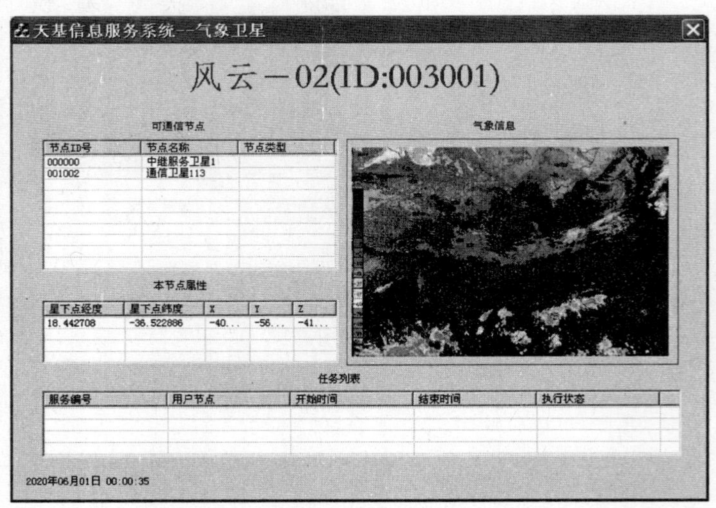

图 12-25　气象卫星成员界面

12.2.8　导航定位卫星成员

导航服务的运行流程相对独立，用户需要导航定位服务时向导航定位成员发送导航定位申请，然后导航定位成员向用户发送导航信息，用户根据导航信息解算出定位结果。

导航定位成员主要功能是：根据仿真时钟更新导航卫星的位置信息，根据用户定位请求选择导航卫星向用户发送导航信息,用户根据导航信息解算出定位结果,如图 12-26 所示。

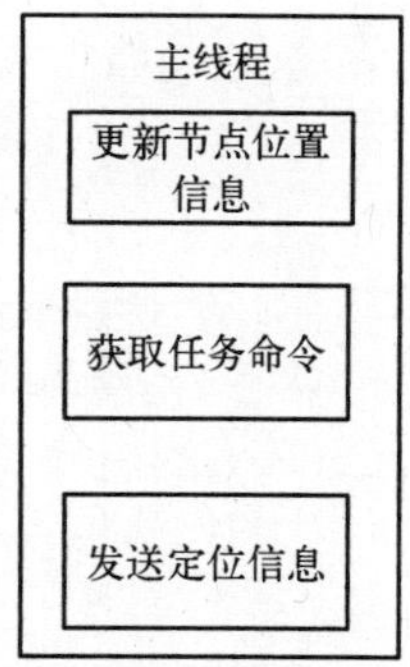

图 12-26　导航定位成员功能结构

导航定位系统成员界面包括“导航示意图”和“导航卫星位置”两个页面。

在“导航示意图”页面(图 12-27)通过读数据库可以在界面上显示导航卫星的位置,而在界面下方的列表中可以显示当前对用户进行定位的卫星的信息,包括该卫星的定位目标、实际位置、实际经纬度以及用户解算出来的位置和经纬度。

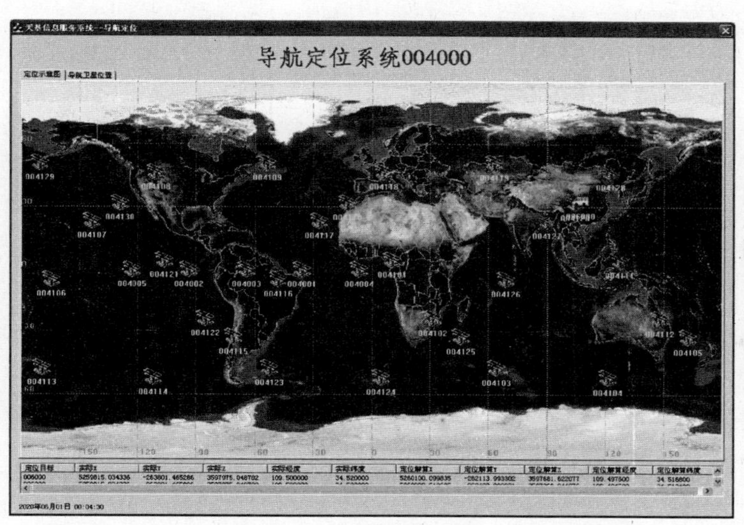

图 12-27　导航定位系统显示界面 1

在“导航定位位置”页面(图 12-28)可以显示所有导航卫星的位置信息,包括各导航卫星的星下点经纬度以及该卫星的空间位置等。

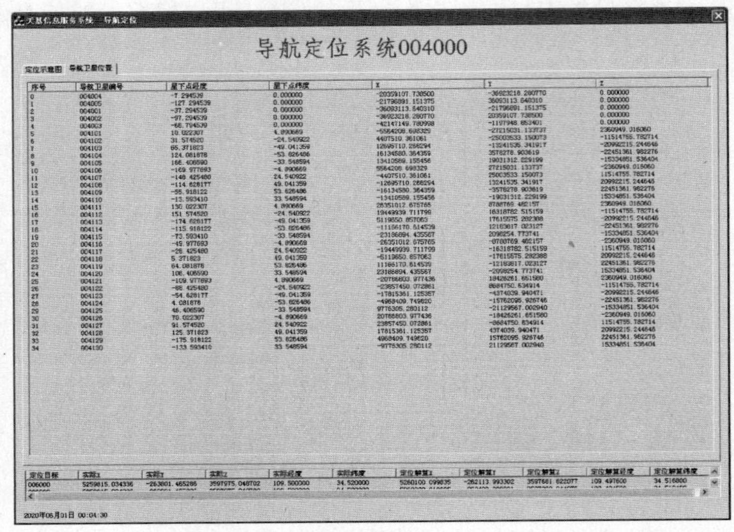

图 12-28　导航定位系统显示界面 2

12.2.9　总体态势显示成员

总体态势显示成员主要功能是：根据仿真时钟更新节点位置信息，读取当前所有服务的路由记录，显示当前状态，如图 12-29 所示。

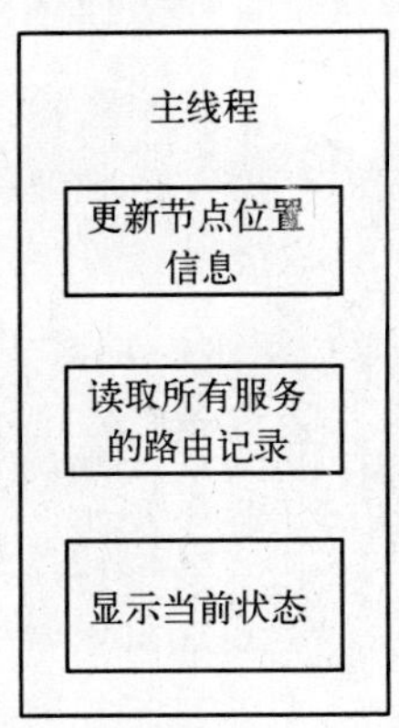

图 12-29　总体态势显示成员功能结构

启动总体态势显示成员(show)显示系统总体态势，如图 12-30 所示。图中左上部分显示仿真系统的成员列表，左下部分为仿真系统各成员的节点属性(包括节点的编号、名称、星下点经纬度和空间位置坐标)，右下部分显示各服务到达用户的路由表。

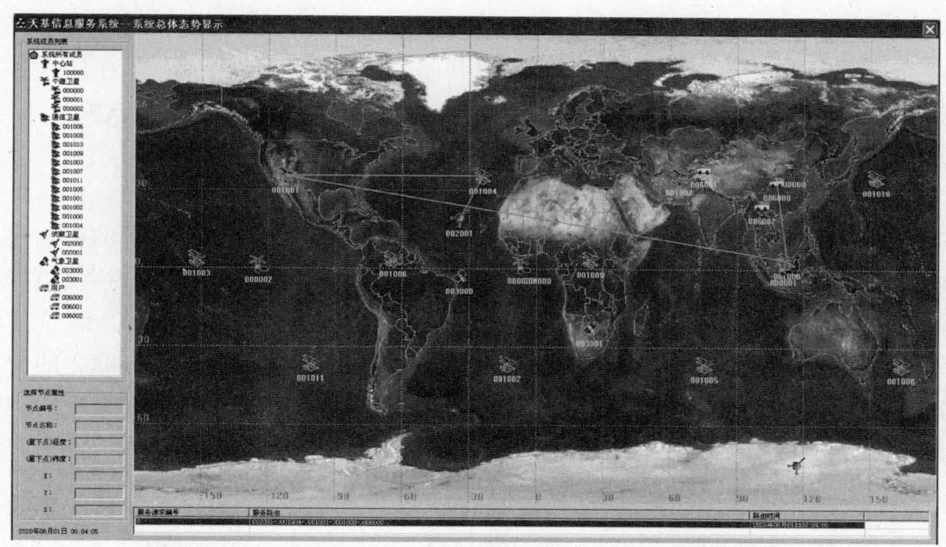

图 12-30　系统总体态势显示界面

12.3　天基信息按需服务典型应用仿真流程

天基信息按需服务系统的仿真流程包括两个阶段：第一个阶段是系统启动阶段；第二个阶段是服务实施阶段。在系统启动阶段，用户尚未登录系统，系统内个成员进行初始化，并开始工作运行；在服务实施阶段，用户进入系统，接受系统的个性化推荐或对系统提出服务申请，而后系统对任务进行总体规划后按序实施。

12.3.1　系统启动

系统启动后监控管理成员、地面服务中心、系统中的卫星资源及总体态势显示成员都将一应进行初始化。

1. 监控管理成员

启动监控管理成员（StreamServer）进行系统运行监控，首先出现系统仿真参数设计对话框，如图 12-31 所示。

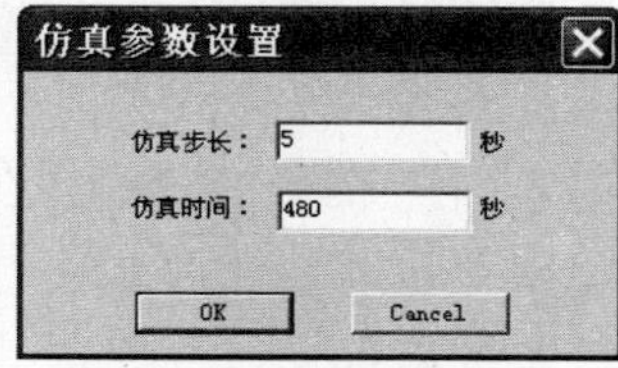

图 12-31　仿真参数设置

输入仿真参数后，天基信息服务系统开始运行，系统中各成员开始工作，并获取其基本初始化信息，此时界面中的“开始”按钮变为“暂停”按钮，在仿真系统运行的过程中随时可选择暂停仿真，以便获取监控端的监控信息、气象、侦察等卫星的位置信息等。

2. 地面服务中心

图 12-32 为天基信息服务系统开始运行之后，地面服务中心成员的初始化状态。服务资源管页面中，中继卫星资源监控列表开始显示监控资源节点，如编号为 000000 的中继卫星监控的资源节点有 001006、001009 等，编号为 000001 的中继卫星监控的资源节点有 001008、001010 等，编号为 000002 的中继卫星监控的资源节点有 001003、001011 等，这些监控资源同时会在相应的中继卫星界面上显示。此时由于系统中尚无用户登录和服务申请，故用户信息及个性化推荐页面和用户请求及服务规划页面无信息显示。

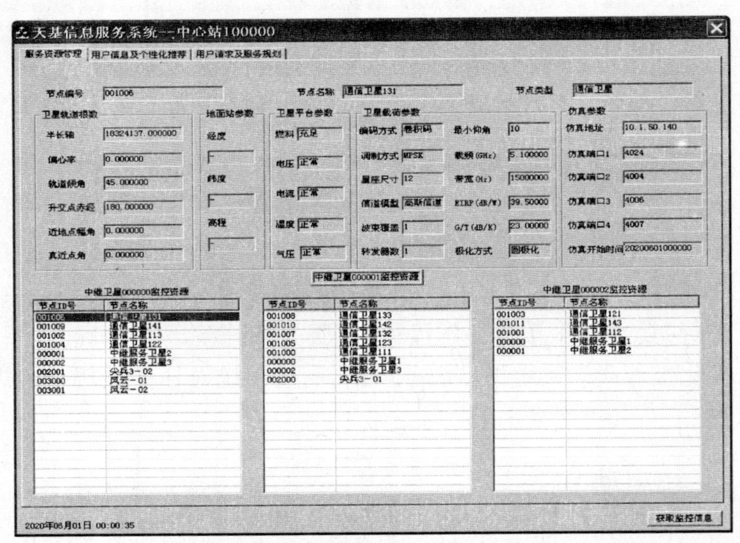

图 12-32　地面服务中心启动

3. 气象卫星

图 12-33 为系统开始运行之后，气象卫星的初始化状态。从图中左半部框内信息可以看出，气象卫星开始获取能够与本卫星通信的节点，同时获取本节点的位置属性，此时系统未接受任务申请，所以该卫星相关的任务列表为空。

4. 侦察卫星

图 12-34 为系统开始运行之后，系统中 2 颗侦察卫星的信息更新。从图中左半部框内信息可以看出，侦察卫星开始获取能够与本卫星通信的节点，同时获取本节点的位置属性，此时系统未接受任务申请，所以该卫星相关的任务列表为空。

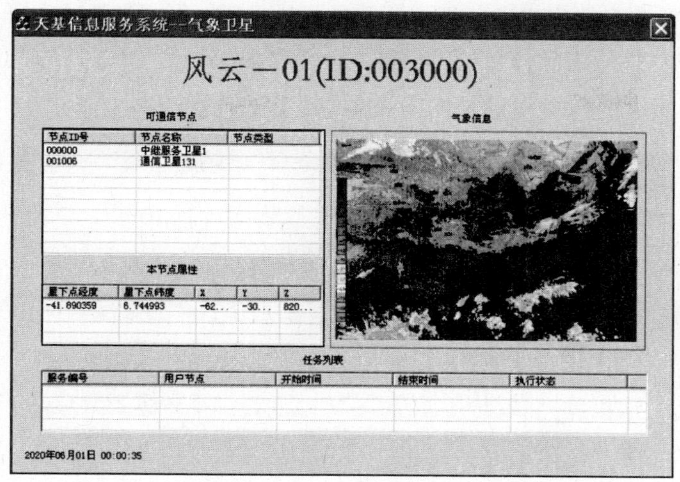

图 12-33　气象卫星成员启动

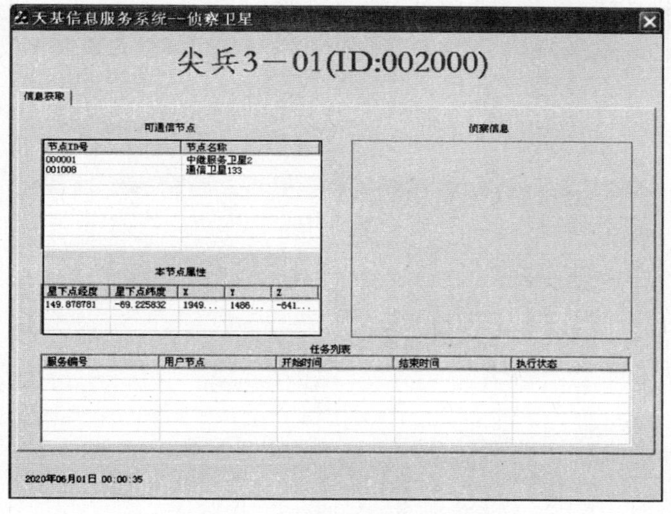

图 12-34　侦察卫星成员界面更新

5. 中继卫星

图 12-35 为系统开始运行之后，中继卫星成员的界面更新。中继卫星成员的页面信息与地面服务中心成员的服务资源管理页面相似。图中上半部分为该中继卫星所获取的监控资源节点属性，这些资源节点也会在图 12-32 所示地面服务中心成员界面中显示。

6. 通信卫星

系统运行后，通信卫星的界面初始化更新情况如图 12-36 所示。由于系统中通信卫星成员数量较多但更新内容类似，此处只选一颗进行说明。从左半部框内信息可以看出，通信卫星开始获取可与本卫星通信的节点并获取经过本节点到达目的节点的路由表(包括目的节点的 ID 号及名称,下一跳节点的 ID 号和名称),此时系统中未接受服务申请,没有经通信卫星转发的服务数据包,故通信卫星界面中的包转发记录列表页为空。

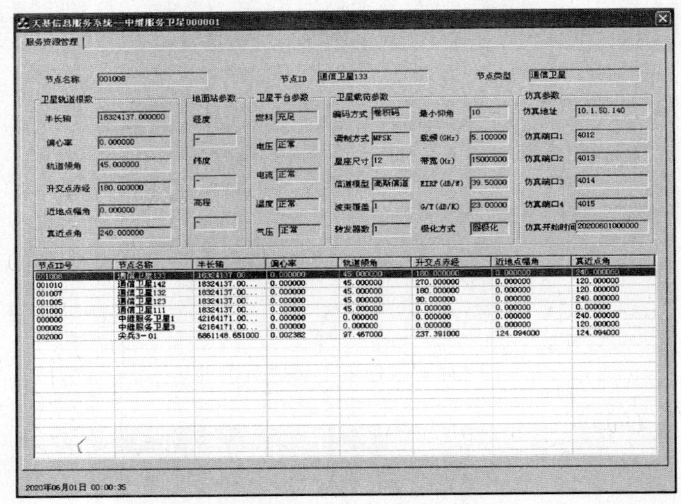

图 12-35　中继星成员界面更新

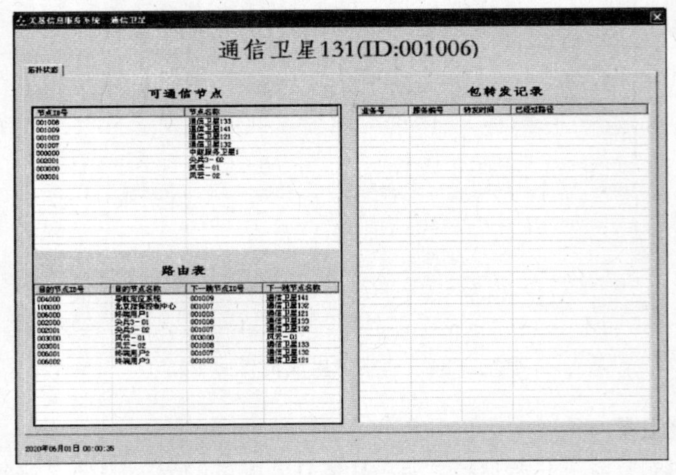

图 12-36　通信卫星成员界面更新

7. 系统总体态势显示

系统总体态势显示界面通过读数据库,显示各卫星、地面站以及用户终端的位置,如图 12-37 所示。如果想查看系统中某个成员的属性,则可以通过点击成员列表中该成员的编号来在左下角的“选择节点属性”模块中显示。

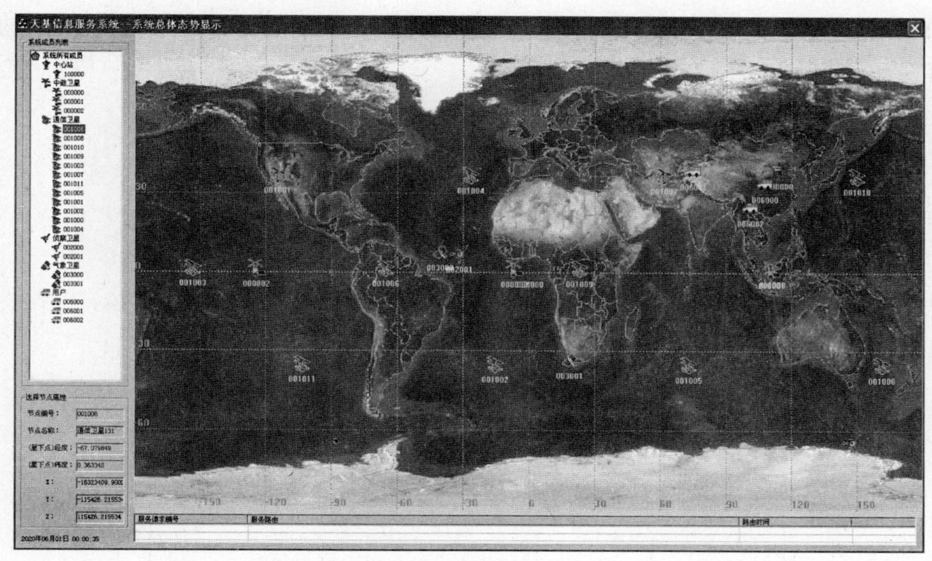

图 12-37　系统总体态势显示界面更新

12.3.2　服务实施

本节将以申请侦察和气象混合服务为例说明为说明仿真系统实施服务的具体流程。

1. 用户认证

系统启动并化后，用户可申请系统认证，得到认证后方可申请服务。在图 12-38 所示的终端用户界面点击“进入系统”按钮，用户在申请账号时，获取私钥和证书。用户开始申请进入天基信息服务系统后，向中心站发送证书，中心站收到证书后，从中提取出公钥，同时生成一个会话密钥，并用提取出的公钥对其进行加密，用户收到经过公钥加密的会话密钥后，用其本身的私钥对其进行解密，然后将解密信息再发送给地面服务中心，服务中心将其与之前的会话密钥进行比对。若相同，则允许用户进入系统；反之，则拒绝用户进入系统。此时用户未经认证，所以用户界面内所有信息为空。

如图 12-39 所示，用户申请认证的同时地面服务中心成员界面上的“用户信息及个性化推荐”页面的“用户信息”模块上也会显示此用户的相关信息。此外，系统允许有多个用户同时认证并进入系统。

2. 服务的个性化推荐

用户成功认证后，可以在终端用户界面右上角的“服务推荐类型”下拉列表中选择地面服务中心所推荐的服务类型，如图 12-40 所示，选择服务类型后显示“获取推荐服务成功”。系统会根据用户服务的申请情况自动判断推荐模式，当两次服务连续申请时，在服务推荐类型下拉列表中会出现“附近服务”和“类似兴趣服务”选项。此外,地面服务中心界面也可查看登录系统的每个用户的总体推荐列表(图 12-41)。

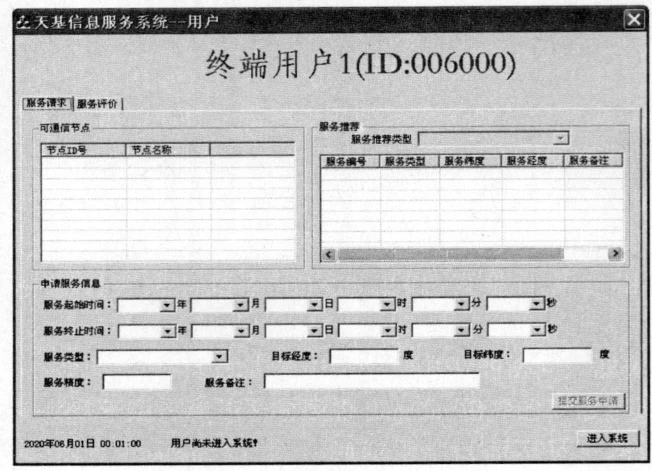

图 12-38 用户登录界面

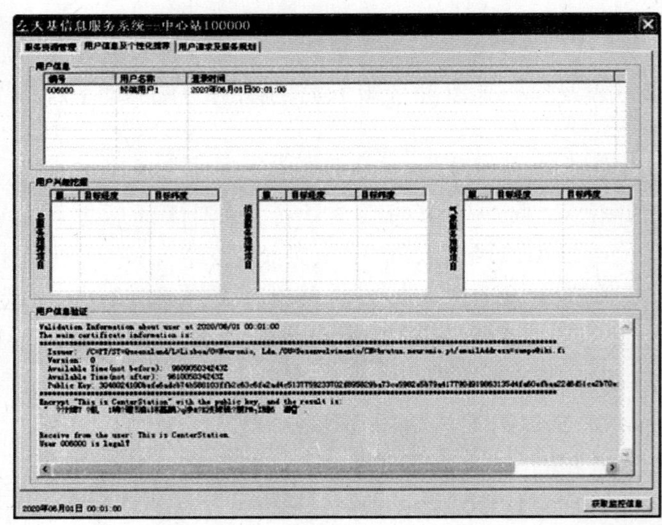

图 12-39 地面服务中心证书信息

3. 服务申请

以混合服务申请为例,拟定用户向系统先后申请侦察和气象服务,分别是目标经度-35.47°,纬度 19.01°,服务精度为 2,2020 年 6 月 1 日 00:04:00 至 2020 年 6 月 1 日 00:05:00 的侦察服务和 2020 年 6 月 1 日 00:05:00 至 2020 年 6 月 1 日 00:06:00 相同目标位置的气象服务。如图 12-42 所示,在“申请服务信息”模块中添加用户所要申请的服务信息,点击“提交服务申请”按钮,如显示

“服务(编号 X)申请成功”,表示此服务用户已经申请成功。

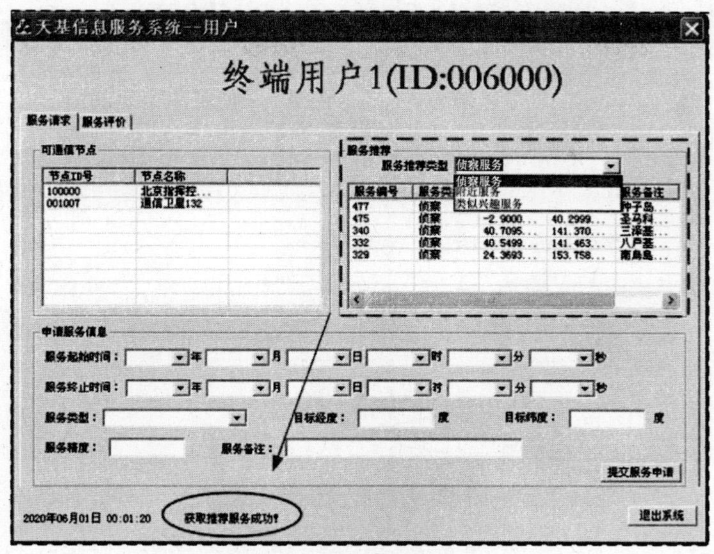

图 12-40　获取推荐服务成功

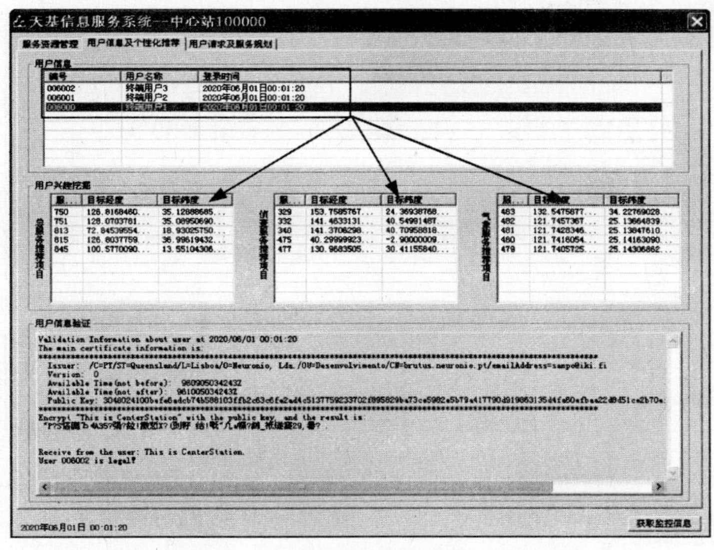

图 12-41　地面服务中心的用户服务推荐信息

用户申请服务成功之后,既可以选择推荐类型和推荐列表中的服务,也可以继续输入服务信息进行服务申请。在地面中心站界面的“用户请求及服务规划”页面中可显示用户所申请的服务、此服务所占用的资源以及任务规划方案等,如图 12-43 所示。

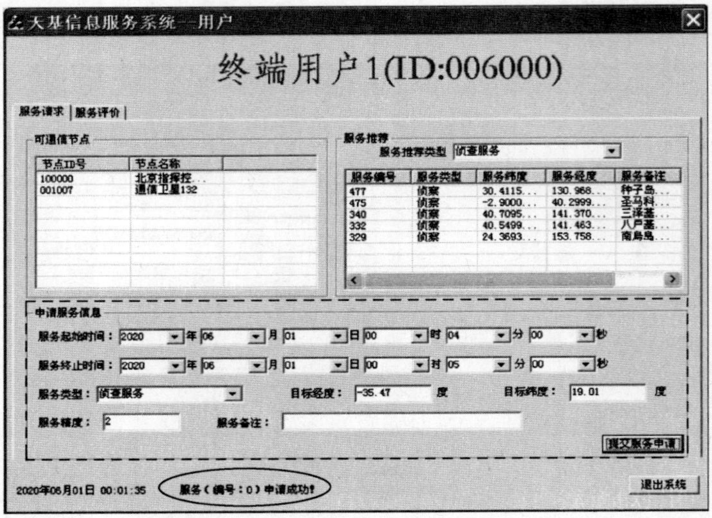

图 12-42　服务申请成功

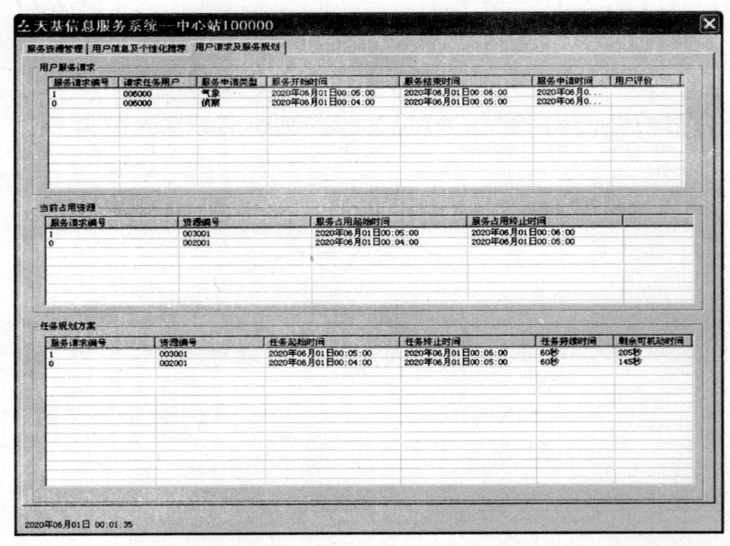

图 12-43　用户申请服务成功后在中心站中的信息显示

4. 侦察服务

用户的侦察服务申请成功之后，在相应侦察卫星成员界面的“任务列表”模块中可显示该卫星资源所应用的服务，如图 12-44 所示，由于当前尚未到达服务执行的时刻，因此该服务的执行状态为“等待”。

服务申请成功之后，系统运行到所申请服务的起始时刻，则所申请服务的应用卫星开始执行任务。图 12-45 为到达所申请侦察服务的起始时刻后，侦察卫星的传感器所拍摄到的视频图像。

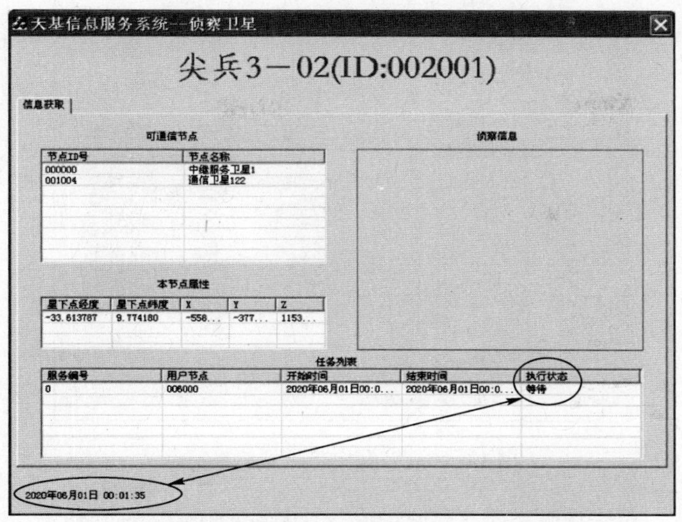

图 12-44　侦察服务申请成功

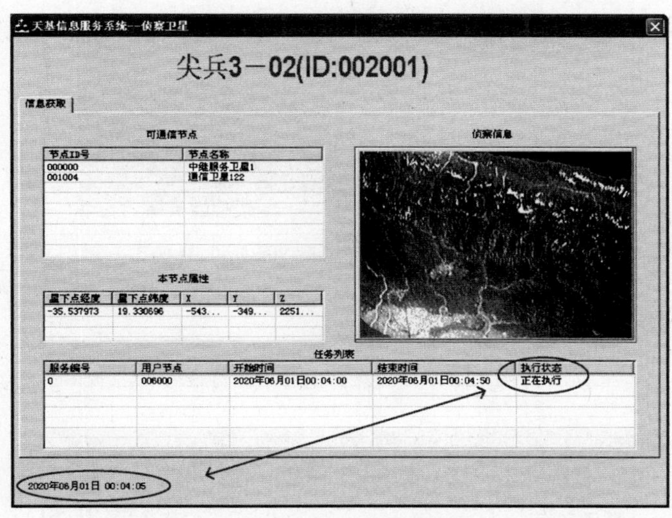

图 12-45　开始侦察

图 12-46 为用户接收到侦察信息的示意图。

5. 气象服务

同样，如果申请的服务为气象服务，在到达所申请的服务执行时刻后，该服务开始执行，执行过程与上述服务过程类似，如图 12-47 和图 12-48 所示。

6. 导航服务

导航服务无需输入相关参数信息，只需在服务类型中选择。图 12-49 为用户向系统申请导航服务，以解算用户当前的位置信息。图 12-50 为解算出的用户位置信息。

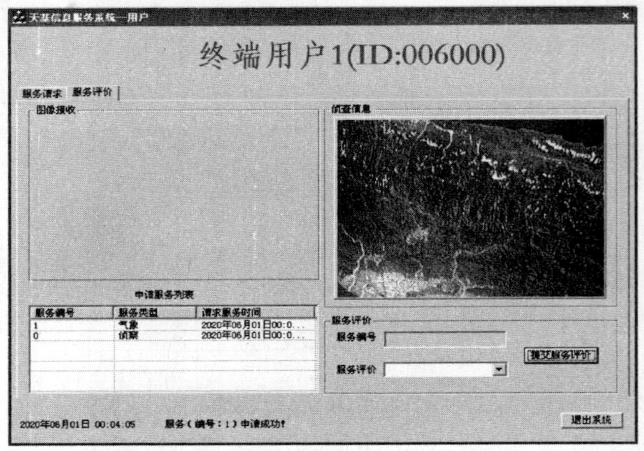

图 12-46　终端用户收到侦察信息

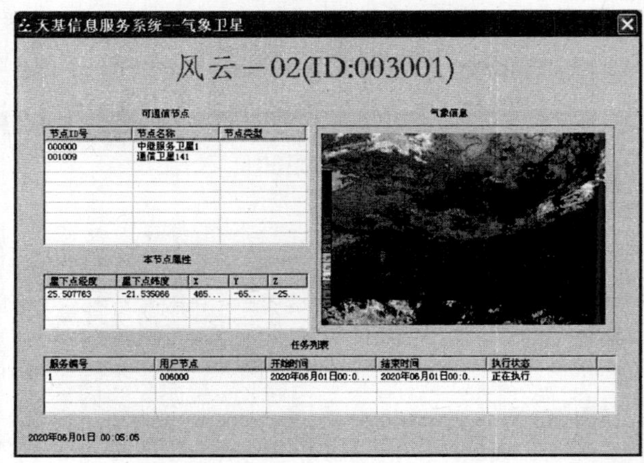

图 12-47　气象卫星开始执行任务

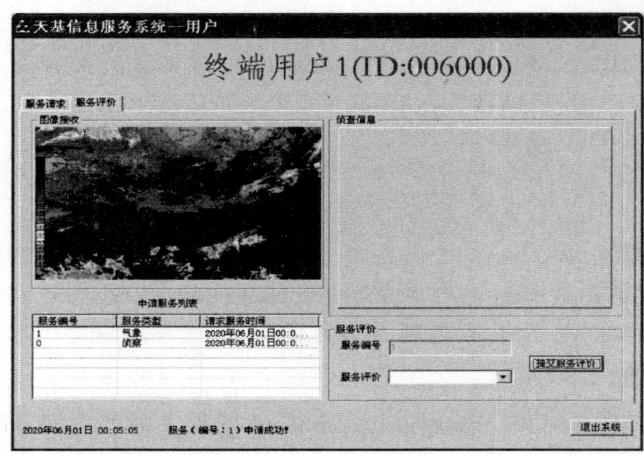

图 12-48　用户收到气象信息

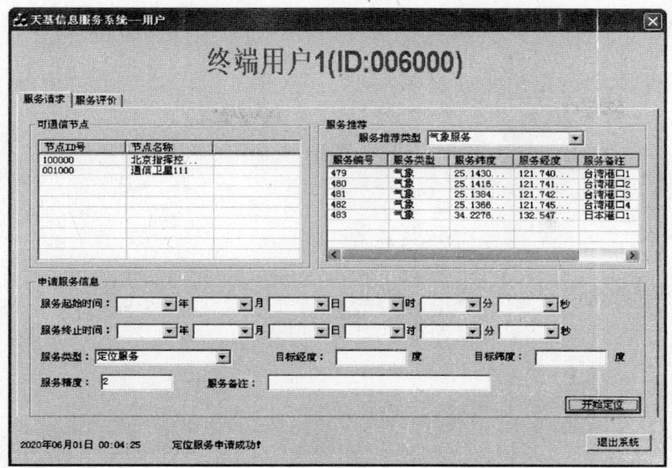

图 12-49　导航服务申请

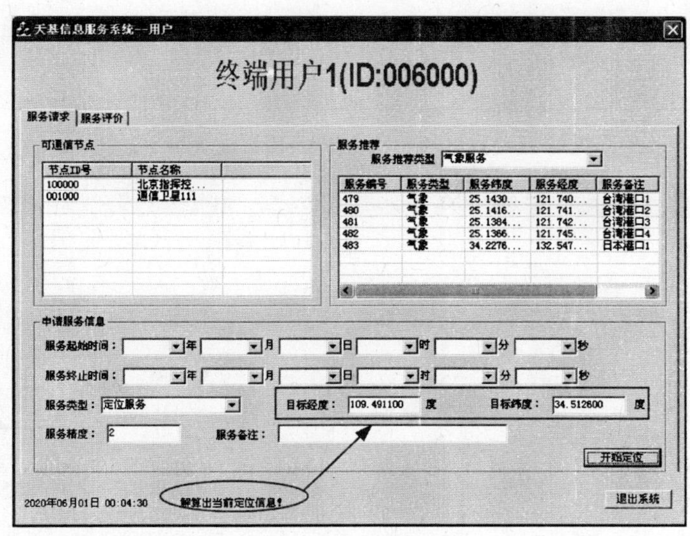

图 12-50　用户位置解算成功

图 12-51 和图 12-52 为系统执行导航定位服务的导航系统示意图，其中虚线圈中的卫星图标呈高亮，标示出参与该用户定位的导航卫星，虚线框内为解算出的用户位置信息。

7. 总体态势的显示

以上面申请的侦察服务为例，侦察卫星所拍摄到的信息需要经由通信卫星传送给终端用户，在图 12-53 中系统总体态势显示界面的下方可显示当前服务数据传输所经过的路径记录，点击此路径信息，即可在地图中相应显示。

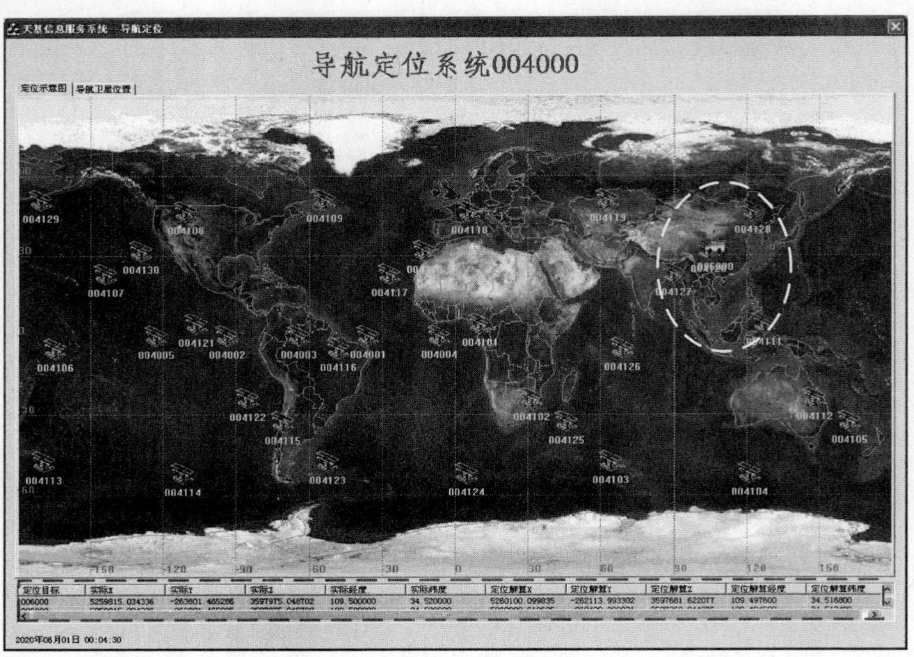

图 12-51　导航卫星信息及用户位置显示 1

天基信息服务系统—导航定位

导航定位系统004000

定位示意图　导航卫星位置

序号	导航卫星编号	星下点经度	星下点纬度	X	Y	Z
0	004004	-7.294539	0.000000	-20359107.738500	-36923218.280770	0.000000
1	004005	-127.294539	0.000000	-21796891.151375	36093113.640310	0.000000
2	004001	-37.294539	0.000000	-36093113.640310	-21796891.151375	0.000000
3	004002	-97.294539	0.000000	-36923218.280770	20359107.738500	0.000000
4	004003	-66.794539	0.000000	-42147149.780998	-1197948.853401	0.000000
5	004101	10.022307	4.890669	-5564208.698329	-27215031.133737	2360949.016060
6	004102	31.574520	-24.540922	4407510.361061	-25003533.150073	-11514755.782714
7	004103	65.371823	-49.041359	12695710.268294	-13241535.341917	-20992215.244646
8	004104	124.081878	-53.826486	16134580.364359	3578278.903619	-22451361.982276
9	004105	166.406590	-33.548594	13410589.155456	19031312.229199	-15334851.536404
10	004106	-169.977693	-4.890669	5564208.698329	27215031.133737	-2360949.016060
11	004107	-148.425480	24.540922	-4407510.361061	25003533.150073	11514755.782714
12	004108	-114.628177	49.041359	-12695710.268294	13241535.341917	20992215.244646
13	004109	-55.918122	53.826486	-16134580.364359	-3578278.903619	22451361.982276
14	004110	-13.593410	33.548594	-13410589.155456	-19031312.229199	15334851.536404
15	004111	130.022307	4.890669	26351012.675765	8788769.482157	2360949.016060
16	004112	151.574520	-24.540922	19449939.711799	16318782.515159	-11514755.782714
17	004113	-174.628177	-49.041359	5119650.857063	17615575.282388	-20992215.244646
18	004114	-115.918122	-53.826486	-11166170.614539	12183817.023127	-22451361.982276
19	004115	-73.593410	-33.548594	-23186894.435567	2098254.773741	-15334851.536404
20	004116	-49.977693	-4.890669	-26351012.675765	-8788769.482157	-2360949.016060
21	004117	-28.425480	24.540922	-19449939.711799	-16318782.515159	11514755.782714
22	004118	5.371823	49.041359	-5119650.857063	-17615575.282388	20992215.244646
23	004119	64.081878	53.826486	11166170.614539	-12183817.023127	22451361.982276
24	004120	106.406590	33.548594	23186894.435567	-2098254.773741	15334851.536404
25	004121	-109.977693	4.890669	-20786803.977436	18426261.651580	2360949.016060
26	004122	-88.425480	-24.540922	-23857450.072861	8684750.634914	-11514755.782714
27	004123	-54.628177	-49.041359	-17815361.125357	-4374039.940471	-20992215.244646
28	004124	4.081878	-53.826486	-4968409.749820	-15762095.926746	-22451361.982276
29	004125	46.406590	-33.548594	9776305.280112	-21129567.002940	-15334851.536404
30	004126	70.022307	-4.890669	20786803.977436	-18426261.651580	-2360949.016060
31	004127	91.574520	24.540922	23857450.072861	-8684750.634914	11514755.782714
32	004128	125.371823	49.041359	17815361.125357	4374039.940471	20992215.244646
33	004129	-175.918122	53.826486	4968409.749820	15762095.926746	22451361.982276
34	004130	-133.593410	33.548594	-9776305.280112	21129567.002940	15334851.536404

定位目标	实际X	实际Y	实际Z	实际经度	实际纬度	定位解算X	定位解算Y	定位解算Z	定位解算经度	定位解算纬度
006000	5259815.034336	-263801.465286	3597975.048702	109.500000	34.520000	5260100.099835	-262113.993302	3597681.622077	109.497600	34.516800

2020年06月01日 00:04:30

图 12-52　导航卫星信息及用户位置显示 2

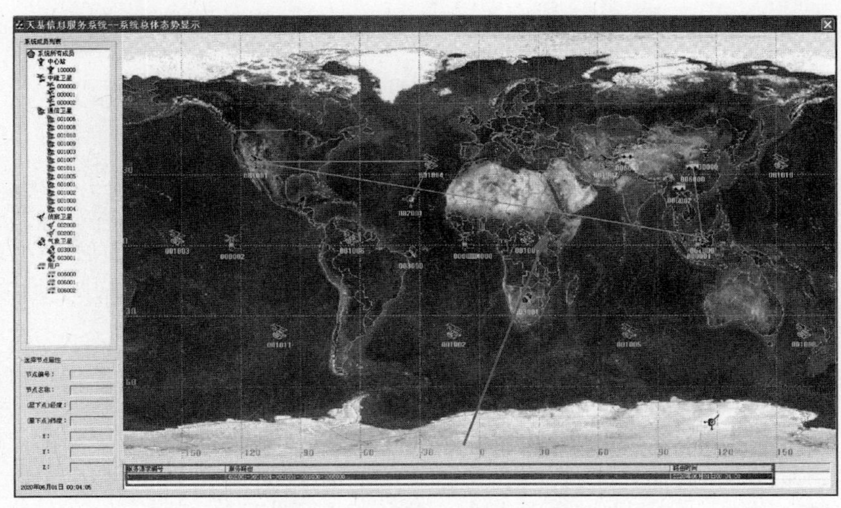

图 12-53　服务数据传输路由显示

在服务执行阶段,所有参与服务数据传输的信卫星开始对相关数据包进行接收和转发,由图 12-53 可看出,侦察服务数据需要经过 3 颗通信卫星(ID 分别为 001004、001001 和 001000)的转发,即此侦察服务的路由为 002001→001004→001001→001000→006000。所用 3 颗通信卫星成员界面中,包转发记录列表将记录当前服务的相应业务类型、服务编号、数据包的转发时间和已经过路径,如图 12-54 所示。

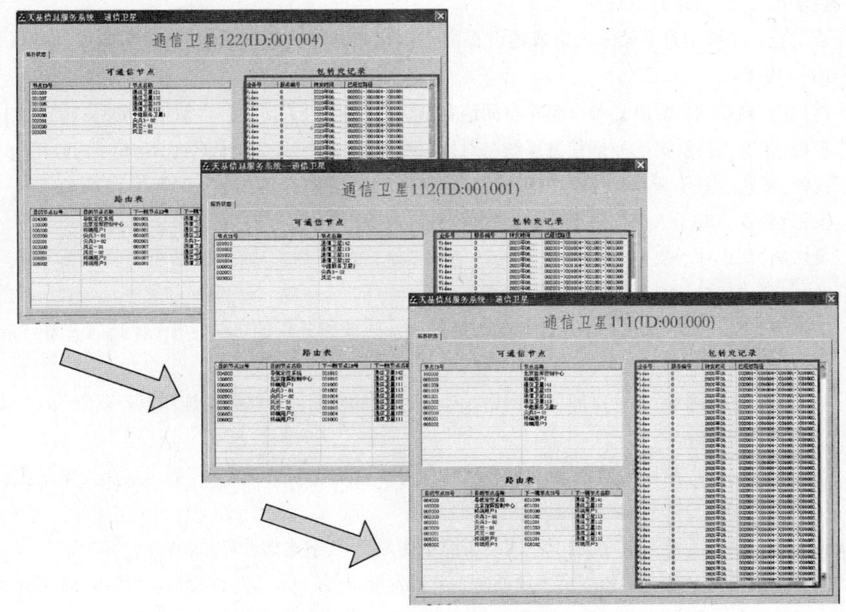

图 12-54　通信卫星的包转发记录

参 考 文 献

[1] 卓凌．空间武器装备和技术[M]．北京：军事科学出版社，2006.

[2] 王家耀，成毅．空间信息系统及其结构与功能[J]．海洋测绘，2004，24(1)：1-3.

[3] Basu C，Hirsh H，Cohen W，et al. Technical paper recommendation：A study in combining multiple information sources[J]．Journal of Artificial，Intelligence Research，2001，14(1)：231-252：2001.

[4] Su X，Khoshgoftaar T M. A survey of collaborative filtering techniques[J]．Advances in Artificial Intelligence，2009：1-19.

[5] Schafer B，Konstan J，Riedl J. E-commerce recommendation applications[J]．Data Mining and Knowledge Discovery，2001，5(1，2)：115-153.

[6] Kohavi R. Mining e-commerce data：the good，the bad，and the ugly[C]．ACM，2001.

[7] Miyahara K，Pazzani M J. Collaborative filtering with the simple Bayesian classifier [C]．Melbourne，Australia：Springer-Verlag，2000.

[8] 武晓鹏，冯书兴，梁文权，等．空间信息系统体系结构研究[J]．情报杂志，2006，25(4)：77-78.

[9] 郭炎，余世勇．空间信息作战：夺取"制天权"的新领域[J]．国防，2006(4)：76-78.

[10] 梁维泰，杨进佩．天基信息系统建设的对策建议[J]．现代电子工程，2007：1-4.

[11] 苏宪程，于小红，孙福安．基于模糊 Petri 网的空间信息系统传输能力分析[J]．装备指挥技术学院学报，2009，20(6)：78-81.

[12] 袁文先．加强信息系统综合集成建设提高一体化联合作战指挥效能[J]．国防大学学报，2005(1)：19-21.

[13] 桂启山，赵新国，郭伟民，等．美军空间信息系统建设初探[J]．兵工自动化，2008，27(1)：63-65.

[14] 黄健，张鉴，石锐，等．空间信息系统与对抗"网络中心战"[J]．电子对抗，2006(3)：31-34.

[15] 祝彬，陈萱．基于天基信息系统的远程精确打击(上)[J]．中国航天，2007(3)：27-30.

[16] 祝彬，陈萱．基于天基信息系统的远程精确打击(下)[J]．中国航天，2007(4)：35-40.

[17] 吴炜琦，张育林．支持导弹作战的天基信息系统效能评估方法[J]．装备指挥技术学院学报，2006，17(2)：52-56.

[18] 丁洪波，张士峰，胡正东．支持作战的天基信息系统效能分析的排队论模型[J]．火力与指挥控制，2008，33(4)：79-82.

[19] 刘云翔，景宁，陈荦，等．空间信息网格 SIG：新一代的空间信息基础设施和服务框架[J]．地理信息世界，2007，5(4)：22-27.

[20] 潘成胜，刘勇兵，姜月秋，等．卫星综合信息网资源管理模型及其实现[J]．东北大学学报(自然科学版)，2004，25(5)：463-466.

[21] 吴永辉，马冲，潘巍，等．多层卫星网络研究概述[J]．数字通信世界，2009(6)：40-42.

[22] 梓默．战略高地的技术角逐——国外航天武器发展趋势[J]．国防科技工业，2010(5)：29-31.

[23] 中国航天科技集团公司第七〇七研究所．2030 年前世界军用航天技术发展研究[R]．中国国防科学技术报告，2009.

[24] United States Space Command Long Range Plan: Implementing USSPACECOM Vision for 2020 [EB/OL]. 1998,5. http://www.fas.org/spp/military/docops/usspac/lrp/toc.htm.

[25] Richard Darilek, Walter Perry, Jerome Bracken, et al. Measure of Effectiveness for the Information-Age Army[M]. RAND, 2001.

[26] 陈萱,王家胜．美国天基信息系统发展与未来网络中心战[J]．航天电子对抗,2007,23(6):20-23.

[27] 魏晨曦．俄罗斯的空间目标监视、识别、探测与跟踪系统[J]．中国航天,2006(8):39-41.

[28] 欧洲航天局 ARTES 发展项目计划简介[C]．中国北京:2010.

[29] 何奇松．浅析欧洲空间政策[J]．欧洲研究,2009(3):119-129.

[30] 田莉．前进中的欧洲军事航天[J]．国际太空,2005(12).

[31] 冯云松,严晓兰．军用航天系统的现状及其发展趋势[J]．航空科学技术,2004(5):36-39.

[32] 钱振业．对日本航天高技术发展的思考[J]．国际技术经济研究,1998(3):1-5.

[33] 林蔚然,李志平．21 世纪初主要国家的航天发展战略及其影响[J]．航天控制．2004(4):4-10.

[34] 刘进军．印度航天与卫星[J]．卫星与网络,2010(9):20-23.

[35] 张维胜,王红兵,李辉,美国军用卫星的现状与性能[J]．中国航天,2001(6):43-44.

[36] 孟庆岩,顾行发,余涛,等．我国民用卫星遥感应用现状、问题与趋势[J]．地震,2009,29(B10):1-8.

[37] 董正宏,廖育荣,高永明．我国空间快速响应体系结构发展模式[J]．国防科技,2009(4):47-50.

[38] 刘斐,刘建安．我国成功发射第七颗北斗导航卫星[J]．中国航天,2011(1):9.

[39] 文江平．卫星军事应用技术 [M]．北京:国防工业出版社,2007.

[40] 于雷易．GIS 网格体系结构探讨[J]．武汉大学学报(信息科学版),2004,29(2):153-156.

[41] Department of Defense. Global Information Grid(GIG) Capstone Requirements Document (CRD)[EB/OL],2001,8. http://www.e-mapsys.com/GIG_CRD.pdf.

[42] Department of Defense Chief in Information Officer. Global Information Grid(GIG) Architecture Version 1.0[EB/OL],2001,7. http://www.defenselink.mil/.

[43] Parastatidis S. Web and Grid Services: Architectures and Technologies [EB/OL],2004. http://www.neresc.ac.uk.

[44] 翟亮,唐新明,李霖,等．空间信息网格的若干问题分析[J]．测绘与空间地理信息,2005,28(6):1-4.

[45] 杜清运,熊岚,任福,等．基于空间数据库的城市管理网格体系适宜性评价模型研究[J]．武汉大学学报(信息科学版),2009(2):138-141.

[46] 章汉武,桂志鹏,吴华意．网格环境下空间信息服务注册中心的设计与实现[J]．武汉大学学报(信息科学版),2008(5):533-536.

[47] 唐宇,何凯涛,陈荦,等．空间信息栅格体系与服务聚合技术[J]．国防科技大学学报,2005,27(2):46-51.

[48] 易先清,罗雪山,张耀鸿．空间信息栅格技术的概念内涵和研究方法[J]．系统工程与电子技术,2004(10):1426-1428.

[49] 姜月秋,冯永新,刘治国,等．基于卫星综合信息网的网络管理模型[J]．东北大学学报(自然科学版),2003,24(1):15-18.

[50] 闻英友,姜月秋,赵建立,等．卫星综合信息网的管理体系及管理星簇生成算法[J]．东北大学学报(自然科学版),2003,24(7):651-654.

[51] DoD Architecture Framework Working Group. DoD Architecture Framework Version 1.0 [R]. U.S.:

Department of Defense, 2003.

[52] C^4ISR Architecture Working Group. C^4ISR Architecture Framework Version 1.0 [R]. U.S.: Department of Defense, 1996.

[53] C^4ISR Architecture Working Group. C^4ISR Architecture Framework Version 2.0 [R]. U.S.: Department of Defense, 1997:23-25.

[54] DoD Architecture Framework Working Group. DoD Architecture Framework Version 1.5[S]. U.S.: Department of Defense, 2007, 4.

[55] DoD Architecture Framework Working Group. DOD Architecture Framework 2.0[R]. U.S.: Department of Defense, 2009.

[56] Ministry of Defence, MOD Architectural Framework Viewpoint Overview Version 1.0, Ministry of Defence [R/OL]. http://www.modaf.com/files/MODAF%20Viewpoint%20Overview%20v1.0.pdf, 2005.8.

[57] Defence Information Environment Architectures Office. Australian Defence Architecture Framework [EB/OL]. http://www.defence.gov.au/dhq/cko/images/daf29_Nov_01.pdf, 2001-11-01.

[58] 黄力，罗爱民，邱涤珊，等. C^4ISR 体系结构框架研究进展[J]. 火力与指挥控制，2004，29(3)：16-19.

[59] 白小燕，贺梅. 以色列 C^4ISR 体系结构的创建与发展[J]. 军队指挥自动化，2006(6)：72-74.

[60] 电子科学总装备部装备论证研究中心，中国电子科技集团公司电子科学研究院. 军事电子信息系统体系结构框架[R]. 中国电子科技集团公司电子科学研究院，2004.

[61] 雷洪涛. 基于 UML 的 C^4ISR 体系结构产品设计方法及工具研究[D]. 国防科学技术大学，2006.

[62] 李强. 卫星军事应用系统体系结构及应用研究[D]. 北京：装备指挥技术学院，2007.

[63] Wagenhals L W, Shin I, Kim D, 等. C^4ISR architectures: II. A structured analysis approach for architecture design [J]. Systems Engineering, 2000, 3(4): 248-287.

[64] Bienvenu M P, Shin I, Levis A H. C^4ISR Architectures: III. An object-oriented approach for architecture design[J]. Systems Engineering, 2000, 3(4): 288-312.

[65] Ring S J, Nicholson D, Thilenius J, et al. An activity-based methodology for development and analysis of integrated DoD architectures[C]. 2004 Command and Control Research and Technology Symposium. Washington, 2004: 1-14.

[66] 朱小军，袁卫卫，黄光奇，等. C^4ISR 体系结构设计方法[J]. 火力与指挥控制，2005，30(3)：47-50.

[67] 陈新中，顾文，李承延，等. 基于 DODAF 的顶层设计建模与验证[J]. 计算机工程，2009，35(12)：216-219.

[68] 吕翔，姜志平，罗爱民，等. C^4ISR 体系结构设计与分析的研究现状及其存在的问题[J]. 重庆邮电大学学报(自然科学版)，2008，20(4)：496-499.

[69] Levis A H, Wagenhals L W. C^4ISR Architectures I: Developing a process for architecture design [J]. Systems Engineering, 2000, 3(4): 225-247.

[70] Barr P C, Bernstein A R, et al. Executable architecture for the first digitized division [C]. Conference on Digitization of the Battlespace V and Battlefield Biomedical Technologies Ⅱ 24, Proceedings of SPIE, 2000.

[71] 修胜龙，罗雪山，罗爱民. C^3I 系统仿真模型自动生成方法[J]. 火力与指挥控制，2004，29(2)：10-13.

[72] Wagenhals L W, Haider S, Levis A H. Synthesizing executable models of object oriented architectures [C]. Workshop on Formal Methods Applied to Defence Systems, Adelaide, Australia, 2002.

[73] Day N. A model checker for statechart [D]. Canada:University of British Columbia,1993.

[74] Scott Heyhoe,Application Note:Tau/Architect for Systems Engineers[EB],http://www. telelogic. com.

[75] Popkin Company SA Simulator Ⅱ Training Materials[Z].

[76] Koren Y. Tutorial on recent progress in collaborative filtering [C]. Lausanne,Switzerland:ACM,2008.

[77] Balabanović M,Shoham Y. Fab:content-based,collaborative recommendation[J]. Commun. ACM, 1997,40(3):66-72.

[78] Resnick P,Varian H R,Editors G. Recommender systems[J]. Communications of the ACM,1997: 56-58.

[79] Buono P,Costabile M,Guida S,et al. Integrating User Data and Collaborative Filtering in a Web Recommendation System UM 2001 LCJ. Third workshop on Adaptive Hypertext and Hypermedia Sonthofen,Germany,2001:129-140.

[80] Canny J. Collaborative filtering with privacy[C]. Seaurily and privacy 2002:45-57.

[81] 李勇,徐振宁,张维明. Internet 个性化信息服务研究综述[J]. 计算机工程与应用,2002(19): 183-188.

[82] 李灵华,米守防. 国外典型元搜索引擎特性比较与分析[J]. 计算机工程与设计,2010(9): 1931-1934.

[83] 李奎. 基于智能 Agent 的个性化搜索引擎系统[J]. 和田师范专科学校学报,2008(5):176-178.

[84] 黄建海,王超,潘金贵. 多 Agent 系统 DOLTRI-Agent 中的通信及其安全机制[J]. 计算机应用与软件,2001(8):35-37.

[85] 潘金贵,胡学联,李俊,等. 一个个性化的信息搜集 Agent 的设计与实现[J]. 软件学报,2001(7): 1074-1079.

[86] 谈春梅,沈固朝. 图书馆网络专题知识组织与个性化服务系统的开发研究[J]. 中国图书馆学报, 2008(2):69-72.

[87] 李阳晖,杨燕,黄萍莉. 数字图书馆个性化服务的发展动因分析[J]. 情报科学,2008(4): 520-524.

[88] 于淑霞. 图书馆个性化信息服务方式——MyLibrary[J]. 科技情报开发与经济,2009(33):3-5.

[89] 杨晓湘,孙坦. 中美图书馆 MyLibrary 个性化服务系统的比较研究[J]. 现代情报,2005(10).

[90] 王昉,梁娜,刘小兵,等. MyLibrary@ CSDL 的实现机制及其再生[J]. 现代图书情报技术,2005 (6):6-9.

[91] 闫俊霞. 一种改进的 Apriori 算法在图书馆推荐服务中的应用[J]. 科技情报开发与经济,2009 (10):1-3.

[92] 郑惠伶. 高校图书馆个性化信息服务系统构建[J]. 图书馆建设,2005(2):80-82.

[93] 罗敏. 高校数字图书馆个性化信息服务的新探索[J]. 科技情报开发与经济,2009(22):29-31.

[94] Martin F. Recsys'09 industrial keynote:top 10 lessons learned developing deploying and operating real-world recommender systems[C]. New York,New York,USA:ACM,2009.

[95] 蒋卫星,张彬,金瓯. Web 个性化技术研究综述[J]. 计算机应用与软件,2008(5):33-35.

[96] Lieberman H. Let's browse:a collaborative browsing agent[J]. Knowledge-Based Systems,1999,12 (8):427-431.

[97] 郑伟平,齐德昱,向军,等. 基于多 Agent 的用户上下文自适应站点构架[J]. 计算机工程,2008 (22):226-228.

[98] 关庆珍,周竹荣. 基于 Ontology 的用户模型研究[J]. 计算机应用,2007(10):2504-2507.

[99] Miller B,Albert I,Lam S,et al. MovieLens unplugged:Experiences with an occasionally connected rec-

ommender system[C]. ACM,2003.

[100] Tintarev N, Masthoff J. A survey of explanations in recommender systems[C]. IEEE Computer Society,2007.

[101] 淘宝网[Z]. www. taobao. com.

[102] 卓越网[Z]. www. amazon. cn.

[103] Ebay[Z]. www,ebay. com.

[104] Netflix[Z]. www,netflix. com.

[105] foursquare[Z]. www. fourqure. com.

[106] GeoLife[Z]. www. geolife. com.

[107] 街旁网[Z]. www. jiepang. com.

[108] 大众点评网[Z]. www. dianping. com.

[109] 桂启山,赵新国,杨志强,等. 空间信息系统体系结构研究[J]. 兵工自动化,2008(2):52-54.

[110] 曾苏南. 一体化联合作战专题研究[M]. 北京:军事科学出版社,2004.

[111] 陈国和. 海军作战对太空支援的需求分析[J]. 军事学术,2003,10:39-41.

[112] 朱灿彬,程建,李晓楠,等. 空天信息支援在空军远程精确打击中的应用研究[J]. 装备指挥技术学院学报,2010,21(6):57-61.

[113] 高飞,胡绪杰,高凌云,等. 军事卫星信息系统对导弹作战的影响分析[J]. 国防科技,2008,29(4):10-12.

[114] 武晓鹏,冯书兴,张岩,等. 剖析一体化联合作战对空间力量的信息需求[J]. 装备指挥技术学院学报,2006,17(6):43-46.

[115] 黄文清,秦大国,庄锦山,等. 空间信息系统建模与效能仿真[M]. 北京:解放军出版社,2010.

[116] 袁文先,杨志强. 美军空间信息系统发展现状分析[J]. 外军信息战,2007(5):1-4.

[117] 卜广志. 武器装备体系中的信息流分析和评估研究[J]. 系统工程与电子技术,2007,29(8):1309-1313.

[118] 靳敬纯. 一体化联合作战空间信息支援保障研究[M]. 北京:国防大学出版社,2008.

[119] 饶德虎,余滨,段采宇,等. 基于活动的 C^4ISR 系统作战需求综合建模方法[J]. 火力与指挥控制,2007,32(8):48-51.

[120] 陈禹六. IDEF 建模分析和设计方法[M]. 北京:清华大学出版社,1999.

[121] IEEE standard for conceptual modeling language syntax and semantics for IDEF1X/sub 97/ (IDEF/sub object/) [M]. Software Engineering Standards Committee of the IEEE Computer Society, USA,1999(2).

[122] http://book. 51cto. com/art/200903/114110. htm.

[123] Thomas J. Pawlowski Ⅲ, Paul C. Barr, Steven J. Ring, etc. Executable Architecture Methodology for Analysis,FY04 Final Report [R]. MITRE,September,2004.

[124] Ashraf A S, Smriti K, Zaidi A K, et al. Modeling time in DODAF compliant executable architecture [R],2006.

[125] 姜军. 可执行体系结构及 DODAF 可执行化方法研究[D]. 长沙:国防科学技术大学,2008.

[126] Hernandez-Matias J C,Vizan A,Hidalgo A,et al. Evaluation of techniques for manufacturing process analysis[J]. Journal of Intelligent Manufacturing,2006,17(5):571-583.

[127] Whitman L,Huff B. Structured models and dynamic systems analysis:The integration of the IDEF0/IDEF3 modeling methods and discrete event simulation[C]. Simulation Conference,1997,Proceedings of the 1997 Winter,1997(12):518-524.

[128] 姜军,吕翔,罗爱民,等. IDEF3过程模型执行性研究[J]. 计算机仿真,2009,26(7):325-328.

[129] 周荣坤,骆光明. 基于IDEF的企业体系结构模型在军事信息系统设计中的仿真应用[J]. 中国电子科学研究院学报,2007,2(1):27-30.

[130] 张志勇,匡兴华,晏湘涛. 业务流程的时间模型研究[J]. 工业工程,2005,8(4):98-101.

[131] 张杰,周硕. 运筹学模型与实验[M]. 北京:中国电力出版社,2009.

[132] 熊伟. 运筹学[M]. 北京:机械工业出版社,2005.

[133] 曹裕华,冯书兴,管清波,等. 航天器军事应用建模与仿真[M]. 北京:国防工业出版社,2010.

[134] 樊鹏山. 侦察卫星系统建模与仿真分析研究[D]. 北京:装备指挥技术学院,2008.

[135] 程书有,尤祖跃. 体系结构的模糊综合评估[J]. 通信导航与指挥自动化,2007(6):4-8.

[136] 方述诚,汪定伟. 模糊数学与模糊优化[M]. 北京:科学出版社,1997.

[137] 刘文杰. 美军远程作战体系简析[J]. 西飞科技,2010,3:52-54.

[138] 胡绪杰,刘志田,王默,等. 天基信息支援对导弹攻防作战的效用分析[J]. 航天器工程,2009,18(1):104-107.

[139] 张进,聂征,万朝江. 体系作战与"空海一体战"对抗论[J]. 空军军事学术,2011(2):31-33.

[140] 方秀花,李颖. 卫星导航系统的军事应用[J]. 国际太空,2007(4):26-29.

[141] 郭齐胜,董志明,李亮,等. 系统建模与仿真[M]. 北京:国防工业出版社,2007.

[142] Cuneyd Firat. Conceptual Modeling and Conceptual Analysis in HIA[C]. Fall SIW,2000.

[143] Pace D K. Thoughts about the simulation conceptual model[C]. Spring SIW,2003.

[144] 郭齐胜,杨秀月,王杏林,等. 系统建模[M]. 北京:国防工业出版社,2006.

[145] 吴永波,何晓晔,谭东风,等. 军事概念模型研究综述[J]. 系统仿真学报,2005,17(12):3076-3080.

[146] 谢卫平,邓苏,谭东风,等. 概念模型工程研究[J]. 计算机仿真,2003,20(2):120-122.

[147] Col. Wm. Forrest Crain. Updating the DoD Modeling and Simulation (M&S) Master Plan[EB/OL]. 2001. http://www.msiac.dmso.mil/journal/su0124/update.htm.

[148] DMSO. Conceptual Models of the Mission Space Technical Framework (0.2.1) [Z]. 1997.

[149] Department of Defense. DoD Modeling and Simulation (M&S) Master Plan [EB/OL]. Washington DC, 1995,10. http://www.dmso.mil/docslib/mspolicy/msmp/1095msmp.

[150] 何晓晔. 任务空间概念建模技术及其VV&A[D]. 长沙:国防科技大学,2005.

[151] Furman Haddix. Semantics and syntax of mission space models[A]. 99 Fall Simulation Interoperability Workshop Papers,1999,9.

[152] IEEE Trial-Use Recommended Practice for Distributed Interactive Simulation -Verification, Validation and Accreditation[S]. IEEE Std 1278.4. The Institute of Electrical and Electronic Engineers Inc,1997.

[153] Recommended Practice for High Level Architecture (HLA) Federation Development and Execution Process [S], IEEE Std 1516.3. The Institute of Electrical and Electronic Engineers Inc,2003.

[154] Sargent R G. An overview of verification and validation of simulation models [C]. Proceedings of the Winter Simulation Conference,1987.

[155] Lee W L, Wayne R, Bruce H. Developing consensus perspective on conceptual models for simulation systems[C]. Paper 01S-SIW-074, Proceedings of the 2001 Spring Simulation Interoperability Workshop, 2001:2-9.

[156] Pace D. Simulation conceptual model development [C]. Paper 00S-SIW-033, Proceedings of the 2000 Spring Simulation Interoperability Workshop,2000,3:6-9.

[157] DMSO Verification, Validation, and Accreditation (VV&A) Recommended Practices Guide [Z],1996,

10:6-8.

[158] DMSO (1999) High Level Architecture Federation Development and Execution Process (FEDEP) Model, Version 1.5[Z], 1999.

[159] Risner S, Potrer K, Lacy L, et al. Conceptual modeling in the joint simulation system (JSIMS)[C]. Proceedings of the Simulation Interoperability Workshop, 1998.

[160] Porter K. JCMMS: domain knowledge for developing military models[C]. Proceedings of Simulation Interoperation Workgroup, 2000.

[161] Metz M L. Comparing the joint warfare system (JWARS) conceptual model to a conceptual model standard [C]. Proceedings of the Simulation Interoperability Workshop, 2000.

[162] 吴永波,何晓晔,谭东风,等. 军事建模仿真中概念模型定义比较[J]. 火力与指挥控制,2007,32(11):49-53.

[163] 王子才,王勇. 复杂系统仿真概念模型研究进展及方向[J]. 宇航学报,2008,28(4):779-785.

[164] 黄俊领,谭东风,张向波. 军事仿真概念模型开发研究[J]. 计算机仿真,2005,22(2):15-18.

[165] 曹裕华. 面向实体的作战建模方法研究[D]. 北京:军事科学院,2004.

[166] 范勇,李为民. 军事概念建模形式化描述语言比较分析[J]. 火力与指挥控制,2006,31(6):19-22.

[167] Rumbaugh J, Jacobson I, Booch G. UML 参考手册[M]. 北京:机械工业出版社,2001.

[168] 吴建,郑潮,汪杰. UML 基础与 Rose 建模案例[M]. 北京:人民邮电出版社,2004.

[169] 董威. 面向 UML 的模型检验研究[D]. 长沙:国防科技大学,2002.

[170] Schmuller J. UML 基础、案例与应用[M]. 李虎,王美英,万里威,译. 北京:人民邮电出版社,2002.

[171] Petri C A. Kommunikation mit automaten. bonn: Intitut für instrumentelle mathematik, schriften des IIM Nr. 2, 1962 (English translation)[R]. Technical Report RADC-TR-65-377. New York: Griffiss Air Force Base, 1966, 1.

[172] 吴哲辉. Petri 网导论[M]. 北京:机械工业出版社,2006.

[173] 蒋昌俊. Petri 网理论与方法研究综述[J]. 控制与决策,1997,12(6):631-636.

[174] Petri C. Communication with automata[R]. Technical Report RADC-TR-65-377, Rome Air Dev. Center, New York, 1966.

[175] Merlin P M. A study of the recoverability of computing systems[D]. Irvine: Univ. California, Ph D Thesis, 1974.

[176] Ramchandani C. Analysis of asynchronous concurrent systems by timed petri nets[D]. Cambridge, Massachusetts, : MIT, Dept. Electrical Engineering, PhD Thesis, 1974.

[177] Meyer J F, Movaghar A, Sanders W H. Stochastic activity networks: structure behavior and application [M]. Proc. Int. Workshop Timed Petri Nets, Torino, Italy, 1985.

[178] Dugan J B, Trivedi K S, Geist R M, et al. Extended stochastic Petri nets: Application and analysis [C]. In: PERFORMANCE'84, Mders of Comput. System Performance, In Paris, Gelenbe E(ed). Proc. 10th Int. Sump., Amsterdam: Elsevier, 1984.

[179] Florin G, Natkin S. An ergodicity condition for a class of stochastic Petri nets [C]. 5th Workshop on Application and Theory of Petri Nets, Aarhus, 1984.

[180] Zuberek W M. Performance evaluation using unbound timed Petri nets [C]. 3rd International Workshop on Petri Nets and Performance Models, Kyoto, Japan, 1989.

[181] 王汝传,徐小龙,黄海平. 智能 Agent 及其在信息网络中的应用[M]. 北京:北京邮电大学出版

社,2006.

[182] Jacques Ferber. Multi - Agent Systems - An Introduction to distributed artificial intelligence [M]. Addison Wesley Longman Inc. ,New York,1999.

[183] Wooldrige M. Intelligent Agents:Theory and Practice [J]. Knowledge Engineering Review,1995.

[184] Shoham Y. Agent-Oriented Programming [J]. Artificial Intelligence,1993,60.

[185] Gonzales D,Moore L,Pernin C,et al. Assessing the value of information superiority for ground forces-proof of Concepts[R]. DB-339-OSD,Rand Corp. ,CA,USA,2001.

[186] Jin Q,Yano Y,Sugasawa Y. Modeling and analysis of agents' probabilistic behavior by a non-regenerative stochastic petri net[C]. Proceedings of IEEE International Conference on SMC,1996.

[187] Xu H,Shatz S M. An Agent-based petri net model with application to seller/buyer design in electronic commerce[C]. Proceedings of 5th IEEE International Symposium on Autonomous Decentralized Systems,2001.

[188] Hiraishi K. A Petri-net-based model for the mathematical analysis of multi-agent systems[C]. Proceedings of IEEE International Conference on SMC,2000.

[189] Abouaissa H,Nicolas J C,Czesnalowicz E. Formal specification of multi-agent systems:approach based on meta-models and high-level petri nets-case study of a transportation system[C]. Proceedings of IEEE International Conference on SMC,2002.

[190] Zuberek W M. Performance evaluation using unbound timed Petri nets [C]. 3rd International Workshop on Petri Nets and Performance Models,Kyoto,Japan,1989.

[191] 林闯. 随机 Petri 网和系统性能评价:第 2 版[M]. 北京:清华大学出版社,2005.

[192] 李智,曾国强. 天基综合信息网总体技术与发展战略研究[R]. 中国国防科学技术报告,2003.

[193] Chien S. ASPEN-Automated planning and scheduling for space mission operations[C]. The 6th International Symposium on Space missions Operations and Ground Data Systems,2000.

[194] Fukunaga A,Rabideau G,Chien S,et al. Towards an application framework for automated planning and scheduling international symposium on artificial intelligence[C]. Robotics and Automation for Space. Tokyo,Japan. 1997,7.

[195] Smith B,Sherwood R,Govindjee A,et al. Representing spacecraft mission planning knowledge in aspen [C]. Artificial Intelligence Planning and Scheduling Workshop on Knowledge Engineering and Acquisition for Planning(AIPS 1998),1998,6.

[196] 杨颖,王琦. STK 在计算机仿真中的应用[M]. 北京:国防工业出版社,2005.

[197] Analytical Graphic Inc. STK/Scheduler Tutorial v3.1[M]. 2004,8.

[198] 张彦. 中继卫星军事应用任务规划调度研究[D]. 北京:装备指挥技术学院,2008.

[199] Fisher W. The Optiwise Corporation Deconfliction Scheduler Algorithms[R]. 2004,6.

[200] Barbulescu L,Howe A,Watson J P,et al. Satellite range scheduling:A comparison of genetic,heuristic and local search[J]. Lecture Notes In Computer Science,2002:611-620.

[201] Bensana E,Verfaillie G,Bataillie N,et al. Exact and approximate methods for the daily management of an earth observing satellite[C]. Proceeding of SpaceOPS. Munich,Germany,1996.

[202] 李志林,岑敏仪. 高分辨率卫星图像的回顾和展望[J]. 铁路航测,2001,1:1-4.

[203] Jonssop A K. Constraint Based Planning[R]. NASA Research Center,2002,10.

[204] 高健,孙吉贵,张永刚,等. 参数化弧相容约束传播[J]. 吉林大学学报,2007,2(25):183-187.

[205] Roman Bartak. Theory and Practice of Constraint Propagation[C]. CPDC,2001.

[206] Mackworth A K. Consitentcy in networks of relations[J]. Artificial Intelligence VolB,1977(1):99-118.

[207] Mackworth A K, Freuder E C. The complexity of some polynomial network consistency algorithm for constraint satisfaction problem[J]. Artificial Intelligence, 1985(25):65-74.

[208] Mohr R, Henderson T C. Arc and path consistency revisited[J]. Artificial Intelligence, 1986(28):225-233.

[209] Deville Y, van Hentenryck P. An efficient arc consistency algorithm for a class of CSPs[C]. Proceedings of 12th International Joint Conference on AI, 1991:325-330.

[210] Bessiere C, Cordier M O. Arc-consistency and Arc consistency again[C]. Proceedings of AAAI-93, 1993.

[211] Bessiere C, Freuder E C, Regin J C. Using constraint metaknowledge to reduce arc consistency computation[J]. Artificial Intelligence, 1999(107):125-148.

[212] Han C, Lee C. Comments on mohr and henderson's path consistency algorithm[J]. Artificial Intelligence, 1988(36):125-130.

[213] Freuder E C. Synthesizing constraint expressions[J]. Communications of the ACM, 1978, 21 (11):958-966.

[214] Baptiste P. A theoretical and experimental comparison of constraint propagation techniques for disjunctive scheduling[C]. Proceeding of the 14th International Joint Conference on Artificial Intelligence, 1995.

[215] Speretta M, Gauch S. Personalizing Search Based on User Search Histories [M]. New York: ACM Press, 2004.

[216] Fragoudis D. User modeling in information discovery: an overview[C]. Proceedings of Advanced Course on Artificial Intelligence 1999 (ACAI99). Greece, 1999, 7.

[217] Pazzani M, Billsus D. Learning and revising user profiles: the identification of interesting Web sites [J]. Machine Learning, 1997, 27:313-331.

[218] Chan P K. A non-invasive learning approach to building Web user profiles[C]. Proceedings of KDD-99 Workshop on Web Usage Analysis and User Profiling. New York: ACM Press, 1999:7-12.

[219] Adomavicius G, Tuzhilin A. Using data mining methods to build customer profiles[J]. IEEE Computer, 2001, 2:74-82.

[220] Grabtree I, Soltysiak S. Identifying and tracking changing interests[J]. International Journal of Digital Libraries, Springer Verlag, 1998, 2:38-53.

[221] Widmer G, Kubat M. Learning in the presence of concept drift and hidden contexts[J]. Machine Learning, 1996, 23:69-101.

[222] Maloof M, Michalski S. Selecting examples for partial memory learning[J]. Machine Learning, 2000, 41:27-52.

[223] Koychev I, Schwab I. Adaptation to drifting user's interests[C]. Proceedings of ECML 2000 Workshop: Machine Learning in New Information Age. Barcelona, Spain, 2000:39-45.

[224] 谢红．基于目标形状的图像检索模型的改进策略及其原型系统[D]．广州：暨南大学．2001.

[225] 范瑞彬．遥感图像中机场识别与毁伤分析研究[D]．南京：南京理工大学，2004.

[226] 李军梅，胡以华，蔡晓春．卫星侦察红外特征数据库关键问题探讨[J]．红外技术，2006，26(6)：31-33，37.

[227] 贾云得．机器视觉[M]．北京：科学出版社，2000.

[228] 李向阳，庄越挺，潘云鹤．基于内容的图像检索技术与系统[J]．计算机研究与发展，2001：344-354.

[229] 张永生，戴晨光，张云彬，等．天基多源遥感信息融合——理论、算法与应用系统[M]．北京：科学

出版社,2005.
[230] Freeman H. Boundary encoding and processing[A]. Picture Processing and Psychopictorics. New York:Academic Press,1970:241-266.
[231] 周激流,乔枫,何其超. 一种基于链码的拐点搜索算法[J]. 计算机应用,1993,(2):38-40.
[232] 王波涛,孙景鳌,蔡安妮. 结构矩及其快速算法[J]. 北京邮电大学学报,2000,23(3):10-14.
[233] 杨晗. 基于模型的飞机灰度图像的识别研究[D]. 西安:西北工业大学,2004.
[234] Schott J R. Remoter Sensing,The Image Chain Approach[M]. NewYork:Oxford University Press,1997.
[235] Departments of the Army,the Navy,the Air Force. Photographic Interpretation Handbook[R]. Washinton,DC;U. S. Government Printing Office,1954.
[236] Leachtenauer J C,Driggers R G. 监视与侦察成像系统——模型与性能预测[M]. 陈世平,马文坡,周峰,等译. 北京:中国科学技术出版社,2007.
[237] 魏海坤. 神经网络结构设计的理论与方法[M]. 北京:国防工业出版社,2005.
[238] 曹裕华. 空间作战任务规划技术研究[R]. 北京:装备指挥技术学院博士后研究工作报告,2006:64-66.
[239] 刘成海. 空间战:序幕已经拉开[M]. 北京:军事科学出版社,2006.
[240] 李智等. 空间××与信息对抗技术总结报告[R]. 中国国防科学技术报告,2006.
[241] Pratt S R,Raines R A,et al. An operational and performance overview of the IRIDIUM Low Earth Orbit Satellite System [EB/OL]. IEEE communications surveys,1999,http://www. comsoc. org/pubs /surveys.
[242] Keller H,Salzwedel H. Link strategy for the mobile satellite system IRIDIUM [C]. IEEE 46th Vehicular Technology conference,1996,2:1220-1224.
[243] 张乃通,张中兆,等. 卫星移动通信系统[M]. 北京:电子工业出版社,2000.
[244] 李斗,项海格. LEO/MEO 卫星通信系统发展展望[J]. 通信科学,2003,19(2):48-51.
[245] Sturza M A. Architecture of the TELEDESIC satellite system[C]. Proceedings of International Mobile Satellite Conference,1995:212-218.
[246] 许枫,尤政. CCSDS 空间通信协议及其与互联网通信协议的比较[J]. 中国航天,2007(5):26-29.
[247] 孙辉先,陈小敏,白云飞,等. CCSDS 高级在轨系统及在我国航天器中的应用[J]. 航天器工程,2003,12(1):12-18.
[248] Hogie K,Criscuolo E,Parise R. Using standard Internet Protocols and applications in space [J]. Computer Networks,2005,47:603-650.
[249] Michalik H,Wolter S,Vonder M,et al. High-rate CCSDS formatter/encoder plus IDEA encryptor as a single-chip solution[J]. Acta Astronautica,2006,58:642-647.
[250] Frank L,Maral G. Candidate algorithms for routing in a network of inter-satellite links [C]. A Collection of 18th AIAA International Communication Satellite Systems Conference and Exhibit Technical Papers,AIAA-2000-1203. Oakland,CA,2000,2:805-815.
[251] 苑喆,张军,柳重堪. 移动卫星网星际路由协议及算法的现状分析[J]. 遥测遥控,2006,27(2):7-13.
[252] Chen C,Ekici E,Ian F. Akyildiz Satellite Grouping and Routing Protocol for LEO/MEO Satellite IP Networks [C]. WoWMoM'02. Atlanta,Georgia,USA,2002,9.
[253] 宋娜. 卫星网络路由协议研究[D]. 哈尔滨:哈尔滨工程大学,2005.
[254] 白建军. 天基网路由技术研究[D]. 长沙:国防科学技术大学,2005.

[255] Werner M, Delucchi C, Vogel H, et al. ATM-based routing in LEO/MEO satellite networks with intersatellite links [J]. IEEE Journal on Selected Areas in Communications, 1997, 15 (1): 69-82.

[256] Chang S H, Kim W B, Lee G C, et al. FSA-based link assignment and routing in low-earth orbit satellite networks [J]. IEEE Transactions on Vehicular Technology, 1998, 47(3): 1037-1048.

[257] Gounder V V, Prakash R, Abu-Amara H. Routing in LEO-based satellite networks [C]. Proceedings of IEEE Emerging Technologies Symposium on Wireless Communications and System, Richardson, 1999: 91-96.

[258] Gnawali O, Mike P M, Bose P, et al. Data centric, position-based routing in space networks [C]. 2005 IEEE Aerospace Conference, 2005, 1.

[259] Moy J T. OPSF 协议剖析[M]. 胡光明,皮学贤,译. 北京:中国电力出版社,2002.

[260] 秦大国,陈星. STK 及其在卫星组网仿真演示中的应用研究[J]. 装备指挥技术学院学报,2001, 12(4):66-69.

[261] 周红霞. 双层卫星网络路由算法研究[D]. 成都:电子科技大学,2005.

[262] 王滨. 卫星网络 QoS 路由算法研究[D]. 西安:西安建筑科技大学,2005.

[263] 王晓梅,冉崇森. 浅析 LEO 卫星网络中的 QoS 路由问题[J]. 电视技术,2003,43(6):107-110.

[264] 朱立华,王汝传. 卫星路由算法研究[J]. 微机发展,2004,14(11):7-9.

[265] 孙利民,卢泽新,吴志美. LEO 卫星网络的路由技术[J]. 计算机学报,2004,27(5):659-665.

[266] 胡剑浩,李涛,吴诗其. 具有星际链路的 LEO&MEO 双层卫星网络路由策略研究[J]. 电子学报, 2000,28(4):31-35.

[267] Hashimoto Y. Design of IP-based routing in a LEO satellite network[C]. Proceedings of the 3rd International Workshop on Satellite-Based Information Services(WOSBIS' 98), 1998: 81-88.

[268] Beste D. Constellations for optimal continuous coverage [J]. IEEE Trans On Aerospace and Electronic Systems, 1978, 14(3): 466-473.

[269] Ballard A. Rosette constellations of earth satellites [J]. IEEE Trans On Aerospace and Electronic Systems, 1980, 16(5): 656-673.

[270] Keller H, Salzwedel H, et al. Examination of special phased circular polar orbit constellations for the use of intersatellite links [C]. IEEE ICPWC'97, Bombay, India, 1997, 12: 283-288.

[271] 白建军,卢泽新,等. 宽带卫星网络星间链路动态特性研究[C]. 星际链路技术研讨会论文集, 2004,6:63-70.

[272] Keller H, Salzwedel H, et al. Geometric aspects of polar and near polar circular orbits for the use of intersatellite links for global communication [C]. IEEE 48th Vehicular Technology Conference. Ottawa Canada, 1998: 199-204.

[273] 李赞,孙国滨,等. 卫星移动通信系统星间链路几何参数分析[J]. 高技术通信,1998,12:40-44.

[274] 李赞,张乃通. 卫星移动通信系统星间链路空间参数分析[J]. 通信学报,2000,21(6):92-96.

[275] 王亮,张乃通. 低轨道卫星通信网络星间链路几何参数动态特性[J]. 哈尔滨工业大学学报, 2003,35(2):184-187.

[276] 姬亚夫. 探索体系作战能力生长的新路径[N]. 解放军报,2008-04-11.

[277] 马丽. 电子商务个性化推荐技术分析及比较[J]. 计算机系统应用,2008(12):58-61.

[278] 陈安龙. 基于兴趣度的关联规则挖掘算法的研究[D]. 成都:西南交通大学,2003.

[279] 谢祈鸿. 一种基于混合用户兴趣模型的个性化推荐系统[D]. 重庆:重庆大学,2006.

[280] Sarwar B, Karypis G, Konstan J, et al. Item-based collaborative filtering recommendation algorithms [C]. Hong Kong: ACM, 2001.

[281] 靳峰．基于兴趣度的推荐系统研究[D]．西安:西安建筑科技大学,2005.

[282] 刘海峰,刘守生,姚泽清,等．基于 Web 的信息过滤技术研究[J]．情报科学,2008(12):1869-1872.

[283] 高凤荣,杜小勇,王珊．一种基于稀疏矩阵划分的个性化推荐算法[J]．微电子学与计算机,2004,21(2):58-62.

[284] 郭艳红,邓贵仕．协同过滤的一种个性化推荐算法研究[J]．计算机应用研究,2008(1):39-41.

[285] Kleinberg J,Sandler M. Using mixture models for collaborative filtering[J]. Journal of Computer and System Sciences,2008,74(1):49-69.

[286] 陈莉．基于用户兴趣的分布式协同过滤推荐[D]．大连:大连理工大学,2009.

[287] 陈晓红,沈浩,顾天竺,等．基于用户潜在偏好的协同过滤[J]．计算机工程,2007,33(4):42-44.

[288] 霍珊．基于用户行为聚类的个性化推荐算法[J]．硅谷,2009(22).

[289] 张付志,张启凤．融合多系统用户信息的协同过滤算法[J]．计算机工程,2009,35(21):258-260.

[290] Wasfi A M A. Collecting user access patterns for building user profiles and collaborative filtering [C]. Los Angeles,California,United States:ACM,1999.

[291] 陈抒然．面向个性化服务的用户兴趣建模及应用研究[D]．重庆:重庆大学,2007.

[292] 刘洁．基于用户兴趣模型的服务发现方法研究[D]．湘潭:湖南科技大学,2008.

[293] 尹春晖．面向个性化信息检索的用户兴趣建模研究与实现[D]．苏州:苏州大学,2008.

[294] 滕跃．基于用户兴趣的个性化 WEB 检索[D]．北京:清华大学,2004.

[295] Webb G I,Pazzconi M J,Billsus D. Machine Learning for User Modeling[J]. User Modeling and User-Adapted Interaction. 2001,11(1,2).

[296] 吴一帆,王浩然．结合用户背景信息的协同过滤推荐算法[J]．计算机应用,2008,28(11):2972-2974.

[297] 田云艳．基于改进混合聚类技术的用户兴趣智能建模[D]．重庆:重庆大学,2008.

[298] Park S,Pennock D M. Applying collaborative filtering techniques to movie search for better ranking and browsing [C]. San Jose,California,USA:ACM,2007.

[299] Maloof M,Michalski S. Selecting examples for partial memory learning[J]. Machine Learning,2000:27-52.

[300] Koychev I,Lothian R. Tracking drifting concepts by time window optimisation[M]. Research and Development in intelligent Systems XXII. Springer. Landon,2006:46-59.

[301] 王岚,翟正军．基于时间加权的协同过滤算法[J]．计算机应用,2007,27(9):2302-2303.

[302] 于洪,李转运．基于遗忘曲线的协同过滤推荐算法[J]．南京大学学报(自然科学),2010:520-526.

[303] Candillier L,Jack K,Fessant F,et al. State-of-the-art recommender systems[J]. IGI Global,2009:1-22.

[304] Pennock D, Horvitz E, Lawrence S, et al. Collaborative filtering by personality diagnosis: A hybrid memory- and model-based approach[C]. Proceedings of the Sixteeth conrference on Uncertainty in artificial intelligerce. Morgan kavfmann Publishers Inc. 2000:473-480.

[305] Calder M L,Gonz C N,et al. A comparison of several predictive algorithms for collaborative filtering on multi-valued ratings [C]. Nicosia,Cyprus:ACM,2004.

[306] Adomavicius G,Tuzhilin A. Toward the next generation of recommender systems:A survey of the state-of-the-art and possible extensions[J]. IEEE Transactions on Knowledge and Data Engineering,2005,17

(6):734-749.

[307] Redpath J,Glass D,Mcclean S,et al. Collaborative Filtering:The Aim of Recommender Systems and the Significance of User Ratings [C]. Eurodean Conference on Information Retrieval, Springer. Berlin. Heidelbery. 2010:394-406.

[308] Sarwar B M,Karypis G,Konstan J A,et al. Recommender systems for large-scale E-commerce:proceedings of the 5th international conference on computer and information technology[C]. Washington:IEEE Computer Society,2002:23-28.

[309] Deshpande M,Karypis G. Item-based top-N recommendation algorithms[J]. ACM Trans. Inf. Syst, 2004,22(1):143-177.

[310] Herlocker J,Konstan J,Terveen L,et al. Evaluating collaborative filtering recommender systems[J]. ACM Transactions on Information Systems (TOIS). 2004,22(1):5-53.

[311] Li Q,Kim B. Clustering approach for hybrid recommender system[C]. Web Intelligence. 2003, WL 2003. Proceedings. IEEE/WLG international Conference on IEEE,2003:33-38.

[312] Connor M O,Herlocker J. Clustering items for collaborative filtering:proceedings of the 22nd annual international ACM SIGIR conference on research and development in information retrieval[C]. New York: ACM,1999:40-47.

[313] Vucetic S,Obradovic Z. Collaborative filtering using a regression-based approach[J]. Knowledge and Information Systems. 2005,7(1):1-22.

[314] Polat H, Du W. SVD-based collaborative filtering with privacy [C]. Santa Fe, New Mexico: ACM,2005.

[315] Jain A K,Murty M N,Flynn P J. Data clustering:a review[J]. ACM Comput. Surv,1999,31(3): 264-323.

[316] 张海燕,丁峰,姜丽红. 基于模糊聚类的协同过滤推荐方法[J]. 计算机仿真,2005,22(8): 144-147.

[317] 王辉,高利军,王听忠. 个性化服务中基于用户聚类的协同过滤推荐[J]. 计算机应用,2007,27 (5):1225-1227.

[318] Xue G,Lin C,Yang Q,et al. Scalable collaborative filtering using cluster-based smoothing [C]. Salvador,Brazil:ACM,2005.

[319] Shani G,Heckerman D,Brafman R I. An MDP-based recommender system[J]. Journal ofMachine Learning Research. 2005,6:1265-1295.

[320] Hofmann T. Probabilistic latent semantic indexing[C]. Berkeley,California,United States:ACM,1999.

[321] Sahami M,Dumais S,Heckerman D,et al. A Bayesian Approach to Filtering Junk E-Mail[C]. AAAI Technical Report WS-98-05,1998.

[322] Murphy K. A Brief Introduction to Graphical Models and Bayesian Networks[J]. Boryelt Net 1998.

[323] Cadez I,Gaffney S,Smyth P. A general probabilistic framework for clustering individuals and objects[C]. Proceedings of the sixth ACM SIGKDD international confarence on knowledge discovery and data mining ACM. 2000:140-149.

[324] Koren Y,Bell R,Volinsky C. Matrix factorization techniques for recommender systems[J]. Computer. 2009,42(8):30-37.

[325] Sarwar B M,Karypis G,Konstan J,et al. Incremental SVD-based algorithms for highly scaleable recommender systems:proceedings of the 2002 ACM symposium on applied computing[C]. New York:ACM. 2005:791-795.

[326] Burke R. Hybrid recommender systems: survey and experiments[J]. UserModelling and User-Adapted Interaction. 2002, 12(4): 331-370.

[327] Melville P, Mooney R J, Nagarajan R. Content-boosted collaborative filtering for improved recommendations [C]. Edmonton, Alberta, Canada: American Association for Artificial Intelligence, 2002.

[328] Delgado J, Ishii N, Ura T. Content-based collaborative information filtering: Actively learning to classify and recommend documents[C]. Springer-Verlag, 1998.

[329] Sarwar B M, Konstan J A, Borchers A, et al. Using filtering agents to improve prediction quality in the grouplens research collaborative filtering system: proceedings of the 1998 ACM conference on computer supported cooperative work[C]. New York: ACM. 1998: 345-354.

[330] Bell R, Koren Y. Scalable collaborative filtering with jointly derived neighborhood interpolation weights [C]. IEEE Computer Society, 2007.

[331] Jin R, Si L, Zhai C. A study of mixture models for collaborative filtering[J]. Information Retrieval, 2006, 9(3): 357-382.

[332] Yu K, Schwaighofer A, Tresp V, et al. Probabilistic memory-based collaborative filtering[J]. IEEE Trans. Knowl. Data Eng, 2004, 16(1): 56-69.

[333] Breese J, Heckerman D, Kadie C. Empirical analysis of predictive algorithms for collaborative filtering: proceedings of 14th conference on uncertainty in artificial intelligence[C]. Madison: Morgan Kaufmann, 1998: 43-52.

[334] Popescul A, Ungar L, Pennock D, et al. Probabilistic models for unified collaborative and content-based recommendation in sparse-data environments[C]. Morgan Kaufmann Publishers Inc., 2001.

[335] Koren Y. Collaborative filtering with temporal dynamics[C]. Paris, France: ACM, 2009.

[336] Schafer J, Frankowski D, Herlocker J, et al. Collaborative Filtering Recommender Systems[M]. The udaptive web. Springer, Berlin Heidelbery. 2007: 291-324.

[337] Hung C, Huang Y, Hsu J, et al. Tag-based user profiling for social media recommendation[C]. Workshop on Intelegenl Tecbninges for web. Pasonalization & Recommender systems at AAA1. 2008: 49-55.

[338] Herlocker J L, Konstan J A, Riedl J. Explaining collaborative filtering recommendations [C]. Philadelphia, Pennsylvania, United States: ACM, 2000.

[339] Vig J, Sen S, Riedl J. Tagsplanations: explaining recommendations using tags[C]. Sanibel Island, Florida, USA: ACM, 2009.

[340] Basilico J, Hofmann T. A joint framework for collaborative and content filtering [C]. Sheffield, United Kingdom: ACM, 2004.

[341] Jin R, Si L, Zhai C, et al. Collaborative filtering with decoupled models for preferences and ratings [C]. New Orleans, LA, USA: ACM, 2003.

[342] Cremonesi P, Turrin R, Lentini E, et al. An evaluation methodology for collaborative recommender system: proceedings of the 2008 international conference on automated solutions for cross media content and multi-channel distribution[C]. Washington: IEEE Computer Society. 2008: 224-231.

[343] Ramakrishnan N, Keller B, Mirza B, et al. Privacy risks in recommender systems[J]. IEEE Internet Computing. 2001, 5(6): 54-62.

[344] 刘建国,周涛,汪秉宏. 个性化推荐系统的研究进展[J]. 自然科学进展,2009,19(1):1-15.

[345] 刘建国,周涛,郭强,等. 个性化推荐系统评价方法综述[J]. 复杂系统与复杂性科学,2009,6(3):1-10.

[346] Fouss F, Saerens M. Evaluating performance of recommender systems: An experimental comparison[C].

IEEE Computer Society, 2008.

[347] Hernandezdelolmo F, Gaudioso E. Evaluation of recommender systems: A new approach[J]. Expert Systems with Applications, 2008, 35(3): 790-804.

[348] Pu P, Chen L, Kumar P. Evaluating product search and recommender systems for E-commerce environments[J]. Electronic Commerce Research, 2008, 8(1): 1-27.

[349] Hand D J, Till R J. A simple generalisation of the area under the ROC curve for multiple class classification problems[J]. Machine Learning. 2001, 45(2): 171-186.